"先进化工材料关键技术丛书"编委会

编委会主任：

薛群基　中国科学院宁波材料技术与工程研究所，中国工程院院士

编委会副主任：

陈建峰　北京化工大学，中国工程院院士
高从堦　浙江工业大学，中国工程院院士
谭天伟　北京化工大学，中国工程院院士
徐惠彬　北京航空航天大学，中国工程院院士
华　炜　中国化工学会，教授级高工
周伟斌　化学工业出版社，编审

编委会委员（以姓氏拼音为序）：

陈建峰　北京化工大学，中国工程院院士
陈　军　南开大学，中国科学院院士
陈祥宝　中国航发北京航空材料研究院，中国工程院院士
程　新　济南大学，教授
褚良银　四川大学，教授
董绍明　中国科学院上海硅酸盐研究所，中国工程院院士
段　雪　北京化工大学，中国科学院院士
樊江莉　大连理工大学，教授
范代娣　西北大学，教授
傅正义　武汉理工大学，中国工程院院士
高从堦　浙江工业大学，中国工程院院士

龚俊波	天津大学，教授
贺高红	大连理工大学，教授
胡　杰	中国石油天然气股份有限公司石油化工研究院，教授级高工
胡迁林	中国石油和化学工业联合会，教授级高工
胡曙光	武汉理工大学，教授
华　炜	中国化工学会，教授级高工
黄玉东	哈尔滨工业大学，教授
蹇锡高	大连理工大学，中国工程院院士
金万勤	南京工业大学，教授
李春忠	华东理工大学，教授
李群生	北京化工大学，教授
李小年	浙江工业大学，教授
李仲平	中国运载火箭技术研究院，中国工程院院士
梁爱民	中国石油化工股份有限公司北京化工研究院，教授级高工
刘忠范	北京大学，中国科学院院士
路建美	苏州大学，教授
马　安	中国石油天然气股份有限公司石油化工研究院，教授级高工
马光辉	中国科学院过程工程研究所，中国科学院院士
马紫峰	上海交通大学，教授
聂　红	中国石油化工股份有限公司石油化工科学研究院，教授级高工
彭孝军	大连理工大学，中国科学院院士
钱　锋	华东理工大学，中国工程院院士
乔金樑	中国石油化工股份有限公司北京化工研究院，教授级高工
邱学青	华南理工大学/广东工业大学，教授
瞿金平	华南理工大学，中国工程院院士
沈晓冬	南京工业大学，教授
史玉升	华中科技大学，教授
孙克宁	北京理工大学，教授
谭天伟	北京化工大学，中国工程院院士
汪传生	青岛科技大学，教授
王海辉	清华大学，教授
王静康	天津大学，中国工程院院士
王　琪	四川大学，中国工程院院士
王献红	中国科学院长春应用化学研究所，研究员

王玉忠	四川大学，中国工程院院士
王源升	海军工程大学，教授
卫　敏	北京化工大学，教授
魏　飞	清华大学，教授
吴一弦	北京化工大学，教授
谢在库	中国石油化工集团公司科技开发部，中国科学院院士
邢卫红	南京工业大学，教授
徐　虹	南京工业大学，教授
徐惠彬	北京航空航天大学，中国工程院院士
徐铜文	中国科学技术大学，教授
薛群基	中国科学院宁波材料技术与工程研究所，中国工程院院士
杨全红	天津大学，教授
杨为民	中国石油化工股份有限公司上海石油化工研究院，中国工程院院士
姚献平	杭州市化工研究院有限公司，教授级高工
张爱民	四川大学，教授
张立群	北京化工大学，中国工程院院士
张正国	华南理工大学，教授
周伟斌	化学工业出版社，编审

先进化工材料关键技术丛书
中国化工学会 组织编写

荧光染料及其生物医学应用

Fluorescent Dyes and Their
Biomedical Applications

彭孝军 樊江莉 等 著

 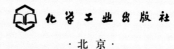

·北京·

内容简介

《荧光染料及其生物医学应用》是"先进化工材料关键技术丛书"的一个分册。

荧光染料是精细化工产品的一个重要分支，是具有高附加值和实用价值的功能性染料。本书凝结了作者们在荧光染料设计和应用等方面多年的理论研究和实践经验，是多项国家和省部级科技成果的结晶。本书从荧光现象和荧光发光原理入手，回顾了荧光染料的发现与发展，介绍了不同识别对象的荧光染料以及它们在生物标记、医学诊断和疾病治疗等方面的应用，展望了相关染料的发展趋势和前景。包括：绪论，荧光染料概述，细胞器染色荧光染料，细胞环境敏感荧光染料，细胞内离子成像用荧光识别染料，生物活性小分子荧光识别染料，生物酶荧光识别染料，核酸荧光识别染料，蛋白的荧光识别和标记技术，热激活延迟荧光染料，超分辨成像荧光染料，荧光分子前药，光触发治疗用光敏染料。

《荧光染料及其生物医学应用》内容全面、专业性强，在取材方面力求前沿性、系统性。适应于染料开发和应用的科技人员阅读，以及高等院校化工、材料等专业师生学习参考。

图书在版编目（CIP）数据

荧光染料及其生物医学应用／中国化工学会组织编写；彭孝军等著.—北京：化学工业出版社，2022.1（2023.4重印）
（先进化工材料关键技术丛书）
ISBN 978-7-122-40038-3

Ⅰ.①荧… Ⅱ.①中…②彭… Ⅲ.①荧光染料-应用-生物医学工程-研究 Ⅳ.①TQ617.3②R318.51

中国版本图书馆 CIP 数据核字（2021）第 203721 号

责任编辑：杜进祥　向　东　孙凤英
责任校对：宋　夏
装帧设计：关　飞

出版发行：化学工业出版社（北京市东城区青年湖南街13号　邮政编码100011）
印　　装：北京建宏印刷有限公司
710mm×1000mm　1/16　印张26¼　字数530千字
2023年4月北京第1版第2次印刷

购书咨询：010-64518888　售后服务：010-64518899
网　　址：http://www.cip.com.cn
凡购买本书，如有缺损质量问题，本社销售中心负责调换。

定　　价：299.00元　　　　　　　　　　　　版权所有　违者必究

作者简介

彭孝军,中国科学院院士。精细化工专家。大连理工大学化工学院院长,精细化工国家重点实验室主任。兼任中国化工学会日用化学品专业委员会主任、中国石油和化学工业联合会高端化学品专业委员会专家委员会主任。1962年生。1982年毕业于大连工学院化工系,1986年在大连工学院精细化工专业获得硕士学位,
1990年在大连理工大学精细化工专业获得博士学位。1990~1992年为南开大学有机化学专业博士后。随后回到大连理工大学任教。2001~2002年间在瑞典斯德哥尔摩大学有机化学系和美国西北大学化学系作访问学者。2007年获得国家杰出青年科学基金、同年入选教育部"长江学者奖励计划"特聘教授,2008年被评为全国化工优秀科技工作者,2016年获全国优秀科技工作者称号,2020年获全国创新争先奖。作为第一完成人,获2013年国家自然科学二等奖和2006年国家技术发明二等奖。多年入选全球"高被引科学家"。2017年当选中国科学院院士。主要从事精细化工和有机智能光学材料的研究,包括有机光学信息材料、EUV和彩色光刻胶、生物荧光探针、医学诊疗试剂。其中研发了用于纳思达股份有限公司的喷墨打印染料墨水,该公司年产通用墨盒已达6500万套,出口率在80%以上,形成了国际认可的自主技术体系;所研发的血液细胞荧光试剂,创制了深圳迈瑞生物医疗电子股份有限公司全自动五分类血细胞分析系统,血细胞分析系统已成为我国少数具有自主知识产权的大型高端临床基础设备,出口九十多个国家。彭孝军为我国在该领域从被垄断发展到国际强国做出了重要贡献。

樊江莉,大连理工大学教授,博士生导师。国家杰出青年基金、优秀青年基金获得者,入选第三批国家"万人计划"领军人才、"青年长江学者"名单。科研工作围绕染料结构与性能关系研究,提出了增强型光诱导分子内电子转移机理;创制了肿瘤标志物、核酸等系列荧光识别染料;发展出系列荧光染料产品,在血液细胞
分群等领域得到了产业化应用。发表SCI收录论文200余篇,授权国内外发明专利70项。担任 *Chinese Chemical Letters*、*Engineering*《应用化学》等学术期刊青年编委,2021年起任 *Dyes and Pigments*、*Scientific Reports* 编委。参与国家自然科学基金委化工学科中长期及"十四五"战略研究报撰写。科研成果曾获国家自然科学二等奖(3/5)1项、国家技术发明二等奖2项、省部级技术发明奖3项。2020年荣获中国青年科技奖、中国石油和化学工业联合会优秀科技工作者称号。

丛书序言

材料是人类生存与发展的基石，是经济建设、社会进步和国家安全的物质基础。新材料作为高新技术产业的先导，是"发明之母"和"产业食粮"，更是国家工业技术与科技水平的前瞻性指标。世界各国竞相将发展新材料产业列为国际战略竞争的重要组成部分。目前，我国新材料研发在国际上的重要地位日益凸显，但在产业规模、关键技术等方面与国外相比仍存在较大差距，新材料已经成为制约我国制造业转型升级的突出短板。

先进化工材料也称化工新材料，一般是指通过化学合成工艺生产的、具有优异性能或特殊功能的新型化工材料。包括高性能合成树脂、特种工程塑料、高性能合成橡胶、高性能纤维及其复合材料、先进化工建筑材料、先进膜材料、高性能涂料与黏合剂、高性能化工生物材料、电子化学品、石墨烯材料、3D打印化工材料、纳米材料、其他化工功能材料等。

我国化工产业对国家经济发展贡献巨大，但从产业结构上看，目前以基础和大宗化工原料及产品生产为主，处于全球价值链的中低端。"一代材料，一代装备，一代产业"，先进化工材料具有技术含量高、附加值高、与国民经济各部门配套性强等特点，是新一代信息技术、高端装备、新能源汽车以及新能源、节能环保、生物医药及医疗器械等战略性新兴产业发展的重要支撑，一个国家先进化工材料发展不上去，其高端制造能力与工业发展水平就会受到严重制约。因此，先进化工材料既是我国化工产业转型升级、实现由大到强跨越式发展的重要方向，同时也是我国制造业的"底盘技术"，是实施制造强国战略、推动制造业高质量发展的重要保障，将为新一轮科技革命和产业革命提供坚实的物质基础，具有广阔的发展前景。

"关键核心技术是要不来、买不来、讨不来的"。关键核心技术是国之重器，要靠我们自力更生，切实提高自主创新能力，才能把科技发展主动权牢牢掌握在自己手里。新材料是国家重点支持的战略性新兴产业之一，先进化工材料作为新材料的重要方向，是化工行业极具活力和发展潜力的领域，受到中央和行业的高度重视。面向国民经济和社会发展需求，我国先进化工材料领域科技人员在"973 计划"、"863 计划"、国家科技支撑计划等立项支持下，集中力量攻克了一批"卡脖子"技术、补短板技术、颠覆性技术和关键设备，取得了一系列具有自主知识产权的重大理论和工程化技术突破，部分科技成果已达到世界领先水平。中国化工学会组织编写的"先进化工材料关键技术丛书"正是由数十项国家重大课题以及数十项国家三大科技奖孕育，经过 200 多位杰出中青年专家深度分析提炼总结而成，丛书各分册主编大都由国家科学技术奖获得者、国家技术发明奖获得者、国家重点研发计划负责人等担任，代表了先进化工材料领域的最高水平。丛书系统阐述了纳米材料、新能源材料、生物材料、先进建筑材料、电子信息材料、先进复合材料及其他功能材料等一系列创新性强、关注度高、应用广泛的科技成果。丛书所述内容大都为专家多年潜心研究和工程实践的结晶，打破了化工材料领域对国外技术的依赖，具有自主知识产权，原创性突出，应用效果好，指导性强。

创新是引领发展的第一动力，科技是战胜困难的有力武器。无论是长期实现中国经济高质量发展，还是短期应对新冠疫情等重大突发事件和经济下行压力，先进化工材料都是最重要的抓手之一。丛书编写以党的十九大精神为指引，以服务创新型国家建设，增强我国科技实力、国防实力和综合国力为目标，按照《中国制造 2025》、《新材料产业发展指南》的要求，紧紧围绕支撑我国新能源汽车、新一代信息技术、航空航天、先进轨道交通、节能环保和"大健康"等对国民经济和民生有重大影响的产业发展，相信出版后将会大力促进我国化工行业补短板、强弱项、转型升级，为我国高端制造和战略性新兴产业发展提供强力保障，对彰显文化自信、培育高精尖产业发展新动能、加快经济高质量发展也具有积极意义。

中国工程院院士：

前言

自 1857 年 Perkin 合成苯胺紫至今，合成染料工业蓬勃发展。20 世纪以来我国逐步发展成为传统纺织染料的生产和使用大国。与传统染料主要关注染料的颜色行为不同，荧光染料更关注发光。当染料吸收入射光的能量，从基态跃迁到激发态，激发态可通过热能散发、荧光发射、电子转移和光化学反应等多种过程释放能量回到基态。可见，通过染料激发态释能过程的有效调控即可实现不同特殊功能或应用性能，在材料、信息、生物医学等诸多领域的应用前景广泛。其中，荧光染料已成为生物医学研究的重要工具，应用于活细胞及体内分子荧光成像和疾病诊断，如 DNA 分析、癌症诊断、免疫分析等。我国生物医用荧光染料的发展刚刚起步，具有巨大的发展空间。生命健康领域急需新型的、性能优异的荧光探针试剂和诊疗手段来打破国外的技术垄断，如基因测序荧光染料、荧光手术导航染料和光/声治疗染料等。因此，新型荧光染料正推动染料工业形成新的历史跨越，对促进我国染料及相关产业的转型发展具有重要意义。

本书是多项国家和省部级科技奖、国内外专利和成果转化等的结晶。如获得国家自然科学二等奖的"荧光染料识别与响应调控的理论与应用基础研究"、获得国家技术发明二等奖的"血液细胞荧光成像染料的创制及应用"、获得中国石油和化学工业联合会技术发明一等奖的"生物荧光成像染料及应用"等。本书主要内容共分十三章，由大连理工大学彭孝军和樊江莉负责框架设计、草拟写作提纲及统稿。参与本书编写的有来自不同单位的近 30 位专家学者。他们都是奋战在一线的科研工作者，书中的许多经典实例都是他们的心血之作。因此，他们的前沿成果和独特视角是本书的特色和基础。第一章和第二章主要介绍了荧光的基本原理和荧光染料的发展历程，由陈鹏忠（大连理工大学）、杨有军（华东理工大学）、郭颖华（华东理工大学）、罗潇（华东师范大学）撰写；第三章介绍的是细胞器染色荧光染料，由王魁、冯北斗、仉华（河南师范大学）撰写；第四章介绍了荧光染料在示踪细胞内微环境中的应用，由王本花和宋相志（中南大学）撰写；

第五章和第六章介绍的是荧光染料对生物体内离子和活性小分子的识别检测，由杜健军、孙文、胡巧（大连理工大学）和张博宇（大连医科大学）撰写；第七章至第九章介绍荧光染料对生物大分子的识别和标记，由陈小强（南京工业大学）、张新富（大连理工大学）、肖义（大连理工大学）、陈令成（大连理工大学）、魏廷文（南京工业大学）、江龙（南京工业大学）和叶智伟（大连理工大学）撰写；第十章介绍新型热激活延迟荧光染料及其应用，由宋锋玲（山东大学）和陈文龙（大连理工大学）撰写；第十一章介绍了超分辨荧光技术，由徐兆超、乔庆龙、陈婕、周伟、刘文娟和房香凝（中国科学院大连化学物理研究所）撰写；第十二章和第十三章对荧光介导光疗技术展开了讨论，由樊江莉、杨明旺、赵学泽和邹杨（大连理工大学）撰写。

  本书作者尽所能呈现荧光染料及生物医学应用的研究进展，但限于时间和水平，书中也难免存在不足和疏漏之处，敬请读者批评指正。本书的研究工作得到国家自然科学基金、国家重点基础研究发展计划（"973计划"）、国家高技术研究发展计划（"863计划"）、国家科技支撑计划、国家重点研发计划等项目的支持，特此感谢！

著者

2021年8月

目录

第一章
绪　论　　　　　　　　　　　　　　　　001

第一节　荧光和磷光的发展概述　　　　　　002
第二节　荧光和磷光产生的机理　　　　　　004
　一、非辐射跃迁　　　　　　　　　　　　005
　二、辐射跃迁　　　　　　　　　　　　　007
　三、常见的描述荧光性质的物理量　　　　008
　四、影响荧光和磷光的主要因素　　　　　008
参考文献　　　　　　　　　　　　　　　　010

第二章
荧光染料概述　　　　　　　　　　　　　011

第一节　常见的荧光染料　　　　　　　　　012
　一、香豆素类衍生物　　　　　　　　　　012
　二、荧光素类衍生物　　　　　　　　　　014
　三、罗丹明类衍生物　　　　　　　　　　014
　四、二酰亚胺类衍生物　　　　　　　　　016
　五、花菁类染料　　　　　　　　　　　　016
　六、卟啉类染料　　　　　　　　　　　　017

七、氟硼类染料 017
第二节　近红外荧光染料分子设计规则 018
　　一、D-π-A 母核的必要性 019
　　二、D-π-A 结构中的 HOMO-LUMO 能级差的调控 023
　　三、D-π-A 骨架的刚性化 025
　　四、D-π-A 结构的空间保护 025
第三节　荧光染料技术展望 027
参考文献 028

第三章
细胞器染色荧光染料　033

第一节　概述 035
第二节　细胞膜染色荧光染料 036
　　一、细胞膜的生物医学功能 036
　　二、细胞膜染色荧光染料及其应用 037
第三节　线粒体染色荧光染料 039
　　一、线粒体的生物医学功能 039
　　二、线粒体染色荧光染料及其应用 040
第四节　溶酶体染色荧光染料 043
　　一、溶酶体的生物医学功能 044
　　二、溶酶体染色荧光染料及其应用 044
第五节　高尔基体染色荧光染料 047
　　一、高尔基体的生物医学功能 048
　　二、高尔基体染色荧光染料及其应用 048
第六节　内质网染色荧光染料 051
　　一、内质网的生物医学功能 052
　　二、内质网染色荧光染料及其应用 052
第七节　细胞核染色荧光染料 056
　　一、细胞核的生物医学功能 056
　　二、细胞核染色荧光染料及其应用 057
参考文献 058

第四章
细胞环境敏感荧光染料　　063

第一节　极性敏感荧光染料　　064
一、基于萘酰亚胺基团的极性敏感荧光染料　　064
二、基于香豆素基团的极性敏感荧光染料　　065
三、基于尼罗红类的极性敏感荧光染料　　067
四、基于萘类的极性敏感荧光染料　　068

第二节　温度敏感荧光染料　　069
一、基于有机小分子的温度敏感荧光染料　　069
二、基于聚合物大分子的温度敏感荧光染料　　071
三、基于纳米材料的温度敏感荧光染料　　072

第三节　黏度敏感荧光染料　　074
一、基于 BODIPY 的黏度敏感荧光染料　　075
二、基于 DCVJ 的黏度敏感荧光染料　　077
三、基于花菁类的黏度敏感荧光染料　　078

第四节　pH敏感荧光染料　　080
一、基于氨基可逆质子化的 pH 敏感荧光染料　　080
二、基于 N- 杂环质子化的 pH 敏感荧光染料　　082
三、基于酚类的 pH 敏感荧光染料　　083
四、基于罗丹明开环的 pH 敏感荧光染料　　084

第五节　环境敏感荧光染料在生物医学应用中的展望　　087
参考文献　　087

第五章
细胞内离子成像用荧光识别染料　　093

第一节　碱金属离子及碱土金属离子荧光识别染料　　094
一、钙离子荧光识别染料　　094
二、镁离子荧光识别染料　　095
三、钠离子荧光识别染料　　098

四、钾离子荧光识别染料　　100

第二节　生物体内主要过渡金属离子荧光识别染料　　101
　　一、锌离子荧光识别染料　　102
　　二、铁离子及亚铁离子荧光识别染料　　104
　　三、铜离子荧光识别染料　　106

第三节　阴离子荧光识别染料　　108
　　一、卤素离子荧光识别染料　　109
　　二、（焦）磷酸根离子荧光识别染料　　111

第四节　有害重金属离子荧光识别染料　　113
　　一、汞离子荧光识别染料　　113
　　二、镉离子荧光识别染料　　115
　　三、铅离子荧光识别染料　　115
　　四、钯离子荧光识别染料　　116

参考文献　　118

第六章
生物活性小分子荧光识别染料　　125

第一节　活性氧物种荧光识别染料　　126
　　一、单线态氧荧光识别染料　　127
　　二、过氧化氢荧光识别染料　　129
　　三、超氧阴离子荧光识别染料　　132
　　四、羟基自由基荧光识别染料　　134
　　五、次氯酸荧光识别染料　　137
　　六、过氧亚硝酸盐荧光识别染料　　139

第二节　生物硫醇类化合物荧光识别染料　　140
　　一、半胱氨酸和高半胱氨酸荧光识别染料　　141
　　二、谷胱甘肽荧光识别染料　　146

第三节　生物气体荧光识别染料　　151
　　一、一氧化氮荧光识别染料　　152
　　二、硫化氢荧光识别染料　　157

三、一氧化碳荧光识别染料　　162
　参考文献　　164

第七章
生物酶荧光识别染料　　173

　第一节　概述　　174
　第二节　氧化还原酶荧光识别染料　　175
　　一、环氧化酶荧光识别染料　　175
　　二、酪氨酸酶荧光识别染料　　179
　　三、硝基还原酶荧光识别染料　　183
　　四、单胺氧化酶荧光识别染料　　187
　　五、过氧化物酶荧光识别染料　　192
　第三节　转移酶荧光识别染料　　195
　　一、谷氨酰转移酶荧光识别染料　　195
　　二、硫酸基转移酶荧光识别染料　　198
　　三、甲基转移酶荧光识别染料　　199
　第四节　水解酶荧光识别染料　　202
　　一、蛋白水解酶荧光识别染料　　202
　　二、羧酸酯水解酶荧光识别染料　　207
　　三、磷酸酯酶荧光识别染料　　209
　　四、糖苷水解酶荧光识别染料　　211
　参考文献　　213

第八章
核酸荧光识别染料　　219

　第一节　核酸的基本特征　　220
　第二节　染色基本原理及类别　　220
　　一、静电作用　　221

二、沟槽结合模式作用　　221
　　三、嵌入式作用　　222

第三节　DNA荧光染料　　222
　　一、碱性 DNA 染料　　222
　　二、阳离子型染料　　223
　　三、其他类型染料　　229

第四节　RNA荧光染料　　230

第五节　G四联体荧光染料　　233
　　一、DNA G 四联体荧光染料　　233
　　二、RNA G 四联体荧光染料　　240

第六节　基于核酸染色的多功能荧光探针　　242
　　一、细胞核超分辨探针　　242
　　二、细胞核微环境探针　　247

参考文献　　249

第九章
蛋白的荧光识别和标记技术　　253

第一节　蛋白特异性标记技术概述　　254
第二节　小分子配体标记　　255
　　一、标记细胞骨架的荧光探针　　255
　　二、磺酰脲类标记钾离子 ATP 通道蛋白探针　　257
第三节　多肽标签标记　　258
　　一、双砷染料 - 四半胱氨酸多肽设计以及类似工作　　259
　　二、随机筛选特异性结合染料的多肽标签　　262
第四节　自修饰酶标签标记　　263
　　一、SNAP Tag　　263
　　二、Halo Tag　　267
第五节　核酸适配体标记　　269
第六节　总结与展望　　270
参考文献　　271

第十章
热激活延迟荧光染料　　　　　　　　　　　　**273**

第一节　热激活延迟荧光染料的结构与光谱性质　　274
　一、热激活延迟荧光的概念及发光过程机理　　274
　二、延迟荧光染料的基本物理参数　　276
　三、延迟荧光染料分子结构和设计原则　　278
第二节　生物荧光成像用热激活延迟荧光染料　　284
　一、可直接应用于生物体系的荧光素类 TADF 分子　　286
　二、不能直接应用于生物体系的 TADF 分子　　288
　三、可直接应用于生物体系的其他类 TADF 分子　　291
第三节　诊疗一体化用热激活延迟荧光染料　　293
第四节　热激活延迟荧光染料生物医学应用的展望　　295
参考文献　　296

第十一章
超分辨成像荧光染料　　　　　　　　　　　　**301**

第一节　概述　　302
第二节　超分辨成像技术　　303
第三节　超分辨成像荧光染料　　304
　一、STED 超分辨成像荧光染料　　306
　二、SMLM 超分辨成像荧光染料　　313
第四节　总结和展望　　321
参考文献　　322

第十二章
荧光分子前药　　　　　　　　　　　　　　　**325**

第一节　概述　　326

第二节	还原性硫醇激活前药体系	327
第三节	过氧化氢激活前药体系	330
第四节	酶激活前药体系	332
第五节	酸性pH激活前药体系	335
第六节	光激活前药体系	337
参考文献		339

第十三章
光触发治疗用光敏染料　　343

第一节	概述	344
第二节	光动力治疗用光敏染料	344
	一、Ⅱ型机理光敏剂	346
	二、Ⅰ型机理光敏剂	365
	三、临床光敏药物	369
第三节	光热治疗用光敏染料	371
	一、卟啉类	372
	二、七甲川菁类	375
	三、酞菁类	378
	四、吡咯并吡咯二酮类	380
	五、克酮酸类	382
	六、BODIPY 类	385
参考文献		387

索引　　395

第一章
绪　论

第一节　荧光和磷光的发展概述 / 002

第二节　荧光和磷光产生的机理 / 004

第一节
荧光和磷光的发展概述

荧光最早发现于16世纪60年代，西班牙内科医生、植物学家尼古拉斯·莫纳德斯（N.Monardes）在特定条件下观测到，一种来自墨西哥的木头浸入水中其溶液呈现特有的天蓝色发光[1]。这种木头是一种治疗肾脏和泌尿系统疾病的珍贵药材。莫纳德斯提出可利用该木材水溶液特有的天蓝色发光现象作为鉴别真假药材的标志。后经证实，该木材水溶液呈现天蓝色是因为其中含有一种名叫马塔兰碱的化合物（图1-1），这种化合物并不存在于植物体内，而是由树木中至少一种黄酮类化合物经过反复氧化形成[2]。

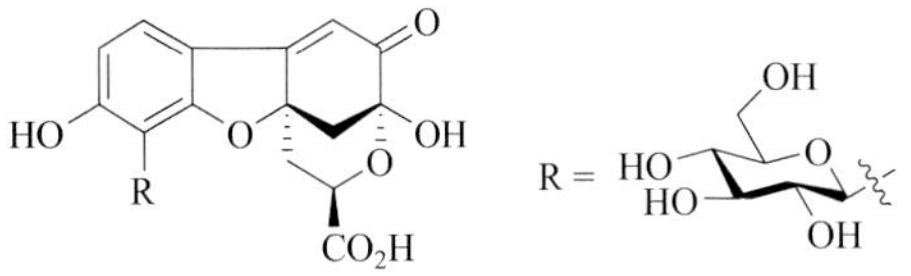

图1-1
马塔兰碱的结构式

17世纪，牛顿和波尔等人对马塔兰碱溶液的发光现象给予了更详细的描述，但并未阐明其中的机理[3]。直到19世纪，伴随着越来越多的发光现象被发现，发光机理也被逐步揭示。1819年，剑桥大学矿物学教授克拉克（Edward D. Clarke）报道了萤石晶体的奇特发光现象：萤石晶体完全透明，具有二向色性，反射光的颜色具有蓝紫色，而透射光的颜色呈现翡翠绿色（图1-2）。然而克拉克教授不能对这种现象做出解释。1822年法国矿物学教授René-Just Haüy同样发现了上述类似现象，并用乳光现象对其进行解释，即蓝紫色是反射光（散射光）的主要颜色，而绿色是透射光（非散射光）的主要颜色。虽然这种解释并不正确，但是Haüy提及的两种矿石——蛋白石和萤石，在以后对荧光现象的解释和命名过程中将起着重要的作用[4, 5]。

1833年，苏格兰传教士大卫·布鲁斯特（David Brewster）发现绿色的叶绿素（chlorophyll）的乙醇溶液经阳光照射后，从侧面可观察到红色发光[6]。David Brewster同样利用乳光现象对其解释。1845年，英国皇家学会的约翰·赫歇尔（John Herschel）在一份报告中描述了硫酸奎宁溶液表面呈现蓝色发光。他使用棱镜将入射光分解，发现只有光谱的蓝光边缘能使硫酸奎宁溶液发光，而红光无此效应[7]。但是赫歇尔并没有意识到溶液发光波长要长于入射光波长这一理论[8]。

图1-2　绿色萤石卵晶在阳光和UV光照射下的发光现象

直到1852年,英国科学家乔治·斯托克斯(G.G. Stokes)在他的论文《论光的折射率变化(On the refrangibility of light)》指出,用分光计观测太阳光照射奎宁溶液时,可见光区域不会使溶液发光,只有当溶液置于紫外光区域时会产生蓝光[9]。斯托克斯由此判断,这种现象是由于物质先吸收光能后发射出不同波长的光,而且发射光的波长大于激发光的波长。斯托克斯依据"萤石"的发光现象,首次提出了"荧光"这一概念,并认定荧光是一种光致冷发光现象[10]。斯托克斯在后来一次演讲中提出,荧光可作为一种分析工具。1867年,F. Göppelsröder采用荧光试剂桑色素(morin)来检测Al(Ⅲ),这是荧光分析方法的首次应用(图1-3)[11]。1871年,A. Von Baeyer首次合成了荧光素染料[12]。20世纪,荧光染料进入蓬勃发展期,有600多种荧光染料被合成出来,各种荧光现象和机理也被逐步揭示和完善(表1-1)[8]。

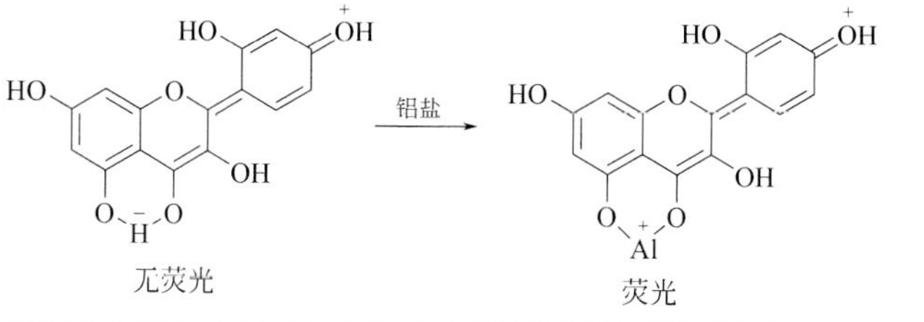

图1-3　桑色素与Al^{3+}配合后荧光增强

磷光的发现可追溯到中世纪,很多报道揭示了矿石在光照后置于黑暗中仍可观察到发光现象。其中最为出名的是,17世纪初意大利博洛尼亚的一名鞋匠Vincenzo Cascariolo无意中发现的"博洛尼亚磷光体"。Vincenzo Cascariolo爱好冶金,一天他在奥龙佐Monte Paterno地区发现了一些奇怪的石头,与煤煅烧后经过阳光照射,再移到暗处石头仍可发光。当时关于这种现象的记载:"博洛尼亚石经阳光照射需孕育一段时间才能产生光。"后经证实，博洛尼亚石含有硫酸钡，被煤还原后生成的硫化钡可产生磷光现象[5]。经过几个世纪的发展，人们逐步对荧光和磷光的产生机理有了深入了解（表1-1）。

表1-1 20世纪上半叶荧光和磷光的发展史

年份	科学家	现象与成就
1905，1910	E.L. Nichlos和Merrit	首次报道染料的荧光激发光谱
1907	E.L. Nichlos和Merrit	吸收和发射光谱的镜像关系
1919	O. Stern和Volmer	荧光猝灭关系
1920	F. Weigert	发现染料溶液荧光的极化现象
1922	S.I. Vavilov	荧光量子产率与激发波长无关
1923	S.I. Vavilov和W.L. Levshin	首次研究染料溶液的荧光偏振现象
1924	S.I. Vavilov	测定染料溶液的荧光量子产率
1924	F.Perrin	定量描述静态荧光猝灭
1924	F.Perrin	首次观察到了E型延迟荧光
1925	F.Perrin	荧光偏振理论（黏度影响）
1925	F.Perrin	介绍延迟荧光现象，预测长距离能量转移
1926	E.Gaviola	首次通过荧光相位法测定了纳秒荧光寿命
1926	F.Perrin	荧光偏振理论（球体） Perrin方程；间接测量溶液荧光寿命
1927	E.Gaviola和P. Pringsheim	溶液中的共振能量转移
1928	E.Jette和W. West	首个光电荧光计
1929	F.Perrin	阐明延迟荧光的形成经历了亚稳态的中间态 基于共振能量转移的荧光去偏振定性理论
1929	F.Perrin和N. Choucroun	基于能量转移的染料敏化荧光
1934	F.Perrin	荧光偏振理论（椭球体）
1935	A. Jablonski	Jablonski图
1944	G. Lewis和M. Kasha	三重激发态
1948	Th. Förster	偶极-偶极能量转移的量子力学理论

第二节
荧光和磷光产生的机理

分子吸收光能使一个电子从较低能级跃迁到较高能级，从而使得分子到达高能的激发态，高能不稳定的激发态分子容易以各种形式失掉过量的激发能，重新回到低能和稳定的状态，这一过程称为激发态的失活或衰变过程。Jablonski（雅布隆斯基）图（图1-4）用来表示分子的激发和失活过程[13, 14]。可以看出，激发态分子通常通过两种途径失活回到基态 S_0，即辐射跃迁和非辐射跃迁。辐射跃迁是通过释放光子的形式从高能态失活回到低能状态的过程，包括荧光和磷光两个过程，是光吸收的逆过程；非辐射跃迁包括内转换（IC）、系间穿越（ISC）和振动弛豫（VR）等过程。

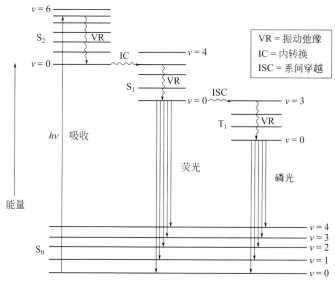

图1-4　分子激发和失活的Jablonski（雅布隆斯基）图

一、非辐射跃迁

非辐射跃迁是激发态分子通过无辐射失活到低能状态的过程，包括内转换（IC）、系间穿越（ISC）和振动弛豫（VR）等。

振动弛豫（vibrational relaxation，VR）是指当分子吸收光能后从基态的最低振动能级 ($v=0$) 跃迁到激发单重态的较高振动能级上，由于分子间碰撞，过剩的振动能量以热的形式传递给周围环境，从而自身从激发态的高振动能级跃迁至该电子能级的最低振动能级上。发生振动弛豫的速率常数可达到 $10^{12}\sim10^{15}\mathrm{s}^{-1}$。

内转换（internal conversion，IC）是指激发态分子无辐射失活到多重性相同的低能状态的过程，包括 $S_m \longrightarrow S_{m-1}$ 和 $T_n \longrightarrow T_{n-1}$ 两类。在两类内转换中，从高能激发态到低能激发态，因为能级间的能隙较小，内转换速率常数可达到 $10^{11}\sim10^{13}\mathrm{s}^{-1}$。从 S_1 到 S_0 跃迁的内转换速率常数则要低很多，一般在 $10^8\mathrm{s}^{-1}$ 数量级。大部分有机化合物的基态都是单线态，所以从 T_1 发生的内转换极少。在光化学和光物理研究中，最重要的是 $S_1 \longrightarrow S_0$ 的内转换。描述内转换性质的最重要的物理量是内转换速率常数 k_{IC} 和内转换量子产率 ϕ_{IC}。

内转换速率常数 k_{IC} 是激发态的固有性质，其数值受多种因素的影响。首先是分子结构，分子内的振动可以增加无辐射跃迁的发生概率，因此提高化合物的刚性结构可以降低其内转换速率常数；相反，增加分子的振动，如引入柔性基团，可以增加内转换速率常数。另一个因素是能隙，k_{IC} 随着两个相关激发态间能隙的增加呈现指数下降。当能隙 $\Delta E > 209 kJ/mol$ 时，k_{IC} 无法与荧光速率常数和系间穿越速率常数竞争；当能隙 $\Delta E < 209 kJ/mol$ 时，则内转换是一个不可忽略的失活过程。此外还有重氢同位素，当有机物中的氢原子被重氢原子取代后，将导致分子内振动减弱，导致内转换速率常数 k_{IC} 和量子产率 ϕ_{IC} 下降。激发态电子组态也会对内转换产生一定影响。当激发态的电子组态为 (π, π^*) 时，k_{IC} 一般较大；当激发态电子组态为 (n, π^*) 时，k_{IC} 较小。

内转换量子产率 ϕ_{IC} 是被吸收的光子在内转换过程中利用效率的度量，当只发生分子内的物理失活时，可表示为：$\phi_{IC} = k_{IC} / (k_{IC} + k_F + k_{ISC})$。由此可知，$k_{IC}$ 与 ϕ_{IC} 成正比例关系，一般有利于 k_{IC} 增大的因素也将导致 ϕ_{IC} 增加，相反导致 k_{IC} 减小的因素也将使得 ϕ_{IC} 减小。例如，同样条件下苯和萘的 ϕ_{IC} 分别为 0.7 和 0.05，这是由于稠环增加了分子刚性，从而减弱了分子内无辐射失活。

系间穿越（intersystem crossing，ISC）发生在多重性不同的状态之间，一般发生在第一激发单线态 S_1 和第一激发三线态 T_1 之间，极少数情况可以到达第二激发三线态 T_2，从 S_1 到 T_n 的系间穿越的速率常数可表述为 k_{ISC}[15]。系间穿越的速率常数直接影响系间穿越的量子产率 ϕ_{ISC}，二者之间的关系为 $\phi_{ISC} = k_{ISC} / (k_{ISC} + k_F + k_{IC})$，系间穿越的速率常数和量子产率的影响因素如下：

（1）温度。对于从 S_1 发生的系间穿越，速率常数与温度存在如下关系：

$$k_{ISC}^{ob} = k_{ISC}^{o} + A e^{-dE/(RT)}$$

式中，dE 是 S_1 与 T_1 的能级差。一般来说，温度升高，k_{ISC} 增大；温度降低，k_{ISC} 减小。但在温度低于 100K 时，温度对 k_{ISC} 的影响可以忽略不计。

（2）重原子。分子内的重原子可以提高自旋轨道耦合强度（SOC），提高系间穿越的速率常数，从而增大系间穿越的量子产率。

（3）能隙。能隙对系间穿越的影响与对内转换的影响是类似的。发生系间穿越的两个相关状态之间的能隙越小，系间穿越的速率常数也就越大。

（4）电子组态的影响。根据 El Sayed 规则，由于系间穿越时有电子自旋翻转发生，必须有一个电子在相互垂直的轨道上的跳跃来平衡角动量的改变，这时系间穿越才容易发生。所以 El Sayed 对系间穿越提出如下规则。

从 S_1-T_1 的系间穿越：

$$^1(n, \pi^*) \longrightarrow {}^3(\pi, \pi^*) \text{ 允许}$$

$$^1(\pi, \pi^*) \longrightarrow {}^3(n, \pi^*) \text{ 允许}$$
$$^1(n, \pi^*) \longrightarrow {}^3(n, \pi^*) \text{ 禁阻}$$
$$^1(\pi, \pi^*) \longrightarrow {}^3(\pi, \pi^*) \text{ 禁阻}$$

从 T_1-S_0 的系间穿越：

$$^3(n, \pi^*) \longrightarrow n^2 \text{ 允许}$$
$$^3(\pi, \pi^*) \longrightarrow \pi^2 \text{ 禁阻}$$

二、辐射跃迁

辐射跃迁和光吸收密切相关，了解二者的关系特征对于深入研究辐射跃迁具有重要的意义。

（1）光吸收和辐射都将导致分子轨道电子云节面数的改变。分子中电子运动轨道的能级与其轨道节面数相关。分子吸收光能，将导致电子运动轨道节面数增加，能量升高；辐射跃迁则使得节面数减小，能量降低。

（2）光吸收和辐射跃迁都遵从相同的选择规则。即电子自旋不发生改变，跃迁涉及的分子轨道对映性发生改变并有较大空间重叠时，才易发生跃迁过程。

（3）光吸收和辐射跃迁都导致分子偶极矩的改变。辐射跃迁是电子从高能轨道回到低能分子轨道，因此分子中电子的排布也发生了改变，会导致分子偶极矩的改变，并且与光吸收跃迁导致的偶极矩改变在大小变化上是相反的。

（4）光吸收和辐射跃迁都遵从 Frank-Condon 原理。其主要内容是分子中电子跃迁的速度远大于分子振动速度。在电子跃迁后的瞬间，分子内原子核的相对距离和速度几乎与跃迁前一致，即电子跃迁过程中，分子的构型保持不变，也就是说电子跃迁过程发生的是垂直跃迁。

荧光是辐射跃迁的一种，是物质从激发态失活到多重性相同的低能状态时的弛豫现象。当荧光分子吸收激发能后，电子从基态 S_0（通常为自旋单线态）到达第一激发单线态的高振动能级 S_m。处于激发态 S_m 高振动能级的电子经过非常快的振动弛豫跃迁到 S_m 的最低振动能级，然后通过内转换过程（$<10^{-12}$s）无辐射跃迁至多重性相同且能量较低的激发态 S_1，然后经过辐射跃迁释放能量回到基态 S_0，产生荧光。绝大部分荧光源自 S_1 的最低振动能级，其产生的反应过程为：

$$S_0 + h\nu_{ex} \longrightarrow S_m \longrightarrow S_1 \longrightarrow S_0 + h\nu_F$$

磷光则是激发态分子失活到多重性不同的低能状态时的一种弛豫现象。磷光产生的过程一般是由分子到达第一单重激发态 S_1 后，经由系间穿越过程跃迁至能量稍低具有不同自旋多重性的激发态 T_n，再经由内转换过程无辐射跃迁至激发态 T_1，然后以发光的形式释放能量回到基态 S_0。由于激发态 T_1 和基态 S_0 具有不同的自旋多重度，这一过程是跃迁禁阻的，因此需要比释放荧光更长的时间

（$10^{-5} \sim 10^{-3}$ s 甚至更长）来完成这个过程。且当停止入射光照射后，还有相当数量的电子处于亚稳态的激发态 T_1 上并持续发光直到所有电子回到基态，这种缓慢释放的光称为磷光。

与荧光相比，磷光具有以下特点：①磷光的寿命比荧光长；②磷光的波长比相应的荧光要长；③磷光的寿命和辐射强度对于重原子和顺磁离子是极其敏感的。

三、常见的描述荧光性质的物理量

1．荧光量子产率 $\varPhi_f$

荧光量子产率 $\varPhi_f$ 定义为荧光发射量子数与被物质吸收的光子数之比。由于分子的非辐射失活途径不可避免，因此 $\varPhi_f$ 在数值上通常小于 1。由于荧光的非单色性、各向不均匀性和二级发射等原因，荧光量子产率的直接测定往往重复性较差，通常用已知荧光量子产率的化合物作为参比在相同的条件下对照测定。

2．荧光寿命 τ_f 和荧光发射速率常数 k_f

荧光寿命 τ_f 是荧光强度衰减为初始 1/e 时所用的时间。荧光发射速率常数通常为荧光寿命的倒数，可表示为：$k_f = 1/\tau_f$。应当注意，化合物的荧光寿命通常指其单线态的寿命。

3．荧光强度

荧光强度不是分子激发态的固有属性，它会随物质发射光波长而改变。

4．斯托克斯位移

一个化合物的发射光谱通常与吸收光谱类似，但总是较相应的吸收光谱红移，这种现象称为斯托克斯位移。产生斯托克斯位移的主要原因有三个：①跃迁到高振动能级的激发态分子，首先会发生振动弛豫，损失部分能量，到达激发态的最低振动能级，然后发生辐射跃迁回到基态产生荧光；②到达激发态后，分子的构型会进一步调整，达到稳定构型，这又损失部分能量；③分子的激发态多为 (π, π^*) 态，这种激发态较基态极性变大，易于被极性溶剂稳定，会使得激发态的能量进一步降低。

四、影响荧光和磷光的主要因素

1．荧光的影响因素

有些化合物的发光很容易被观测到。比如蒽在被光照射后，常可观测到它有淡黄绿色的光发出；而丁二烯等化合物很难发射荧光或根本不发射荧光。分子产生荧光的最基本条件是：分子吸收光子发生多重性不变的跃迁时所吸收的能量小于断裂其最弱的化学键所需要的能量。比如丁二烯在乙醇中的最大吸收波长为210nm，此波长对应的能量是590kJ/mol，此值大于丁二烯最弱的化学键的键能525kJ/mol，因此丁二烯在乙醇中不可能有荧光。除此之外，分子产生荧光还受多种其他因素的影响。这些因素主要包括以下几点。

（1）荧光基团　荧光基团是含有不饱和键的基团，当这些基团是分子的共轭体系的一部分时，该分子可能产生荧光。常见的荧光基团主要是=C=O、—N=O、—N=N—、\C=N—、\C=S、苯环、吡喃酮、吡嗪等。

（2）荧光助色团　可使化合物荧光增强的基团称为荧光助色团，比如—NR_2、—OR等给电子基团。相反，吸电子基团—COOH、—CN等将减弱或抑制荧光的发生，称为荧光消色团。这是因为给电子基团会增加与之相连的不饱和体系的最高占据分子轨道（HOMO）的能级，导致HOMO-LUMO（最低非占分子轨道）之间的能隙减少，因此该化合物发生跃迁时所吸收的能量将减少，并容易发生向激发态的跃迁，从而有利于荧光的产生。吸电子基团使得化合物会降低与之相连的不饱和体系的HOMO能级，导致HOMO-LUMO之间的能隙增大，化合物跃迁时吸收的能量将增大，从而难以发生向激发态的跃迁，不利于荧光的产生。

（3）增大π共轭结构　增大化合物的π共轭结构，有利于体系内π电子的离域，从而使得体系发生跃迁所需的能量降低，有利于荧光的产生。一般来说，增大化合物体系的π共轭结构会使得分子的荧光发射峰向长波长方向移动。

（4）提高分子的刚性可增强荧光　这是因为刚性的增加，将减弱分子的振动，从而减少分子的非辐射跃迁；此外增加分子的刚性有利于增加分子的平面性，从而有利于分子内π电子的离域，有利于荧光的产生。偶氮苯不发荧光，而二氮菲具有较强的荧光，这是由于二氮菲分子具有较强的刚性。

（5）重原子效应　荧光化合物中引入重原子，比如碘等，会减弱分子的荧光，这是由于重原子具有增强系间穿越效应的作用，减少分子的辐射跃迁。

（6）降低体系的温度可增强荧光　这是由于降低温度会使得分子的热振动减少，不利于非辐射失活，而有利于辐射失活，从而增强分子的荧光。

（7）其他因素　比如氢键、吸附、增加溶剂黏度等会减少分子的热振动，增加分子的刚性，从而提高荧光效率。

2. 磷光的影响因素

磷光一般要比荧光弱得多，这是由于发射磷光的 T_1 通常是由 S_1 经过系间穿越形成。由于受荧光和内转换过程的竞争，系间穿越的量子产率往往较低，导致了磷光较弱。为了提高磷光量子产率，通常采用引入重原子、降低体系温度和引入顺磁分子等方法。

参考文献

[1] Acuña A U. More thoughts on the narra tree fluorescence [J]. J Chem Educ, 2007, 84(2): 231.

[2] Acuña A U, Amat-Guerri F, Morcillo P, Liras M, Rodríguez B. Structure and formation of the fluorescent compound of lignum nephriticum [J]. Org Lett, 2009, 11(14): 3020-3023.

[3] Harvey E N. A history of luminescence from the earliest times until 1900 [M]. Philadelphia, PA: The American Philosophical Society, 1957.

[4] Bill H, Sierro J, Lacroix R. Origin of coloration in some fluorites [J]. Am Mineral, 1967, 52(7-8): 1003.

[5] Valeur B, Berberan-Santos M N. A brief history of fluorescence and phosphorescence before the emergence of quantum theory [J]. J Chem Educ, 2011, 88(6): 731-738.

[6] Brewster D. On the colours of natural bodies [J]. Trans-R Soc Edinburgh, 2013, 12(2): 538-545.

[7] Herschel J. On a case of superficial colour presented by a homogeneous liquid internally colourless [J]. Proc R Soc Lond, 1851, 5: 547.

[8] Masters B R. Molecular fluorescence: principles and applications [J]. J Biomed Opt, 2013, 18: 039901.

[9] Stokes G G. On the refrangibility of light [J]. Philos Trans, 1852, 142: 463-562.

[10] Stokes G G. On the change of refrangibility of light. No. Ⅱ [J]. Philos Trans R Soc London, 1853, 143: 385-396.

[11] Göppelsröder F. On a fluorescent substance extracted from cuba wood and on fluorescence analysis [J]. J Prakt Chem, 1868, 104: 10-27.

[12] Huisgen R. Adolf von Baeyer's scientific achievements—a legacy [J]. Angew Chem Int Ed, 1986, 25(4): 297-311.

[13] Jablonski A. Über den mechanismus der photolumineszenz von farbstoffphosphoren [J]. Zeitschrift Für Physik, 1935, 94(1): 38-46.

[14] Perrin F. Radiation and chemistry [J]. Trans Faraday Soc, 1922, 17(0): 546-572.

[15] Zhao X, Liu J, Fan J, et al. Recent progress in photosensitizers for overcoming the challenges of photodynamic therapy: from molecular design to application [J]. Chem Soc Rev, 2021, 50(6): 4129-4185.

第二章
荧光染料概述

第一节 常见的荧光染料 / 012

第二节 近红外荧光染料分子设计规则 / 018

第三节 荧光染料技术展望 / 027

第一节
常见的荧光染料

经过几个世纪的研究，人们对荧光的产生机理了解得越来越深入，并且逐步发展出了一系列荧光材料。荧光材料是指受到光、电和化学等能量激发后发光的材料[1]。有机荧光材料由于其具备色彩丰富、可调性好、色纯度高、分子设计灵活、制备条件温和等优点，受到人们的重视。有机发光分子多带有共轭杂环及各种生色团，结构易于调整，通过引入烯键、芳香环等不饱和基团及各种生色团来改变其共轭长度，从而使化合物光电性质发生变化。目前较为常见的荧光材料按照结构大致可分为三类：芳香稠环化合物；分子内电荷转移化合物；金属有机配合物。芳香稠环化合物具有较大的共轭结构、良好的平面性和刚性，代表性分子为蒽、芘、䓛和菲等。具有共轭结构的分子内电荷转移化合物是研究得最为广泛的一类荧光材料。这类材料通常修饰有电子给体和电子受体基元，分子受激发后，分子内原有电荷密度会发生变化，发生分子内光诱导电荷转移，引起分子极化，使其电荷密度只集中于分子两端，不易发生光异构化反应。这类分子的发光性质易于调控，且受环境影响较大。目前较为常见的有机发光分子包括香豆素类、荧光素类、罗丹明类、二酰亚胺类衍生物、氟硼类衍生物、花菁类以及卟啉类衍生物等（图2-1），广泛应用于荧光探针、光氧化剂、有机电致发光、药物示踪以及太阳能电池等领域[2-6]。目前，研究人员对有机荧光材料的研究主要集中在开发或改进有机荧光分子的各种性能，比如荧光量子产率，吸收峰和发射峰的位置调控，光稳定性和水溶性等，或者合成新型有机发光分子，探索和挖掘其潜在的光物理性质，以期望应用于各个领域。

一、香豆素类衍生物

香豆素又称为苯并-α-吡喃酮（图2-2），最早于1820年由A. Vogel和Guibourt等人从黑香豆和草木樨花中提取得到[7]。1968年Perkin通过水杨醛和醋酸酐反应首次人工制备得到香豆素[8]。香豆素母体分子结构由苯环和吡喃酮构成，其中C3，C4位C=C双键呈现顺式构型，避免了通常的乙烯基化合物中C=C双键顺反异构带来的能量损耗，使得香豆素具有良好的光稳定性。香豆素母体在乙醇中的最大吸收位于312nm，无明显荧光发射[9]。但是取代基的引入会明显改变香豆素的发光性能[10]。自然界存在的香豆素分子中苯环C7位通常含有烷氧基团。然而由于香豆素苯环活性较低，直接通过后功能化修饰在C7位引入氨基或者烷氧基团较为困难。通常的做法是通过前体分子设计，进一步合成具有期望官能团结构的香豆素染料。香豆素 C3，C4 位 C=C 双键具有较高的反应活性[11]，并且极易发生光引发二聚反应[12]。通过在香豆素苯环 C6，C7 位和 C=C 双键 C3，C4 位修饰不同的推拉电子基团，可改变香豆素内的电子分布情况，使其在溶液中的发光颜色从蓝光扩展到红光区域[13, 14]。目前已报道的香豆素衍生物在激光染料、有机发光二极管、光动力治疗、生物成像和荧光探针等领域有着广泛的应用[15, 16]。

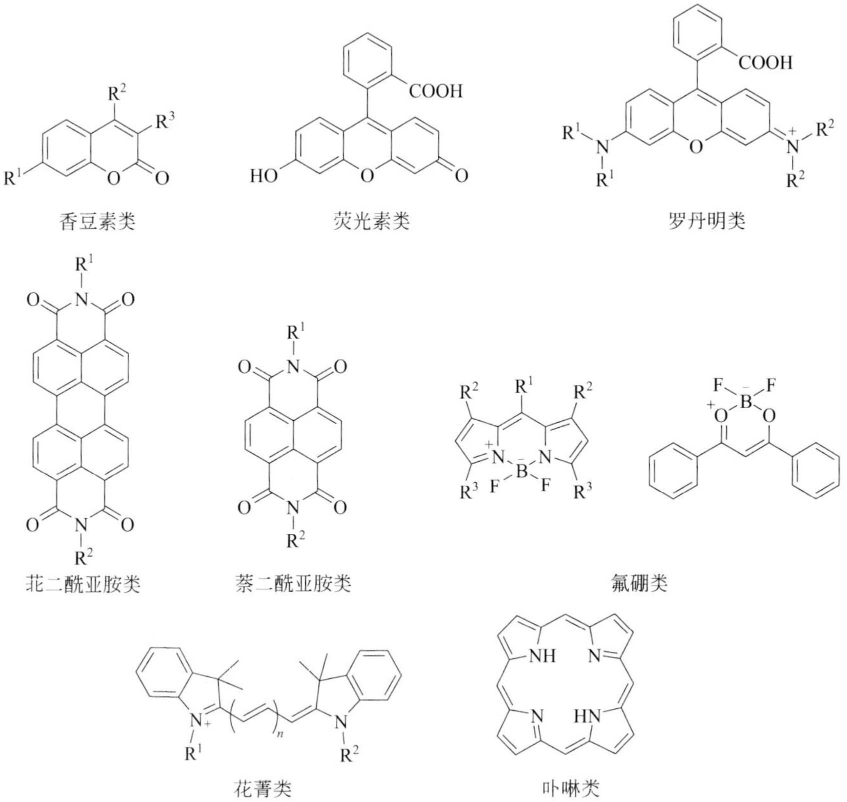

图 2-1　常见的有机发光材料结构特征

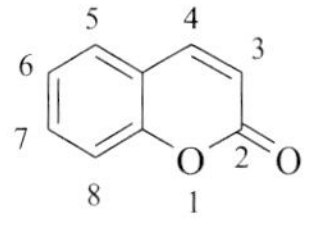

图 2-2　香豆素染料的基本结构

二、荧光素类衍生物

荧光素又称为荧光黄，是一种分子结构可发生互变异构的荧光染料，即开环的醌式结构（Ⅰ）和闭环的内酯式结构（Ⅱ）（图2-3）[17]。荧光素9位苯环无论是在醌式还是内酯式结构中均与氧杂蒽环垂直，因此不参与共轭。醌式结构的荧光素在可见光区有着很强的吸收和荧光，而内酯式的荧光素由于分子共轭性较差，因此只在紫外区有一定的吸收和荧光，通常很难观测到。

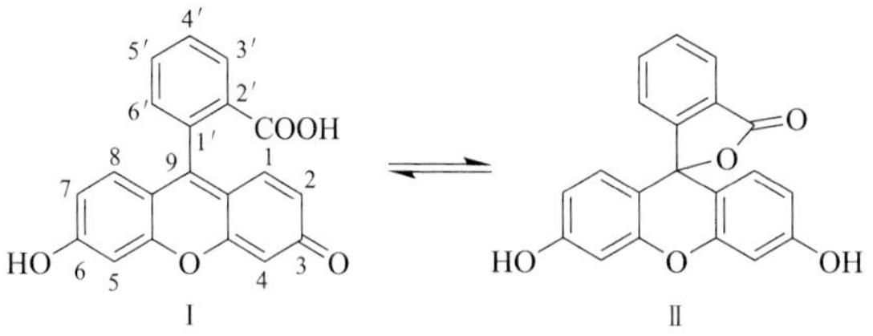

图2-3 荧光素类染料开环和闭环结构

在不同的 pH 和极性的溶剂中，荧光素存在多种结构，例如阳离子型、中性醌型、中性内酯型、单阴离子型和双阴离子型，每种存在形式的发光性质均不同。其中双阴离子型的荧光素具有很强的荧光，在 0.1mol/L 的 NaOH 水溶液中，其荧光量子产率高达 92%，但是若浓度过高（>10^{-4}mol/L），则会发生明显的荧光猝灭现象。而在酸性溶剂中，由于 6 位羟基被质子化，因此吸收和发射光谱相对于双阴离子型均发生明显变化，荧光量子产率下降。溶剂的极性对于荧光素的存在形式有着重要影响。在强极性溶剂如甲醇和水中，荧光素主要以双阴离子型存在；而在弱极性溶剂如甲苯中，荧光素主要以中性内酯形式存在。

荧光素虽然具有极强的荧光和鲜艳的颜色，但是用其作为纺织染色剂是不合适的，因为其在水中的溶解性很好，难以牢固地吸附在纤维上。但是在分析领域，荧光素是一种重要的荧光试剂。这是由于荧光素虽然易溶于水，但是与细胞膜脂也有很好的亲和性，易于渗透到细胞中，用于生物成像。同时可通过分子设计在荧光素上连接对某种检测物有特异性响应的接受体，利用不同存在形式的荧光素发光性质不同，可以达到对检测物有效识别的目的，因此荧光素在荧光探针领域有着广泛的应用[18]。当荧光素作为荧光探针连接到蛋白质上时，蛋白质构象的变化将引起荧光素所处微环境的变化，从而使得其光谱性质发生变化，因此可利用荧光素光谱位置、强度和荧光寿命的变化来检测蛋白质的构型变化[19]。

三、罗丹明类衍生物

罗丹明类化合物的分子结构与荧光素类似，其差别在于 3 位和 6 位取代基变为氨基。依据 3，6 位氨基和 9 位苯环取代基的不同，罗丹明又可分为罗丹明 B、罗丹明 6G、罗丹明 123、罗丹明 110 和罗丹明 101 等，结构如图 2-4（a）所示。罗丹明 B 在溶液中一般有三种不同的存在形式，即阳离子、两性离子和内酯形式［图 2-4（b）］[20]。在酸性溶液中，罗丹明以阳离子形式存在；在中性和碱性溶液中，罗丹明 9 位苯环上羧基电离，呈现两性离子形式。尽管这两种存在形式都具有相同的生色团，但是两性离子羧基上的负电荷影响了氧杂蒽环上的电子分布，使得两性离子的吸收和发射光谱相对于阳离子蓝移。在极性较低的甲苯等溶剂中，罗丹明 B 主要以内酯的形式存在，体系的共轭结构较小，在可见光区观测不到明显的荧光[21]。

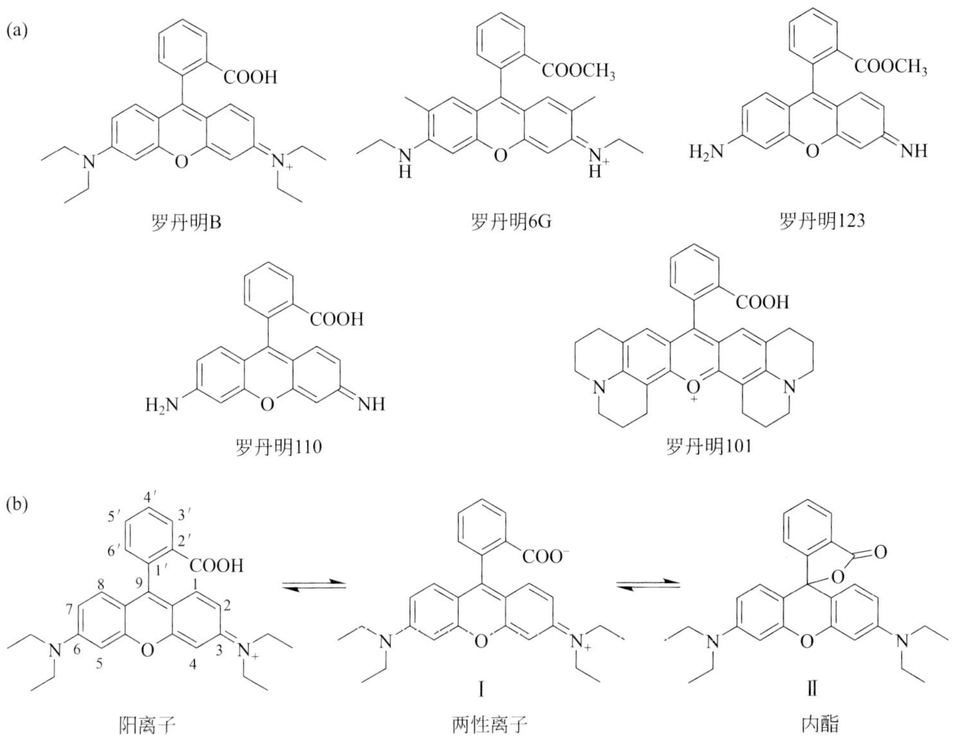

图 2-4　常见罗丹明染料的分子机构（a）和罗丹明 B 的三种存在形式（b）

和荧光素类似，罗丹明在水溶液中具有较高的荧光量子产率，结构易于修饰，可制备合成多种类型的荧光探针，用于检测离子、生物小分子和酶等[22]。罗丹明的吸收和发射波长均在 530nm 以上，通过分子修饰可将吸收和发射光谱进一步红移至近红外区，并且水溶性和生物兼容性较好，广泛应用于生物成像[23]。例如罗丹明 123 可以快速通过细胞膜进入细胞，选择性地与活细胞中的线粒体相结合，用于检测线粒体膜电位和监测细胞凋亡情况，并且毒性较低。此外，罗丹明合成相对简单，很多衍生物都已经实现了商品化。例如罗丹明 B 已被广泛应用于有色玻璃、特色烟花爆竹、化妆品等行业。

四、二酰亚胺类衍生物

在所有的萘嵌苯二酰亚胺衍生物中，萘二酰亚胺（NDI）[2]和苝二酰亚胺（PDI）[24]是最为重要的两类分子（图 2-5），其色泽鲜艳，发光强烈。NDI 和 PDI 分子结构中酰氨基具有吸电子作用，使得芳香环骨架环上缺电子，因此 NDI 和 PDI 具有高的电子亲和力和良好的电荷迁移率，广泛应用于光伏器件和柔性显示等领域[5, 25]。NDI 和 PDI 母核通常由前体酸酐和相应的伯胺化合物反应得到，分子平面性良好。值得注意的是，酰胺取代基并不会显著改变 NDI 和 PDI 的光物理性质，但是通过功能化修饰，在 NDI 的萘环或者 PDI 苝的 α 位引入取代基会对分子的吸收和发射光谱有着显著的影响[26]。并且取代基的引入会使得平面构型的母体分子发生一定程度的扭曲，改善其溶解性。结构修饰的多样性以及丰富的光物理性质，使得 NDI 和 PDI 在荧光探针和超分子组装等领域也有着重要的应用[27-29]。

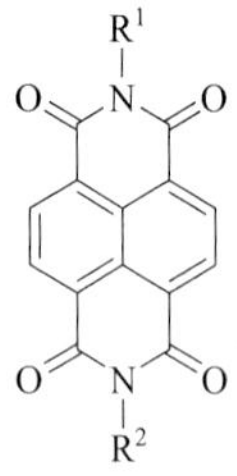

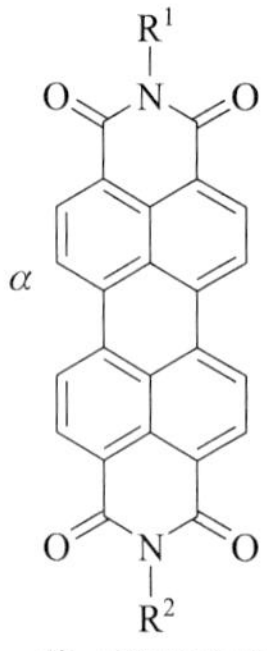

图2-5 NDI和PDI分子结构

萘二酰亚胺类　　苝二酰亚胺类

五、花菁类染料

花菁（cyanine）是一类性能优异且广泛应用的有机荧光染料（图 2-6），它的结构早在 150 多年前由 Williams 等人首次报道[4]。花菁的核心结构是两个含氮杂环通过奇数的次甲基连接形成，其通常是由芳香季铵盐与相应的缩合试剂制备得到。花菁染料存在一个强的共振结构，电荷位于发色团的尾端，改变两个氮原子之间共轭链的长度可以显著改变花菁的吸收和光射光谱。研究表明，每增加一个乙烯基团，会使得光谱红移约 100nm，例如 Cy3 呈现黄绿色荧光，最大发射波长在 570nm，而 Cy5 最大发射波长则红移至 670nm，到达近红外区域。最为常用的花菁染料是吲哚菁绿（ICG），该染料具有近红外吸收和发射的性质。虽然该类染料的光稳定性较差，而且受溶剂酸碱性影响较大，但仍在荧光探针和生物成像等领域有着广泛的应用[30, 31]。

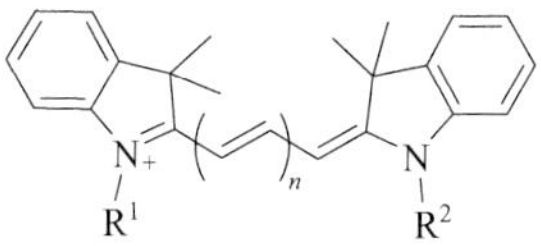

图2-6 花菁染料分子结构

六、卟啉类染料

卟啉是一类含有四个吡咯环的芳香环化合物，当其骨架中不含任何取代基时，又称为卟吩（图 2-7）[32]。当卟吩中吡咯质子被金属取代后，成为金属卟啉，卟啉环因为金属配位作用而发生一定的扭曲[33]。卟啉和金属卟啉（镁卟啉、铁卟啉和钴卟啉等）是叶绿素、血红素和细胞色素等生物大分子的重要组成部分。卟啉类化合物具有大的刚性芳香环结构，发光通常位于红光区域，半宽峰较窄，有利于得到饱和的红色发光，是一种重要的红光材料[34]。卟啉还是一种常用的三线态敏化剂，具有极强的磷光性质，能与环境中的基态氧发生能量传递作用使得氧气到达激发态，自身磷光被猝灭，因此常用来作为检测氧气的探针分子，敏化得到的单线态氧（$^1O_2$）能够杀死增殖活跃的癌细胞和组织，达到光动力治疗癌症的目的[35]。

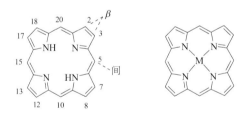

图2-7 卟啉类染料基本结构

七、氟硼类染料

在众多有机荧光化合物中，含氟硼荧光分子是一类性能优异的染料，受到了广泛重视。目前研究最多的氟硼类染料分为两种：①氟化硼二吡咯甲川（boron dipyrrolemethene，BODIPY）类染料[3,36]；②氟化硼-β-二羰基化合物（difluoboron beta-diketonate compounds，BF_2dbks）类染料[37]（图 2-8）。

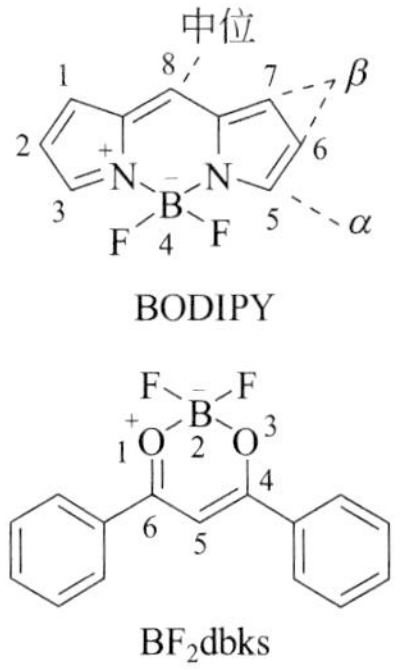

图2-8 BODIPY和BF$_2$dbks类染料分子结构

BODIPY 是由二吡咯甲川与三氟化硼配位形成。二氟硼的配位提高了分子的平面性，并且能与吡咯环发生明显的 p-π 共轭效应，增强了 π 电子的离域，使得 BODIPY 在溶液中具有较强的荧光。同时 BODIPY 极易于修饰，在其 α、β 和中位均可引入取代基改变其光电特性，其中在 α 位引入基团对 BODIPY 的性质影响最为明显。由于 BODIPY 核结构呈现明显的缺电子特性，因此在 α 位引入给电子基团会使其吸收和发射光谱红移，量子产率提高。引入苯乙烯、苯乙炔等官能团可延长 BODIPY 的共轭结构，可以用来构筑基于 BODIPY 的近红外荧光染料[38]。同时可在 BODIPY 的 α、β 或者中位引入醚链或者羧酸钠等水溶性基团，用于改善 BODIPY 在水中的溶解性[39]。目前已发表的关于 BODIPY 类染料的文章已有数千篇，主要集中于激光染料、荧光传感器、生物成像、光动力治疗等领域[40-43]。

相对于 BODIPY、荧光素和罗丹明等其他荧光染料，人们对 BF$_2$dbks 类染料的研究目前还处于起步阶段，但已经取得了显著的成就。BF$_2$dbks 衍生物是 D-π-A 类型的分子，芳香环为电子给体，中心硼为缺电子基团，作为电子受体。BF$_2$dbks 在溶液中具有极高的荧光量子产率，并且其荧光随溶剂极性的增加而呈现显著红移的趋势。在固态下，BF$_2$dbks 衍生物仍具有较强的发光，并且发光颜色随分子堆积方式的改变而显著变化[44, 45]。改变 BF$_2$dbks 衍生物芳香环的取代基或者延长分子的共轭结构都会使得 BF$_2$dbks 的发光发生显著的变化。BF$_2$dbks 类染料除了具有 BODIPY 所具有的优点外，还具有双光子吸收和室温磷光（room temperature phosphorescence，RTP）等特性，在荧光传感器领域有着潜在的应用[46, 47]。

第二节
近红外荧光染料分子设计规则

在过去的几十年里，基于荧光的成像技术逐渐成为基础研究、转化研究和临床治疗研究中不可或缺的技术。由于主要的生物色素，如血红蛋白和含氧血红蛋白，对超过650nm的光线没有明显的吸收，而950nm左右的光又可以被水或脂吸收，因此650～950nm的光谱范围对生物系统来说是透明的，是组织或体内成像的理想波段，被指定为生物窗口、光学窗口或治疗窗口[48]。因此具有近红外（NIR）吸收和发射的染料在生物成像和治疗应用方面备受关注。

尽管近红外染料的需求量很大，但与可见光波段的活性染料相比，近红外染料依然非常稀少，相关文献也非常有限。这是由于荧光染料尤其是高性能荧光染料的设计挑战巨大。首先，为了吸收近红外光，近红外染料需要比可见光染料表现出更小的HOMO-LUMO差值。原则上，这可以通过提高可见染料的HOMO能级或降低LUMO能级来实现。然而，这绝非易事。其次，由于HOMO-LUMO能级差减小，近红外染料的化学稳定性通常很差。降低能级的LUMO容易被亲核试剂攻击和还原，而提高能级的HOMO则容易被氧化。最重要的是，大多数近红外染料的光稳定性也很差，它们在光激发下很容易出现异构或降解。一种没有适当稳定性的近红外染料几乎没有意义。最后，由于HOMO-LUMO能级差小，结构刚性差，近红外染料内转换动力学快，导致了这类近红外染料较小的荧光量子产率。因此，开发明亮、稳定、生物相容性高、波长长的近红外荧光染料仍旧需要长久的努力与探索。

新型高性能荧光近红外染料的设计过程一般分为四步[49]：①选择D-π-A推拉电子体系；②通过合理修饰降低轨道能级差；③结构刚性化；④空间位阻基团保护。

一、D-π-A母核的必要性

自合成染料时代开始，染料颜色与其结构构型的关系已经成为该领域内的核心问题。对于π共轭体系而言，增加共轭程度可同时降低最低非占分子轨道（LUMO）能级，并提高最高占据分子轨道（HOMO）能级，因此可以有效地实现更长的波长吸收。例如，β-胡萝卜素是一种含有11个共轭双键的多烯，它可以实现在450nm处的吸收。共轭体系的进一步延长确实可以将吸收波长进一步红移，然而，由于"有效共轭长度"的存在，例如50-烯的最大吸收波长为603nm，而100-烯的最大吸收波长仅为613nm，聚乙炔的吸收波长不超过650nm。显然，多烯不是一种能够吸收并发射出波长超出可见范围的染料结构（图2-9）。因此，通过延长共轭体系增加波长这一方法存在局限性。

在合成染料化学的早期，人们就注意到供电子基团（即电子供体或推电子结构）和吸电子基团（即电子受体或拉电子结构）的存在可以诱导分子吸收光谱的红移[50]。

图2-9 多烯和多芳香烃结构示意图

从分子轨道理论的角度来看，这是很直观的。供电子基团可以提高 HOMO 能级，吸电子基团可以降低 LUMO 能级，从而导致 HOMO-LUMO 能级差的减小。当供电子基团和吸电子基团分别取代至共轭体系的两侧时，电子将会发生从供体到受体的离域，即内部电荷转移（internal charge transfer，ICT），从而通过这种方式增强诱导吸收光谱红移的效果。这种分子系统通常被称为供体-π-受体（D-π-A）或电子推拉体系。尽管在一些非常小的分子结构中存在例外，D-π-A 体系仍旧被认为是开发新型染料母核的可行性指南。苯胺紫（Mauve），一种开创精细化工行业的染料，就是这样一种D-π-A型的构造，除此之外，偶氮染料、三芳基甲烷染料、花菁素染料和许多合成染料化学早期的其他染料也是同样的体系。有趣的是，许多天然染料也通过其D-π-A体系来呈现出颜色（图2-10）。

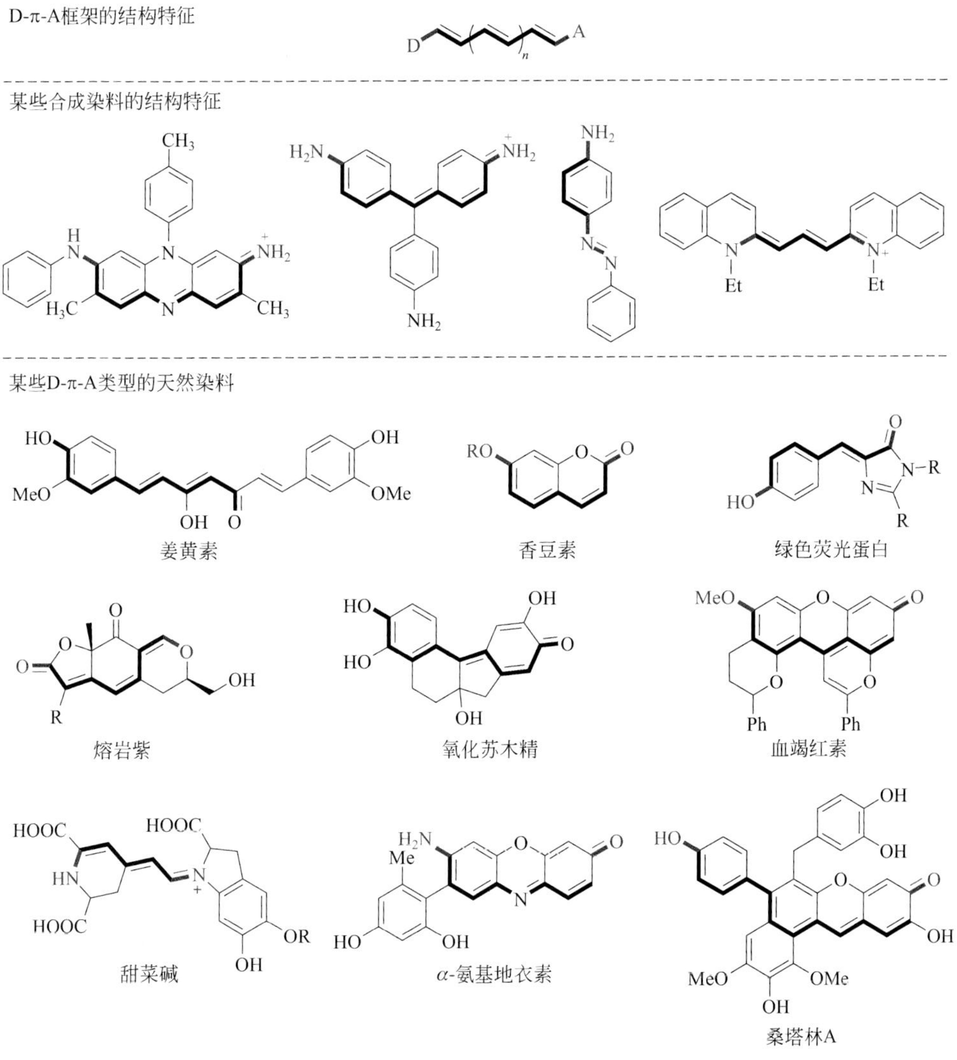

图2-10 D-π-A分子结构通式及一些早期合成煤焦油染料和天然染料

虽然更长的D-π-A结构不一定会产生更长的吸收波长，但近红外染料的确可以使用一个更大的骨架。随着电子供体、共轭结构主链和电子受体结构的选择日益丰富，更多的D-π-A型染料已经被开发出来。图2-11中总结了一些具有

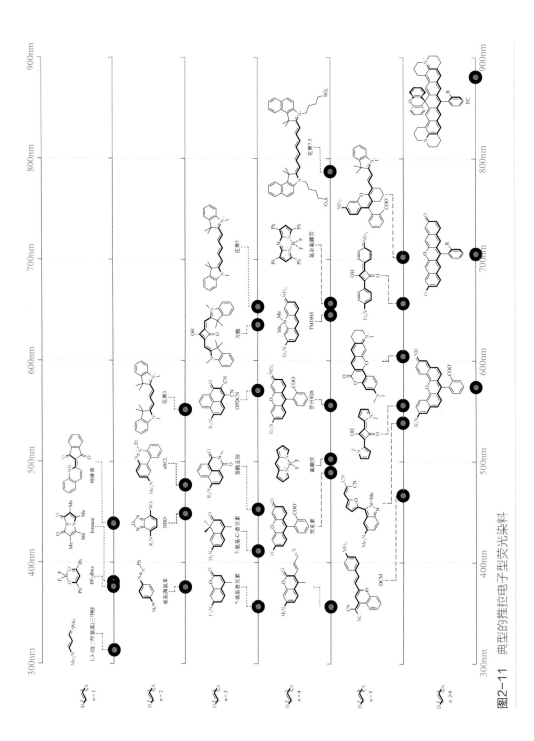

图2-11 典型的推拉电子型荧光染料

D-π-A 结构的经典母核[13, 51-56]。相同长度的 D-π-A 结构不一定会产生相同的吸收波长，例如氨基偶氮苯和 Cy3 都包含有一个七原子的 D-π-A 骨架，但前者的吸收在 360nm 处，后者则是在 560nm 处。基于现有的染料分子，包含有九个原子的 D-π-A 骨架的化合物最大吸收波长分布在 350～650nm 范围内，而具有十一或十三个原子作为骨架的化合物的吸收波长分散范围更大。

二、D-π-A结构中的HOMO-LUMO能级差的调控

具有 D-π-A 母核的染料，其吸收波长可以通过适当地引入具有供电子或吸电子性质的取代基来进行调控。

路易斯结构式是用来记录一个特定化合物中不同原子之间联系的方法。但是，路易斯结构式无法准确描述电子离域，因此领域又提出了共振理论。例如，图 2-12（a）中展示了醋酸盐三个主要的共振结构，这三种结构的含义是：负电荷不定位于两个氧原子中的任何一个，但以离域的方式存在于两个氧原子之间。因此，每个氧原子都带有部分负电荷（δ^-）。同样，可以推断羰基碳原子上带有部分正电荷（δ^+）。利用共振理论，可以得出羧酸盐这样的 D-π-A 结构具有独特的 δ^+/δ^- 交替的特征。在格里菲思的开创性著作中[57]，这些带有部分负电荷的原子被标记为星号（*）。类似地，D-π-A 型花菁素染料可以用图 2-12（b）所示的不同形式表示。

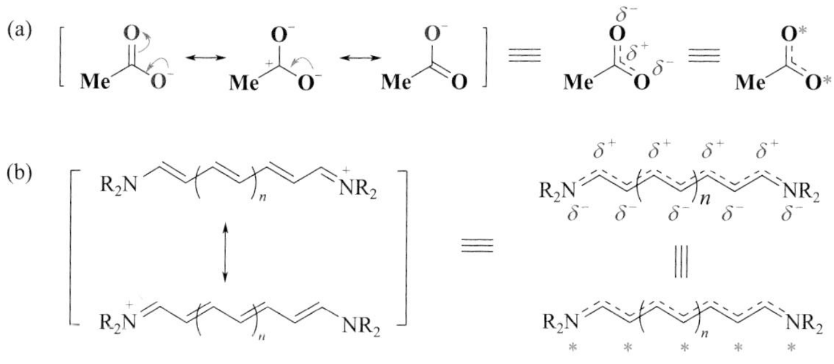

图2-12　D-π-A母核结构中电子离域的表示方式

光子的吸收伴随着电子从 HOMO 到 LUMO 的跃迁过程。与此同时，分子由基态转变成更高的能量态，如激发态。D-π-A 结构的分子在激发态有不同的电子分布，例如，在 HOMO-LUMO 的跃迁引起了电子分布的反转。在基态携带有部分负电荷的原子（或星号原子）现在携带了部分正电荷，反之亦然。因此，取代基团对 D-π-A 型染料的吸收波长的影响就变得容易理解了（图 2-13）。

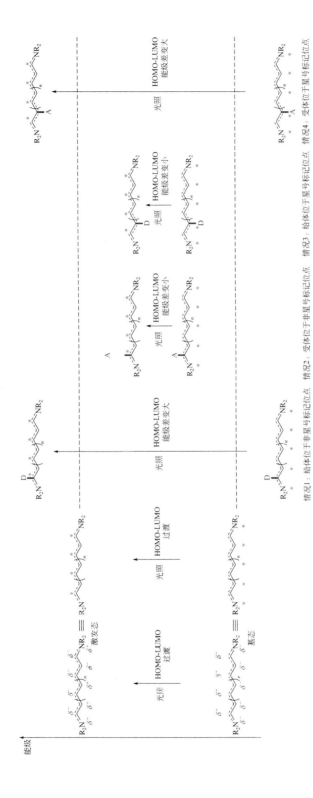

图2-13 取代基团对于D-π-A母核中HOMO-LUMO能级差的影响

非星号标记位点是缺电子位点，供电子基团的存在使其稳定，而吸电子基团使其不稳定。类似地，星号标记位点是富电子位点，吸电子基团存在使其稳定。这里仅涉及定性分析，因此很可能存在一些例外。然而，当作为一个通用的设计框架使用时，下面的一套规则可以帮助实现近红外染料的设计：

（1）非星号标记位点的供电子基团可以导致基态的稳定和激发态的不稳定。因此，HOMO-LUMO 能级差增大，导致吸收波长向短波区移动。

（2）非星号标记位点的吸电子基团可以导致基态的不稳定和激发态的稳定。因此，HOMO-LUMO 能级差减小，导致吸收波长向长波区移动。

（3）星号标记位点的给电子基团导致基态的不稳定和激发态的稳定。因此 HOMO-LUMO 能级差减小，导致吸收波长向长波区移动。

（4）星号标记位点的吸电子基团导致基态的稳定和激发态的不稳定。因此 HOMO-LUMO 能级差增大，导致吸收波长向短波区移动。

三、D-π-A 骨架的刚性化

共轭主链长度的延长可以促进染料吸收波长的红移，在这一过程中染料结构本身变得更灵活，这种结构上的灵活性使处于激发态的染料发生旋转或振动弛豫，从而降低荧光量子产率。因此，D-π-A 骨架的刚性化是开发明亮、稳定的近红外荧光染料必不可少的一步。

虽然具有 D-π-A 结构的分子内相邻双键以反式的形式表示，但是它们的实际构型包括顺式和反式两种。可以通过并入多元环的方式将反式二烯构型固定。如图 2-14 所示[58-60]，当一个环的引入不足以提供足够的刚性时，也可以引入两个或更多的环，这些环既可以分离，也可以环化。顺式二烯或供电子的烯胺部分也可以通过并入五元环或者六元环而刚性化。

如果一个芳环是由成环反应得到的，那么二烯的四个电子被包括在芳环之内，从而变得更加局域化［图 2-15（a）］，芳环中的电子离域效率变低，因此，连接这个芳香环和 D-π-A 结构其余部分的两个键具有了更多的单键特征，也更容易旋转。因此整个系统实际上没有被严格刚性化，表现出较弱的荧光。为了解决这一问题，可以通过对整个 D-π-A 骨架进行多重刚性化来构造分子，如香豆素和荧光素［图 2-15（b）］。

四、D-π-A 结构的空间保护

近红外染料有一个较低的 LUMO，因此本质上容易受到亲核进攻。生物环境中确实存在大量的亲核性物质，如水、硫化物、超氧化物、次氯酸盐和过氧亚

X = O/N/S等

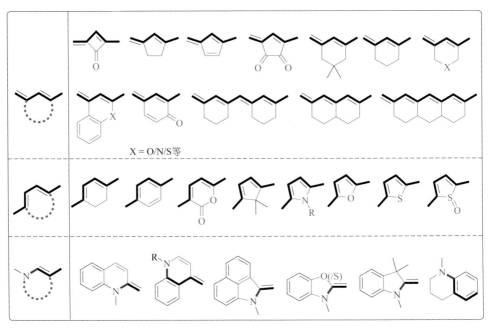

图2-14 D-π-A母核的刚性化方式

(a)
约1.5键级
约1.5键级
v.s.
<1.5键级
有效电子离域；
增强双键特性；
减弱旋转自由度。
抑制电子离域；
减少双键特性；
增强旋转自由度。
(b)
举例
刚性化
进一步刚性化
刚性化
进一步刚性化

图2-15 通过芳环结构实现顺式二烯的刚性化

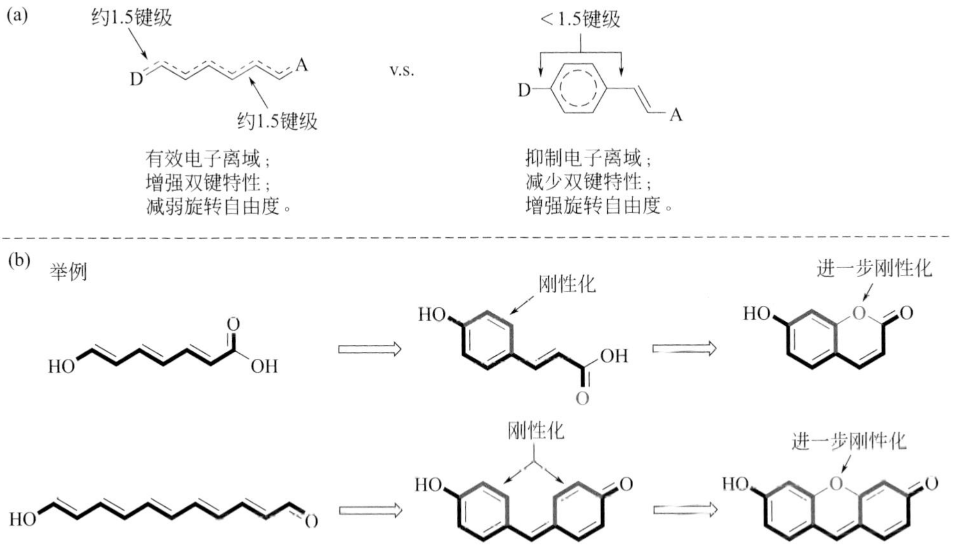

硝酸盐等。虽然氢氧化物和硫化物对D-π-A母核共轭主链的亲核进攻是可逆的，不会导致染料结构的永久性破坏，但超氧化物、次氯酸盐或过氧亚硝酸盐可以导致染料共轭链的氧化裂解[61-63]。同时，可以自由转动的长链双键也容易被单线态氧氧化[64]。为了改善这种情况，一种可行的方法是引入空间上的立体构型，通过位阻效应阻碍亲核试剂的进攻路线，在动力学水平上保护近红外染料的亲电位点，此外，通过这一途径还可以避免近红外染料在空间上通过π-π堆积而聚集。

空间上的改造可以在分子层面或是超分子层面进行。超分子的构建是很容易的。D-π-A的主链可以嵌入超分子大环[65]、聚合物矩阵[66]，或是包载进惰性空腔中[67]。这是一种很好的方式，但依旧有着局限性。首先，最终的超分子染料/立体复合体变为了一个比原来的D-π-A染料大得多的结构。其次，这类结构的大规模制备十分困难，因此无法广泛应用。

分子水平的立体结构改造可以直接在D-π-A母核上进行，例如引入叔丁基或邻位取代芳基（图2-16）。这类结构片段可以直接在染料两侧引入，也可以与共轭链相连。同时要注意，大位阻基团的引入应当以不干扰染料的荧光量子产率为前提。对于具有多个芳香环的D-π-A体系，相邻两个芳香环可以通过sp³杂化基团相连。

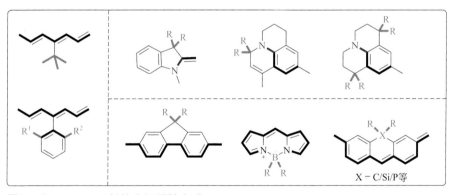

图2-16　D-π-A母核的空间保护方式

第三节
荧光染料技术展望

自1856年威廉·珀金偶然发现苯胺紫，精细染料化学化工已经走过一个半世纪。在 19 世纪下半叶，大部分经典染料母核（偶氮、萘酰亚胺、三苯甲烷、花菁等）陆续被发现，一些天然染料（香豆素、蒽醌、靛蓝等）实现人工合成。染料不仅在纺织、涂料、艺术创作等传统领域中获得广泛应用，也在生物染色方面获得应用，组织染色技术获得极大发展，代表性的成果是细胞染色质/染色体的发现，同时也成为生物基础研究中不可或缺的工具。也是在同一时期，染料实现了从传统染料到功能染料的跨越，在化学分析、照明等领域获得应用上的突破。

  进入 20 世纪，新染料的发现仍然是本领域的主旋律，代表性的新染料结构包括萘酰菁、方酸、氟硼吡咯等。高分子化学的发展为纺织染料带来了一个新的机遇。各类面向高分子材料上染的染料新品种陆续被开发出来，实现巨大的产值。其他应用上的重大突破包括彩色照相和荧光增白。随着染料品种逐渐丰富，在疾病治疗方面也取得突破性进展。具有光敏性质的染料在皮肤病和癌症的治疗中获得应用。保罗·埃尔利希开发出的砷凡纳明成为第一个有效的梅毒药物。格哈德·杜马斯克发现了百浪多息对溶血性链球菌感染有疗效，并间接促成了磺胺类抗菌药物的发现。

  随着越来越多的染料的发现，染料的结构与性质之间的构效关系研究激发了化学家极大的兴趣。生色团/促色团等概念被提出，并被用于染料理性设计。在 20 世纪 30 年代，这些概念与共振理论的结合，带来了推拉电子共轭体系的概念。

  进入 20 世纪下半叶，激光技术的出现与发展带动了染料在光电材料中的广泛应用。各类刺激响应型染料在这个时期集中爆发，并推动防伪打印、变色材料、信息存储、智能显示、光电转换、生物成像等技术的发展。同时期，伴随着理论化学的发展与计算力的指数级提升，染料的性质预测也逐步成熟，成为染料开发的重要辅助工具。

  面向未来，染料化学还有广阔的发展空间。首先，新的高性能染料母核的开发仍然是该领域重要的研究前沿，具体包括面向生物医学应用的长波长荧光染料、刺激响应染料和光敏染料，面向智能显示的三线态发光染料与变色染料，面向光电转换的宽光谱吸收染料、单线态裂变染料。其次，向自然学习，构建复杂而有序的超分子多染料母核的光响应功能组装体，此方向的研究进展取决于该领域对多染料体系在三维空间的光物理、光化学的作用关系与精确调控。同时，理论化学的研究价值将在此方向的研究中获得充分的展示。

参考文献

[1] Wanmaker W L. Fluorescent materials // Elenbaas W. High pressure mercury vapour lamps and their applications [M]. London: Palgrave,1965.

[2] Al Kobaisi M, Bhosale S V, Latham K, et al. Functional naphthalene diimides: synthesis, properties, and applications [J]. Chem Rev, 2016, 116(19): 11685-11796.

[3] Loudet A, Burgess K. BODIPY dyes and their derivatives: syntheses and spectroscopic properties [J]. Chem Rev, 2007, 107(11): 4891-4932.

[4] Sun W, Guo S, Hu C, et al. Recent development of chemosensors based on cyanine platforms [J]. Chem Rev, 2016, 116(14): 7768-7817.

[5] Yao H, Ye L, Zhang H, et al. Molecular design of benzodithiophene-based organic photovoltaic materials [J]. Chem Rev, 2016, 116(12): 7397-7457.

[6] Gao M, Yu F, Lv C, et al. Fluorescent chemical probes for accurate tumor diagnosis and targeting therapy [J]. Chem Soc Rev, 2017, 46(8): 2237-2271.

[7] Kvoschwitz J I. Kirk-othmer encyclopedia of chemical technology[M]. 3rd. New York: Wiley, 1978.

[8] Perkin W H. On the artificial production of coumarin and formation of its homologues [J]. J Chem Soc, 1868, 21(0): 53-63.

[9] Cao D, Liu Z, Verwilst P, et al. Coumarin-based small-molecule fluorescent chemosensors [J]. Chem Rev, 2019, 119(18): 10403-10519.

[10] Fan J, Sun W, Hu M, et al. An ICT-based ratiometric probe for hydrazine and its application in live cells [J]. Chem Commun, 2012, 48(65): 8117-8119.

[11] Medina F G, Marrero J G, Macías-Alonso M, et al. Coumarin heterocyclic derivatives: chemical synthesis and biological activity [J]. Nat Prod Rep, 2015, 32(10): 1472-1507.

[12] Tanaka K. Supramolecular photodimerization of coumarins [J]. Molecules, 2012, 17(2): 1408-1418.

[13] Liu W, Zhou B, Niu G, et al. Deep-red emissive crescent-shaped fluorescent dyes: substituent effect on live cell imaging [J]. ACS Appl Mater Interfaces, 2015, 7(13): 7421-7427.

[14] Cheng D, Pan Y, Wang L, et al. Selective visualization of the endogenous peroxynitrite in an inflamed mouse model by a mitochondria-targetable two-photon ratiometric fluorescent probe [J]. J Am Chem Soc, 2017, 139(1): 285-292.

[15] Vendrell M, Zhai D, Er J C, et al. Combinatorial strategies in fluorescent probe development [J]. Chem Rev, 2012, 112(8): 4391-4420.

[16] Reynolds G A, Drexhage K H. New coumarin dyes with rigidized structure for flashlamp-pumped dye lasers [J]. Opt Commun, 1975, 13(3): 222-225.

[17] Yan F, Fan K, Bai Z, et al. Fluorescein applications as fluorescent probes for the detection of analytes [J]. Trends Anal Chem, 2017, 97: 15-35.

[18] Nolan E M, Lippard S J. Small-molecule fluorescent sensors for investigating zinc metalloneurochemistry [J]. Acc Chem Res, 2009, 42(1): 193-203.

[19] Chen X, Pradhan T, Wang F, et al. Fluorescent chemosensors based on spiroring-opening of xanthenes and related derivatives [J]. Chem Rev, 2012, 112(3): 1910-1956.

[20] Beija M, Afonso C A M, Martinho J M G. Synthesis and applications of Rhodamine derivatives as fluorescent probes [J]. Chem Soc Rev, 2009, 38(8): 2410-2433.

[21] Dsouza R N, Pischel U, Nau W M. Fluorescent dyes and their supramolecular host/guest complexes with macrocycles in aqueous solution [J]. Chem Rev, 2011, 111(12): 7941-7980.

[22] Yang Y, Zhao Q, Feng W, et al. Luminescent chemodosimeters for bioimaging [J]. Chem Rev, 2013, 113(1): 192-270.

[23] Chi W, Chen J, Liu W, et al. A general descriptor ΔE enables the quantitative development of luminescent materials based on photoinduced electron transfer [J]. J Am Chem Soc, 2020, 142(14): 6777-6785.

[24] Würthner F, Saha-Möller C R, Fimmel B, et al. Perylene bisimide dye assemblies as archetype functional supramolecular materials [J]. Chem Rev, 2016, 116(3): 962-1052.

[25] Jones B A, Facchetti A, Wasielewski M R, et al. Tuning orbital energetics in arylene diimide semiconductors. materials design for ambient stability of n-type charge transport [J]. J Am Chem Soc, 2007, 129(49): 15259-15278.

[26] Chen Z, Fimmel B, Würthner F. Solvent and substituent effects on aggregation constants of perylene bisimide π-stacks—a linear free energy relationship analysis [J]. Org Biomol Chem, 2012, 10(30): 5845-5855.

[27] Hecht M, Würthner F. Supramolecularly engineered J-aggregates based on perylene bisimide dyes [J]. Acc Chem Res, 2021, 54(3): 642-653.

[28] Giese M, Albrecht M, Rissanen K. Anion−π interactions with fluoroarenes [J]. Chem Rev, 2015, 115(16): 8867-8895.

[29] Görl D, Zhang X, Würthner F. Molecular assemblies of perylene bisimide dyes in water [J]. Angew Chem Int Ed, 2012, 51(26): 6328-6348.

[30] Gorka A P, Nani R R, Schnermann M J. Harnessing cyanine reactivity for optical imaging and drug delivery [J]. Acc Chem Res, 2018, 51(12): 3226-3235.

[31] Guo Z, Park S, Yoon J, et al. Recent progress in the development of near-infrared fluorescent probes for bioimaging applications [J]. Chem Soc Rev, 2014, 43(1): 16-29.

[32] Kim D, Osuka A. Directly linked porphyrin arrays with tunable excitonic interactions [J]. Acc Chem Res, 2004, 37(10): 735-745.

[33] Ding Y, Zhu W H, Xie Y. Development of ion chemosensors based on porphyrin analogues [J]. Chem Rev, 2017, 117(4): 2203-2256.

[34] Tanaka T, Osuka A. Chemistry of meso-aryl-substituted expanded porphyrins: aromaticity and molecular twist [J]. Chem Rev, 2017, 117(4): 2584-2640.

[35] Dąbrowski J M, Pucelik B, Regiel-Futyra A, et al. Engineering of relevant photodynamic processes through structural modifications of metallotetrapyrrolic photosensitizers [J]. Coord Chem Rev, 2016, 325: 67-101.

[36] Ulrich G, Ziessel R, Harriman A. The chemistry of fluorescent bodipy dyes: versatility unsurpassed [J]. Angew Chem Int Ed, 2008, 47(7): 1184-1201.

[37] Chen P Z, Niu L Y, Chen Y Z, et al. Difluoroboron beta-diketonate dyes: spectroscopic properties and applications [J]. Coord Chem Rev, 2017, 350: 196-216.

[38] Lu H, Mack J, Yang Y, et al. Structural modification strategies for the rational design of red/NIR region BODIPYs [J]. Chem Soc Rev, 2014, 43(13): 4778-4823.

[39] Weinstain R, Slanina T, Kand D, et al. Visible-to-NIR-light activated release: from small molecules to nanomaterials [J]. Chem Rev, 2020, 120(24): 13135-13272.

[40] Bessette A, Hanan G S. Design, synthesis and photophysical studies of dipyrromethene-based materials: insights into their applications in organic photovoltaic devices [J]. Chem Soc Rev, 2014, 43(10): 3342-3405.

[41] Boens N, Leen V, Dehaen W. Fluorescent indicators based on BODIPY [J]. Chem Soc Rev, 2012, 41(3): 1130-1172.

[42] Bertrand B, Passador K, Goze C, et al. Metal based BODIPY derivatives as multimodal tools for life sciences [J]. Coord Chem Rev, 2018, 358: 108-124.

[43] Kuehne A J C, Gather M C. Organic lasers: recent developments on materials, device geometries, and fabrication techniques [J]. Chem Rev, 2016, 116(21): 12823-12864.

[44] Chen P Z, Weng Y X, Niu L Y, et al. Light-harvesting systems based on organic nanocrystals to mimic

chlorosomes [J]. Angew Chem Int Ed, 2016, 55(8): 2759-2763.

[45] Chen P Z, Zhang H, Niu L Y, et al. A solid-state fluorescent material based on carbazole-containing difluoroboron β-diketonate: multiple chromisms, the self-assembly behavior, and optical waveguides [J]. Adv Funct Mater, 2017, 27(25): 1700332.

[46] Zhang G, Palmer G M, Dewhirst M W, et al. A dual-emissive-materials design concept enables tumour hypoxia imaging [J]. Nat Mater, 2009, 8(9): 747-751.

[47] Chen P Z, Wang J X, Niu L Y, et al. Carbazole-containing difluoroboron β-diketonate dyes: two-photon excited fluorescence in solution and grinding-induced blue-shifted emission in the solid state [J]. J Mater Chem C, 2017, 5(47): 12538-12546.

[48] Jacques S L. Optical properties of biological tissues: a review [J]. Phys Med Biol, 2013, 58(11): R37-R61.

[49] Luo X, Li J, Zhao J, et al. A general approach to the design of high-performance near-infrared (NIR) D-π-A type fluorescent dyes [J]. Chin Chem Lett, 2019, 30(4): 839-846.

[50] Müllen K, Wegner G. Nonlinear optical properties of oligomers // Electronic materials: the oligomer approach [M]. Weinheim:Wiley‐VCH Verlag GmbH, 1998.

[51] Bendig J, Schedler U, Harder T, et al. Photophysical and photochemical deactivation behaviour of streptopolymethines [J]. J Photochem Photobiol A, 1995, 91(1): 53-57.

[52] Chaudhuri A, Venkatesh Y, Behara K K, et al. Bimane: a visible light induced fluorescent photoremovable protecting group for the single and dual release of carboxylic and amino acids [J]. Org Lett, 2017, 19(7): 1598-1601.

[53] Cheng Y, Li G, Liu Y, et al. Unparalleled ease of access to a library of biheteroaryl fluorophores via oxidative cross-coupling reactions: discovery of photostable NIR probe for mitochondria [J]. J Am Chem Soc, 2016, 138(14): 4730-4738.

[54] Shen Y, Shang Z, Yang Y, et al. Structurally rigid 9-amino-benzo[c]cinnoliniums make up a class of compact and large Stokes-shift fluorescent dyes for cell-based imaging applications [J]. J Org Chem, 2015, 80(11): 5906-5911.

[55] Tikhonov S A, Vovna V I, Gelfand N A, et al. Electronic structure and optical properties of boron difluoride dibenzoylmethane derivatives [J]. J Phys Chem A, 2016, 120(37): 7361-7369.

[56] Xiao Y, Liu F, Chen Z, et al. Discovery of a novel family of polycyclic aromatic molecules with unique reactivity and members valuable for fluorescent sensing and medicinal chemistry [J]. Chem Commun, 2015, 51(30): 6480-6488.

[57] Griffiths J. Colour and constitution of organic molecules [M]. London: Academic Press, 1976.

[58] Strekowski L. Heterocyclic polymethine dyes: synthesis, properties and applications [M]. Berlin: Springer-Verlag, 2008.

[59] Li B, Lu L, Zhao M, et al. An efficient 1064nm NIR-Ⅱ excitation fluorescent molecular dye for deep-tissue high-resolution dynamic bioimaging [J]. Angew Chem Int Ed, 2018, 57(25): 7483-7487.

[60] Irie M. Diarylethenes for memories and switches [J]. Chem Rev, 2000, 100(5): 1685-1716.

[61] Jia X, Chen Q, Yang Y, et al. FRET-based mito-specific fluorescent probe for ratiometric detection and imaging of endogenous peroxynitrite: dyad of Cy3 and Cy5 [J]. J Am Chem Soc, 2016, 138(34): 10778-10781.

[62] Oushiki D, Kojima H, Terai T, et al. Development and application of a near-infrared fluorescence probe for oxidative stress based on differential reactivity of linked cyanine dyes [J]. J Am Chem Soc, 2010, 132(8): 2795-2801.

[63] Kundu K, Knight S F, Willett N, et al. Hydrocyanines: a class of fluorescent sensors that can image reactive oxygen species in cell culture, tissue, and in vivo [J]. Angew Chem Int Ed, 2009, 48(2): 299-303.

[64] Gorka A P, Nani R R, Zhu J, et al. A near-IR uncaging strategy based on cyanine photochemistry [J]. J Am Chem Soc, 2014, 136(40): 14153-14159.

[65] Jing X, He C, Zhao L, et al. Photochemical properties of host-guest supramolecular systems with structurally confined metal-organic capsules [J]. Acc Chem Res, 2019, 52(1): 100-109.

[66] Hecht S, Fréchet J M J. Dendritic encapsulation of function: applying nature's site isolation principle from biomimetics to materials science [J]. Angew Chem Int Ed, 2001, 40(1): 74-91.

[67] Yanagi K, Iakoubovskii K, Matsui H, et al. Photosensitive function of encapsulated dye in carbon nanotubes [J]. J Am Chem Soc, 2007, 129(16): 4992-4997.

第三章
细胞器染色荧光染料

第一节　概述 / 035

第二节　细胞膜染色荧光染料 / 036

第三节　线粒体染色荧光染料 / 039

第四节　溶酶体染色荧光染料 / 043

第五节　高尔基体染色荧光染料 / 047

第六节　内质网染色荧光染料 / 051

第七节　细胞核染色荧光染料 / 056

细胞是由膜包围成且能进行独立扩增繁殖的原生质团,是人体组成最基本的结构和功能单位。一个成年人大概由 100 万亿个细胞组成,人体的各种生理和病理过程都与细胞扩增繁殖代谢密切相关[1]。细胞器是散布在细胞质内具有一定形态、独立的生理功能和一定化学组成的形态结构单元或微器官。细胞里的细胞器主要有细胞膜、线粒体、溶酶体、高尔基体、内质网、细胞核等(图 3-1),它们组成了细胞的基本结构,不同的细胞器通过分工合作使细胞能够正常地工作、运转。不同的细胞器内时刻在进行着特定的化学反应使其具有不同的生理功能,所以一旦某个细胞器内的离子及活性小分子物质的浓度变化或者细胞器形态的变化就可能导致生物体产生一些相应的疾病[2-4]。如线粒体中过量的次氯酸会引起氧化应激响应,导致诸如心血管疾病、炎症、动脉粥样硬化等疾病的发生[5-8]。而一些疾病的发生也会使特定细胞器中的化学物质发生异常表现,如炎症损伤则主要刺激单核细胞、巨噬细胞、成纤维细胞、血管平滑肌或内皮细胞等,诱导环氧化酶 -2(cyclooxygenase-2,COX-2)生成,COX-2 是触发后续炎症反应的关键,而高尔基体的主要功能是将内质网合成的蛋白质进行加工、对比、分拣与运输,然后分门别类地送到细胞特定的部位或分泌到细胞外,所以当某些炎症发生时,高尔基体内的 COX-2 就会异常偏高[9-11]。

图3-1
动物细胞结构示意图

通过靶向到各种细胞器的荧光染料可以对推动疾病发展的特定关键分子进行可视化跟踪研究。细胞器荧光染料通常以细胞器中的特定生物分子如糖、蛋白、离子及细胞器内环境因素(黏度)等作为靶向目标,实现细胞器的荧光染色。通过对细胞器的染色可以针对细胞器的形态、生长情况等进行可视化的观察，从而研究细胞器异常与疾病的关系，这将有助于人们进一步深入了解相关疾病的形成机理[12]，为进一步治疗提供依据、开辟新的方法。本章就各种常用的细胞器染色用荧光染料进行概述，并对其应用原理及各自发展趋势展开探讨。

第一节
概述

随着科技发展，近年来科学家报道的细胞器染色染料种类繁多。性能优异的细胞器染色染料一般具有以下特点[13,14]：膜通透性，既能够穿透细胞膜又能够穿透细胞器膜；化学稳定性即在进入特定细胞器前不与细胞内的复杂化学环境发生反应；靶向选择性即能够特异性靶向到目标细胞器并能够富集到特定细胞器；低的细胞毒性即染料分子不应影响细胞器的生理功能。下面通过不同的实例来介绍一些性能优异的细胞器染色染料。

细胞器荧光染料按照染色原理可以分为两种类型，即传统型细胞器荧光染料和反应型细胞器荧光染料。传统型细胞器荧光染料是通过氢键、配位、超分子作用与细胞器中的离子、糖、蛋白、脂类等靶标相互作用进行标记染色，发光还是靠染料分子来进行的，而反应型细胞器荧光染料是通过与细胞器中的目标分子、离子发生化学反应，使得染料光谱性质或颜色改变，生成不同结构的光活性化合物。传统型细胞器荧光染料的开发一般在选好荧光母体以后通过引入特定基团来改变染料分子的亲脂亲水性、配位能力等来靶向到目标细胞器，从而达到对特定细胞器的染色标记。反应型细胞器荧光染料分子的设计开发要针对靶向目标选择合适的染料母体，并在母体上接上能够与靶向目标进行化学反应的特定基团，保证染料分子能够与细胞器中的目标分子、离子发生化学反应生成不同结构的光活性化合物，使得染料光谱增强或发生较大位移，即荧光增强或者颜色改变等荧光信号的显著变化，从而达到对特定细胞器的染色标记。反应型细胞器荧光染料主要有三种化学反应类型：染料分子与目标分子通过共价键连接生成新的光学活性分子；染料分子与目标分子、离子发生不可逆的反应生成新的光学活性分子；基于置换反应使染料分子与目标分子、离子配合生成新的光学活性分子。反应型细胞器荧光染料作为新型的荧光染料，利用选择反应的优势识别细胞器中的特定物质，具有很高的灵敏度和选择性，受到越来越多的关注，为因细胞器病变引起的疾病的诊断、疾病形成机理以及治疗提供了一种新的可视化诊疗手段。

第二节
细胞膜染色荧光染料

细胞膜可将细胞内部与细胞外环境分隔开，主要由脂质（主要为磷脂）、蛋白质和糖类等物质组成，其中以蛋白质和脂质为主。在结构上可分为三层（图3-2）。对于动物细胞来说，其膜外侧与外界环境相接触，在信号传导和维持离子稳态中发挥基础性作用。

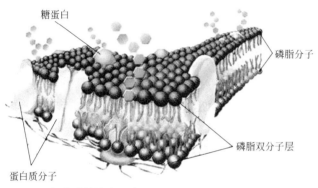

图3-2 细胞膜的结构示意图

一、细胞膜的生物医学功能

因细胞膜在信号传导和维持离子稳态中发挥基础性作用，所以细胞膜的异常会导致多种疾病的发生。结合细胞膜的功能分析，与细胞膜相关的疾病可以分为以下几类：物质跨膜运输功能异常引起的相关疾病、信号传导功能异常引起的相关疾病、细胞膜异常引起的癌变等。

物质跨膜运输功能异常会引起细胞内环境的异常变化，从而导致疾病的发生，如 K^+、Na^+ 跨膜运输异常会导致水肿、心脑血管相关疾病，糖跨膜运输异常会导致糖尿病、低血糖、重症肌无力等相关疾病，脂类跨膜运输异常会导致高胆固醇血症、高血脂、脂肪肝、动脉硬化、冠心病、脑梗死等相关疾病。细胞膜表面具有离子通道型、酶偶联等受体，细胞通过这些受体介导进行信号传输来维持机体的生理功能，膜表面受体异常就会造成信号传导异常，从而引发巨人症、肢端肥大症等相关疾病。癌细胞许多表型变化及其相随的恶性行为均与细胞表面的结构、理化性质和功能的改变有密切的关系，因此癌症又被称为膜的分子病。鉴于细胞膜的生理功能，为了研究与细胞膜异常相关疾病的形成机理、为进一步治疗提供依据，科学家们报道了许多性能优异的细胞膜染色荧光染料，而且目前许多性能优异的细胞膜染色荧光染料已经在进行商业化的应用。

二、细胞膜染色荧光染料及其应用

商业化细胞膜染色荧光染料通过氢键、配位、超分子作用与细胞膜上的糖蛋白、脂类等靶标项目作用对细胞膜进行标记染色。DiD、DiO、DiI、DiR 和 DiS 染料是最常见的传统型商业化细胞膜染色荧光染料（图 3-3），属于亲脂性碳菁类荧光染料，专门用来染细胞膜和其他脂溶性生物结构。具有高消光系数、极性依赖性荧光和短激发态寿命，该系列染料进入细胞膜后，在细胞质膜内横向扩散，在最佳浓度时可以使整个细胞膜均匀染色。与细胞膜结合后荧光强度会大大增强，具有很高的猝灭常数和激发态寿命，可以用来对活细胞进行多色成像和流式分析。这些染料荧光颜色区分明显：DiD 为红色荧光，DiO 为绿色荧光，DiI 为橙色荧光，DiR 为深红色荧光。DiI 和 DiO 可以分别用标准的 FITC 和 TRITC 的滤光片。DiD 可以用 633nm He-Ne 激光器激发，有着比 DiI 更长的激发波长和发射波长，在细胞和组织染色中更有价值。DiR 的红外荧光可以穿透细胞和组织，在活体成像中用来示踪。

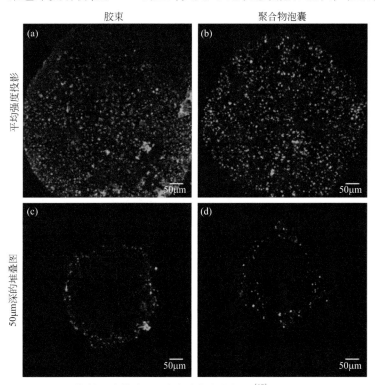

图3-3　DiO染料聚合物在3D肿瘤球体中的标记[15]

DiD 的染色效率高、均一、不易猝灭、无明显细胞毒性、干扰小。目前 DiD 已成功应用于多种细胞的体内示踪研究，如间充质干细胞、肿瘤细胞、造血干细胞等。

目前科学家最新报道的细胞膜染色荧光染料多为针对细胞膜中 NO、Cu^{2+} 等靶标设计合成的荧光染料，如肖义等报道了一例靶向到细胞膜 NO 的双光子荧光染料 Mem-NO[16]，如图 3-4，通过在 4- 氨基 -1,8- 萘酰亚胺上组装季铵盐化合物作为亲水头、长烷基链作为疏水尾，将染料分子设计成两亲性结构。由于与细胞膜磷脂双分子层的相互作用，染料能够特异性、稳定地定位于细胞膜。Mem-NO 几乎没有荧光，但未捕获 NO 时荧光增强显著，灵敏度高，响应速度快，具有较低的细胞毒性。因此，Mem-NO 在未来的生理、病理和药理研究中有望成为监测 NO 的重要和独特的分析工具。彭孝军、段春迎等报道了一例靶向到细胞膜酪氨酸激酶的荧光染料[17]，如图 3-5，该染料是一例构象诱导的生物荧光染料，首次实现了受体酪氨酸激酶在肿瘤组织和细胞膜上的高灵敏成像，为癌症的早期诊断和个性化治疗等提供重要依据。

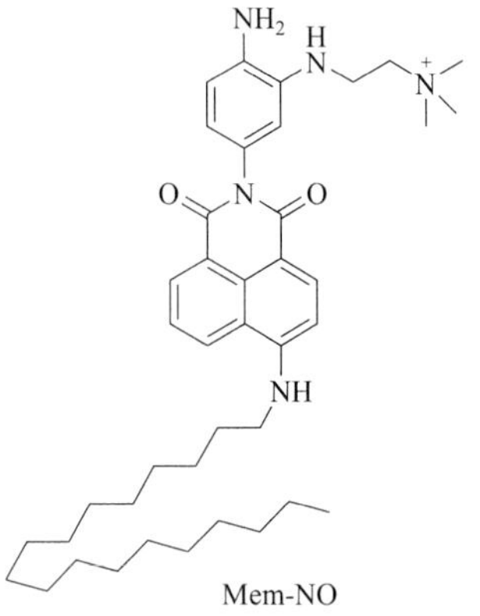

图3-4 一例细胞膜NO靶向的双光子荧光染料

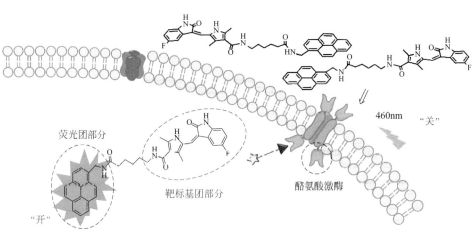

图3-5 一例靶向到细胞膜酪氨酸激酶的荧光染料

第三节
线粒体染色荧光染料

　　线粒体是一种存在于大多数细胞中的由两层膜包裹的细胞器（图3-6），是细胞中制造能量的结构，是细胞进行有氧呼吸的主要场所。线粒体通常为直径在 0.5～1.0μm 左右、长 1～2μm 的大小不一的球状、棒状或细丝状颗粒，在光学显微镜下，需借助染料的染色，才能加以辨别[18]。线粒体除了为细胞提供能量外，还参与诸如细胞分化、细胞信息传递和细胞凋亡等生命过程，并拥有调控细胞生长周期的能力。线粒体的化学组分主要包括水、蛋白质和脂质，以及少量的辅酶等小分子和核酸。

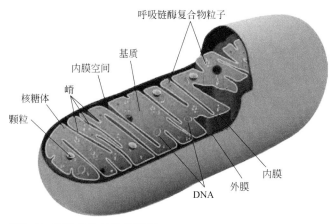

图3-6　线粒体的结构示意图

一、线粒体的生物医学功能

　　线粒体在生物体内的主要功能：能量转化、储存钙离子、调节膜电位并控制细胞程序性死亡、细胞增殖与细胞代谢的调控、合成胆固醇及某些血红素等。线粒体是对各种损伤最为敏感的细胞器之一。在细胞损伤时最常见的病理改变可概括为线粒体数量、大小和结构的改变。人类线粒体出现问题会导致线粒体病，如癌症、线粒体肌病、视神经疾病、糖尿病、共济失调、铁粒幼细胞贫血、骨骼肌溶解症、婴儿猝死综合征等疾病。人们利用调节线粒体的功能可以用于肿瘤的治疗，如利用药物刺激肿瘤细胞中的线粒体产生活性氧自由基进而杀伤肿瘤细胞。

二、线粒体染色荧光染料及其应用

高效跨膜是实现亚细胞器标记的重要基础，因此线粒体染色荧光染料要具有良好的生物相容性、水溶性、细胞膜通透性等特点。目前商业化的线粒体染色荧光染料都具有良好的生物相容性、水溶性、细胞膜通透性等特点，如二氢罗丹明 123、线粒体红色荧光探针（MitoMaker Red CMXRos）、线粒体电位探针（Mitochondrial Potential Probe）等（图 3-7）。

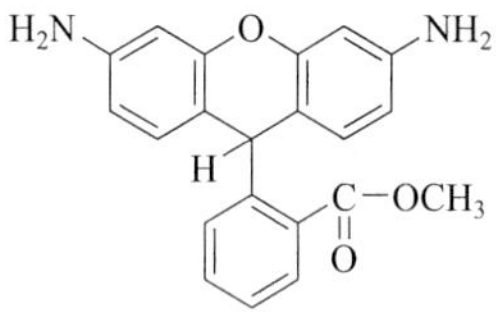

二氢罗丹明123

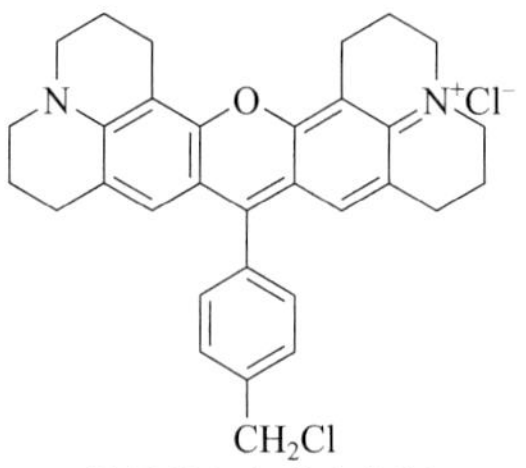

线粒体红色荧光探针

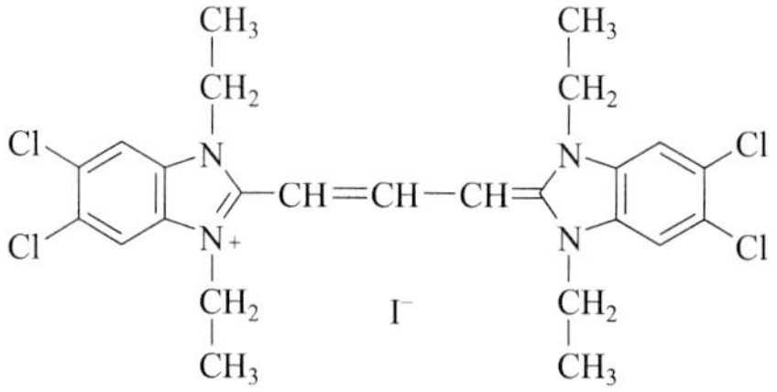

线粒体电位探针

图3-7　商业线粒体染色荧光染料

线粒体染色荧光染料主要分为三大类：第一类是基于线粒体的膜电位，利用本身带有正电荷的荧光团来实现其对线粒体的染色；第二类是将染料与能够靶向线粒体的蛋白质或者短肽链连接来达到线粒体特异性染色的目的；第三类是利用载体将药物等不能够渗透线粒体膜的物质包裹，进而选择性堆积在线粒体上，再通过内吞作用进入线粒体。线粒体染色荧光染料主要靶向线粒体的膜电位、金属离子、活性氧、小分子、极性和黏度等因素[19]。线粒体膜电位通常呈现负电位差（-180～-200mV），其是细胞健康的重要指标。稳定的线粒体膜电位能维持正常的生理活动，例如主导二磷酸腺苷合成的线粒体和跨越双脂质层的质子梯度[20]。这些特征对于正常生理功能包括信号转导、细胞分裂[21]、细胞凋亡等都有着至关重要的联系[22]。如果线粒体膜电位发生变化，就会极大地影响线粒体的功能[23]。更严重的是线粒体膜电位的异常变化将进一步引起线粒体疾病如角膜炎[24]、帕金森综合征[25, 26]和癌症等[27,28]。线粒体膜电位可以用作不可逆细胞凋亡的早期信号事件[25, 29]。

基于线粒体膜电位的荧光染料（图3-8）主要有：四甲基罗丹明乙酯（TMRE）、四甲基罗丹明甲酯（TMRM）、罗丹明123（Rhod123）、线粒体电位探针（JC-1）[30, 31]、线粒体橙色染料（CMTMRos）[32]。蒋兴宇等人报道了一例聚集诱导发射荧光染料用于线粒体染色，可用于长时间标记和追踪细胞线粒体[33]。

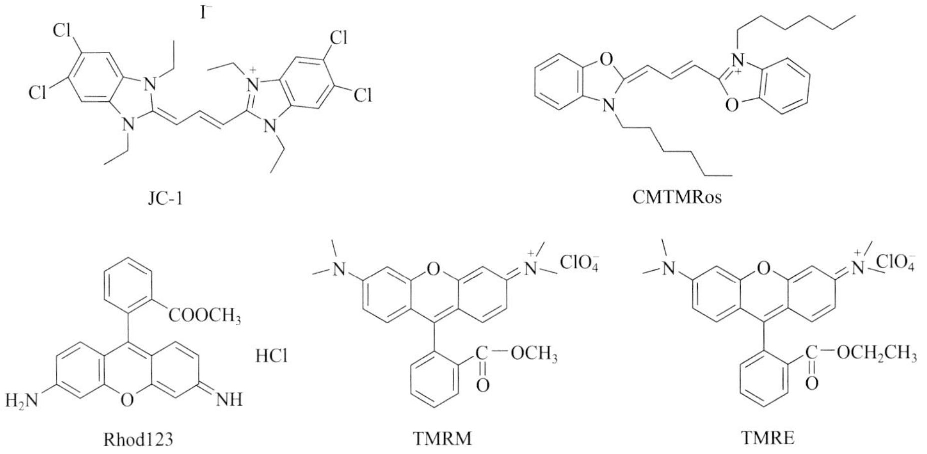

图3-8 常用线粒体膜电位检测的染料分子结构

Hiroki等人设计合成了一例具有双官能团的 *N,N′*- 二甲基 -4,4′- （联苯 -2,1-乙烯基）六氟磷酸二吡啶鎓双光子荧光染料（BP6，图3-9），用于检测线粒体膜电位[34]。BP6在线粒体膜电位很高的时候聚集在细胞内的线粒体上，当使用羰基氰化物间氯苯肼诱导线粒体膜电位下降时，BP6离开线粒体进入细胞核。

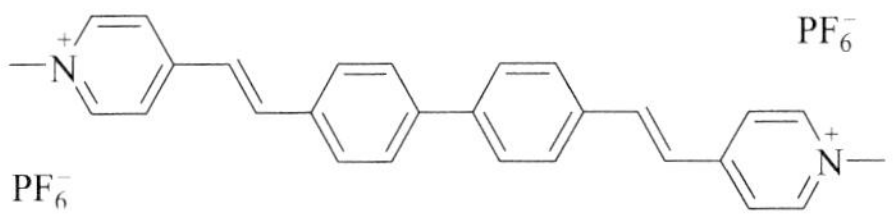

图3-9 染料分子BP6结构式

荧光染料碘代3,3′- 二己氧基羰花菁［$DiOC_6(3)$］是检测线粒体膜电位的常用荧光染料（图3-10）[35]，但是$DiOC_6(3)$对线粒体膜电位的专一性识别不强，导致其在低浓度下进入线粒体膜，但是在高浓度时就聚集在其他膜细胞器上。因为流式细胞仪可以确定单细胞的荧光，并区分具有不同线粒体膜电位的细胞，可以监测细胞群中细胞膜电位的变化。Masatoshi等研究人员利用$DiOC_6(3)$与安捷伦2100生物分析系统结合检测细胞线粒体膜电位[36]。

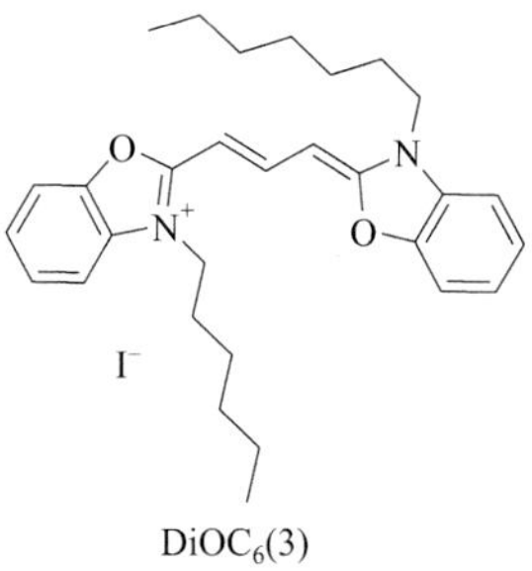

图3-10
染料分子$DiOC_6$（3）结构式

唐本忠课题组利用聚集诱导荧光机理，设计合成了一例具有红外发射的聚集诱导荧光染料（图 3-11）TPE-Ph-In 检测线粒体膜电位[37]，并用于小鼠精子活性研究。聚集诱导荧光机理很好地避免了可能由于染料聚集引起的染料荧光猝灭现象，能用于线粒体膜电位的成像研究。并且 TPE-Ph-In 比 TPE-In 多引入一个苯环结构，更利于 TPE-Ph-In 形成聚集诱导荧光，且具有更好的生物相容性。

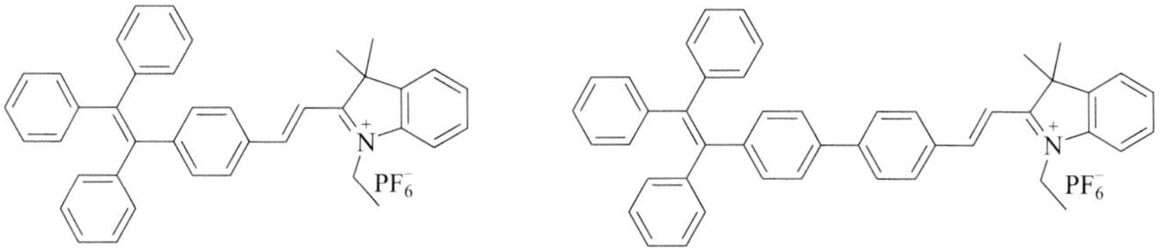

TPE-In　　TPE-Ph-In

图3-11　染料分子TPE-Ph-In结构式

Ren 等人研发了一例具有近红外的荧光染料 NIMAP（图 3-12），用于检测线粒体膜电位[38]。QSY-21 为优异的荧光猝灭染料。该研究通过对荧光猝灭染料 QSY-21 的结构功能进行改造，羧基脱水引入 4 个碳的碳链得到一例近红外的荧光染料 NIMAP，用于监测哺乳动物细胞中线粒体膜电位。

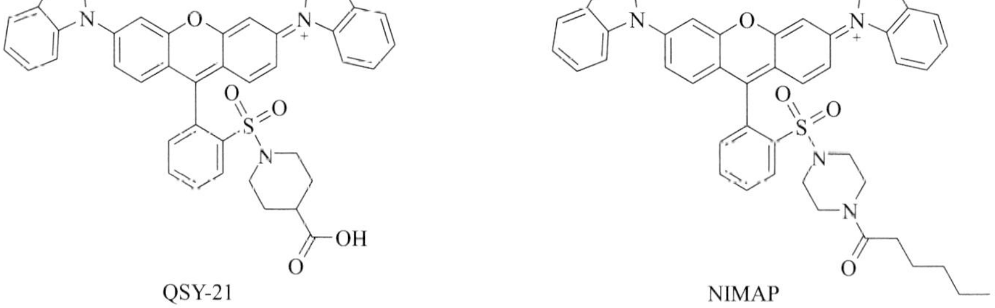

QSY-21　　NIMAP

图3-12　染料分子NIMAP结构式

蒋兴宇课题组利用聚集诱导发射（AIE）特征[33]通过对染料分子结构进行调控得到染料分子 TPE-indo（图 3-13），TPE-indo 在分散时是非荧光的，但在聚集状态下呈现强荧光，与传统荧光分子相比，它具有良好的光稳定性功能。TPE-indo 具有聚集诱导的荧光团和带正电荷的吲哚，使其具有线粒体成像和监测的能力。

线粒体靶向染料设计的一个重要趋势是线粒体靶向加化学键固定，多为靶向到线粒体内的离子、分子、活性氧等因素。如图 3-14，三苯基膦阳离子型线粒体荧光染料 MitoPY1 是一种新型的双功能荧光探针，用于活体细胞线粒体内过氧化氢水平的成像[39]，Mito-Rh-NO 是通过将三苯基膦连接到罗丹明螺旋 ctam 而开发的线粒体靶向的 NO 荧光染料，对 NO 具有很高的灵敏度和选择性、较低的细胞毒性[40]。

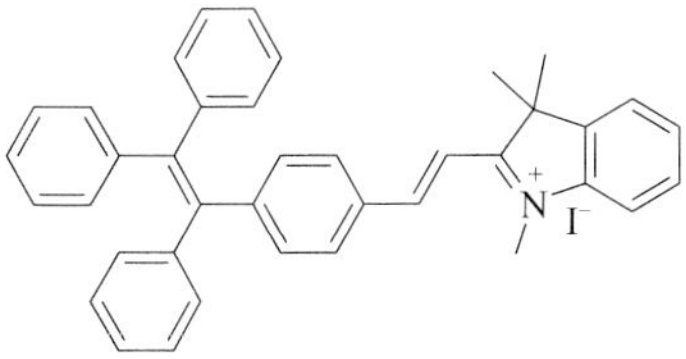

图 3-13　染料分子 TPE-indo 结构式 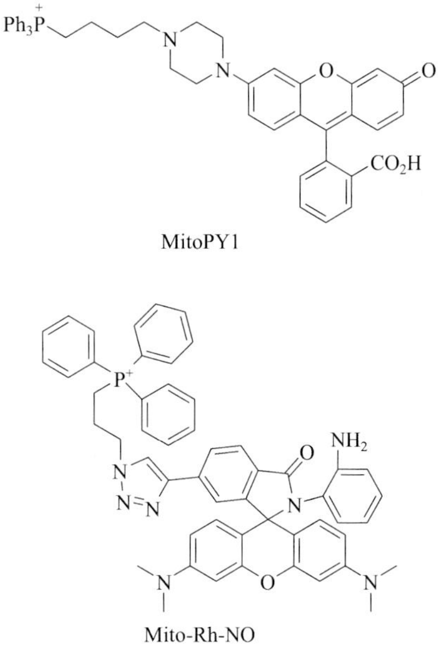　　图 3-14　线粒体靶向型荧光染料

第四节
溶酶体染色荧光染料

溶酶体（lysosomes）是分解蛋白质、核酸、多糖等生物大分子的细胞器（图 3-15）。

溶酶体具单层膜，形状多种多样，内含许多水解酶。溶酶体在细胞中的功能，是分解从外界进入到细胞内的物质，也可消化细胞自身的局部细胞质或细胞器，当细胞衰老时，其溶酶体破裂，释放出水解酶，消化整个细胞而使其死亡[41]。

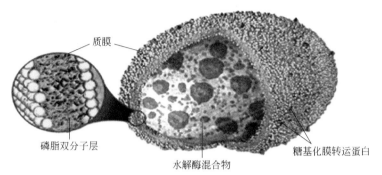

图3-15　溶酶体的结构示意图

一、溶酶体的生物医学功能

溶酶体的主要功能有：一是与食物泡融合，将细胞吞噬进的食物或致病菌等大颗粒物质消化成生物大分子，残渣通过胞吐作用排出细胞；二是在细胞分化过程中，某些衰老的细胞器和生物大分子等陷入溶酶体内并被消化掉，这是机体自身组织更新的需要。溶酶体的主要作用是消化作用，是细胞内的消化器官，细胞自溶、防御以及对某些物质的利用均与溶酶体的消化作用有关。

与溶酶体相关的疾病主要有矽肺（硅沉着病，下同）、肺结核、各类溶酶体贮积症、Ⅱ型糖原累积病、脑苷脂沉积病、细胞内含物病、类风湿关节炎、休克、肿瘤等。溶酶体与肿瘤的关系日益引起人们的关注，致癌物质引起细胞分裂调节机能的障阻及染色体畸变与溶酶体释放水解酶的作用有关，致癌物质进入细胞，在与染色体整合之前，总是先贮存在溶酶体中。总之，溶酶体的异常表达与很多疾病的发生发展过程有关，为了通过观测溶酶体在各种因溶酶体异常而引起的疾病中的变化，从而研究疾病成因与发展过程，就需要通过溶酶体荧光染料对溶酶体定位染色来进行[42]。

二、溶酶体染色荧光染料及其应用

溶酶体中含有多种活性小分子，它们参与溶酶体内的各种生化反应，其浓度与分布会影响细胞的各种生理过程。包括氢离子H^+，还原性物质（硫化氢H_2S、硫醇类化合物半胱氨酸Cys、高半胱氨酸Hcy和谷胱甘肽GSH等），活性氧物质（过氧化氢 H_2O_2、次氯酸 HClO 等），活性氮质（一氧化氮 NO、亚硝酰氢 HNO 等），金属阳离子（Cu^{2+}、Zn^{2+} 等），阴离子等[43-47]。对溶酶体内进行研究对于理解溶酶体参与的生命活动分子机理以及与溶酶体相关的疾病诊断与治疗具有重要的意义。目前商业化的溶酶体荧光染料（图 3-16）多为基于溶酶体中 H^+ 的荧光染料，这类染料大多为胺类化合物，如中性红（neutral red）、吖啶橙（acridine orange）、LysoTracker 系列染料等。但是，这些染料也存在一些缺陷，因为胺类染料分子为弱碱化合物，会造成细胞体内 pH 升高，因此在活细胞的成像应用中具有一定的局限性。而且中性红和吖啶橙类的染料染色缺乏特异性。

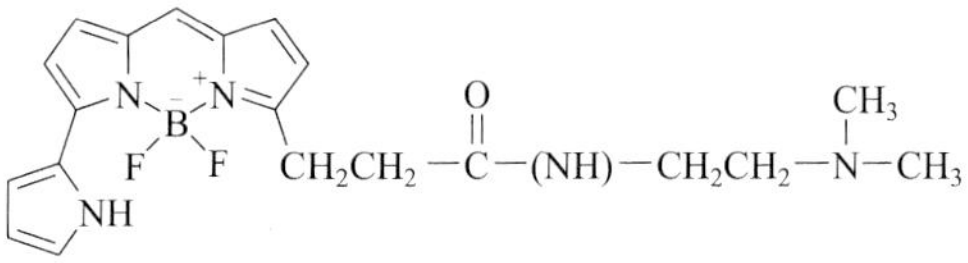

LysoTracker 系列溶酶体红色荧光染料

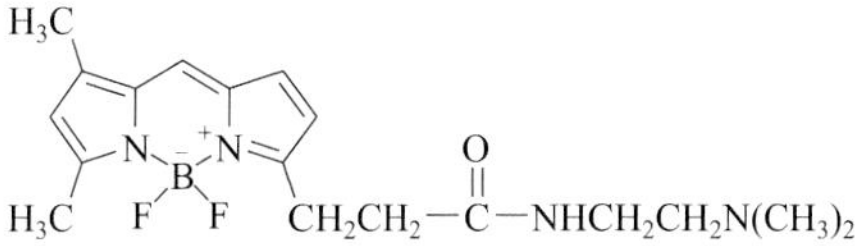

LysoTracker 系列溶酶体绿色荧光染料

图 3-16
常用商业化溶酶体荧光染料

目前科学家报道的最新研究成果中多为基于 H^+、H_2S、Cys、Hcy、GSH、H_2O_2、HClO、NO、HNO、Cu^{2+}、Zn^{2+} 等细胞内活性物质的反应型荧光染料。如 Kim 课题组利用波长可调控的吲哚七甲川菁-偶氮染料合成一例体内 GSH 检测的近红外荧光染料（R=—CO_2—n-Bu）[48]，其对 GSH 的选择性优于 Cys 和 Hcy。研究采用吲哚七甲川菁作为近红外波长发射的荧光母体（图 3-17），同时引入硝基偶氮基团作为 GSH 的反应位点。自由状态下的染料分子内发生 PET 效应，导致染料分子不具有荧光。当染料分子与 GSH 发生识别反应时，发生如图 3-17 示例的反应，出现很强的近红外荧光。染料对 GSH 具有显著的近红外荧光反应，具有比其他氨基酸（包括 Cys 和 Hcy）高的选择性。

张友玉课题组采用香豆素作为荧光基团，设计合成了一例基于 ICT 机理的染料分子（图 3-18）[49]。间硝基苯为强的拉电子基团，其中砜基不仅为"推-拉"基团之间的连接臂，同时也作为 GSH 的识别位点，此时由于分子内发生 ICT 效应，所以染料具有很弱的荧光。当 GSH 切断砜基位点阻断分子内 ICT 效应，产生很强的荧光（激发波长为 353nm，荧光发射为 450nm）。

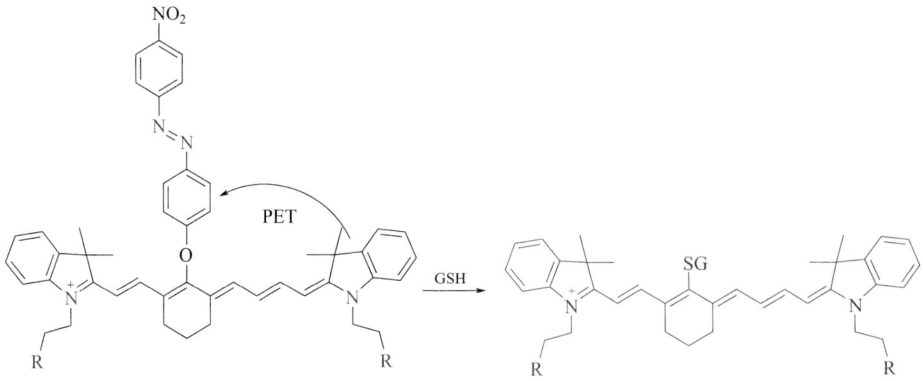

图3-17 吲哚七甲川菁-偶氮染料

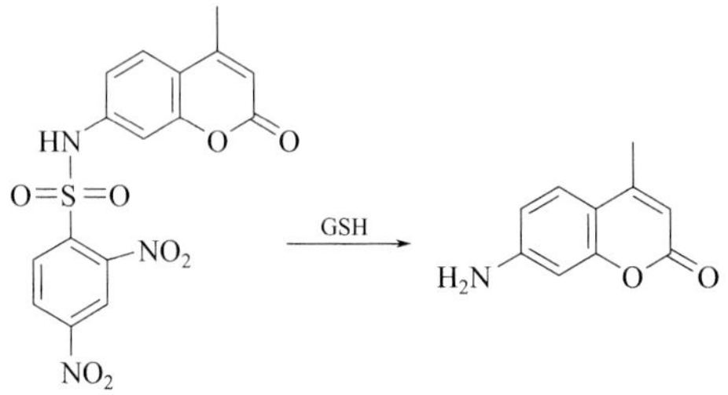

图3-18 一例基于ICT机理的染料分子

郑洪课题组利用花菁染料所具有的"推-拉"效应设计合成了一例共轭π-电子体系荧光染料（图3-19），该染料表现出强大的分子内电荷转移性能[50]。可以快速和简单地识别和量化生物硫醇，主要通过使用基于花菁染料的化学计量器所展示双模式光信号（颜色变化和荧光变化）的输出来检测。与GSH反应前为无色、反应后变为淡紫色，与GSH反应后激发波长为490nm，此时荧光发射为553nm。

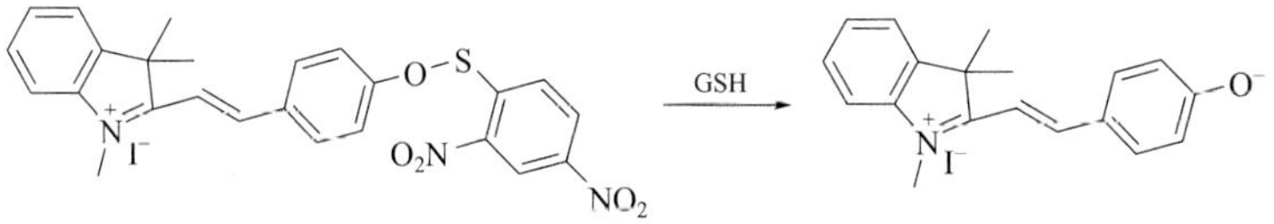

图3-19 共轭π-电子体系荧光染料

肖义课题组基于BODIPY开发了一例溶酶体染料Lyso-NIR，如图3-20，该染料双光子激发，光学性质独特，在740nm处的窄NIR发射，半峰宽小于50nm，易于避免与其他常见荧光探针发射的串扰，这增强了Lyso-NIR作为多色生物成像标准溶酶体跟踪器的竞争力[51]。

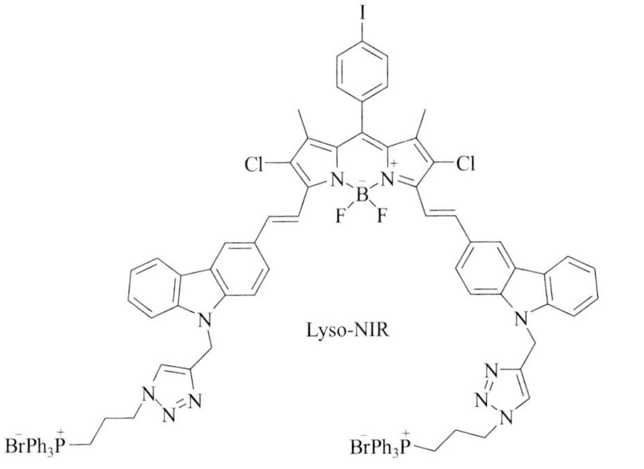

图3-20
一例基于BODIPY开发的溶酶体染料Lyso-NIR

第五节
高尔基体染色荧光染料

高尔基体常见于一切有核细胞，来自核膜外层，由数列弯曲成蹄铁状的扁平囊组成，在横切面上表现为光面双膜，其末端膨大成烧瓶状（图3-21）。高尔基体面向核的一面称为形成面，由许多与粗面内质网池相连的小泡构成。另一面称为成熟面，由成熟面断裂掉一些较大的泡，内含分泌物。由粗面内质网合成的蛋白质输送到此，经加工装配形成分泌颗粒，分泌到细胞外，例如肝细胞合成的白

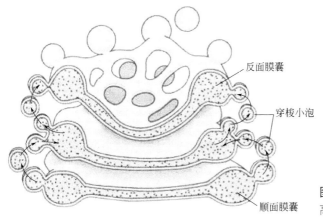

图3-21
高尔基体结构示意图

蛋白和脂蛋白即按此方式形成和输出。此外，细胞本身的酶蛋白如溶酶体的水解酶类也是这样，但却不装配成分泌颗粒和排出细胞外，而是以高尔基小泡的形式（初级溶酶体，前溶酶体）输送到各种吞噬体中。高尔基体在形成含糖蛋白的分泌物中、在构成细胞膜及糖萼中，以及在形成结缔组织基质中也均起着重要的作用。

一、高尔基体的生物医学功能

高尔基体是由数个扁平囊泡堆在一起形成的具有极性的细胞器。分布于内质网与细胞膜之间，在具有极性的细胞中，高尔基体常大量分布于分泌端的细胞质中。因其极像滑面内质网，因此有科学家认为它是由滑面内质网进化而来的[52]。高尔基体膜含有大约60%的蛋白和40%的脂类，具有一些和内质网相同的蛋白成分。膜脂中磷脂酰胆碱的含量介于内质网和质膜之间，中性脂类主要包括胆固醇、胆固醇酯和甘油三酯。高尔基体中的酶主要有糖基转移酶、磺基-糖基转移酶、氧化还原酶、磷酸酶、蛋白激酶、甘露糖苷酶、转移酶和磷脂酶等不同的类型。不同细胞中高尔基体的数目和发达程度，既决定于细胞类型、分化程度，也取决于细胞的生理状态。高尔基体的主要功能是将内质网合成的蛋白质进行加工、分拣与运输，然后分门别类地送到细胞特定的部位或分泌到细胞外。高尔基体是完成细胞分泌物（如蛋白）最后加工和包装的场所。另外高尔基体还参与合成一些分泌到胞外的多糖和修饰细胞膜的材料。高尔基体中的酶如果发生异常表达，就会引起不同的疾病，或者部分疾病的发生发展过程会引起高尔基体中各种酶的异常表达，比如高尔基体中环氧化酶-2（COX-2）的异常表达通常与肿瘤与炎症关系密切，高尔基体已经成为新的癌症治疗的靶点[53]，它主要涉及癌细胞的凋亡。另外高尔基体异常与各种神经系统疾病具有密切关系，因此通过荧光染料对高尔基体进行染色观察可以更好地对与高尔基体相关的疾病诊断与治疗提供便捷的可视化研究手段。

二、高尔基体染色荧光染料及其应用

常用的商业化高尔基体染色荧光染料如 Golgi-Tracker Green 和 Golgi-Tracker Red，是神经酰胺类（ceramide）荧光染料，可以用于活细胞高尔基体特异性荧光染色，常用于活细胞的脂类运输和代谢研究。相比较于传统的同类型染料 NBD C6-Ceramide，其呈现出更高的摩尔吸光系数和光量子产量，且光稳定性更强。Golgi-Tracker Green 呈绿色荧光，检测时最大激发波长为505nm，最大发射波长为511nm[54]。Golgi-Tracker Green 的化学结构式和激发、发射光谱图如图 3-22。

Golgi-Tracker Red 呈红色荧光，最大激发波长为589nm，最大发射波长为617nm[55]。Golgi-Tracker Red 的化学结构式和激发、发射光谱图如图 3-23。

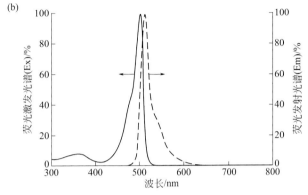

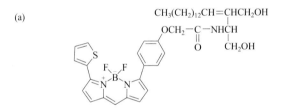

图3-22 Golgi-Tracker Green的化学结构式（a）和激发、发射光谱图（b）

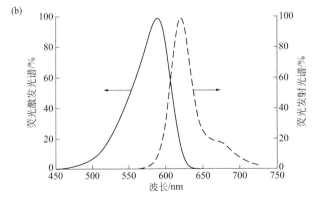

图3-23 Golgi-Tracker Red的化学结构式（a）和激发、发射光谱图（b）

科学家报道的最新研究成果中，多为靶向到高尔基体内的多肽、半胱氨酸、酶，从而实现染料分子的特异性。如唐波等人报道了一例含有L-半胱氨酸的双光子荧光染料，如图3-24，该染料分子由咖啡酸基团和L-半胱氨酸之间通过酰胺键相连。该染料可以对高尔基体中$O_2^{·-}$的浓度变化成正比例响应[56]。彭孝军等人设计合成的以高尔基体中的COX-2为靶点的单、双光子荧光染料（ANQ-IMC1和ANQ-IMC6）实现了对COX-2荧光"关-开"的识别以及比例响应[9,57]。如图3-25，该染料分子具有识别专一性特异性高、检测灵敏度高、生物适应性等特点，实现了癌细胞高效、专一性筛选。相对已报道的同类染料，该染料对COX-2具有高度专一的特异性识别能力，且染料分子ANQ-IMC1是第一例可用于裸眼识别肿瘤的双光子荧光染料，染料分子ANQ-IMC6是第一例用于癌细胞高尔基体识别的双光子荧光染料。

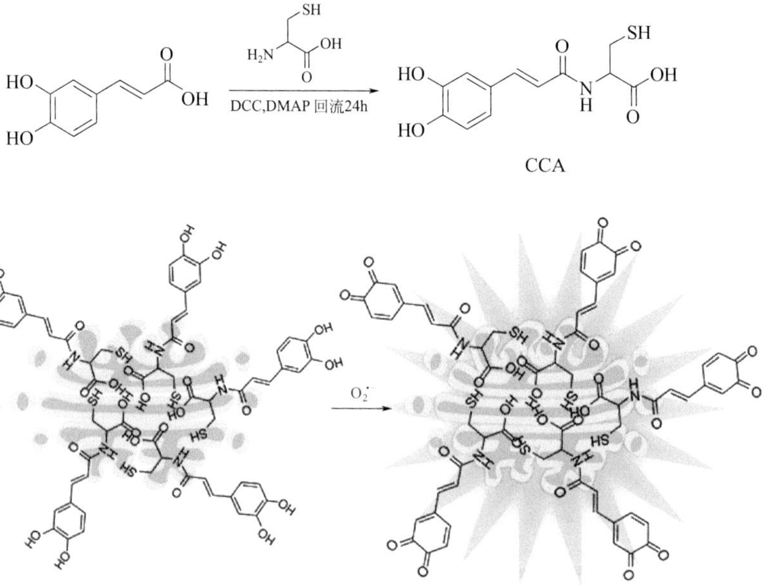

图3-24 一例含有L-半胱氨酸的双光子荧光染料合成及其发光机理

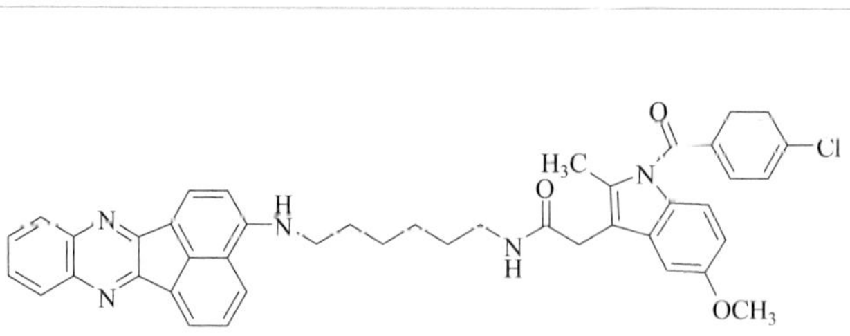

ANQ-IMC6(展开的)

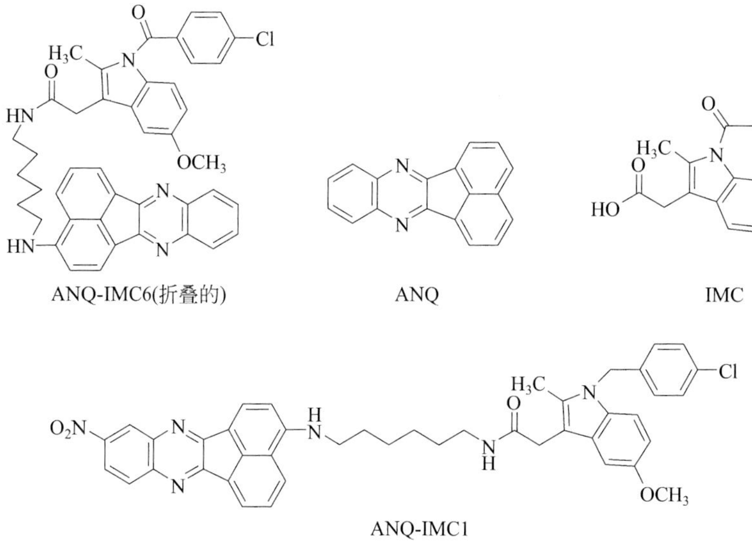

图3-25 以COX-2为靶点的单、双光子荧光染料（ANQ-IMC1和ANQ-IMC6）

第六节
内质网染色荧光染料

  内质网是细胞内除核酸以外的一系列重要的生物大分子，如蛋白质、脂类（如甘油三酯）和糖类合成的基地（图3-26）。内质网分为粗面内质网、滑面内质网。滑面内质网具有解毒功能，如肝细胞中的滑面内质网中含有一些酶，用以清除脂溶性的废物和代谢产生的有害物质[58]。内质网标志酶是葡萄糖-6-磷酸酶，滑面内质网可贮存Ca^{2+}，引起肌肉收缩。粗面内质网膜围成的空间称为ER腔，膜外有核糖体附着，ER膜中含有磷脂、蛋白质，磷脂酰胆碱含量较高，鞘磷脂含量较少。ER有30多种膜结合蛋白，另有30多种位于内质网腔，这些蛋白的分布具有异质性，如葡萄糖-6-磷酸酶，普遍存在于内质网，故被认为是内质网的标志酶，核糖体结合糖蛋白只分布在粗面内质网，p450酶系只分布在滑面内质网[59]。

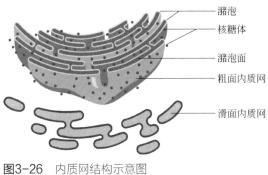

图3-26　内质网结构示意图

一、内质网的生物医学功能

内质网是细胞质的膜系统，外与细胞膜相连，内与核膜的外膜相通，将细胞内的各种结构有机地连接成一个整体，有效地增加细胞内的膜面积，具有承担细胞内物质运输的作用。ER 主要功能是合成蛋白质和脂类。ER 合成的脂类除满足自身需要外，还提供给高尔基体、溶酶体、内体、质膜、线粒体、叶绿体等膜性细胞结构。滑面内质网上没有核糖体附着，所占比例较少，但功能较复杂，它与脂类、糖类代谢有关，参与糖原和脂类的合成、固醇类激素的合成以及具有分泌等功能。此外内质网还同 Ca^{2+} 的摄取和释放、胃酸分泌、性激素分泌、解毒等功能有着密切的联系[60]，如果内质网发生异常将会导致病毒感染、蛋白表达异常、钙调节异常等应激反应，进而诱发神经退行性疾病、心脏病、糖尿病和癌症等[61,62]。

二、内质网染色荧光染料及其应用

实时跟踪内质网结构变化以及其中各类活性生物小分子水平，对于掌握内质网的生理功能过程及与内质网相关疾病的发病机理及治疗过程监测具有重要意义。当前已报道的靶向到内质网的荧光染料均是靶向到内质网中的金属离子、小分子物质、大分子物质等。较常用的商业化的内质网染色荧光染料有 ER-Tracker Green 和 ER-Tracker Red[63,64]。ER-Tracker Green 和 ER-Tracker Red 是两种具有细胞膜通透性的内质网荧光染料，对内质网具有高度选择性，可以用于活细胞内质网特异性荧光染色，可以定位到内质网上的包含 ATP 敏感的钾离子通道的磺脲类受体。

ER-Tracker Green 呈绿色荧光，检测时最大激发波长为 504nm，最大发射波长为511nm。ER-Tracker Green 的化学结构式和激发、发射光谱图如图3-27。

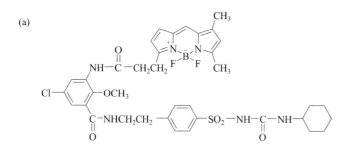

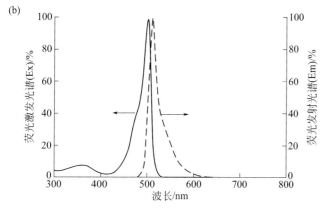

图3-27　ER-Tracker Green的化学结构式（a）和激发、发射光谱图（b）

ER-Tracker Red 呈红色荧光，检测时最大激发波长为587nm，最大发射波长为615nm。ER-Tracker Red 的化学结构式和激发、发射光谱图如图3-28。

ER-Tracker Red 对于细胞的毒性极低。而传统的 $DiOC_6(3)$ 对 ER 染色的同时也对细胞有一定的毒性。ER-Tracker Red 在活细胞中的染色效果参考图3-29。

目前科学家最新报道的内质网染色荧光染料均为以内质网中 Ca^{2+}、Cu^{2+}、Zn^{2+}、H_2O_2、HNO、HCHO、HClO、H_2S、NO、CO、Cys、黏度、温度等内质网中金属离子、生物分子及微环境为靶向设计的荧光染料。如张攀科课题组报道的一例靶向到内质网 HClO 的荧光染料[65]，如图3-30（a），该染料分子本身没有荧光，在遇到内质网中的 HClO 时会产生较强的荧光，可以做到对内质网中 HClO 的特异性响应并能够呈现比例成像；张云艳等人报道了一例靶向到内质网 CO 的荧光染料[66]，如图3-30（b），该染料分子本身没有荧光，在遇到内质网中的 CO 时会产生较强的荧光，可以做到对内质网中 CO 的特异性响应并能够呈现比例成像；李宋娇报道了一例靶向到内质网 NO 的双光子荧光染料[67]，如图 3-30（c），该染料分子本身没有荧光，在遇到内质网中的 NO 时会产生较强的荧光，可以做到针对内质网中 NO 的特异性成像；敬静等人报道了一例靶向到内质网中 H_2S 的荧光染料[68]，如图 3-30（d），该染料分子本身为绿色荧光，在遇到内质网中的 H_2S 时会产生较强的红色荧光，可以做到针对内质网中 H_2S 的特异性成像。

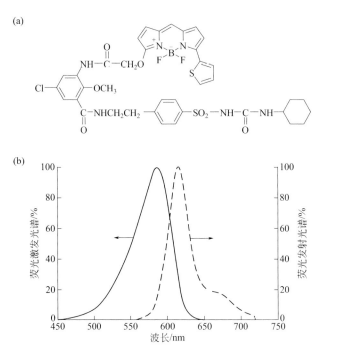

图3-28　ER-Tracker Red的化学结构式（a）和激发、发射光谱图（b）

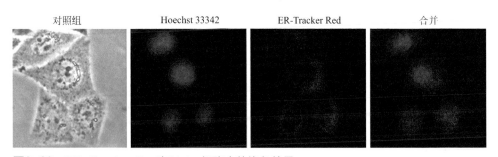

图3-29　ER-Tracker Red在HeLa细胞中的染色效果
Hoechst 33342染色的HeLa细胞其细胞核呈现蓝色荧光；ER-Tracker Red染色的HeLa细胞其内质网呈现红色荧光

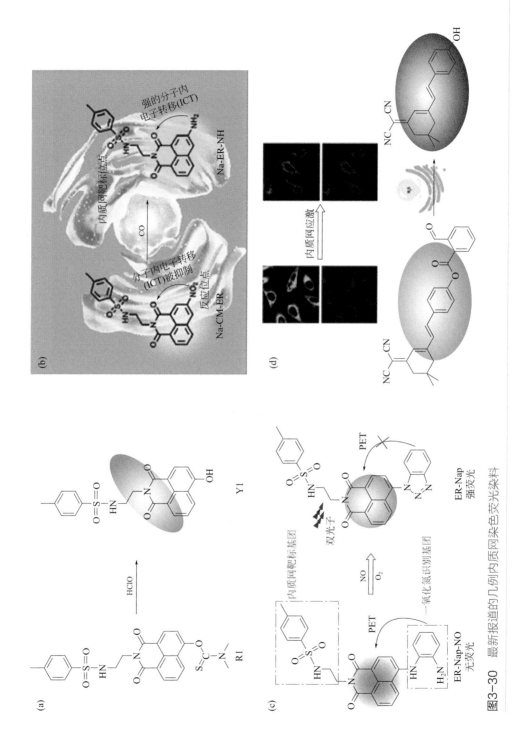

图3-30 最新报道的几例内质网染色荧光染料

第七节
细胞核染色荧光染料

细胞核（图 3-31）是真核细胞内最大、最重要的细胞结构，是细胞遗传与代谢的调控中心，是真核细胞区别于原核细胞最显著的标志之一。它主要由核膜、染色质、核仁、核基质等组成[69]。

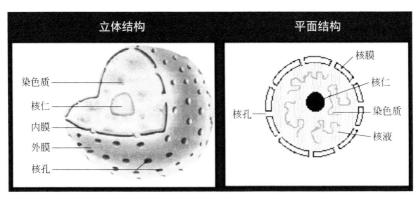

图3-31　细胞核的结构示意图

一、细胞核的生物医学功能

细胞核是细胞遗传性和细胞代谢活动的控制中心，在细胞的代谢、生长、分化中起着重要作用。无核的细胞不能长期生存，这是由细胞的功能决定的。如哺乳动物成熟的红细胞无细胞核，其寿命较短。同时细胞核贮存和复制遗传物质。细胞核是遗传物质的主要存在部位，准确地说是细胞中遗传信息库。细胞核中最重要的结构是染色质，染色质的组成成分是蛋白质分子和 DNA 分子，而 DNA 分子又是主要遗传物质。细胞核如果发生异常将会引起基因突变，从而造成肿瘤、高血压等疾病的发生。比如高血压是以平滑肌细胞增生为主的疾病。细胞核中一些基因结构和表达异常已被确定为引起高血压发病的重要原因，其中原癌基因激活和抑癌基因突变与高血压形成密切相关，myc 和 fos 原癌基因的激活可能是平滑肌细胞增生的起始因素之一，而 P53 基因突变可能也参与了高血压的发病。端粒的这些异常增加了疾病等位基因杂合性丢失的概率及染色体基因型的不稳定，使发病风险升高。为了研究肿瘤等疾病的成因以及治疗过程的监测，对细胞核进行染色成像是不可或缺的检测手段[69]。

二、细胞核染色荧光染料及其应用

常用的商业化细胞核染色荧光染料（图3-32）有 Hoechst 33258、噁唑黄（Oxazole yellow）、DAPI（4',6- 二脒基 -2- 苯基吲哚）。Hoechst 33258 是一种可以穿透细胞膜的蓝色荧光染料，对细胞的毒性较低。Hoechst 33258 染色常用于细胞凋亡检测，染色后用荧光显微镜观察或流式细胞仪检测。Hoechst 33258 也常用于普通的细胞核染色或常规的 DNA 染色，最大激发波长为346nm，最大发射波长为460nm。Oxazole yellow 是一种对正常动物细胞膜没有通透性而对于凋亡与坏死细胞的细胞膜有通透性的 DNA 羧花菁单体绿色荧光染料，在没有与 DNA 结合的时候基本上没有荧光，在细胞凋亡发生时，细胞膜通透性发生改变，染料进入细胞内与 DNA 结合，发出明亮的绿色荧光，因此 Oxazole yellow 常和碘化丙啶配合用于分析和鉴定凋亡和坏死细胞。Oxazole yellow 染色 DNA 后的最大激发波长为491nm，最大发射波长为509nm。由于其荧光与其他荧光有很好的区分，所以非常适合用于多重荧光抗体标记时对细胞核进行染色。DAPI 是一种可以穿透细胞膜的蓝色荧光染料，和双链 DNA 结合后可以产生比 DAPI 自身强 20 多倍的荧光。DAPI 染色常用于细胞凋亡检测，染色后用荧光显微镜观察或流式细胞仪检测。DAPI 也常用于普通的细胞核染色以及某些特定情况下的双链 DNA 染色。DAPI 的最大激发波长为340nm，最大发射波长为488nm。

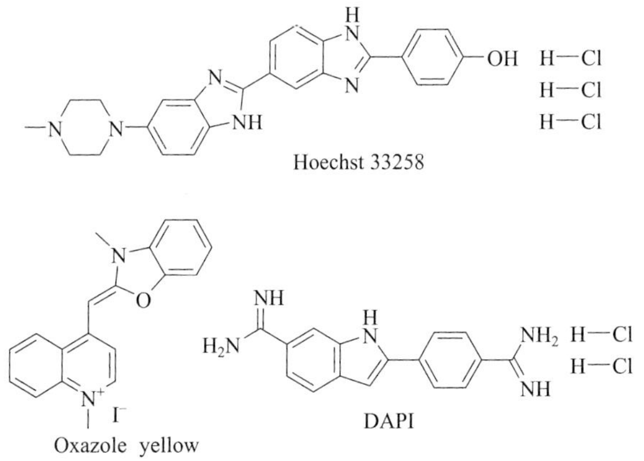

图3-32 常用的商业化细胞核染色荧光染料

因为细胞核内含有大量的DNA，而且DNA链通常带有负电荷，基于此特点研究人员设计细胞核染色荧光染料时，通常会开发亲水性的阳离子型荧光染料，染料分子通过静电作用可以与DNA链紧密结合，从而实现对细胞核的染色成像（图3-33）。肖义课题组2019年报道了一例基于靶向到DNA的用于活细胞细胞核超分辨率成像的核特异性荧光染料HoeSR[70]，染料分子通过结合罗丹明荧光团和Hoechst而设计，以一种免清洗的方式标记细胞核，并在细胞核内发出强烈的荧光。利用该染料可以实现细胞核的超分辨成像来观察不同有丝分裂阶段的核纳米结构。

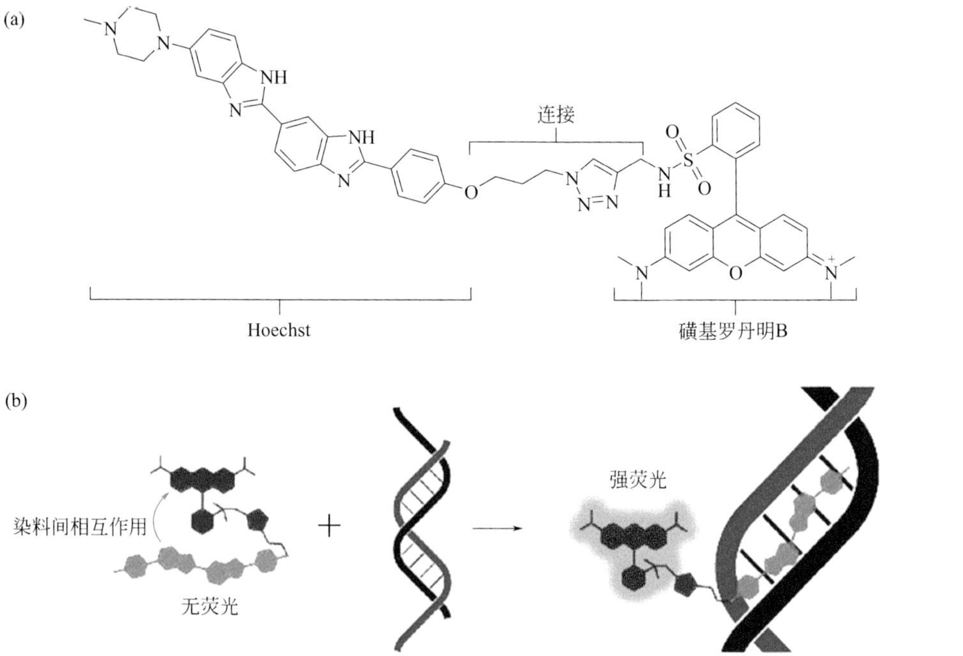

图3-33　一例基于靶向到DNA的活细胞细胞核染色荧光染料

参考文献

[1] 翟中和，王喜忠，丁明孝. 细胞生物学[M]. 4版. 北京：高等教育出版社，2011:1-2.

[2] Stephen W G, Douglas R G. Mitochondria and cell death: outer membrane permeabilization and beyond [J]. Nature Reviews Molecular Cell Biology, 2010, 11 (9): 621-632.

[3] Xu C Y, Beatrice B M, John C R, et al. Endoplasmic reticulum stress: cell life and death decisions [J]. Journal of

Clinical Investigation, 2005, 115(10): 2656-2664.

[4] Chan D C. Mitochondria: dynamic organelles in disease, aging, and development [J]. Cell, 2006, 125(7): 1241-1252.

[5] Zhu H, Fan J L, Wang J Y, et al. An "enhanced PET" -based fluorescent probe with ultrasensitivity for imaging basal and elesclomol-induced HClO in cancer cells[J]. Journal of the American Chemical Society, 2014, 136(37): 12820-12823.

[6] Zhang R L, Zhao J, Han G M, et al. Real-time discrimination and versatile profiling of spontaneous reactive oxygen species in living organisms with a single fluorescent probe[J]. Journal of the American Chemical Society, 2016, 138(11): 3769-3778.

[7] Cheng G H, Fan J L, Sun W, et al. A near-infrared fluorescent probe for selective detection of HClO based on Se-sensitized aggregation of heptamethine cyanine dye[J]. Chemical Communications, 2014, 50(8): 1018-1020.

[8] Cheng G H, Fan J L, Sun W, et al. A highly specific BODIPY-based probe localized in mitochondria for HClO imaging[J]. Analyst, 2013, 138(20): 6091-6096.

[9] Zhang H, Fan J L, Wang J Y, et al. Fluorescence discrimination of cancer from inflammation by molecular response to COX-2 enzymes[J]. Journal of the American Chemical Society, 2013, 135(46): 17469-17475.

[10] Wang B H, Fan J L, Wang X W, et al. A nile blue based infrared fluorescent probe: imaging tumors that over-express cyclooxygenase-2[J]. Chemical Communications, 2015, 51(4): 792-795.

[11] Kudo I, Murakami M, Prostaglandin E. Synthase a terminal enzyme for prostaglandin E-2 biosynthesis[J]. Journal of Biochemistry and Molecular Biology, 2005, 38(6): 633-638.

[12] Quyen T N, Emilia S O, Todd A A, et al. Surgery with molecular fluorescence imaging using activatable cell-penetrating peptides decreases residual cancer and improves survival[J]. Proceedings of the National Academy of Sciences, 2010, 107(9):4317-4322.

[13] Zhu H, Fan J L, Du J J, et al. Fluorescent probes for sensing and imaging within specific cellular organelles[J]. Accounts of Chemical Research, 2016, 49(10): 2115-2126.

[14] Xu W, Zeng Z B, Jiang J H, et al. Discerning the chemistry in individual organelles with small-molecule fluorescent probes[J]. Angewandte Chemie-International Edition, 2016, 55(44): 13658-13699.

[15] Agathe F, Laure G, Muriel G, et al. A journey from the endothelium to the tumor tissue: distinct behavior between PEO-PCL micelles and polymersomes nanocarriers[J]. Drug Delivery, 2018, 25(1): 1766-1778.

[16] Zhang X F, Wang B L, Xiao Y, et al. Targetable, two-photon fluorescent probes for local nitric oxide capture in the plasma membranes of live cells and brain tissues[J]. Analyst, 2018, 143(17):4180-4188.

[17] Jiao Y, Yin J Q, He H Y, et al. Conformationally induced off-on cell membrane chemosensor targeting receptor protein-tyrosine kinases for in vivo and in vitro fluorescence imaging of cancers[J]. Journal of the American Chemical Society, 2018,140(18):5882-5885.

[18] 翟中和, 王喜忠, 丁明孝. 细胞生物学 [M]. 4 版. 北京：高等教育出版社，2011:85-86.

[19] 姜娜, 樊江莉, 杨洪宝, 等. 线粒体荧光探针最新研究进展 [J]. 化工学报, 2016, 67(1): 176-190.

[20] Kathryn F L, Jerzy D. Kinetic studies of ATP synthase: the case for the positional change mechanism[J]. Journal of Bioenergetics and Biomembranes, 1992, 24(5): 499-506.

[21] Michael W G, Gertraud B, Lang B F. Mitochondrial evolution [J]. Science, 1999, 283(5407):1476-1481.

[22] Guido K, Naoufal Z, Santos A S. Mitochondrial control of apoptosis [J]. Immunology Today, 1997, 18(1): 44-51.

[23] Chen L B. Mitochondrial membrane potential in living cells [J]. Annual Review of Cell Biology, 1988, 4:155-181.

[24] Shilpa G B, Alexander M B. The novel tail-anchored membrane protein Mff controls mitochondrial and

peroxisomal fission in mammalian cells [J]. Molecular Biology of the Cell, 2008, 19(6): 2402-2412.

[25] Darren J M, Andrew B W, Valina L D, et al. Molecular pathophysiology of Parkinson's disease[J]. Annual Review of Neuroscience, 2005, 28:57-87.

[26] Paula M K, Xie J, Roderick A C, et al. Parkinson's disease brain mitochondrial complex I has oxidatively damaged subunits and is functionally impaired and misassembled[J]. Journal of Neuroscience, 2006, 26(19): 5256-5264.

[27] Jodi N, Anu S. Mitochondria: in sickness and in health [J]. Cell, 2012, 148(6): 1145-1159.

[28] Lema F Y, Kelly M S, Shana O K. Targeting mitochondria with organelle-specific compounds: strategies and applications[J]. Chem Bio Chem, 2009, 10(12): 1939-1950.

[29] Karin R, Uno J, Öllinger K. Lysosomal release of cathepsin D precedes relocation of cytochrome c and loss of mitochondrial transmembrane potential during apoptosis induced by oxidative stress [J]. Free Radical Biology and Medicine, 1999, 27(11-12): 1228-1237.

[30] Martin R, Thomas W S, Chen L B. J-aggregate formation of a carbocyanine as a quantitative fluorescent indicator of membrane potential[J]. Biochemistry, 1991, 30(18): 4480-4486.

[31] Zhang L, Liu W W, Huang X H, et al. Old is new again: a chemical probe for targeting mitochondria and monitoring mitochondrial membrane potential in cells[J]. Analyst, 2015, 140(17):5849-5854.

[32] Luca S, Valeria P, Raffaele C, et al. Chloromethyltetramethylrosamine (Mito Tracker Orange) induces the mitochondrial permeability transition and inhibits respiratory complex I. implications for the mechanism of cytochrome c release [J]. Journal of Biological Chemistry, 1999, 274(35): 24657-24663.

[33] 蒋兴宇，张璐，黄显虹，等．聚集诱导发光荧光分子及其制备方法和荧光染料组合物以及它们在线粒体染色中的应用 [P]．中国，ZL201210434552.4. 2014-05-14.

[34] Hiroki M, Kengo Y, Yuki K, et al. A biphenyl type two-photon fluorescence probe for monitoring the mitochondrial membrane potential[J]. Cell Structure and Function, 2014, 39(2): 125-133.

[35] Danylovich G V, Danylovich I V, Gorchev V F. Comparative investigation by spectrofluorimetry and flow cytometry of plasma and inner mitochondrial membranes polarisation in smooth muscle cell using potential-sensitive probe $DiOC_6(3)$[J]. Ukrains'kyi Biokhimichnyi Zhurnal, 2011, 83(3): 99-105.

[36] Masatoshi K, Yoko F, Yasuo S, et al. Analysis of mitochondrial membrane potential in the cells by microchip flow cytometry[J]. Electrophoresis, 2005, 26(15): 3025-3031.

[37] Zhao N, Chen S J, Hong Y N, et al. A red emitting mitochondria-targeted AIE probe as an indicator for membrane potential and mouse sperm activity[J]. Chemical Communications, 2015, 51(71): 13599-13602.

[38] Ren W, Ji A, Omran K, et al. A membrane-activatable near-infraredfluorescent probe with ultra-photostability for mitochondrial membrane potentials[J]. Analyst, 2016, 141(12): 3679-3685.

[39] Dickinson B C, Chang C J. A targetable fluorescent probe for imaging hydrogen peroxide in the mitochondria of living cells [J]. Journal of the American Chemical Society, 2008, 130(30): 9638-9639.

[40] Yu H B, Zhang X F, Xiao Y, et al. Targetable fluorescent probe for monitoring exogenous and endogenous NO in mitochondria of living cells [J]. Analytical Chemistry, 2013, 85(15):7076-7084.

[41] 翟中和，王喜忠，丁明孝．细胞生物学 [M]．4 版．北京：高等教育出版社，2011:130-131.

[42] 翟中和，王喜忠，丁明孝．细胞生物学 [M]．4 版．北京：高等教育出版社，2011:132-136.

[43] Yu H B, Xiao Y, Jin L J. A lysosome-targetable and two-photon fluorescent probe for monitoring endogenous and exogenous nitric oxide in living cells [J]. Journal of the American Chemical Society, 2012, 134(12):17486-17489.

[44] 程春艳，江鑫梅，田丰收，等．溶酶体荧光探针的种类及特点概述 [J]．生物学教学，2019, 44(4): 2-4.

[45] Kim D, Kim G, Nam S J. Visualization of endogenous and exogenous hydrogen peroxide using a lysosome-

targetable fluorescent probe[J]. Scientific Reports, 2015, 5:8488.

[46] 王栩, 赵谦, 孙娟, 等. 细胞内活性小分子近红外荧光成像探针 [J]. 化学进展, 2013, 25(2/3):179-191.

[47] Li H M, Wang C L, She M Y, et al. Two Rhodamine lactam modulated lysosome-targetable fluorescence probes for sensitively and selectively monitoring subcellular organelle pH change [J]. Analytica Chimica Acta, 2015, 900:97-102.

[48] Lim S Y, Hong K H, Kim D, et al. Tunable heptamethine-azo dye conjugate as an NIR fluorescent probe for the selective detection of mitochondrial glutathione over cysteine and homocysteine[J]. Journal of the American Chemical Society, 2014, 136(19): 7018-7025.

[49] Wei M J, Yin P, Shen Y M, et al. A new turn-on fluorescent probe for selective detection of glutathione and cysteine in living cells[J]. Chemical Communications, 2013, 49(41): 4640-4642.

[50] Wang S P, Deng W J, Sun D, et al. A colorimetric and fluorescent merocyanine-based probe for biological thiols[J]. Organic & Biomolecular Chemistry, 2009, 7(19): 4017-4020.

[51] Zhang X F, Wang C, Han Z, et al, A photostable near-infrared fluorescent tracker with pH-independent specificity to lysosomes for long time and multicolor imaging [J]. ACS Applied Materials & Interfaces, 2014, 6(23):21669-21676.

[52] 翟中和, 王喜忠, 丁明孝. 细胞生物学 [M]. 4 版. 北京：高等教育出版社，2011: 125-129.

[53] Donald W, Joanna S, Dagmara M, et al. ER-Golgi network—a future target for anti-cancer therapy [J]. Leukemia Research, 2009, 33(11): 1440-1447.

[54] 碧云天官网. 高尔基体绿色荧光探针 [EB/OL]. 上海：碧云天生物官网，2021[2021-04-02]. https://www.beyotime.com/product/C1045S.htm.

[55] 碧云天官网. 高尔基体红色荧光探针 [EB/OL]. 上海：碧云天生物官网，2021[2021-04-02]. https://www.beyotime.com/product/C1043.htm.

[56] Zhang W, Zhang J, Li P, et al. Two-photon fluorescence imaging reveals a Golgi apparatus superoxide anion-mediated hepatic ischaemia-reperfusion signalling pathway [J]. Chemical Science, 2019, 10(3):879-883.

[57] Zhang H, Fan J L, Wang J Y, et al. An off-on COX-2-specific fluorescent dye: targeting the Golgi apparatus of cancer cells[J]. Journal of the American Chemical Society, 2013, 135: 11663-11669.

[58] 翟中和, 王喜忠, 丁明孝. 细胞生物学 [M]. 4 版. 北京：高等教育出版社，2011: 117-118.

[59] 翟中和, 王喜忠, 丁明孝. 细胞生物学 [M]. 4 版. 北京：高等教育出版社，2011: 119-122.

[60] 边云飞. 氧化应激与动脉粥样硬化 [M]. 北京：军事医学科学出版社，2012: 197-201.

[61] Jean E V. Phospholipid synthesis and transport in mammalian cells [J]. Traffic, 2015, 16(1):1-18.

[62] Natalia S, Sandra H, Afshin S, et al. Stressed to death-mechanisms of ER stress-induced cell death[J]. Biological Chemistry, 2014, 395(1):1-13.

[63] 碧云天官网. 内质网绿色荧光探针 [EB/OL]. 上海：碧云天生物官网，2021[2021-04-02]. https://www.beyotime.com/product/C1042S.htm.

[64] 碧云天官网. 内质网红色荧光探针 [EB/OL]. 上海：碧云天生物官网，2021[2021-04-02]. https://www.beyotime.com/product/C1041.htm.

[65] Liu J F, Zhai Z Y, Niu H W, et al. Endoplasmic reticulum-targetable fluorescent probe for visualizing HClO in EC1 cells[J]. Tetrahedron Letters, 2020, 61(37):152301.

[66] Zhang Y Y, Tang Y H, Kong X Q, et al. An endoplasmic reticulum targetable turn-on fluorescence probe for imaging application of carbon monoxide in living cells[J]. Spectrochimica Acta Part A: Molecular and Biomolecular Spectroscopy, 2021, 247:119150.

[67] Li S J, Zhou D Y, Li Y F, et al. Efficient two-photon fluorescent probe for imaging of nitric oxide during endoplasmic reticulum stress[J]. ACS Sensors, 2018, 3(11): 2311-2319.

[68] Shu W, Zang S P, Wang C, et al. An endoplasmic reticulum-targeted ratiometric fluorescent probe for the sensing of hydrogen sulfide in living cells and zebrafish[J]. Analytical Chemistry, 2020, 92(14):9982-9988.

[69] 翟中和, 王喜忠, 丁明孝. 细胞生物学[M]. 4版. 北京：高等教育出版社, 2011: 227-260.

[70] Zhang X D, Ye Z W, Zhang X F, et al. A targetable fluorescent probe for dSTORM super-resolution imaging of live cell nucleus DNA[J]. Chemical Communications, 2019, 55(13): 1951-1954.

第四章
细胞环境敏感荧光染料

第一节　极性敏感荧光染料 / 064

第二节　温度敏感荧光染料 / 069

第三节　黏度敏感荧光染料 / 074

第四节　pH 敏感荧光染料 / 080

第五节　环境敏感荧光染料在生物医学应用中的展望 / 087

环境敏感荧光染料是指荧光发射波长、荧光量子产率或荧光寿命等荧光性能依赖于环境的性质，如极性、温度、黏度和pH等变化的荧光染料分子。这类荧光染料可以应用于生物医学领域，检测细胞、组织、血液以及蛋白质和DNA等生物体系的微环境的变化。极性、温度、黏度和pH等微环境因素的改变，与许多生理过程密切相关，对其进行检测逐渐成为医学、生命和环境领域的研究重点。相对于其他的检测手段，荧光探针检测法更为方便和灵敏，尤其可以跟踪相关的生理过程。本章重点介绍极性、温度、黏度和pH等敏感荧光染料的作用机理及在生物体系环境中的应用。

第一节
极性敏感荧光染料

极性是一个非常重要的环境参数，很多化学反应速率都与溶剂的极性相关。在生物体系中，特别是细胞内，环境的极性决定着蛋白质的反应活性和膜的渗透性。生物体中微环境的极性变化往往反映着蛋白质之间的相互作用。近年来，极性敏感荧光染料的出现为细胞微环境中极性的成像与检测提供了一种新方法。

极性敏感荧光染料一般由电子给体、荧光团和电子受体三部分组成。在光照条件下，电子从电子给体转向电子受体，从而发生分子内的电荷转移（ICT）。当染料分子周围环境极性发生变化时，染料的最大激发波长、发射波长发生变化，荧光量子产率也随之改变，从而实现对极性的检测[1]。环境敏感型染料的荧光性能易受溶剂极性的影响，在极性溶剂中，荧光微弱，而在非极性溶剂中，荧光增强。水既是强的极性溶剂，也是很好的氢键给体，因此，大多数的环境敏感型染料在水中会发生较强的分子内电荷转移，发射波长较长，荧光量子产率较低。

根据分子结构的类型，极性敏感荧光染料主要包括萘酰亚胺类、香豆素类、尼罗红类和萘类等。

一、基于萘酰亚胺基团的极性敏感荧光染料

萘酰亚胺类母体荧光量子产率较小，最大发射波长小于500nm。但当在其4位引入给电子基团如氨基时，分子内电荷转移过程加强，染料的摩尔吸光系数增

大、荧光量子产率增高、发射波长增长。

脂滴主要由甘油三酯构成，脂滴中几乎不含水分子，极性很小；溶酶体中含磷脂双分子层，水分子的嵌入使其具有较大的极性。杨楚罗等[2]利用萘酰亚胺为荧光团，构筑了对极性响应的荧光探针1，其发射波长随极性的增加发生红移。该探针利用二甲氨基和二苯胺作为靶向基团，可以实现脂滴和溶酶体的双色成像。

林伟英等利用分子内电荷转移机理[3]，以二苯胺作为电子给体，以吗啉作为溶酶体靶向基团，设计合成了一种D-π-A型萘酰亚胺类极性荧光探针2。应用该探针，首次研究了斑马鱼在不同发育阶段的内在极性变化，并在炎症和肥胖小鼠中实现了极性差异的跟踪检测。

利用萘二甲酰亚胺作为极性敏感基团，朱维平等报道了一个能够特异性标记细胞内二硫醇蛋白的荧光探针3[4]。该探针可以作为一种快速、特异性检测含有二硫醇的蛋白质的有效工具，使二硫醇蛋白在体外和活细胞中的检测变得可视化。

二、基于香豆素基团的极性敏感荧光染料

香豆素是一类基于苯并-α-吡喃酮的化合物，是一种典型的"溶致变色"

基团，对溶剂极性的变化十分敏感，同时具有较高的荧光量子产率和光稳定性。香豆素母体上有较多可修饰位点，便于进行修饰和调控来灵活设计荧光探针。

Signore 等人[5]以香豆素为母体设计合成了极性敏感型荧光探针 4。该探针随着溶剂极性的减小，荧光逐渐增强，其荧光量子产率与溶剂极性呈现较好的相关性。例如，该探针在水中几乎没有荧光，在有机溶剂中则可发出很强的荧光。荧光共聚焦成像结果表明，该探针倾向于聚集在细胞膜和内质网上。

樊江莉等利用双键将香豆素和苯并噻唑季铵盐相连[6]，合成了一种比率荧光成像探针 5，实现了对癌细胞中线粒体的极性测定。该探针在 467nm 和 645nm 分别有一个发射峰，随着溶剂极性的增大，645nm 处的荧光信号强度基本不变，而 467nm 处的荧光信号强度显著下降，两种荧光信号强度的比率值与溶剂的极性呈现了良好的线性关系。荧光成像研究表明，该探针可以选择性定位于细胞的线粒体中，且能够测定线粒体的极性。此外，该探针可以检测癌细胞与正常细胞的线粒体极性差异，研究发现，癌细胞的线粒体极性较小，因此该探针可以成为一种区分癌细胞和正常细胞的工具。

孟祥明等以香豆素作为荧光母体[7]、甲氧基作为给电子基团、酰胺作为吸电子基团、吗啉作为溶酶体靶向基团，构建了一种溶酶体靶向的极性荧光探针 6，用于检测细胞自噬过程中溶酶体极性的变化。

马会民等开发了一种近红外荧光探针 7[8]，用于线粒体极性的检测，具有较高的灵敏度和良好的生物相容性。利用该探针在两个不同波长处最大发射位移和荧光强度比值的变化，定量测定细胞线粒体的极性。利用该探针实时成像，研究了通过饥饿和药物诱导线粒体自噬过程中的极性变化。该探针可以成为研究线粒体在生理和病理过程中所起作用的一种新工具。

三、基于尼罗红类的极性敏感荧光染料

尼罗红是一种典型的 ICT 荧光团，其荧光强弱取决于周围环境的极性大小，可用于极性敏感荧光探针的设计。与常见的极性敏感荧光团相比，尼罗红类荧光染料具有更长的发射波长，且发射波长随极性的变化较为明显。

Klymchenko 等[9]将一个类似鞘磷脂的两性基团引入尼罗红母体上，合成了一例可定位于细胞膜的极性荧光探针 8。该探针在有机溶剂中呈现较强的荧光，发射峰的最大波长与溶剂的极性有良好的相关性，随着溶剂极性的增大，其吸收和发射波长逐渐红移。由于在细胞中该探针主要集中在细胞膜上，所以其可以用于比率型测试胆固醇的极性。

Umezawa 等[10]以尼罗红为荧光母体，将两个亚乙基二硫砷盐连接到尼罗红母体上合成了荧光探针 9。该探针对环境极性的变化十分敏感，将其与蛋白质共价结合后可以用来检测细胞中蛋白质的构象变化。

Kim 等[11]将尼罗红和 BODIPY 连接在一起，合成了一种极性敏感荧光探针 10，可同时利用荧光信号的比率变化和荧光寿命分别对周围环境的极性进行检测。随着溶剂极性的增大，尼罗红的发射波长逐渐红移，荧光强度逐渐减小。复染实验结果表明该探针可选择性定位于细胞中的内质网。利用荧光成像技术，该探针可以用来检测衣霉素刺激细胞后内质网极性的变化（18.5 增加到 21.1）。

四、基于萘类的极性敏感荧光染料

基于萘类的极性敏感荧光染料有很多种类，氨基萘磺酸类衍生物 11 是一类最早被报道的溶剂致变色荧光染料之一[12]。它们的发射波长一般低于 500nm，在水中荧光猝灭，当与蛋白质结合时荧光增强，同时发射波长蓝移，是标记蛋白质和细胞膜成像的有效工具。

6-丙酰-2-（二甲氨基）萘（PRODAN）12 也是一类最早报道的溶剂致变色荧光染料之一。PRODAN 的分子结构小，光稳定较强，发射波长在 400～530nm，也是一种重要的蛋白质标记工具。Kim 等[13]报道了两例以萘为母体的荧光探针 13 和 14。两者相比，14 表现出更好的极性敏感性。随着溶剂极性的增大，14 的荧光强度逐渐下降，发射峰波长发生红移。生物成像实验表明，探针 14 可以对细胞中的脂质筏进行选择性成像。由于该探针具有双光子性质，因此可以通过双光子激发检测极性，增加光的穿透能力。

考虑到 PRODAN 的发射波长比较短，易受细胞和组织内自发荧光的干扰，Twieg 等[14]用共轭结构较长的蒽替代了萘，合成了一个具有较长发射波长的荧光探针 15。与 PRODAN 相比，探针 15 在不同极性溶剂中的荧光发射波长处于 400～600nm 范围内，较长的光谱红移有效避免了细胞和组织自身荧光的干扰。

彭孝军等报道了第一例利用比率荧光法对极性进行成像并定量检测溶酶体极性的荧光探针 16[15]。该探针在较宽的极性范围内表现出荧光强度比与极性之间的波尔兹曼函数关系，并能够特异性地定位在溶酶体。利用荧光共聚焦成像，可通过颜色变化直接分辨出溶酶体极性的变化。此外，凭借比率荧光成像以及荧光强度比与极性之间的波尔兹曼函数关系，可以计算出 MCF-7 细胞的溶酶体极性为 0.224，还可以得到溶酶体储存障碍或细胞死亡条件下的极性。

第二节
温度敏感荧光染料

温度是影响化学和生物系统行为的基本物理参数。温度会随着细胞分裂和新陈代谢等过程发生变化，反过来也影响着从基因表达到能量代谢的反应动力学过程。在疾病状态下，由于细胞代谢的差异，组织内的恶性细胞比正常细胞温度要高，因此准确监测生物系统内的温度具有重要的意义。

基于热电偶的传统测温方法虽然灵敏准确，但却无法在细胞或多点同时远程测量温度[16]。因此，基于光学信号变化的温度敏感荧光染料，如有机染料分子、稀土掺杂材料、量子点簇、金-碲纳米粒子和聚合物等引起了研究者的广泛关注。

一、基于有机小分子的温度敏感荧光染料

基于有机小分子荧光染料的荧光信号随温度发生变化，设计的温度敏感荧光探针具有响应快速、灵敏度高、生物相容性良好和合成简便等优点[17]。一般来讲，荧光强度对温度的变化比较敏感，温度升高会使荧光染料分子内能发生变化，引起荧光强度显著下降。在较高温度时，分子通过振动弛豫散失部分热能，从激发态的最高振动能级跃迁至激发态的最低振动能级，然后通过无辐射跃迁形式失活到能量更低的状态[16]。另外，当环境的温度升高时，溶剂的黏度降低，导致荧光分子与溶剂分子的碰撞频率增加，引起荧光猝灭。因此，在进行荧光分析时，需要控制好温度。

杨国强等[18]和徐兆超等[19]先后报道了基于三芳基硼的温度敏感荧光探针17（图4-1）。具有空p轨道的缺电子硼原子是好的电子接受体，而芘基团是众所周知的电子供体，存在着分子内电荷转移ICT效应。探针17的局部激发态发射（LE）和扭曲分子内电荷转移（TICT）激发态发射之间处于热平衡状态。当温度增加时，TICT发射会转移到LE中，从而引起发射颜色从绿色到蓝色的热变色。该探针可以在223～373K范围内检测，甚至可以裸眼看到颜色的变化。

基于这种设计理念，杨国强等[20]还设计合成了一系列测量范围和颜色可调的双荧光三聚硼温度敏感荧光染料18。基于三聚硼分子的温感敏感荧光染料既可用于固体聚合物，也可用于液体有机溶剂。因为这类化合物的ICT和TICT激发态之间的动态平衡会受到介质和温度的影响。这些温感染料的测量范围在固体

聚合物体系中为 −20～40℃、−10～50℃和 −25～30℃；在液体有机溶剂中为 −50～100℃和 −30～110℃。该研究为开发可调谐的双荧光有机分子温度计提供了一种新的策略。

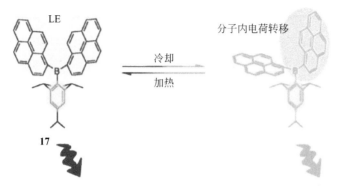

图4-1 局部激发态发射和扭曲的分子内电荷转移热平衡状态[18]

18-1： $G^1 = $ —N◯O ；$G^2, G^3 = $ Br

18-2： $G^1, G^2 = $ —N◯O ；$G^3 = $ Br

18-3： $G^1, G^2, G^3 = $ —N◯O

18-4： $G^1, G^2, G^3 = $ —N◯O (dimethyl)

18-5： $G^1, G^2, G^3 = $ —N◯ (decahydroisoquinoline)

肖义等[21]报道了第一例可固定式温度敏感荧光染料 19。该染料以罗丹明 B 作为荧光母体，其中可旋转的二乙氨基赋予了染料对温度响应的荧光特性。同时还引入苯甲醛作为锚定单元，与蛋白质的氨基结合，从而可以使探针固定在线粒体上。由于线粒体具有较多负电性的脂质体，19 可以选择性固定在线粒体中。通过线粒体灰度成像，实现了对温度分布的可视化和量化，且成功监测到活细胞在光热和 PMA 刺激下的温度变化（图 4-2）。

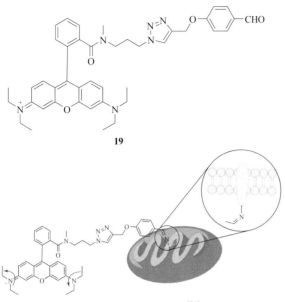

图4-2 可固定式温度敏感荧光染料[21]

二、基于聚合物大分子的温度敏感荧光染料

基于聚合物大分子的温度敏感荧光染料通常是将荧光染料探针分子引入到温度敏感聚合物中。这类染料的工作原理是：温敏型聚合物一般具有一个最低临界相转变温度（LCST），在低于 LCST 时，聚合物在溶液中能充分溶解，处于伸展状态；而当温度高于 LCST 时，聚合物链对温度做出响应，从延展态变为聚集态。在温敏型聚合物随着温度的变化经历溶解和聚集过程的转变时，微环境及亲疏水会发生变化，导致相应的荧光单元也产生荧光信号变化，主要表现为荧光的增强或猝灭、发射波长的红移或蓝移[16]。这种基于聚合物的温度敏感荧光染料具有操控简便、无污染、可逆及应用范围广等优点。

聚 N- 异丙基丙烯酰胺（PNIPAM）是一种常见的热反应性聚合物，因为异丙基丙烯酰胺的 LCST 在 32℃左右，将具有合适的光谱特征的探针连接到这种聚合物上可以获得温度敏感荧光探针。Avlasevich 等[22] 合成了一系列含有卟啉标记的 PNIPAM 共聚物，研究了不同的链长、不同的卟啉含量对卟啉分子在低温下的荧光猝灭影响，发现当温度升高到 LCST 之上时，卟啉分子的荧光量子产率随着聚合物刚性的增加而增加。Uchiyama 等[23] 合成了一系列以 PNIPAM 为主链、噁二唑为荧光响应基团的温度敏感荧光探针 20（图 4-3）。当聚合物在 LCST 以下时，噁二唑溶解性较好，形成亲水体系，荧光很弱；当温度升高到 LCST 以上时，PNIPAM发生收缩，噁二唑的周围变为疏水环境，荧光强度显著增强。

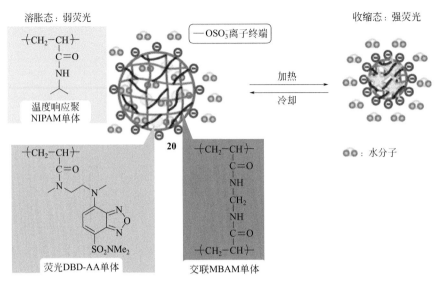

图4-3 以PNIPAM为主链、噁二唑为荧光响应基团的温度敏感荧光探针20[23]

Hirai 等[24]利用PNIPAM和罗丹明合成了一例具有温度响应的荧光聚合物21（图4-4）。该聚合物在一定的温度范围内（10～33℃）表现出荧光增强的特性，这种特性主要与聚合物在加热过程中发生的自组装有关。通过改变 N-烷基丙烯酰胺的结构，可以调节聚合物达到聚集的温度，进而调控聚合物的荧光增强效果。

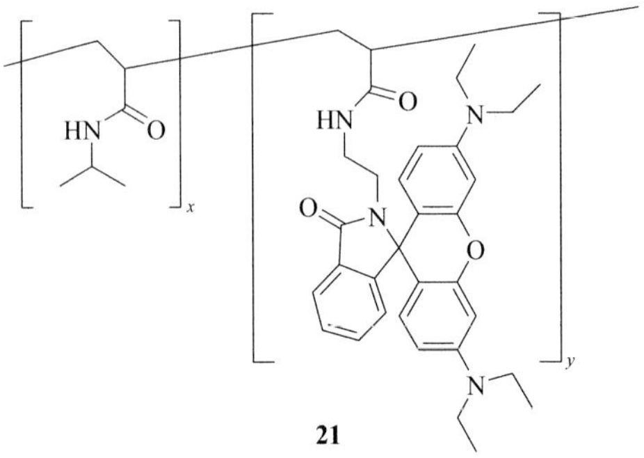

图4-4
利用PNIPAM和罗丹明合成的温度敏感荧光聚合物21[24]

三、基于纳米材料的温度敏感荧光染料

半导体聚合物点（Pdots）是一类新的荧光探针，其尺寸可从几纳米到几十纳米不等，其荧光亮度可以比有机染料大几个数量级，比量子点强几十倍。

Chiu 等[25]在 Pdots 的基质中引入罗丹明染料，得到了对温度敏感的新型温敏荧光染料 22 和 23（图 4-5），其发射强度随着温度的升高而降低。Pdot-罗丹明纳米粒子利用了 Pdots 的光收集和能量转移放大能力，表现出优异的温度敏感性和较高的亮度。更重要的是，Pdot-罗丹明纳米粒子可以在单一波长激发下表现出比率温度感应现象，并且具有较宽的线性温度感应范围，与生理相关温度匹配较好。Pdot-罗丹明的特殊亮度使得这种纳米级温度传感器可以作为细胞成像的荧光探针使用。

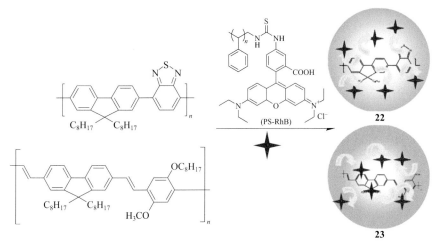

图4-5　基于半导体聚合物点的温敏荧光探针[25]

田文晶等[26]通过 Suzuki 偶联反应合成了一种具有 D-π-A 结构的二苯基氨基苯乙烯基富马腈（TBB）。TBB 表现出基于分子内电荷转移的近红外发射、聚集诱导发射及对温度敏感的特征。将热敏近红外荧光体 TBB 和罗丹明 110 染料封装在两亲聚合物 F127 中，从而构建了一种比率荧光温敏探针 24（图 4-6）。探针 24 在 25～65℃的温度范围内表现出良好的温度敏感性以及优异的温敏可逆性。细胞内测温实验表明，温敏探针 24 可以监测 HepG2 细胞在光热治疗剂加热过程中细胞温度在 25～53℃范围内的变化。

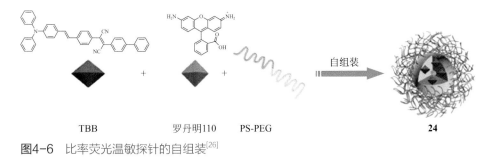

图4-6　比率荧光温敏探针的自组装[26]

刘世勇等[27]设计合成了基于双亲水性嵌段共聚物的温度荧光探针，并研究了其在细胞内温度成像中的应用（图4-7）。利用发蓝光的香豆素 CMA、发绿光的 7-硝基-2,1,3-苯并噁唑（NBD）和发红光的罗丹明 B（RhB）分别与 PNIPAM 共聚，得到三种不同的染料 PEG-b-P（NIPAM-co-CMA），PEG-b-P（NIPAM-co-NBDAE）和 PEG-b-P（NIPAM-co-RhBEA）。由于香豆素、NBD 与罗丹明 B 三者之间互相具有一定的荧光共振能量转移（FRET）效应，可以通过将这三种单体的荧光嵌段共聚物中的两种进行混合，得到三种基于 FRET 的聚合物温敏探针。在活体细胞温度成像中，这类探针要优于其他一步式 FRET 测温仪。

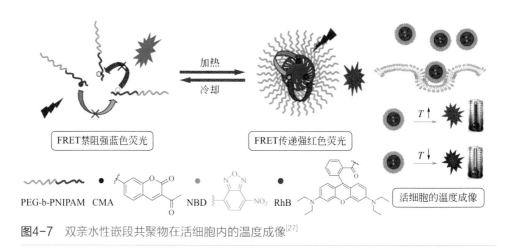

图4-7 双亲水性嵌段共聚物在活细胞内的温度成像[27]

第三节
黏度敏感荧光染料

黏度作为细胞微环境中的一个重要参数，影响着营养物质以及细胞代谢废物的运输，也影响细胞内外信号物质之间的转换，因此，监测细胞内黏度的变化具有重要的意义。传统的黏度测量方法耗时长、成本高，而且不适于生物微环境的黏度检测。荧光染料具有较高的灵敏度和分辨率，适用于细胞微环境的黏度成像，是一种高效的黏度检测工具。

黏度敏感荧光染料是指荧光发射波长或荧光量子产率依赖于环境中黏度变化

的荧光染料分子。这类染料分子通常具有 D-A 或 D-π-A 的分子结构，分子中存在可以转动的因子，称为转子。在黏度较低的环境中转子的运动导致激发态的能量以非辐射跃迁的形式失去，引起荧光猝灭[28]。最常用来解释这类黏度敏感荧光染料分子非辐射跃迁过程的机理是扭曲分子内电荷转移（TICT）机理。在低黏度的水和有机溶剂中，分子内的转子会灵活旋转而消耗能量，使得荧光很弱或没有荧光。当染料分子周围的黏度增加时，分子内转子的旋转受到抑制，阻碍了激发态的非辐射失活途径，从而导致荧光量子产率明显升高。虽然 TICT 机理能够很好地解释黏度敏感荧光探针的作用原理，但不能排除其他的非辐射跃迁过程与单键的转动以及溶剂黏度有关的可能。

近年来，许多黏度敏感荧光染料已被报道，并成功用于生物体系中。按照结构特点分类，经典的黏度敏感荧光染料主要包括氟硼吡咯类（BODIPY）、9-（二氰基乙烯基）- 久洛尼定类（DVCJ）和花菁类等。

一、基于BODIPY的黏度敏感荧光染料

BODIPY 类荧光染料具有很好的化学稳定性和光稳定性，以及相对较高的摩尔吸光系数和荧光量子产率，激发和发射光谱都在可见光区域，且可以通过不同位置的取代来进行光谱调控等优点。这些优良的光学性质使 BODIPY 类荧光染料在黏度敏感荧光探针方面有着广泛的应用[29-31]。

Lindsey 等[32]发现，在 1，7 位未取代的 BODIPY 分子 25 中，苯环的自由旋转可导致其荧光的猝灭。同时，该课题组还合成了染料分子 26，发现可旋转的苯环共轭体系越大时，单键的转动越难，从而影响黏度的测定。随后，Suhling 等[33]在苯环上引入长的疏水性脂肪链，合成了可选择性定位于细胞膜的荧光探针 27。随着环境黏度的升高，探针 27 的荧光逐渐增强，且荧光寿命也逐渐增加。荧光寿命的对数和黏度的对数具有良好的线性关系，该探针能够成功对细胞微环境黏度进行成像，并测得细胞中的黏度值为（140±40）mPa·s。

彭孝军等[34]报道了一例间位被醛基取代的"扭曲 BODIPY"荧光探针 28，可检测细胞凋亡过程中线粒体黏度的变化。该探针中的醛基可以作为分子转子围绕单键自由旋转。同时，BODIPY 的 1，7 位甲基与醛基之间的空间位阻会使探针的 BODIPY 母体结构发生一定的"扭曲"。这些因素共同导致了探针 28 在激发态时发生非辐射跃迁，在低黏度的溶剂中荧光变得很弱。随着周围环境黏度的增加，探针的荧光发射强度和荧光量子产率随之增大。该探针对黏度具有较高的选择性和灵敏度，可用于实时监测细胞凋亡过程中黏度的变化。

肖义等[35]在BODIPY的2位通过亚甲基连接了一个吗啉环作为溶酶体的定位基团，合成了可定位于溶酶体的黏度荧光染料29。当周围黏度增加时，29的荧光强度和荧光寿命都会发生变化。由于吗啉基团会对BODIPY产生光诱导电子转移（PET）作用，以及溶酶体内的酸性环境可能会对黏度的荧光强度检测造成干扰，研究者选择荧光寿命作为测量参数，并利用荧光寿命的变化实时监测了经药物刺激后细胞内黏度的变化。

基于BODIPY为荧光母体，肖义等[36]还合成了第一个可固定型黏度探针30。该探针中含有一个醛基作为锚，可与蛋白质上的氨基发生反应，使其键合在线粒体上。此外，肖义等[37]还开发了一种混合荧光传感器31，通过连接黏度敏感的BODIPY分子转子和苄基胍，用于特异性检测SNAP融合蛋白的局部微黏度。蛋白质标记的31-SNAP对局部黏度的变化是通过检测荧光寿命的增强来评估的。该探针首次表征了三种细胞核靶向药物诱导的细胞凋亡中SNAP-tag融合组蛋白局部微黏度的不同变化。

余孝其等[38]合成了一个以BODIPY为母体的靶向溶酶体的黏度荧光探针32，可利用荧光寿命成像来测定细胞黏度的变化。该探针引入了两个聚乙二醇链以提高水溶性和生物相容性。不同于前面的染料分子，苯环7位的聚乙二醇链阻碍了苯环的自由旋转。因此，两个含有吗啉基团的苯乙炔被连接到BODIPY母体结构上用作旋转位点。在酸性环境中，32的荧光强度随着黏度的增加而增强，在甘油中的荧光强度比水中增强了63倍。32能很好地定位于细胞的溶酶体，且成功用于检测活细胞的黏度变化。

杨志刚等[39]将香豆素连接到BODIPY中位的苯环上，同时还引入了三苯基膦作为线粒体的靶向位点，开发了一例可定位于线粒体的黏度荧光探针33。该探针在516nm和427nm处具有两个发射峰。随着溶剂黏度的变化，荧光比率值（I_{516nm}/I_{427nm}）和荧光寿命均与溶剂的黏度呈现良好的线性关系。利用荧光共聚焦和荧光寿命成像可分别测得HeLa细胞线粒体内的黏度值为62.8mPa·s和67.5mPa·s。33能很好地定位于细胞的线粒体，且能清楚观察到HeLa细胞经药物刺激后线粒体内黏度的升高。

二、基于DCVJ的黏度敏感荧光染料

9-（二氰基乙烯基）-久洛尼定（DCVJ）34 和 9-（2-羧基-2-氰基）乙烯基久洛尼定（CCVJ）35 是两种最常用的荧光分子转子母体结构[28, 40]。在低黏度环境中，久洛尼定与乙烯基之间的单键可以自由旋转，伴随着 TICT 的发生，导致分子的荧光减弱或猝灭。随着周围环境黏度的升高，分子内单键的旋转受到抑制，使荧光得到恢复，从而实现对环境黏度的检测。

Theodorakis 等[41]在 35 的羧基部分引入不同长度的脂肪链，制备了系列黏度敏感荧光染料 36。实验证明 36 与 34 有着相似的化学性质，且对细胞膜有更好的渗透性。当周围黏度发生改变时，染料 36g 的荧光信号变化比 34 高 20 倍。为了能够更好地定位细胞膜，随后该课题组在染料 34 上通过亚甲基链连接上一个疏水性的磷脂结构，合成了荧光染料 37[42]，在其黏度敏感性质不受影响的情况下，能够精确地定位到细胞膜上。

Haidekker 等[43]引入香豆素母体作为 FRET 能量供体，合成了第一例比率

荧光探针38，实现对黏度的比率检测。该染料可以用单一激发光源探测比率型荧光信号的变化，从而消除折射率和染料浓度的影响，实现对流体黏度快速准确的测量。该染料分子具有较高的灵敏度，可检测1～400mPa·s的黏度范围。

三、基于花菁类的黏度敏感荧光染料

花菁类化合物具有相对较长的吸收和发射波长，以及高的摩尔消光系数和荧光量子产率[44]。花菁类染料通常包括花菁、部花菁、半花菁和方酸菁染料等。其中，花菁、半花菁和方酸菁染料常常被用来设计荧光探针。

彭孝军等[45]在Cy5的中位上引入了不同的基团得到了系列荧光染料39。光谱测试结果发现，39-3的荧光比率值（I_{650nm}/I_{456nm}）和荧光寿命值与溶液的黏度均呈现出良好的线性关系，而39-1、39-2和39-4的荧光性质与黏度没有表现出明显的相关性。在此基础上，该课题组将39-3中的吲哚换为噻唑、乙基变为苯基，合成了一例可定位于线粒体的荧光探针40[46]。探针40保留了对黏度的高灵敏荧光响应，且同样可用于对细胞内黏度的荧光比率和荧光寿命双通道成像。

此外，彭孝军等[47,48]还将咔唑醛与吲哚季铵盐缩合得到了一例咔唑半花菁染料41。在溶液中，41的荧光非常弱，高斯理论计算表明咔唑与乙烯基之间的单键旋转引起了非辐射跃迁。随着溶剂黏度的增加，580nm处的红光发射峰和380nm处的蓝光发射峰都逐渐增强，但增强的速率不同。最终，荧光比率值

（I_{580nm}/I_{380nm}）与溶液黏度呈现良好的线性关系。细胞染色实验表明了该探针可以选择性定位于细胞的线粒体，且可用于监测活细胞内黏度的变化。

Belfield 等[49]设计合成了一个方酸菁类的近红外黏度荧光染料 42。在不同比例的甲醇和甘油混合溶液中，42 的荧光发射强度随着体系黏度的增加而逐渐增强，而吸收光谱基本上不发生变化。利用该探针，可观察到细胞在烟酸己可碱刺激细胞有丝分裂过程中黏度升高的现象，实现在细胞水平上对有丝分裂过程中不同阶段微管黏度变化的监测。

郝策等[50]报道了两例苯乙烯基花菁染料 43 和 44，检测细胞黏度的变化。两例染料都是由富电子的氨基联苯和缺电子的苯并噻唑通过乙烯双键连接而组成。分子中的推拉电子结构使染料具有较大的 Stokes 位移，其中染料分子 43 的 Stokes 位移高达 111nm。随着溶剂体系黏度的增加，染料的荧光发射逐渐增强。两例染料都能够在一定的范围内定量地测定黏度的变化。

第四节
pH敏感荧光染料

pH是细胞内生物反应的重要指标之一，在细胞增殖和凋亡、内吞、肌肉收缩和离子运输等方面起着极其重要的作用[51]。异常的pH值会影响细胞和组织正常功能的发挥，导致癌症、中风和阿尔茨海默病等严重疾病的发生[52]。因此，开发监测活细胞和组织内部pH值变化的方法对生命科学的研究具有重要意义。pH荧光探针因具有高灵敏度、响应快速和实时成像等优点而被广泛研究和使用。

在过去的几十年里，利用质子的解离或结合引起染料的荧光信号发生改变，已有大量pH敏感荧光染料的报道[53, 54]。氨基已被广泛地用作pH荧光探针的酸碱反应的位点，N-杂环衍生物，如吡咯、吲哚、咪唑、吡啶等常被用于构建pH探针。另外，酚羟基具有弱酸性，在碱性环境中可以去质子化，也被用于构建pH荧光探针。此外，还有一些pH探针的设计是基于加成、异构化和环化等的化学反应，如罗丹明或荧光素的开环。

一、基于氨基可逆质子化的pH敏感荧光染料

基于氨基可逆质子化的pH敏感荧光探针是一类非常重要的pH探针（如图4-8）。由于氨基有强的供电子能力，可有效猝灭荧光，因此这类探针大多是基于光诱导电子转移（PET）机理。当氨基未被质子化时，氨基HOMO上的电子转移到荧光团激发态的HOMO上，产生PET效应，导致探针的荧光猝灭；当氨基与质子结合后，质子化的氨基不能作为电子供体，PET过程被抑制，荧光增强。作为质子受体的氨基主要有甲氨基、二甲氨基、乙氨基、二乙氨基、吡啶基和哌嗪基等。

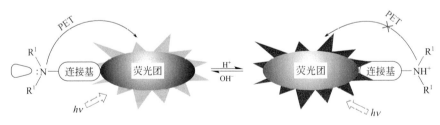

图4-8 基于氨基可逆质子化的pH敏感荧光探针设计机理[54]

葛健锋等[55]人设计了基于苯并吩噁嗪的pH荧光探针45。当该探针处于碱

性环境时,与苯并吩噁嗪相连的二乙氨基未被质子化,二乙氨基与苯并吩噁嗪之间存在 PET 作用,探针呈现出非常微弱的绿色荧光。而当该探针处于酸性环境时,二乙氨基发生质子化,PET 效应被抑制,探针的荧光发射强度增强几十倍,且发射光谱红移到近红外区域。

Galindo 等[56]设计合成了一类由 9,10-蒽桥连双胺的大环 pH 荧光探针 46。当 pH 值在 2.55～6.90 范围内逐渐增加时,探针的荧光强度也逐渐减弱。利用荧光共聚焦显微镜技术,这些探针能够监测活细胞 pH 值的变化。Saito 等[57]也开发了一系列含有脱氧尿苷酸的蒽基 pH 荧光探针 47,同样也可用于监测活细胞生理条件下的 pH 值变化。

其他荧光团包括 BODIPY、萘二甲酰亚胺和花菁染料等也被用于设计 pH 荧光探针。由于 PET 作用,探针 48 在中性环境中几乎没有荧光,而在酸性介质中,探针在 515nm 处发射出强烈的荧光,荧光量子产率高达 52%[58]。此外,探针 48 表现出良好的细胞渗透性,可选择性标记细胞的溶酶体,用于非侵入性监测溶酶体 pH 值变化的过程。利用 PET 机理,基于萘二甲酰亚胺的荧光探针 49 在 pH=6.47 时处于非质子化形式,探针在细胞中显示绿色荧光。不过质子化形式的探针的细胞膜渗透性较差,不能用于细胞的荧光图像[59]。唐波等[60]报道了一例基于半花菁的荧光探针 50,在 pH=8.0 条件下于 680nm 处呈现出近红外荧光发射,可用于斑马鱼和小鼠中 pH 的荧光成像分析。

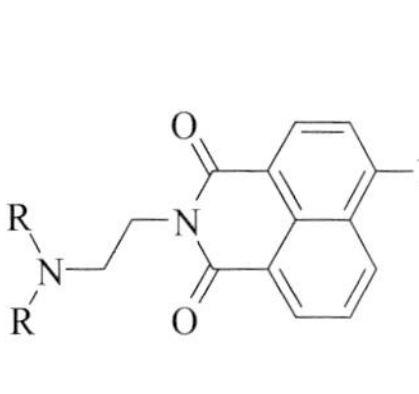

二、基于N-杂环质子化的pH敏感荧光染料

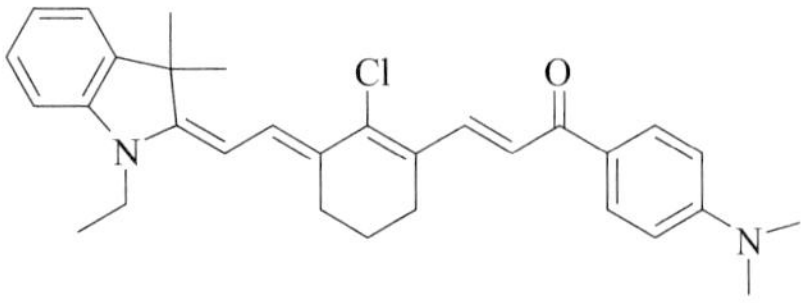

N-杂环，如吡啶和咪唑等，可以在酸性条件下通过可逆质子化生成相应的阳离子，在碱性条件下发生去质子化反应。当电子供体N-杂环与荧光团连接时，这些酸碱平衡过程会通过质子化与去质子化改变分子内的电荷分布，从而改变荧光强度或发射波长（图4-9）。

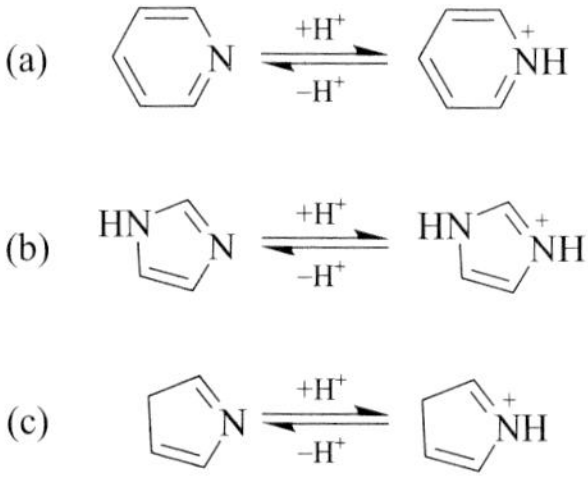

图4-9 基于N-杂环质子化的pH敏感荧光探针设计机理

唐波等[61]以七甲川为荧光母体、三联吡啶为检测基团设计合成了近红外荧光探针51，用于检测细胞内的pH。在碱性条件下，由于三联吡啶基团到七甲川的PET效应，不发射荧光。但在酸性条件下，三联吡啶中的一个氮原子被质子化，导致PET效应被抑制，在近红外区域发射出强烈的荧光，从而达到检测pH的目的。

喹啉是一种在酸性介质中能发生可逆N-质子化的荧光母体。林伟英等[62]报道了一例基于喹啉的比率荧光pH探针52。该探针由香豆素和喹啉基团连接而成，在酸性条件下发生质子化，使之具有分子内N—H···O氢键，在644nm处呈现出强烈的近红外荧光发射，同时在544nm处表现出弱的荧光发射。该探针可用于监测从中性到酸性环境下HeLa和Tca-8113细胞中pH的变化。

于晓强等[63]设计了一例基于吡啶可逆性质子化的比率荧光探针53，用于检测生物体内的pH变化。该探针是由吡啶与咔唑通过C=C相连而成，形成了一个具有D-π-A结构的分子。在酸性条件下，吡啶上的氮原子被质子化，分子内的电子云密度分布发生变化，探针分子发射出强烈的绿色荧光。而在碱性条件下，吡啶上的氮原子未被质子化，分子发射出较弱的蓝色荧光。因此，通过观察荧光强度和发射波长的位移变化可以实时监测细胞内 pH 的变化。此外，还有一些利用其他氮杂环，如苯并咪唑 54 作为质子受体来设计合成类似的 pH 荧光探针，它们也都具有优良的 pH 检测特性 [64]。

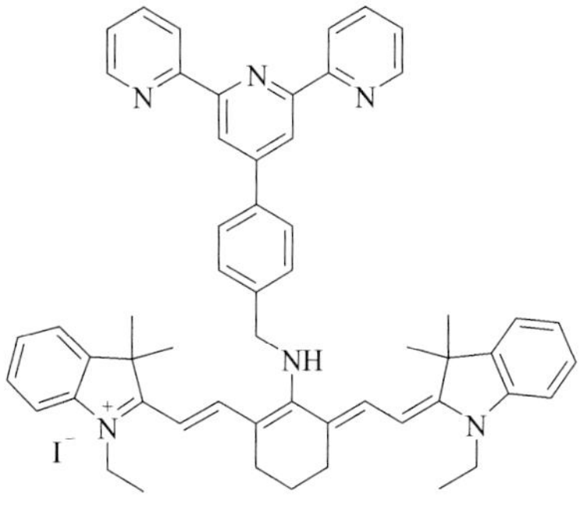

51

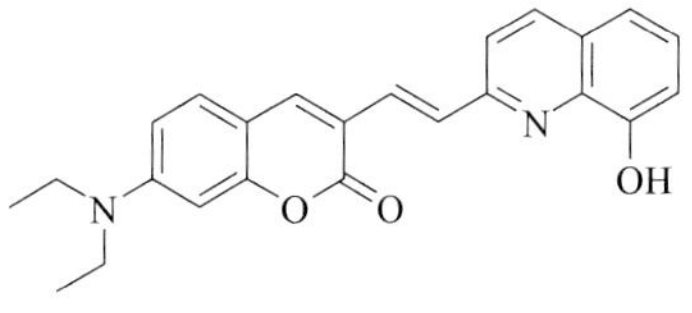

52

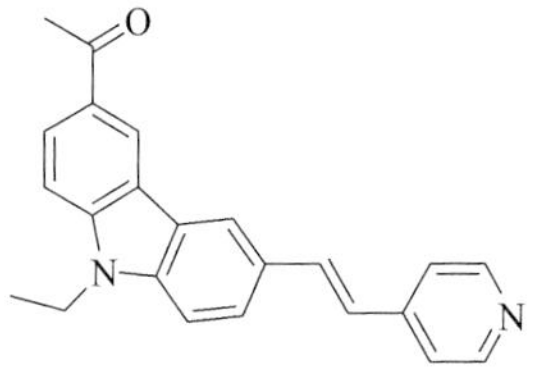

53

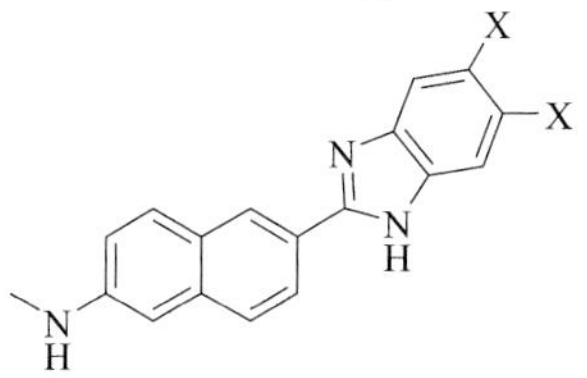

X = H, F, OMe

54

三、基于酚类的pH敏感荧光染料

苯酚的水溶液呈弱酸性，加入强碱后容易发生中和反应，形成供电子能力更强的苯酚阴离子（图 4-10）。基于这一特性，苯酚基团常用于 pH 荧光探针的设计中。

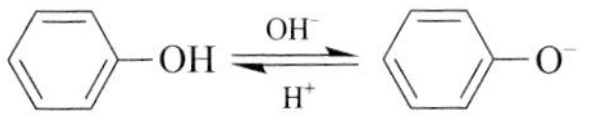

图4-10
基于酚类的pH敏感荧光探针的工作机理

Dhara 等 [65] 设计了一例基于希夫碱的以苯酚为检测位点的荧光探针 55。在酸性条件下，该探针几乎没有荧光；然而在弱碱性条件下，苯酚基团发生解离，探针发射出强的荧光。当 pH 从 4.2 增加到 8.3 时，其荧光强度增加了 250 倍。该探针被成功运用于细胞内 pH 成像。

霍方俊等 [66] 开发了一种基于半花菁的荧光探针 56，用于水溶液 pH 的检测。

该探针具有优异的水溶性，在 4.5～10.7 的 pH 范围内，溶液的颜色从黄色变为苋菜色，荧光强度增加了 30 倍。生物成像实验表明该探针适用于监测活细胞中 pH 的变化。

Sarkar 等[67]报道了一例基于萘酚的双光子比率检测 pH 的荧光探针 57。该探针中三苯基膦的引入使之可选择性定位于细胞的线粒体。探针 57 的 pK_a 值约为 7.9，在 pH 为 6.0～9.0 范围内，探针的荧光从黄色变为红色。此外，利用探针的双光子特性，还可以对线粒体自噬过程中线粒体形态和 pH 的变化进行比率荧光成像，并且成功测定了小鼠海马组织中 pH 值的分布。

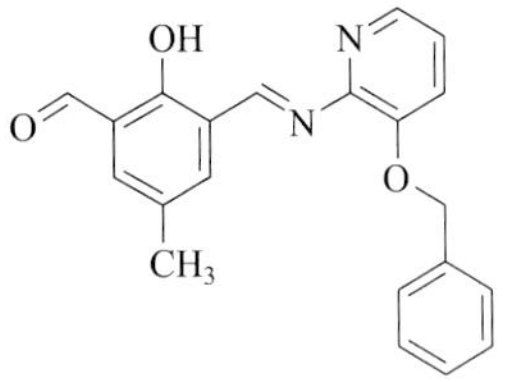

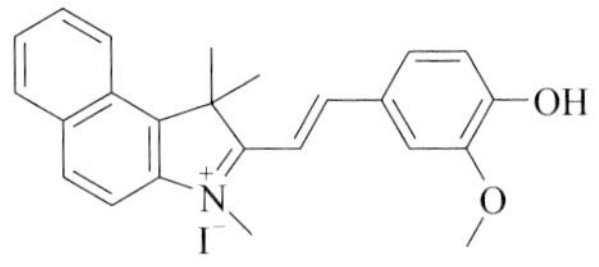

四、基于罗丹明开环的pH敏感荧光染料

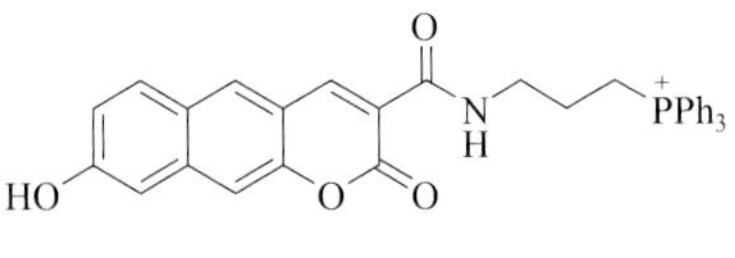

罗丹明的螺内酰胺形式破坏了分子的共轭体系，因此没有荧光；而当螺环被打开时，分子会发射出强烈的荧光[68-70]。在酸性条件下，罗丹明螺内酰胺中螺环开环，产生从无荧光到强荧光的变化，从而实现对 pH 的检测（图 4-11）。

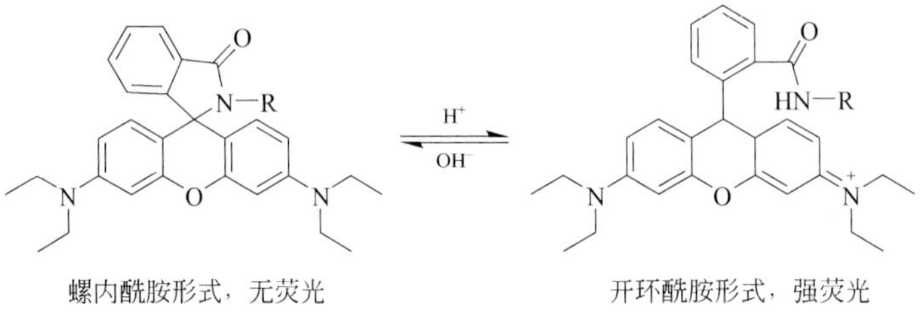

图 4-11　基于罗丹明开环的pH敏感荧光探针设计机理

韩守法等[71]利用二氧化硅纳米粒子将荧光素异硫氰酸酯与罗丹明 6G 结合在一起合成了 pH 探针 58。在中性和碱性条件下，荧光素异硫氰酸酯在 514nm 处有强的荧光发射峰，而罗丹明 6G 处于螺环状态几乎不发光。在酸性环境中，荧光素异硫氰酸酯被质子化，而罗丹明 6G 螺环被打开，在 550nm 处荧光增强。该探针可利用共聚焦和流式细胞术实现对药物诱导的溶酶体 pH 变化的比率检测。

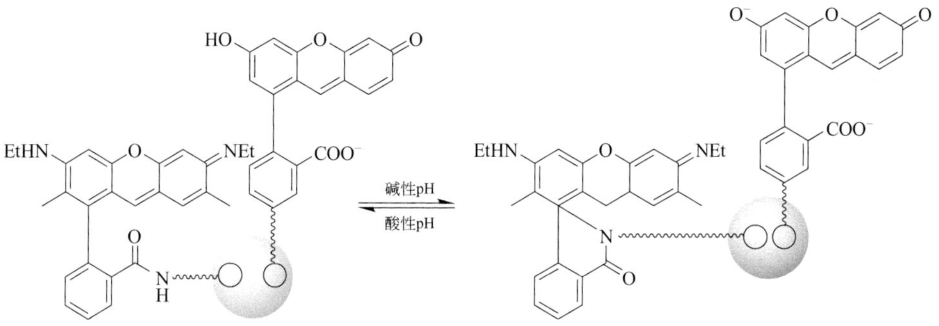

58

彭孝军等[72,73]先后报道了两例基于罗丹明的溶酶体 pH 荧光探针 59 和 60。探针 59 首次在罗丹明母体上引入二乙二醇甲醚，成功用于监测细胞凋亡过程中或由氯喹诱导的溶酶体 pH 值变化，同时避免了含氮侧链的溶酶体探针对溶酶体的"碱性效应"。探针 60 将罗丹明与萘酰亚胺通过 1，2，3-三唑连接，构成 FRET 体系，可以实现对 pH 的比率荧光检测。探针 60 在中性和碱性条件下，发射萘酰亚胺 538nm 的荧光；当 pH 处于 2.0～6.2 范围时，罗丹明开环，产生 FRET 现象，538nm 处荧光逐渐减弱，而在 580nm 处的荧光强度逐渐增强，实现了对细胞溶酶体 pH 的比率荧光成像。

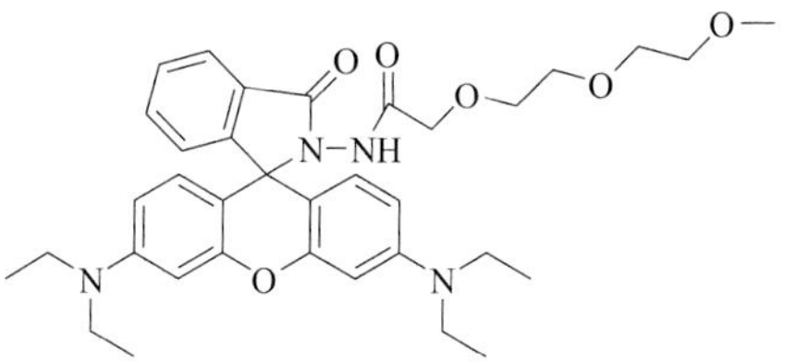

59

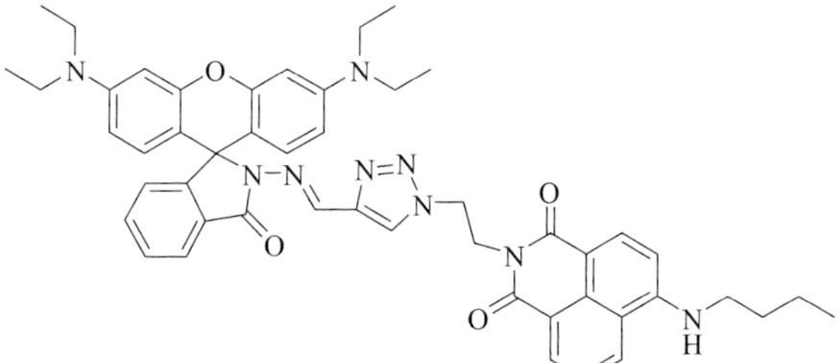

60

近年来，硅杂罗丹明在超分辨荧光成像中得到了广泛的应用。其在环状封闭的非荧光螺内酯和螺环被打开的荧光结构之间的平衡使硅杂罗丹明具有优异的荧光特性、膜渗透性和光稳定性。徐兆超等[74]揭示了硅杂罗丹明在内酯结构和两性离子结构态之间的平衡受pH值、分子聚集、溶剂极性和温度等各种环境因素的影响这一现象。王婷等[75]合成了以硅杂罗丹明为荧光母体的近红外pH荧光探针61。该探针中硼酸作为专一性识别氢离子的基团被引入。在中性和弱碱性条件下，硼酸与螺环中的氧连接形成硼酸盐，探针依然处于螺环状态，荧光很弱。在酸性条件下，硼酸盐水解形成硼酸，此时，螺环被打开，探针的荧光强度增强。此外，该探针细胞毒性低，不仅能对细胞溶酶体染色，还能监控细胞内pH的变化。

61

此外，利用质子正向协同检测机理，杨有军等[76-78]开发了一类新型高灵敏希尔型pH荧光染料62，其酸碱响应范围能够低至0.7pH单位，适用于识别细胞或生物组织内微弱pH动态变化。根据pH响应官能团的结构不同，pK_a可在3.5～6.8范围内调节，充分满足各类生物体系的pH高灵敏检测需求。特别是62-2，它可以有效区分癌组织和正常组织，并成功用于实体瘤组织快速诊断。

62-1: NR^1R^2 = —NMe_2
62-2: NR^1R^2 = —NEt_2
62-3: NR^1R^2 = —NEtPr^i
62-4: NR^1R^2 = —NO_2

第五节
环境敏感荧光染料在生物医学应用中的展望

荧光染料因其化学稳定性好、生物相容性好、易于制备和荧光寿命长等独特的优势在荧光检测领域得到了广泛的应用。目前，科研工作者在环境敏感荧光染料方面的研究已经取得了重要的进步，然而仍存在着许多问题亟待解决：①一些荧光染料存在波长短、水溶性差等缺点，能适用于生物微环境检测的染料分子相对较少；②一些荧光染料的检测灵敏度、选择性和光及化学稳定性等性能需要进一步提高；③一些荧光染料对多重环境因素，如极性和黏度等都敏感，缺乏选择性，导致信号分析复杂等。因此，开发长波长、光及化学稳定性好、水溶性好、灵敏度高、选择性好、生物相容性好且适用于单一环境因素检测的荧光探针，对荧光检测技术的发展具有重要意义。随着对荧光理论进一步深入研究及光学仪器的发展，科研工作者会开发出更多性能优异的环境敏感荧光染料，拓展其在微环境检测、生物医学成像以及疾病诊断治疗等多个领域的应用。

参考文献

[1] Xiao H B, Li P, Tang B. Recent progresses in fluorescent probes for detection of polarity [J]. Coordination Chemistry Reviews, 2021, 427: 213582.

[2] Zheng X J, Zhu W C, Ni F, et al. Simultaneous dual-colour tracking lipid droplets and lysosomes dynamics using a fluorescent probe [J]. Chemical Science, 2019, 10(8): 2342-2348.

[3] Yin J L, Peng M, Lin W Y. Tracking lysosomal polarity variation in inflamed, obese, and cancer mice guided by a fluorescence sensing strategy [J]. Chemical Communications, 2019, 55(74): 11063-11066.

[4] Huang C S, Yin Q, Zhu W P, et al. Highly selective fluorescent probe for vicinal-dithiol-containing proteins and in situ imaging in living cells [J]. Angewandte Chemie International Edition, 2011, 50(33): 7551-7556.

[5] Signore G, Nifosì R, Albertazzi L, et al. Polarity-sensitive coumarins tailored to live cell imaging [J]. Journal of the American Chemical Society, 2010, 132(4): 1276-1288.

[6] Jiang N, Fan J L, Xu F, et al. Ratiometric fluorescence imaging of cellular polarity: decrease in mitochondrial polarity in cancer cells [J]. Angewandte Chemie International Edition, 2015, 54(8): 2510-2514.

[7] Jiang J C, Tian X H, Xu C Z, et al. A two-photon fluorescent probe for real-time monitoring of autophagy by ultrasensitive detection of the change in lysosomal polarity [J]. Chemical Communications, 2017, 53(26): 3645-3648.

[8] Li X Y, Li X H, Ma H M. A near-infrared fluorescent probe reveals decreased mitochondrial polarity during mitophagy [J]. Chemical Science, 2020, 11(6): 1617-1622.

[9] Kucherak O A, Oncul S, Darwich Z, et al. Switchable nile red-based probe for cholesterol and lipid order at the

outer leaflet of biomembranes [J]. Journal of the American Chemical Society, 2010, 132(13): 4907-4916.

[10] Nakanishi J, Nakajima T, Sato M, et al. Imaging of conformational changes of proteins with a new environment-sensitive fluorescent probe designed for site-specific labeling of recombinant proteins in live cells [J]. Analytical Chemistry, 2001, 73(13): 2920-2928.

[11] Yang Z G, He Y X, Lee J H, et al. A Nile Red/BODIPY-based bimodal probe sensitive to changes in the micropolarity and microviscosity of the endoplasmic reticulum [J]. Chemical Communications, 2014, 50(79): 11672-11675.

[12] Slavík J. Anilinonaphthalene sulfonate as a probe of membrane composition and function [J]. Biochimica et Biophysica Acta-Reviews on Biomembranes, 1982, 694(1): 1-25.

[13] Kim H M, Jeong B H, Hyon J Y, et al. Two-photon fluorescent turn-on probe for lipid rafts in live cell and tissue [J]. Journal of the American Chemical Society, 2008, 130(13): 4246-4247.

[14] Lu Z K, Lord S J, Wang H, et al. Long-wavelength analogue of PRODAN: synthesis and properties of anthradan, a fluorophore with a 2,6-donor-acceptor anthracene structure [J]. The Journal of Organic Chemistry, 2006, 71(26): 9651-9657.

[15] Li M, Fan J L, Li H D, et al. A ratiometric fluorescence probe for lysosomal polarity [J]. Biomaterials, 2018, 164: 98-105.

[16] Wang X D, Wolfbeis O S, Meier R J. Luminescent probes and sensors for temperature [J]. Chemical Society Reviews, 2013, 42(19): 7834-7869.

[17] Liu X G, Mao D Q, Cole J M, et al. Temperature insensitive fluorescence intensity in a coumarin monomer-aggregate coupled system [J]. Chemical Communications, 2014, 50(66): 9329-9332.

[18] Feng J, Tian K J, Hu D H, et al. A triarylboron-based fluorescent thermometer: sensitive over a wide temperature range [J]. Angewandte Chemie International Edition, 2011, 50(35): 8072-8076.

[19] Chi W J, Yin W T, Qi Q K, et al. Ground-state conformers enable bright single-fluorophore ratiometric thermometers with positive temperature coefficients [J]. Materials Chemistry Frontiers, 2017, 1(11): 2383-2390.

[20] Liu X, Liu J, Zhou H, et al. Ratiometric dual fluorescence tridurylboron thermometers with tunable measurement ranges and colors [J]. Talanta, 2020, 210: 120630.

[21] Huang Z L, Li N, Zhang X F, et al. Fixable molecular thermometer for real-time visualization and quantification of mitochondrial temperature [J]. Analytical Chemistry, 2018, 90(23): 13953-13959.

[22] Avlasevich Y, Chevtchouk T, KnyukshtoV N, et al. Novel porphyrin-labelled poly(N-isopropylacrylamides): syntheses from bromoalkyl-containing prepolymers and physicochemical properties[J]. Journal of Porphyrins and Phthalocyanines, 2000, 4(6): 579-587.

[23] Gota C, Okabe K, Funatsu T, et al. Hydrophilic fluorescent nanogel thermometer for intracellular thermometry [J]. Journal of the American Chemical Society, 2009, 131(8): 2766-2767.

[24] Shiraishi Y, Miyamoto R, Zhang X, et al. Rhodamine-based fluorescent thermometer exhibiting selective emission enhancement at a specific temperature range [J]. Organic Letters, 2007, 9(20): 3921-3924.

[25] Ye F M, Wu C F, Jin Y H, et al. Ratiometric temperature sensing with semiconducting polymer dots [J]. Journal of the American Chemical Society, 2011, 133(21): 8146-8149.

[26] Meng L C, Jiang S, Song M Y, et al. TICT-based near-infrared ratiometric organic fluorescent thermometer for intracellular temperature sensing [J]. ACS Applied Materials & Interfaces, 2020, 12(24): 26842-26851.

[27] Hu X L, Li Y, Liu T, et al. Intracellular cascade FRET for temperature imaging of living cells with polymeric ratiometric fluorescent thermometers [J]. ACS Applied Materials & Interfaces, 2015, 7(28): 15551-15560.

[28] Haidekker M A, Theodorakis E A. Molecular rotors-fluorescent biosensors for viscosity and flow [J]. Organic & Biomolecular Chemistry, 2007, 5(11): 1669-1678.

[29] Wang X, Song F L, Peng X J. A versatile fluorescent probe for imaging viscosity and hypochlorite in living cells [J]. Dyes and Pigments, 2016, 125: 89-94.

[30] 樊江莉，朱浩，彭孝军，等. 一类氟化硼络合二吡咯甲川荧光染料、其制法及应用 [P]: 中国，CN201511004855.2. 2016-04-20.

[31] 樊江莉，朱浩，彭孝军，等. 一类氟化硼络合二吡咯甲川荧光探针，其制备方法及应用 [P]: 中国，CN201310643027.2. 2014-03-26.

[32] Ashoka A H, Ashokkumar P, Kovtun Y P, et al. Solvatochromic near-infrared probe for polarity mapping of biomembranes and lipid droplets in cells under stress [J]. The Journal of Physical Chemistry Letters, 2019, 10(10): 2414-2421.

[33] Kuimova M K, Yahioglu G, Levitt J A, et al. Molecular rotor measures viscosity of live cells via fluorescence lifetime imaging [J]. Journal of the American Chemical Society, 2008, 130(21): 6672-6673.

[34] Zhu H, Fan J L, Li M, et al. A "distorted-BODIPY" -based fluorescent probe for imaging of cellular viscosity in live cells [J]. Chemistry-A European Journal, 2014, 20: 4691-4696.

[35] Wang L, Xiao Y, Tian W M, et al. Activatable rotor for quantifying lysosomal viscosity in living cells [J]. Journal of the American Chemical Society, 2013, 135(8): 2903-2906.

[36] Song X B, Li N, Wang C, et al. Targetable and fixable rotor for quantifying mitochondrial viscosity of living cells by fluorescence lifetime imaging [J]. Journal of Materials Chemistry B, 2017, 5(2): 360-368.

[37] Wang C, Song X B, Chen L C, et al. Specifically and wash-free labeling of SNAP-tag fused proteins with a hybrid sensor to monitor local micro-viscosity [J]. Biosensors and Bioelectronics, 2017, 91: 313-320.

[38] Li L L, Li K, Li M Y, et al. BODIPY-based two-photon fluorescent probe for real-time monitoring of lysosomal viscosity with fluorescence lifetime imaging microscopy [J]. Analytical Chemistry, 2018, 90(9): 5873-5878.

[39] Yang Z G, He Y X, Lee J H, et al. A self-calibrating bipartite viscosity sensor for mitochondria [J]. Journal of the American Chemical Society, 2013, 135(24): 9181-9185.

[40] Lei Z H, Xin K, Qiu S B, et al. A threshold-limited fluorescence probe for viscosity [J]. Frontiers in Chemistry, 2019, 7(342): 2296-2646.

[41] Haidekker M A, Ling T T, Anglo M, et al. New fluorescent probes for the measurement of cell membrane viscosity [J]. Chemistry & Biology, 2001, 8(2): 123-131.

[42] Haidekker M A, Brady T P, Wen K, et al. Phospholipid-bound molecular rotors: synthesis and characterization [J]. Bioorganic & Medicinal Chemistry, 2002, 10(11): 3627-3636.

[43] Haidekker M A, Brady T P, Lichlyter D, et al. A ratiometric fluorescent viscosity sensor [J]. Journal of the American Chemical Society, 2006, 128(2): 398-399.

[44] 彭孝军，姜娜，樊江莉，等. 一类菁类化合物，其制备方法及应用 [P]: 中国，CN201210590813.2. 2013-11-06.

[45] Peng X J, Yang Z G, Wang J Y, et al. Fluorescence ratiometry and fluorescence lifetime imaging: using a single molecular sensor for dual mode imaging of cellular viscosity [J]. Journal of the American Chemical Society, 2011, 133(17): 6626-6635.

[46] Jiang N, Fan J L, Zhang S, et al. Dual mode monitoring probe for mitochondrial viscosity in single cell [J]. Sensors and Actuators B: Chemical, 2014, 190: 685-693.

[47] Liu F, Wu T, Cao J F, et al. Ratiometric detection of viscosity using a two-photon fluorescent sensor [J].

Chemistry-A European Journal, 2013, 19(5): 1548-1553.

[48] 彭孝军, 刘飞, 樊江莉, 等. 一类咔唑类半菁荧光染料及其应用 [P]: 中国, CN201210258326.2. 2012-10-31.

[49] Zhang Y W, Yue X L, Kim B, et al. Deoxyribonucleoside-modified squaraines as near-IR viscosity sensors [J]. Chemistry-A European Journal, 2014, 20(24): 7249-7253.

[50] Cao X B, Liu J H, Hong P, et al. Styrylcyanine-based fluorescent probes with red-emission and large Stokes shift for the detection of viscosity [J]. Journal of Photochemistry and Photobiology A: Chemistry, 2017, 346: 444-451.

[51] Hou J T, Ren W X, Li K, et al. Fluorescent bioimaging of pH: from design to applications [J]. Chemical Society Reviews, 2017, 46(8): 2076-2090.

[52] Yue Y K, Huo F J, Lee S Y, et al. A review: the trend of progress about pH probes in cell application in recent years [J]. Analyst, 2017, 142(1): 30-41.

[53] Han J Y, Burgess K. Fluorescent indicators for intracellular pH [J]. Chemical Reviews, 2010, 110(5): 2709-2728.

[54] Yin J, Hu Y, Yoon J. Fluorescent probes and bioimaging: alkali metals, alkaline earth metals and pH [J]. Chemical Society Reviews, 2015, 44(14): 4619-4644.

[55] Liu W, Sun R, Ge J F, et al. Reversible near-infrared pH probes based on benzo[*a*]phenoxazine [J]. Analytical Chemistry, 2013, 85(15): 7419-7425.

[56] Galindo F, Burguete M I, Vigara L, et al. Synthetic macrocyclic peptidomimetics as tunable pH probes for the fluorescence imaging of acidic organelles in live cells [J]. Angewandte Chemie International Edition, 2005, 44(40): 6504-6508.

[57] Saito Y, Miyamoto S, Suzuki A, et al. Fluorescent nucleosides with "on-off" switching function, pH-responsive fluorescent uridine derivatives [J]. Bioorganic & Medicinal Chemistry Letters, 2012, 22(8): 2753-2756.

[58] Ying L Q, Branchaud B P. Selective labeling and monitoring pH changes of lysosomes in living cells with fluorogenic pH sensors [J]. Bioorganic & Medicinal Chemistry Letters, 2011, 21(12): 3546-3549.

[59] Xie J, Chen Y H, Yang W, et al. Water soluble 1,8-naphthalimide fluorescent pH probes and their application to bioimagings [J]. Journal of Photochemistry and Photobiology A: Chemistry, 2011, 223(2): 111-118.

[60] Li P, Xiao H B, Cheng Y F, et al. A near-infrared-emitting fluorescent probe for monitoring mitochondrial pH [J]. Chemical Communications, 2014, 50(54): 7184-7187.

[61] Tang B, Yu F B, Li P, et al. A near-infrared neutral pH fluorescent probe for monitoring minor pH changes: imaging in living HepG2 and HL-7702 cells [J]. Journal of the American Chemical Society, 2009, 131(8): 3016-3023.

[62] Zhu S S, Lin W Y, Yuan L. Development of a ratiometric fluorescent pH probe for cell imaging based on a coumarin-quinoline platform [J]. Dyes and Pigments, 2013, 99(2): 465-471.

[63] Miao F, Song G F, Sun Y M, et al. Fluorescent imaging of acidic compartments in living cells with a high selective novel one-photon ratiometric and two-photon acidic pH probe [J]. Biosensors & Bioelectronics, 2013, 50: 42-49.

[64] Kim H J, Heo C H, Kim H M. Benzimidazole-based ratiometric two-photon fluorescent probes for acidic pH in live cells and tissues [J]. Journal of the American Chemical Society, 2013, 135(47): 17969-17977.

[65] Saha U C, Dhara K, Chattopadhyay B, et al. A new half-condensed Schiff base compound: highly selective and sensitive pH responsive fluorescent sensor [J]. Organic Letters, 2011, 13(17): 4510-4513.

[66] Li X Q, Yue Y K, Wen Y, et al. Hemicyanine based fluorimetric and colorimetric pH probe and its application in bioimaging [J]. Dyes and Pigments, 2016, 134: 291-296.

[67] Sarkar A R, Heo C H, Xu L, et al. A ratiometric two-photon probe for quantitative imaging of mitochondrial pH values [J]. Chemical Science, 2016, 7(1): 766-773.

[68] Li Z, Wu S Q, Han J H, et al. Imaging of intracellular acidic compartments with a sensitive Rhodamine based

fluorogenic pH sensor [J]. Analyst, 2011, 136(18): 3698-3706.

[69] 樊江莉，朱浩，彭孝军，等. 一类罗丹明荧光染料，其制备方法及应用 [P]: 中国 ,CN201210294516.2. 2012-11-28.

[70] 徐兆超，周伟，乔庆龙. 一类532nm激发的罗丹明类荧光染料及其制备方法 [P]: 中国 CN201811550988.2. 2020-06-26.

[71] Wu S Q, Zhu U, Han J H, et al. Dual colored mesoporous silica nanoparticles with pH activable Rhodamine-lactam for ratiometric sensing of lysosomal acidity [J]. Chemical Communications, 2011, 47(40): 11276-11278.

[72] Zhu H, Fan J L, Xu Q L, et al. Imaging of lysosomal pH changes with a fluorescent sensor containing a novel lysosome-locating group [J]. Chemical Communications, 2012, 48(96): 11766-11768.

[73] Fan J L, Lin C Y, Li H L, et al. A ratiometric lysosomal pH chemosensor based on fluorescence resonance energy transfer [J]. Dyes and Pigments, 2013, 99(3): 620-626.

[74] Deng F, Qiao Q L, Li J, et al. Multiple factors regulate the spirocyclization equilibrium of Si-Rhodamines [J]. The Journal of Physical Chemistry B, 2020, 124(34): 7467-7474.

[75] Wang T, Zhu W W, Chai X Y, et al. Spiroboronate Si-Rhodamine as a near-infrared probe for imaging lysosomes based on reversible ring-opening process [J]. Chemical Communications, 2015, 51(47): 9608-9611.

[76] Luo X, Yang H T, Wang H L, et al. Highly sensitive Hill-type small-molecule pH probe that recognizes the reversed pH gradient of cancer cells [J]. Analytical Chemistry, 2018, 90(9): 5803-5809.

[77] Xiao Y S, Hu F, Luo X, et al. Modulating the pK_a values of Hill-type pH probes for biorelevant acidic pH range [J]. ACS Applied Bio Materials, 2021, 4(3): 2097-2103.

[78] Xiao Y S, Li Y C, Hu F, et al. A nucleolus-targeting Hill-type pH probe [J]. Sensors and Actuators B: Chemical, 2021, 335: 129712.

第五章
细胞内离子成像用荧光识别染料

第一节　碱金属离子及碱土金属离子荧光识别染料 / 094

第二节　生物体内主要过渡金属离子荧光识别染料 / 101

第三节　阴离子荧光识别染料 / 108

第四节　有害重金属离子荧光识别染料 / 113

各种金属离子和阴离子广泛存在于生物体中,在各种生理过程中发挥着重要的作用。锌、镁、钙等诸多金属离子作为激活剂用以激活各种酶的活性,而重金属离子则会导致酶的变性;钾、钙、钠、镁等碱金属和碱土金属离子以及氯离子、磷酸根等阴离子在生物体内起到平衡细胞内外离子浓度、传递信号等重要作用。而环境中的汞、铅、镉等金属离子可以通过食物链富集于生物体,并最终进入人体,给人体健康带来巨大威胁。因此,对于生物体内各种离子的识别和监测具有重要的研究意义和应用价值。荧光识别技术因其灵敏度高、响应时间快、技术简单等优点被广泛用于各种离子的分析传感和光学成像,尤其是小分子荧光识别染料的快速发展,为研究离子在生理学、毒理学、细胞生物学和神经科学等领域的研究提供了重要的工具[1,2]。

本章将重点介绍生物体内主要金属离子、阴离子以及有害金属离子荧光识别染料的设计原则、组成及发展。离子荧光识别染料主要由识别基团、荧光团和连接基团(非必要)等部分组成。其中,荧光团部分主要决定了荧光识别染料的激发和发射波长等参数,识别基团通过与目标离子相互作用而改变荧光团的光谱参数(强度、Stokes 位移等),从而可以定性或定量反映出目标离子存在与否及浓度等信息。识别基团与目标离子间的相互作用包括但不限于配合、主客体作用、超分子作用以及化学反应等识别机理。与其他种类荧光识别染料相似,离子荧光识别染料的设计也主要基于光诱导分子内电子转移、电荷转移、激基缔合物、荧光共振能量转移等机理。

第一节
碱金属离子及碱土金属离子荧光识别染料

碱金属和碱土金属分别指的是元素周期表中ⅠA族和ⅡA族元素中所有的金属元素,其中钠、钾、钙、镁是参与细胞生物体各种生命活动和新陈代谢必不可少的物质,对于其研究分布和生理功能具有重要意义。

一、钙离子荧光识别染料

钙元素是人体中最丰富的元素之一,主要以磷酸钙的形式存在于人体的骨骼和牙齿中。细胞质中 Ca^{2+} 的浓度约 100nmol/L,而细胞外液中钙离子的浓度可达约 1mmol/L[3]。生物体中游离或与蛋白结合的钙离子广泛参与细胞功能调控、基因表达调节、神经信号传导等生理过程[4]。目前，与常见的比色法、电化学法等钙离子识别方法相比，基于钙离子的荧光识别染料凭借其生物相容性好、灵敏度高、检测范围宽而更加适用于活体内钙离子的识别和成像[5]。

Tsien 课题组于 20 世纪 80 年代报道了第一代采用多羧基配体结构作为识别基团的钙离子荧光识别染料（如 Indo-1 等，图 5-1），从而开启了生物体内离子荧光识别染料的研究热潮，而多羧基配体成为最有效也是最常用的钙离子识别基团之一并沿用至今[6]。尽管镁离子和钙离子的离子半径不同，但作为同族元素其相似的电荷排布使得基于多羧基配体的钙离子荧光识别染料对镁离子也有响应[7]。为提高荧光染料对钙离子的选择性，各种新型的钙离子识别基团相继被开发出来。例如，自发现冠醚能够选择性结合碱金属离子以来，各种不同大小及元素掺杂的冠醚被广泛开发并应用于金属离子荧光识别染料的设计中。Ueno 课题组最早报道了基于氮杂冠醚作为 Ca^{2+} 识别基团的香豆素荧光识别染料（如 Ca-2，图 5-1）[8]。随后，席夫碱[9]、双齿吡啶羧酸盐[10]等结构被相继开发作为钙离子识别基团，表现出区别于镁离子的选择性。

早期开发的钙离子荧光识别染料多选用吲哚、香豆素等结构简单的染料母体，波长较短导致组织穿透深度浅，且对细胞具有一定的光毒性，同时还会受到生物体自身背景荧光的干扰。针对上述问题，硅杂罗丹明等可见 - 近红外区域荧光染料被相继开发用于钙离子荧光探针的设计中[11]，例如，Urano 课题组 2020 年开发了一例基于硅杂罗丹明染料母体的钙离子荧光识别染料（如 Ca-3，图 5-1），其具有高信噪比，可监测活细胞和大鼠脑切片中钙离子浓度变化。同时，随着双光子荧光成像技术逐渐成熟，双光子钙离子荧光识别染料（如 Ca-4，图 5-1）也相继开发并用于细胞膜钙离子检测、钙离子对椎髓损伤影响等深层组织研究[12,13]。

二、镁离子荧光识别染料

镁离子是细胞内最丰富的二价阳离子，是细胞内必需的离子，参与蛋白质和核酸合成、信号转导、能量代谢等重要生理过程[14]。镁缺乏会对健康构成严重威胁，引发包括中风、缺血性心脏病、高血压、糖尿病、动脉粥样硬化等疾病。

由于镁离子与钙离子结构相近，因此早期镁离子识别荧光染料也主要采用类似于钙离子荧光识别染料的多齿羧酸、冠醚和多醚等识别基团，因此会受到钙离子的干扰。研究表明，在羧基配体分子结构上引入亚磷酸盐可以降低其对钙离子的响应（如 Mg-1，图 5-2），从而提高对镁离子的选择性[15]。为了进一步避免钙离子的干扰，β-二酮、席夫碱、8-羟基喹啉、杯芳烃等镁离子识别基团被相继开发出来。多个文献报道的例子均证明 β-二酮与镁离子形成配合物的能力（离子半径、电荷密度等）强于钙离子，因此被广泛用于镁离子荧光识别染料的设

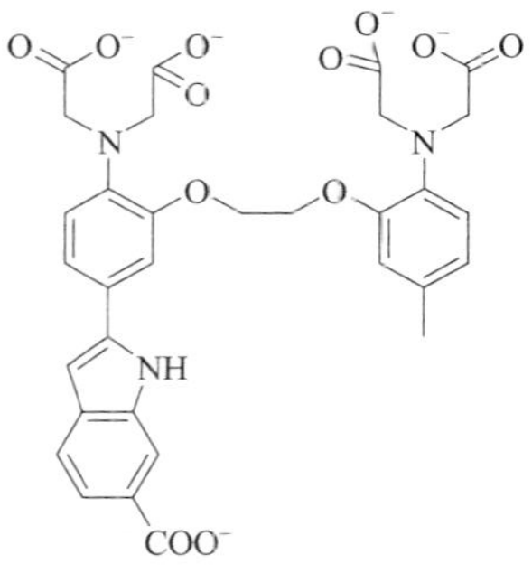

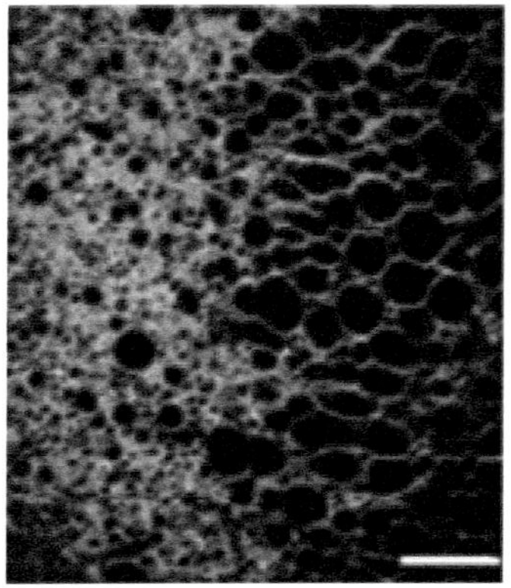

图5-1 钙离子荧光识别染料结构实例及染料Ca-4在大鼠海马切片中钙离子荧光成像[12]

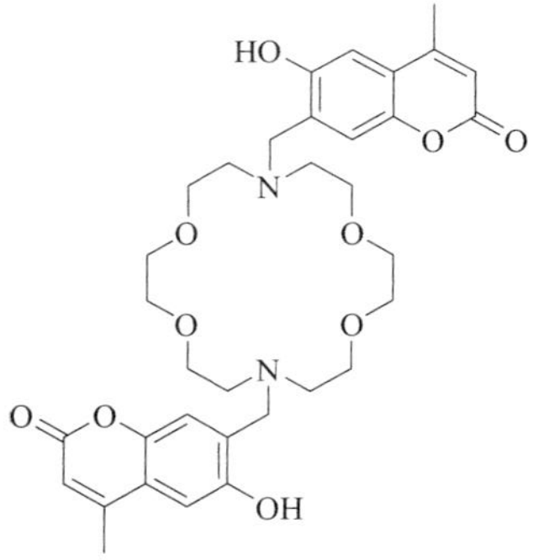

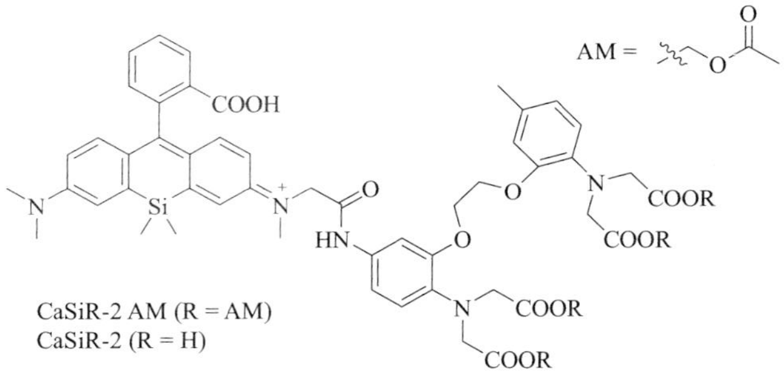

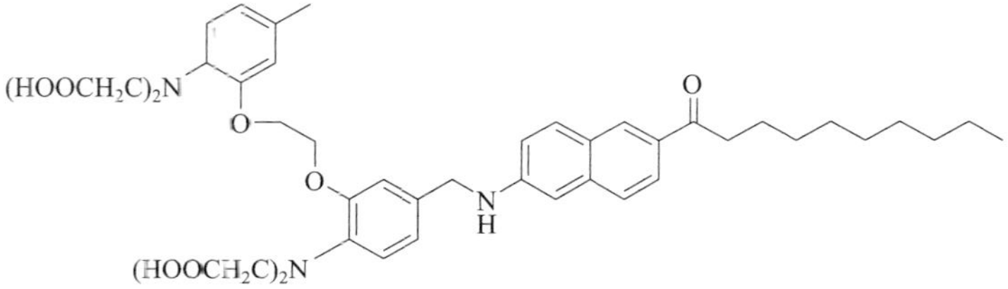

计。例如，Suzuki 课题组开发的 β- 二酮识别基团通过与荧光素染料有机结合实现对镁离子的荧光增强响应，随后通过与双砷试剂结合实现了特定蛋白位置的镁离子荧光可视化识别（如 Mg-2，图 5-2）[16,17]。苯并噻唑修饰的 8- 羟基喹啉由于光诱导分子间质子转移而呈现较弱的蓝色荧光，镁离子的存在可以抑制上述质子转移机理并呈现比率荧光变化，可用于镁离子定量识别（如 Mg-3，图 5-2）[18]。当冠醚（氮杂 18- 冠 -6）和 8- 羟基喹啉联合，其协同作用会强化对镁离子的识别，进一步降低 pH 值和钙离子的干扰（如 Mg-4，图 5-2）[19]。席夫碱类化合物中的

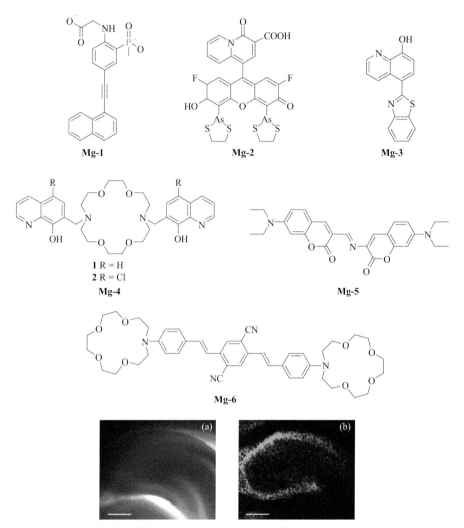

图5-2　镁离子荧光识别染料结构实例及染料Mg-6染色后的小鼠海马深层组织切片明场（a）及荧光成像（b）[22]

C=N 双键在激发态的异构化会导致荧光猝灭，镁离子结合后可以增加分子刚性并抑制双键的异构化，从而实现荧光增强（如 Mg-5，图 5-2）[20]。基于上述识别对镁离子展现的良好选择性，结合常见双光子荧光染料母体，相继开发可用于组织中镁离子识别及荧光成像的双光子镁离子荧光识别染料（如 Mg-6，图 5-2），为进一步研究镁离子的生物学功能提供了强有力的手段[21,22]。

三、钠离子荧光识别染料

钠离子作为一种重要的维持生理机能的电解质，约占人体重量的 0.1%，可调节酸碱稳态和维持体液量、参与保持膜电位并触发许多信号转导途径的激活。细胞内的钠离子浓度约为 5～30mmol/L，而血液中钠离子浓度约为 135～150mmol/L，其浓度波动与高血压、心血管疾病息息相关[23]。

鉴于钠离子在细胞各项生理过程中的作用，钠离子荧光识别染料的设计通常需要满足以下几个要求：①与钠离子的结合能力和其在细胞内的浓度范围相匹配；②对钠离子具有良好的选择性，可以区别细胞内大量存在的钾离子、钙离子和镁离子；③激发和发射波长在可见-近红外区，降低背景荧光的干扰；④优选比率型识别体系，以实现钠离子的定量识别及后续研究；⑤水溶性和脂溶性的平衡可以促使染料分子快速进入细胞，并在细胞内保留足够的识别和成像时间。

基于上述原则，Tsien 课题组在 1989 年设计了第一代基于氮杂冠醚（15 冠 5）识别基团的钠离子高选择性荧光识别染料（如 Na-1，图 5-3），实现了对 Na^+ 的高选择性（比 K^+ 高 20 倍）识别，在细胞质中 Na^+ 的解离常数约为 20mmol/L[24]。随后，钠离子荧光识别染料分别在识别基团和荧光团的设计上进一步优化。在识别基团方面，通过引入苯并冠醚、穴醚以及酯基等基团可以有效地调控对钠离子的选择性和灵敏度；在荧光团方面，使用不同荧光团（如萘、荧光素、氟硼二吡咯）可有效满足体液和细胞液中钠离子检测对光谱性能的要求[25,26]。上述二者相结合可进一步优化和调控体系的水/脂溶解性平衡[27]。例如，通过调控染料分子及钠离子螯合基团的 HOMO/LUMO 能级（如 Na-2，图 5-3），成功实现了与钠离子结合时的荧光增强，并显示出低 pH 依赖性[28]。荧光识别染料 ANa1（如 Na-3，图 5-3）可以通过双光子技术实现活细胞和深层活体组织（小鼠海马趾切片）中钠离子的荧光成像[29]。为了提高其对钠离子识别的灵敏度，在 ANa1 基础上使用脯氨酸酰胺（代替甘氨酸酰胺）作为连接基团设计合成的荧光识别染料 ANa2（如 Na-4，图 5-3）可以快速进入细胞，不但可以实时监测钠离子浓度变化，还可以在深度大于 100mm 的活体组织中提供清晰的钠离子分布图像[30]。Urano 课题组 2018 年开发了一例与蛋白偶联的高灵敏的钠离子荧光识别染料（如 Na-5，图 5-3），该染料可共价标记在活细胞特定细胞器中表达的 Halo Tag 蛋白，有助于细胞内钠离子动力学的研究[31]。

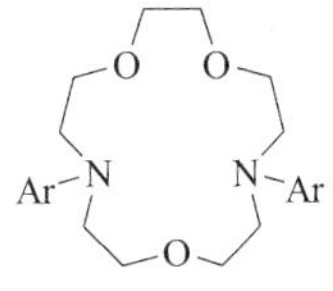

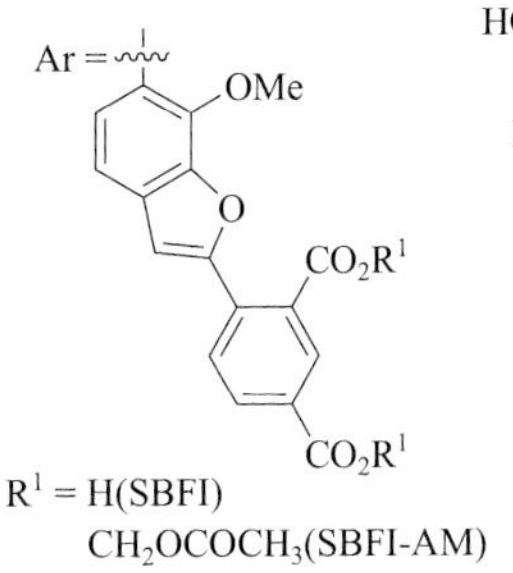

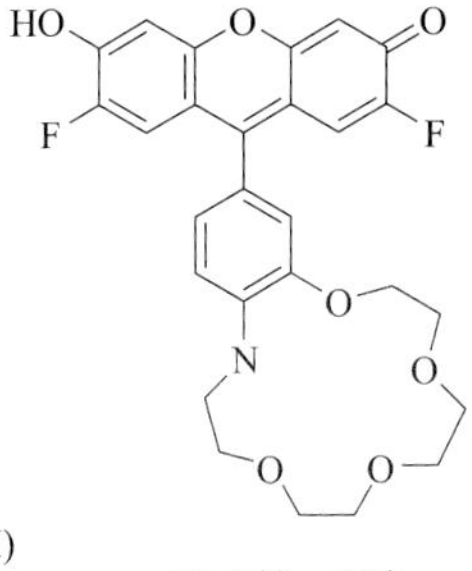

图5-3 钠离子荧光识别染料结构实例及染料Na-3标记的星形胶质细胞钠离子荧光成像[29]

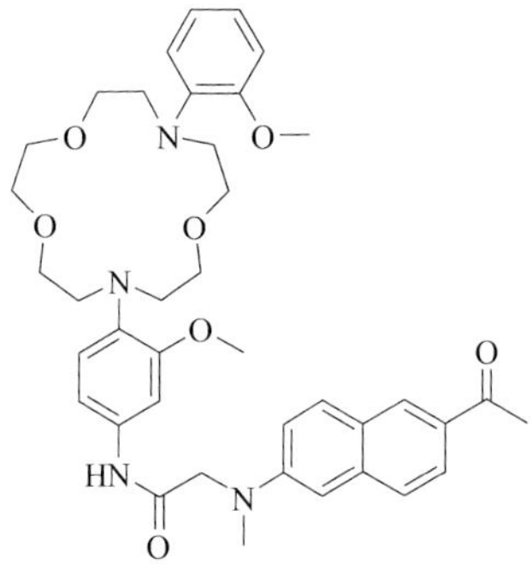

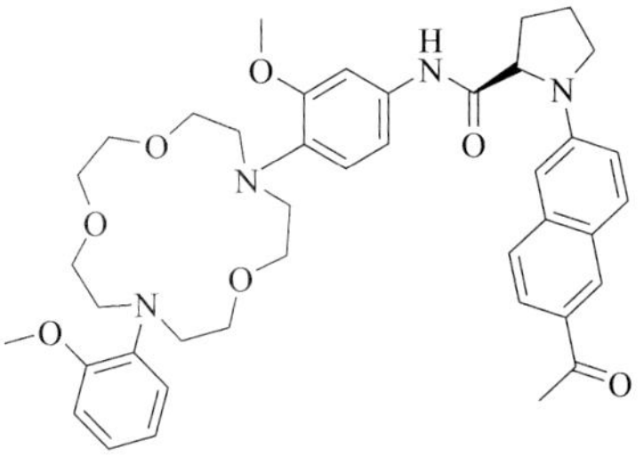

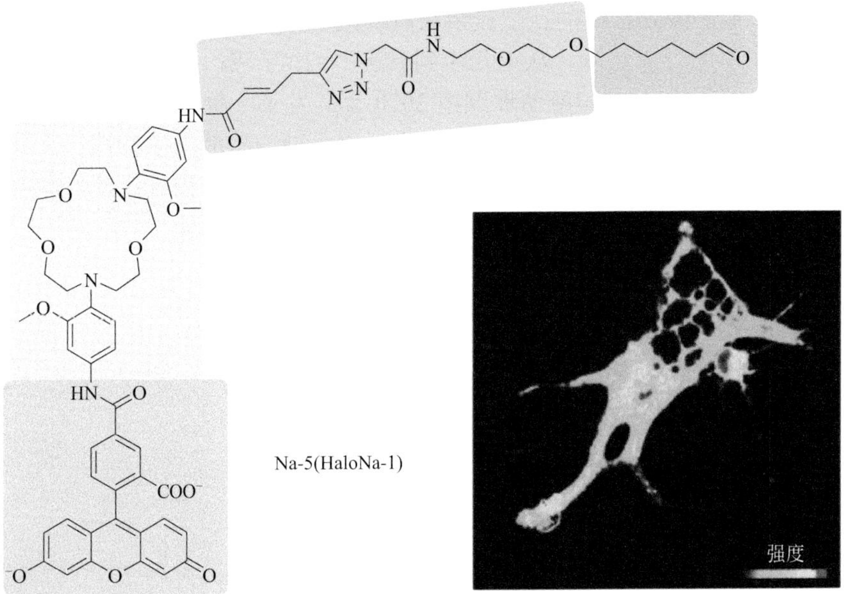

四、钾离子荧光识别染料

钾离子是生物体最重要的物质之一，参与许多生理功能，例如肌肉收缩、神经传导、肾脏功能等[32]。在生物体内，细胞外钾离子浓度约为4mmol/L，钠离子浓度约为140mmol/L；而在细胞内钾离子浓度约为120mmol/L，钠离子浓度约为10mmol/L。因此，在钠离子的存在下实现钾离子的选择性识别显得尤为重要。

鉴于钾离子与钠离子的相似结构，早期钾离子荧光识别染料主要采用冠醚（18-冠-6）作为识别基团，但易受到pH和钠离子的干扰。众多研究者在18-冠-6冠醚结构上不断改进，发现在苯氮杂18-冠-6冠醚识别基团旁引入一个醚链基团用于辅助识别钾离子（如K-1，图5-4），可以有效提升钾离子选择性从而避免钠离子的干扰[33]。在此基础上，研究发现双冠醚衍生物可与钾离子形成类似于分子间的"三明治"复合物（如K-2，图5-4），从而极大提高对钾离子的选择性[34]。以此开发的钾离子荧光识别染料可以实现全血样品中钾离子浓度的动态监测，且不受pH、钙离子等干扰。通过在钾离子荧光识别染料中引入三苯基膦作为细胞线粒体定位基团（如K-3，图5-4），实现了在较大范围内（30~500mmol/L）监测到药物刺激导致线粒体中钾离子的动态流出/流入，为研究活细胞线粒体钾通量提供了工具[35]。将钾离子识别染料与细胞膜表面蛋白共价偶联定向靶标到细胞膜外表面，可实现细胞外局部钾离子浓度的高时空分辨动态检测[36]。随后，利用新的合成方法设计合成的新型氮杂双冠醚识别基团（如K-4，图5-4），不但简化了识别基团的合成步骤（从十几步到五步，52%产率），而且提升了对钾离子的选择性和灵敏度[37]。田颜清课题组2020年开发了一例近红外靶向线粒体的钾离子荧光识别染料（如K-5，图5-4），表现出两种独特的光学特性：大斯托克斯位移（120nm）和长发射峰值波长（720nm），实现了以荧光成像的方法实时监测细胞凋亡过程中线粒体钾离子浓度的变化[38]。

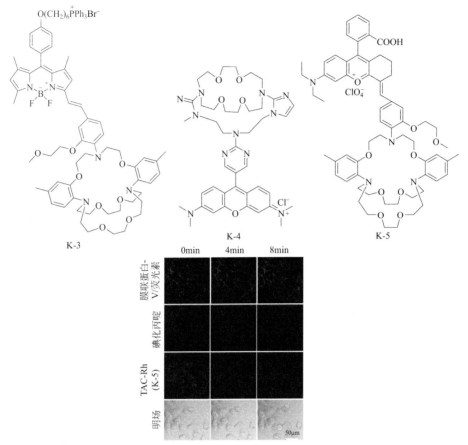

图5-4 钾离子荧光识别染料结构实例及染料K-5在H_2O_2刺激下的HeLa细胞时间依赖性荧光成像[38]

第二节
生物体内主要过渡金属离子荧光识别染料

铁、锌、铜等过渡金属离子在生物体内的总质量均在0.01%以下,因此称为微量元素。但过渡金属在生物体内具有十分重要的作用,参与众多生理过程,因此对其分布及定量识别具有重要意义和应用价值。

一、锌离子荧光识别染料

锌是生物体必需的微量元素之一，锌离子在生物体细胞功能、基因调控、神经信号传递等生命活动中担任重要角色。Zn^{2+}含量跨度从纳摩尔级至毫摩尔级，其浓度失衡会引起很多疾病的产生，如生长迟缓、厌食症、神经退行性疾病、帕金森、阿尔茨海默病等[39]。

早在20世纪80年代末就出现了喹啉类锌离子荧光染色剂，但其对于锌离子的选择性、灵敏度以及紫外光区激发都制约了进一步的生物应用。2000年，Tsien和Lippard等采用荧光素类作为荧光团、N, N-二（2-吡啶甲基）乙二胺（DPA）作为识别基团开发了一种新型锌离子荧光识别染料Zinpyr-1（如Zn-1，图5-5）[40]。Zinpyr-1对锌离子展现了高亲和力和选择性，且可以使用488nm的Ar/离子激光器激发进行共聚焦显微荧光成像。同年，Nagano课题组在荧光素结构中引入胺乙基DPA制备了荧光增强型锌离子荧光识别染料（如Zn-2，图5-5），并实现了对同族镉元素（Cd^{2+}）的有效区分[41]。随后，彭孝军和Lippard、Nagano等课题相继开发的罗丹明和萘酰亚胺系列荧光识别染料都进一步验证了DPA识别基团对锌离子优异的选择性和结合能力，并可通过识别基团或荧光团HOMO/LUMO能级的调控实现对锌离子识别灵敏度的调控（如Zn-3，图5-5）[42-44]。但荧光素等染料易受pH干扰导致背景荧光增大，成为影响生物体锌离子荧光成像的难题[45,46]。为此，彭孝军课题组在1, 3, 5, 7-四甲基氟硼二吡咯荧光染料的4位引入DPA基团（如Zn-4，图5-5），利用氟硼二吡咯染料上3、5位甲基的空间位阻抑制了氢质子对DPA中脂肪氮的干扰[47]。其pK_a低至2.1，在pH 3～11范围内对锌离子的荧光响应不受pH影响。该荧光识别染料能够对细胞内的Zn^{2+}变化进行成像，结合锌离子后荧光增强11倍，且Na^+、K^+、Ca^{2+}、Mg^{2+}、Mn^{2+}等金属离子均无干扰。

Zn-1(Zinpyr-1)　　　　Zn-2(ZnAF)　　　　Zn-3

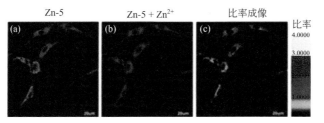

图5-5 锌离子荧光识别染料结构实例及染料Zn-5比率检测活细胞中溶酶体锌离子水平的荧光成像[50]

锌的动态平衡障碍是神经元死亡的主要机理，而溶酶体膜通透性在锌诱导的氧化应激下神经元死亡中具有重要作用，因此开发比率型荧光识别染料实现锌离子的定量识别具有重要意义。在早期苯并呋喃、香豆素等锌离子比率识别染料的基础上[48,49]，彭孝军课题组开发了长波长比率型（578nm/680nm）锌离子荧光识别染料（如Zn-5，图5-5）[50]。通过引入吗啉环可使染料分子定位于神经干细胞、MCF-7和HeLa等细胞中的溶酶体，用于观察H_2O_2刺激神经干细胞时溶酶体Zn^{2+}浓度的变化。Lv课题组2021年报道了一例比率型锌离子荧光识别染料（如Zn-6，图5-5），实现了活细胞外源性锌离子波动的比率成像，同时实现了斑马鱼幼虫发育过程中内源性锌离子分布的可视化监测[51]。为了进一步降低生物背景荧光对锌离子识别的干扰，国内外一些课题组采用了近红外荧光染料母体、双光子荧光团以及聚集诱导发光等策略。例如，Nagano课题组以彭孝军课题组开发的中位氨基取代的Cy7菁染料为荧光母体，以胺乙基DPA为识别基团开发了近红外锌离子荧光识别染料（如Zn-7，图5-5），实现了近红外荧光比率检测（671nm/627nm）[52]。Cho等以典型的2-乙酰-6-二甲基氨基萘为双光子荧光团（如Zn-8，图5-5），结合胺乙基DPA实现了780nm激发下小鼠大脑海马沟组织切片的双光子荧光成像[53,54]。

二、铁离子及亚铁离子荧光识别染料

铁是生物体必需的金属，广泛地参与多种生理过程，其在细胞水平上的稳态失调可引发有害的氧化和应激损伤。铁含量的异常会导致癌症、心血管疾病、阿尔茨海默病和帕金森综合征等多种疾病[55]。

生物体内的铁主要是以+2和+3价态存在的，二者之间可以通过氧化还原相互转化。Fe^{2+}具有顺磁性，早期配合型Fe^{2+}荧光识别染料多为荧光猝灭型。因此，基于Fe^{2+}的反应型荧光识别染料通过反应前后荧光染料结构和光谱的变化可以实现对Fe^{2+}的定性/定量识别。① N-氧化物类Fe^{2+}荧光识别染料，利用Fe^{2+}的还原性将N-氧化物还原成叔胺，恢复氮原子供电性的同时增大荧光团的共轭体系（如Fe-1，图5-6）[56]。②氮氧自由基型Fe^{2+}荧光识别染料，Fe^{2+}可以还原具有顺磁性的氮氧自由基，从而使荧光恢复（如Fe-2，图5-6）[57]。③ Fe^{2+}配合物促进的裂解反应。例如，Chang课题组利用一种生物激发的、铁介导的氧化碳-氧键裂解反应开发了一例监测水溶液和活细胞中不稳定的Fe^{2+}荧光识别染料（Fe-3，图5-6）[58]。利用该染料可以观察到在铁补充或消耗时活细胞中内源性铁存储的变化。

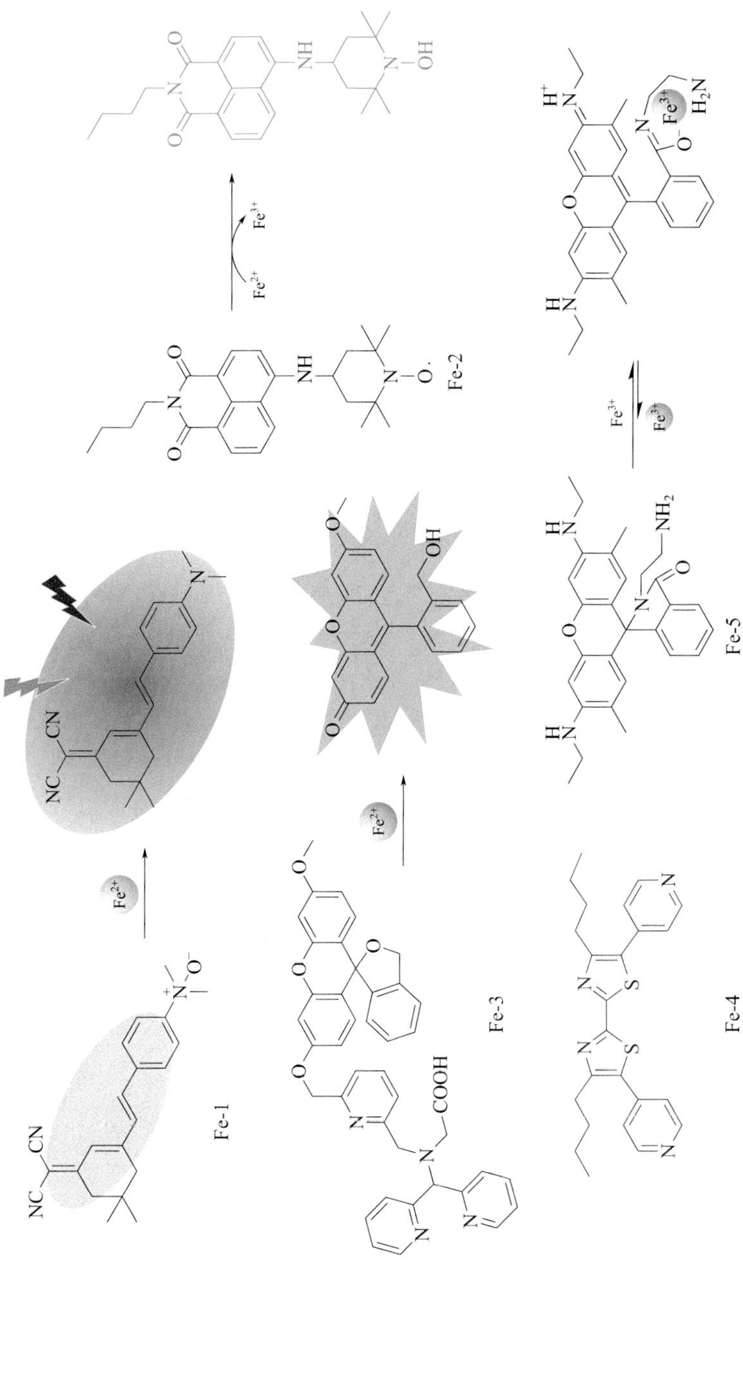

图5-6

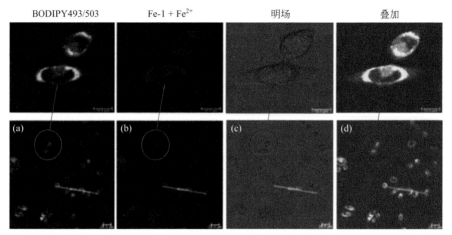

图5-6 铁离子（+2/+3）荧光识别染料结构实例及染料Fe-1与市售脂滴定位染料（BODIPY493/503）的共定位荧光成像[56]

三价铁离子（Fe^{3+}）的识别主要有以下几种机理：①基于氮、氧等杂原子与铁离子配合型荧光识别染料（如Fe-4，图5-6）[59]；②基于铁离子促进的水解、氧化等反应型荧光识别染料[60]。由于Fe^{3+}在水中水解成$Fe(OH)_3$，释放的大量质子会对体系pH产生较大影响，进而对铁离子识别造成极大干扰。彭孝军课题组开发了一例基于罗丹明-内酰胺结构的Fe^{3+}荧光识别染料（如Fe-5，图5-6）[57]。该荧光识别染料pK_a低至3.2，可在pH值5～9的范围内使用，解决了质子对铁离子识别的干扰。

三、铜离子荧光识别染料

生物体中，铜离子是继铁离子和锌离子之后的第三大必要微量元素。铜离子有+1和+2两种价态，可以通过体内的氧化还原反应调控。铜离子在生物体内各种生理活动过程中起着至关重要的作用，是酪氨酸酶、细胞色素c氧化酶、超氧化物歧化酶等酶的重要辅酶因子。但过量的铜离子可以产生活性氧，干扰细胞正常新陈代谢[61]。

二价铜离子（Cu^{2+}）具有顺磁性，可以猝灭荧光。Czarnik课题组通过借鉴铜离子水解α-氨基酸酯的能力（如Cu-1，图5-7），利用水合肼罗丹明缩合物模拟上述结构开发了反应型铜离子荧光识别染料，实现了铜离子灵敏、快速荧光增强[62]。随后，基于席夫碱水解[63]、醛基脱保护[64]、氧化还原[65]等反应型铜离子

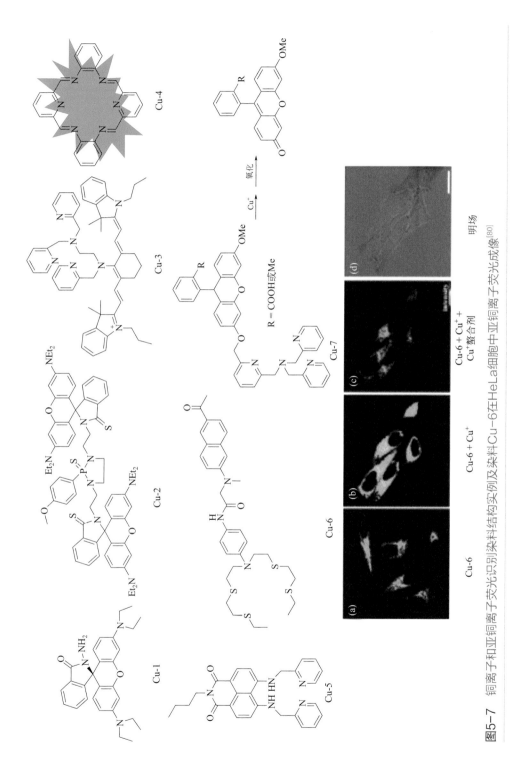

图5-7 铜离子和亚铜离子荧光识别染料结构实例及染料Cu-6在HeLa细胞中亚铜离子荧光成像[80]

识别染料相继被开发。尽管反应型铜离子识别染料具有选择性好、灵敏度高、不受铜离子顺磁性干扰等优点，但反应速率受检测微环境影响。因此，彭孝军、童爱军、叶勇、Kim等课题组先后开发出基于罗丹明螺环开关的配合型铜离子荧光识别染料（如Cu-2，图5-7），实现了铜离子的荧光和比色双通道快速识别[66-69]。随后，唐波课题组基于中位氮取代的Cy7花菁染料开发了近红外铜离子荧光识别染料，实现了活细胞、小鼠海马趾切片以及斑马鱼活体中铜离子的荧光成像[70]。陈小强课题组使用花菁染料偶联的2-吡啶基甲基螯合单元作为铜离子荧光识别染料，利用点击反应实现了半胱氨酸的氧化过程监测（如Cu-3，图5-7）[71]。肖锡林课题组2021年开发了一例基于2,6-吡啶二醛的大环席夫碱结构的铜离子荧光识别染料（如Cu-4，图5-7），可用于环境水样和活细胞中铜离子的特异性识别[72]。钱旭红课题组通过结合分子内电子转移和脱氢机理，基于萘酰亚胺结构开发了比率型铜离子荧光识别染料。铜离子通过配位与脱氢双重机理协同作用，通过改变氮原子的供电子能力影响其分子内电荷转移过程，利用其发射波长的移动实现了双波长比率定量检测铜离子（如Cu-5，图5-7）[73,74]。

相比于Cu^{2+}，一价铜离子（Cu^+）易被氧化，因此很难检测游离态的Cu^+。研究发现硫杂冠醚对一价铜离子具有选择性配位能力，并在此基础上开发了多硫类配体的荧光识别染料[66,75-78]。随后，基于Cy7菁染料开发的Cu^+荧光识别染料实现了细胞内Cu^+的近红外荧光成像[79]；通过结合双光子技术开发的双光子识别染料实现了小鼠海马趾组织内Cu^+双光子荧光成像（如Cu-6，图5-7）[80]。将四齿（氮）配体通过二苄醚基团连接至还原性荧光素母体上，在还原性的生理微环境下可以被Cu^+剪切并释放出荧光素，进一步通过引入细胞器定位基团实现了线粒体内Cu^+荧光成像（如Cu-7，图5-7）[81,82]。受生物体内金属蛋白中色氨酸、组氨酸和半胱氨酸等残基与Cu^+作用的启发，多肽也可以作为识别基团，赋予荧光探针良好的生物相容性和快速进入细胞的能力[83]。

第三节
阴离子荧光识别染料

氯离子、氟离子、磷酸根离子等各种阴离子除了作为生物体内阳（金属）离子的对电子外，在生物体中扮演着重要角色，其在细胞中的浓度水平与多种疾病有关。因此，阴离子荧光识别染料的开发具有重要意义。目前，阴离子的识别主要有非共价键作用型（静电引力、氢键、配位等）和反应型（亲和反应等）。

一、卤素离子荧光识别染料

作为人体必需元素，适量的氟化物摄入对人体有益，但高浓度氟化物的摄入可引发急性氟中毒，甚至会抑制蛋白质和 DNA 的合成，导致线粒体氧化性损伤引起线粒体功能紊乱。氯离子是人体内含量最多的阴离子，在神经传导、调节 pH 和电荷平衡等细胞过程中起着至关重要的作用。研究表明，氯离子浓度失衡会导致细胞凋亡，引发溶酶体贮积病、囊性纤维化等疾病。

氟离子荧光识别染料的设计多基于其强的电负性，主要包括氢键型和反应型。①氟离子是电负性最强的离子，可以与（硫）脲、（酰）氨基、咪唑等形成氢键。例如，苯基咪唑蒽醌系列荧光识别染料（如 F-1，图 5-8），研究发现染料分子与氟离子基态作用是一个先形成氢键后发生质子转移的分步过程，而在激发态则与氟离子发生氢键诱导的质子转移反应[84,85]。可以通过荧光团中推拉电子基团的优化调控对氟离子的选择性，以及同时实现比色和荧光比率双重检测。②氟离子是一种典型的路易斯碱，因此基于路易斯酸反应可以设计含有路易斯酸为

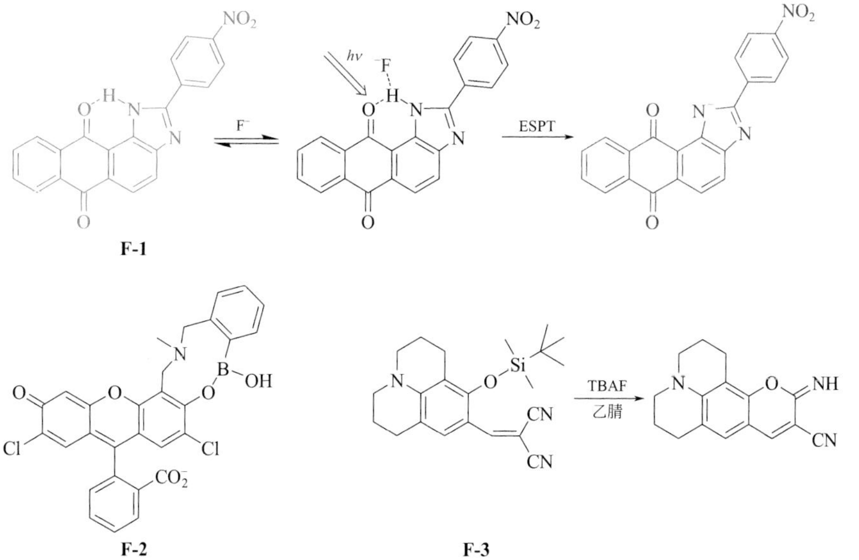

图5-8

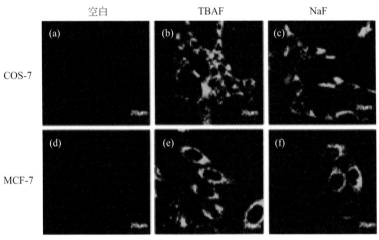

图5-8 卤素离子荧光识别染料结构实例及染料F-3在氟化物存在下分别于COS-7和MCF-7细胞中的荧光成像[87]

TBAF为四丁基氟化铵

识别基团的荧光识别染料。目前，基于上述机理设计的氟离子荧光识别染料主要包括有机硼类、硅氧键类等。例如，在荧光素母体上引入硼酸基团（如F-2，图5-8），通过硼酸盐到荧光素的分子内电子转移过程猝灭荧光；而当体系中存在氟离子时，氟离子与硼配位，抑制上述电子转移过程导致荧光恢复[86]。彭孝军课题组以硅氧键为氟离子识别基团，通过氟离子进攻诱导硅氧键断裂形成氧负离子，伴随亲核加成反应生成香豆素荧光团（如F-3，图5-8）[87]。该荧光识别染料首次实现了活细胞线粒体内氟离子的荧光成像，为研究氟离子对线粒体氧化性损伤提供工具。相似地，2021年开发了一例基于吲哚衍生物的氟离子荧光识别染料，检测限低至$1.3×10^{-9}$，可在细胞、尿液等不同应用场景中实现氟离子的荧光成像[88]。

氯离子是人体内最主要的阴离子，在维持细胞 pH 稳定、调节细胞体积和调控膜电位等生理过程中发挥重要作用。由于氯离子较为惰性且缺乏特异性识别基团，因此氯离子荧光识别染料发展较为缓慢。目前氯离子荧光识别染料主要是基于其对喹啉季铵盐的荧光猝灭这一发现而设计合成的。基于 6-甲氧基喹啉季铵盐开发的氯离子识别染料 SPQ 和 MQAE（如 Cl-1 和 Cl-2，图 5-8）对氯离子和高浓度的溴离子、碘离子都具有响应性[89]。但考虑到人体中溴离子和碘离子浓度远小于氯离子，因此成为可以商业化应用的氯离子荧光识别染料。通过将喹啉鎓荧光团与吗啉（溶酶体靶向基团）连接可以实现溶酶体中氯离子的选择性荧光识别（如 Cl-3，图 5-8），且对 pH 不敏感，可用于评价外加物质对溶酶体中氯离子的影响[90]。

二、（焦）磷酸根离子荧光识别染料

磷酸根是参与构建生物体中最基本的分子（如 DNA 和 RNA），也是膜脂质（以磷脂的形式）的主要成分；而焦磷酸盐是细胞内 ATP 水解的主要产物，参与生物体内能量转化和新陈代谢等重要生理过程。同时，通过实时检测焦磷酸释放的方法可用于 DNA 碱基测序[91]。因此，控制磷酸根（焦磷酸根）的正常水平对于有机体的生命健康至关重要。

1994 年，Czarnik 等基于静电相关作用开发了以蒽为荧光团的焦磷酸根离子荧光识别染料，但由于静电作用缺乏选择性而易受到其他阴离子的干扰[92]。目前，（焦）磷酸根离子荧光染料识别机理主要有以下几种。①氢键型：基于焦磷酸根离子和磷酸根离子中的氧原子具有亲核性同时也是氢键的良好受体，酰胺、脲、吡咯、咪唑基团等都用于焦磷酸根离子和磷酸根离子的识别[93]。②焦磷酸根离子、磷酸根离子和金属离子具有高亲和力：截至目前，已经发现多种金属离子（如 Zn^{2+}、Cu^{2+}）和 DPA 形成的配合物可以作为焦磷酸根离子的识别基团。如基于双 DPA-Zn^{2+} 配合单元的焦磷酸根离子识别的系列荧光染料，通过空间构型、静电作用以及和 Zn^{2+} 的配位协同作用，可有效区分磷酸根离子（如 P-1，图 5-9）[94]。③置换型：基于金属与不同配体之间配合能力的区别，被识别物种可以通过竞争置换的方式与金属配合物中的金属离子进行重新配合，以释放原金属配合物中的荧光染料等配体（如 P-2，图 5-9）[95]。④反应型：磷酸根离子可以触发乙酰胺键的断裂，因此可以将乙酰胺基团引入荧光染料的结构中。由于磷酸根离子触发的乙酰胺反应具有专一性，因此可以有效区分焦磷酸根离子（如 P-3，图 5-9）[96]。

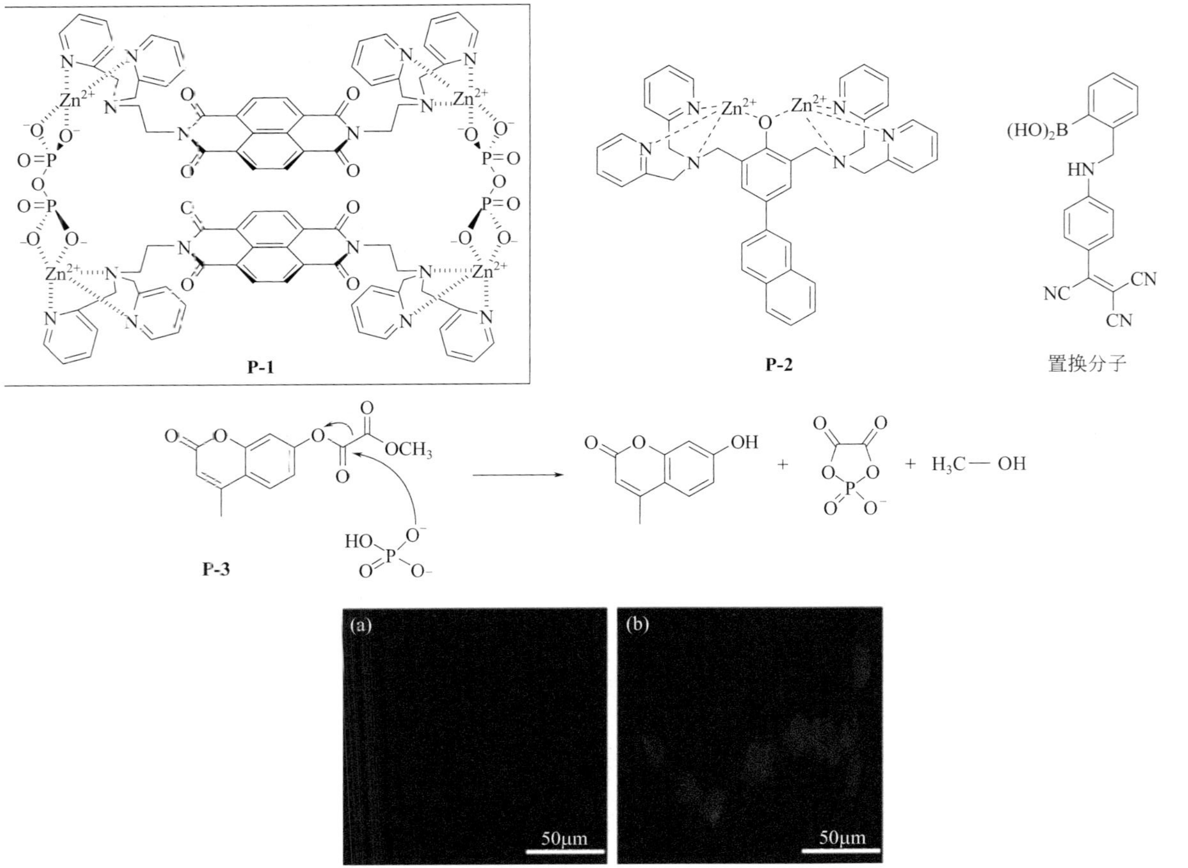

图5-9 （焦）磷酸根离子荧光识别染料结构实例及染料P-3在用病毒和腺苷三磷酸双磷酸酶处理Sf 9细胞前（a）、后（b）的磷酸根离子荧光成像[96]

第四节
有害重金属离子荧光识别染料

汞、镉、铅等是公认的有毒金属元素，即使微量摄入也会对生物造成严重的伤害。例如，通过海鱼而进入食物链最终富集于人体导致"水俣病"，通过植物富集作用形成的含镉水稻（"镉米"）可以引发"骨痛病"，同时大量研究表明铅对儿童大脑发育有着严重的影响。此外，由于钯等贵金属作为催化剂大量应用，会伴随钯残留和钯污染，进而危害人体健康。

一、汞离子荧光识别染料

汞属于过渡金属元素，同时也是重金属，汞离子（Hg^{2+}）会通过自旋耦合效应猝灭荧光。因此，目前 Hg^{2+} 的识别主要基于其嗜硫这一特性而设计的配合和 Hg^{2+} 参与的化学反应（如脱硫、水解）两种机理。分子内电子转移机理是重金属离子荧光识别染料的常用设计策略，通过将荧光团连接具有孤对电子的氮原子以及含有硫的基团（硫脲、硫醚、噻吩等）或吡啶、喹啉等金属离子常见识别配体，通过金属离子与氮原子上的孤对电子配合，从而抑制从到荧光团间的分子内电子转移可以实现对于重金属离子的荧光增强信号，如彭孝军课题组开发的荧光探针 Hg-1（图 5-10）[97,98]。随后，基于调控 C＝N 双键异构化、聚集诱导发光、激基缔合物、罗丹明螺环可逆开关等策略相继被用于开发增强型汞离子荧光识别染料（如 Hg-2、Hg-3、Hg-4，图 5-10）[99]。

近十年来，基于温和化学反应的反应型荧光识别染料因其具有选择性好、灵敏度高、不受环境 pH 等因素干扰而引起广泛关注[2]。针对汞离子具有嗜硫（硒）的特性，将硫脲、硫酰胺、硫酮等基团引入荧光染料分子设计中，通过与汞离子（或甲基汞）在常温水溶液中发生脱硫氧化反应生成硫化汞并释放强烈荧光信号（如 Hg-5，图 5-10）[100-102]。除了铜、铁等离子外，汞离子具有催化席夫碱基团水解的能力，通过结合罗丹明螺环结构设计的荧光染料对汞离子表现出专一的选择性和 10^{-9} 级检测能力[103]。此外，汞离子还可在室温下催化炔或乙烯基醚发生氧汞反应，用于假牙和环境中汞离子特别是甲基汞的 10^{-9} 级灵敏识别（如 Hg-6，图 5-10）[104]。随后，Lee 课题组 2021 年开发了一例基于苯硼酸结构的反应型汞离子荧光识别染料（如 Hg-7，图 5-10），对汞离子的检测限低至 15.2nmol/L，实现自来水样中汞离子的比率识别[105]。

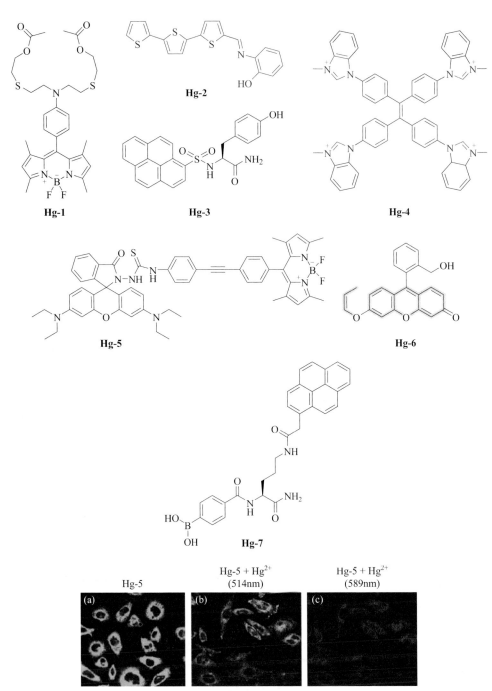

图5-10 汞离子荧光识别染料结构实例及染料Hg-5在MCF-7细胞中的汞离子荧光成像[102]

二、镉离子荧光识别染料

镉与锌属于同族元素,物理化学性质相近,因此荧光染料在检测镉离子(Cd^{2+})时往往会受到锌离子的干扰。为解决镉离子识别的选择性难题,彭孝军课题组于 2006 年开发了一例基于氟硼二吡咯荧光染料的镉离子荧光识别染料(如 Cd-1,图 5-11)[106]。将识别基团 DPA 与染料共轭体系直接连接,氮原子上孤对电子在参与共轭和与镉离子配合的平衡中实现了对镉离子的专一选择性,并首次实现了活细胞内镉离子比率荧光成像。随后,上述机理被证明在卟啉等其他荧光染料母体中也适用[107]。钱旭红课题组基于酰氨基四齿配体对镉离子的选择性,结合氟硼二吡咯、花菁等荧光母体开发了荧光增强型染料(如 Cd-2,图 5-11)[108,109]。Taki 课题组借鉴四吡啶甲基乙二胺结构设计了镉离子识别基团,通过结合分子内电荷转移机理实现了对镉离子的选择性比率荧光识别(Cd-3,图 5-11)[110]。此外,在分子设计中通过将 DPA 与喹啉、苯并咪唑、酰胺等基团的巧妙融合也可以实现对镉离子的选择性识别[111-113]。例如,陆鸿飞课题组 2021 年开发了一种新型的嘌呤-喹啉席夫碱镉离子荧光识别染料,可制成试纸用于水样中镉离子可视化识别[114]。

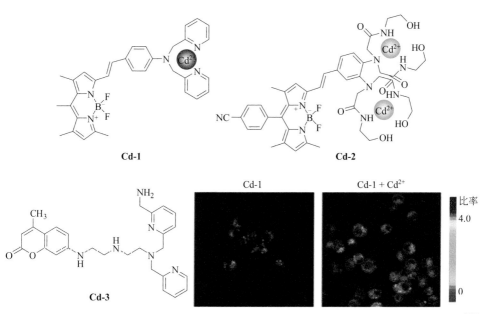

图5-11 镉离子荧光识别染料结构实例及染料 Cd-1 在 DC 细胞中对镉离子的比率荧光成像[106]

三、铅离子荧光识别染料

铅离子识别基团的设计基于软硬酸碱理论,氮、氧等杂原子对铅离子具有较好的结合能力。同时结合多齿配体的空间设计，如基于萘酰亚胺染料母体构建的"发卡"型识别基团（Pb-1，图 5-12）[115]、基于多酰胺识别基团形成的多齿"爪型"配体[116]以及具有特殊序列的寡肽（如 ECEE）[117]等都实现了对铅离子的选择性识别。研究表明，铅离子可以结合并抑制 C═N 双键的异构变化，因此席夫碱型配体可用于铅离子荧光识别染料的开发（Pb-2，图 5-12）[118]。基于罗丹明染料母体螺环开关机理，利用胺乙基 DPA 作为识别基团实现了螯合增强型荧光识别染料的开发（Pb-3，图 5-12）[119]。

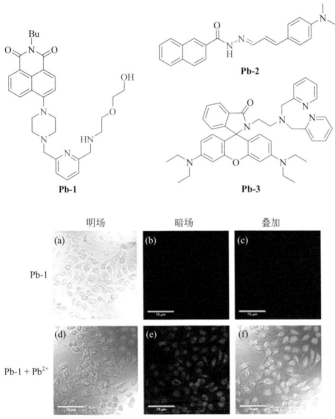

图5-12　铅离子荧光识别染料结构实例及染料Pb-1在细胞中识别铅离子的荧光成像[115]

四、钯离子荧光识别染料

钯作为一种重要的催化剂在很多重要的有机合成反应中得到应用，例如 Heck、Suzuki、Stille、Sonogashira 反应等。首先，Pd^0 可以催化烯丙基发生氧化插入反应形成钯配合物，进一步与亲核试剂反应会导致烯丙基离去。将上述反应在荧光素染料母体上设计合成了增强型钯离子荧光识别染料（Pd-1，图 5-13），并在药物、矿石等样品中实现钯残留的快速、专一、灵敏识别[120]。同时，根据钯氧化状态的不同，通过 Pd^0 和 Pd^{2+} 两种不同识别机理设计合成的荧光识别染料（Pd-2，图 5-13）可用于斑马鱼活体内的钯离子荧光成像[121]。此外，Claisen 重排、Heck 等反应也都通过巧妙分子设计而应用于钯离子的荧光识别中[122]。

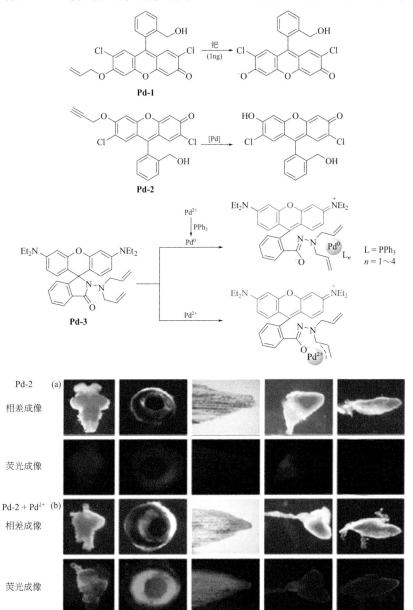

图 5-13 钯离子荧光识别染料结构实例及用染料 Pd-2 在斑马鱼器官中识别钯离子的荧光成像[121]

尽管上述反应型钯离子荧光识别染料表现出优异的识别性能，但对于钯离子的识别反应不可逆，不能实现对钯离子的动态荧光检测。基于烯丙基结构对钯离子的亲和力，彭孝军课题组在罗丹明螺环隐色体上引入双烯丙基肼作为钯离子识别基团（Pd-3，图 5-13），实现了 Pd^0 和 Pd^{2+} 的荧光和比色双重信号识别[123]。该探针可以对催化反应器中的钯残留进行可视化评估。进一步研究发现，共轭双键比烯丙基对钯离子具有更好的亲和力，可以提高体系对钯离子识别的选择性和检测限[124]。此外，基于三苯基膦、DPA、炔基衍生物等作为识别基团的配合型钯离子荧光探针相继开发并展现了良好的性能和应用前景[125]。

参考文献

[1] Park S H, Kwon N, Lee J H, et al. Synthetic ratiometric fluorescent probes for detection of ions[J]. Chemical Society Reviews, 2020, 49(1):143-179.

[2] Du J, Hu M, Fan J, et al. Fluorescent chemodosimeters using "mild" chemical events for the detection of small anions and cations in biological and environmental media[J]. Chemical Society Reviews, 2012,41(12):4511-4535.

[3] Kawamoto E, Vivar C, Camandola S. Physiology and pathology of calcium signaling in the brain[J]. Frontiers in Pharmacology, 2012, 3(61):1-17.

[4] Trebak M, Kinet J P. Calcium signalling in T cells[J]. Nature Reviews Immunology, 2019, 19(3):154-169.

[5] Roopa R, Kumar N, Kumar M, et al. Design and applications of small molecular probes for calcium detection[J]. Chemistry-An Asian Journal, 2019,14(24):4493-4505.

[6] Grynkiewicz G, Poenie M, Tsien R Y. A new generation of Ca^{2+} indicators with greatly improved fluorescence properties[J]. Journal of Biological Chemistry, 1985, 260(6):3440-3450.

[7] Komatsu H, Miki T, Citterio D, et al. Single molecular multianalyte (Ca^{2+}, Mg^{2+}) fluorescent probe and applications to bioimaging[J]. Journal of the American Chemical Society, 2005, 127(31):10798-10799.

[8] Hiroshi N, Yoshiki K, Hideto K, et al. Fluorecent crown ether reagent for alkali and alkaline earth metal ions[J]. Chemistry Letters, 1982, 11(11):1853-1854.

[9] Zhang H, Yin C, Liu T, et al. "Turn-on" fluorescent probe detection of Ca^{2+} ions and applications to bioimaging[J]. Spectrochimica Acta Part A: Molecular and Biomolecular Spectroscopy, 2017,180:211-216.

[10] Zhang J, Yan Z, Wang S, et al. Water soluble chemosensor for Ca^{2+} based on aggregation-induced emission characteristics and its fluorescence imaging in living cells[J]. Dyes and Pigments,2018,150:112-120.

[11] Numasawa K, Hanaoka K, Ikeno T, et al. A cytosolically localized far-red to near-infrared Rhodamine-based fluorescent probe for calcium Ions[J]. Analyst, 2020,145(23):7736-7740.

[12] Mohan P S, Lim C S, Tian Y S, et al. A two-photon fluorescent probe for near-membrane calcium ions in live cells and tissues[J]. Chemical Communications, 2009(36):5365-5367.

[13] Kim H J, Lim C S, Lee H W, et al. A ratiometric two-photon probe for Ca^{2+} in live tissues and its application to spinal cord injury model[J]. Biomaterials, 2017, 41:251-259.

[14] Eskes R, Antonsson B, Osen-Sand A, et al. Bax-induced cytochrome C release from mitochondria is independent

of the permeability transition pore but highly dependent on Mg^{2+} ions[J]. Journal of Cell Biology, 1998, 143(1):217-224.

[15] Walter E R H, Williams J A G, Parker D. Tuning Mg(II) selectivity: comparative analysis of the photophysical properties of four fluorescent probes with an alkynyl-naphthalene fluorophore[J]. Chemistry-A European Journal, 2018, 24(24):6432-6441.

[16] Komatsu H, Iwasawa N, Citterio D, et al. Design and synthesis of highly sensitive and selective fluorescein-derived magnesium fluorescent probes and application to intracellular 3D Mg^{2+} imaging[J]. Journal of the American Chemical Society, 2004, 126(50):16353-16360.

[17] Fujii T, Shindo Y, Hotta K, et al. Design and synthesis of a flash-type Mg^{2+} fluorescent probe for specific protein labeling[J]. Journal of the American Chemical Society, 2014, 136(6):2374-2381.

[18] Fu Z H, Qin J C, Wang Y W, et al. A quinoline-based chromogenic and ratiometric fluorescent probe for selective detection of Mg^{2+} ion: design, synthesis and its application in salt lake brines and bioimaging[J]. Dyes and Pigments, 2021, 185:108896.

[19] Farruggia G, Iotti S, Prodi L, et al. 8-Hydroxyquinoline derivatives as fluorescent sensors for magnesium in living cells[J]. Journal of the American Chemical Society, 2006,128(1):344-350.

[20] Ray D, Bharadwaj P K. A coumarin-derived fluorescence probe selective for magnesium[J]. Inorganic Chemistry. 2008, 47(7):2252-2254.

[21] Pond S J K, Tsutsumi O, Rumi M, et al. Metal-ion sensing fluorophores with large two-photon absorption cross sections: aza-crown ether substituted donor−acceptor−donor distyrylbenzenes[J]. Journal of the American Chemical Society, 2004, 126(30):9291-9306.

[22] Kim H M, Jung C, Kim B R, et al. Environment-sensitive two-photon probe for intracellular free magnesium ions in live tissue[J]. Angewandte Chemie International Edition, 2007,46(19):3460-3463.

[23] Gagnon K B, Delpire E. Sodium transporters in human health and disease[J]. Frontiers in Physiology, 2021, 11(58644):1-18.

[24] Minta A, Tsien R Y. Fluorescent indicators for cytosolic sodium[J]. Journal of Biological Chemistry, 1989, 264(32):19449-19457.

[25] Meier S D, Kovalchuk Y, Rose C R. Properties of the new fluorescent Na$^+$ indicator CoroNa green: comparison with SBFI and confocal Na$^+$ imaging[J]. Journal of Neuroscience Methods, 2006, 155(2):251-259.

[26] Kollmannsberger M, Rurack K, Resch-Genger U, et al. Design of an efficient charge-transfer processing molecular system containing a weak electron donor: spectroscopic and redox properties and cation-induced fluorescence enhancement[J]. Chemical Physics Letters, 2000, 329(5):363-369.

[27] Gao G, Cao Y, Liu W, et al. Fluorescent sensors for sodium ions[J]. Analytical Methods, 2017,9(38):5570-5579.

[28] Kenmoku S, Urano Y, Kanda K, et al. Rational design of novel photoinduced electron transfer type fluorescent probes for sodium cation[J]. Tetrahedron, 2004, 60(49):11067-11073.

[29] Kim M K, Lim C S, Hong J T, et al. Sodium-ion-selective two-photon fluorescent probe for in vivo imaging[J]. Angewandte Chemie International Edition, 2010, 49(2):364-367.

[30] Sarkar A R, Heo C H, Park M Y, et al. A small molecule two-photon fluorescent probe for intracellular sodium ions[J]. Chemical Communications, 2014, 50(11):1309-1312.

[31] Taguchi R, Terai T, Ueno T, et al. A protein-coupled fluorescent probe for organelle-specific imaging of Na$^+$[J]. Sensors and Actuators B: Chemical, 2018, 265:575-581.

[32] Palmer B F. Regulation of potassium homeostasis[J]. Clinical Journal of the American Society of Nephrology, 2015, 10(6):1050-1060.

[33] Schwarze T, Riemer J, Holdt H J. A ratiometric fluorescent probe for K^+ in water based on a phenylaza-18-crown-6 lariat ether[J]. Chemistry-A European Journal, 2018, 24(40):10116-10121.

[34] He H, Mortellaro M A, Leiner M J P, et al. A fluorescent sensor with high selectivity and sensitivity for potassium in water[J]. Journal of the American Chemical Society, 2003, 125(6):1468-1469.

[35] Kong X, Su F, Zhang L, et al. A highly selective mitochondria-targeting fluorescent K^+ sensor[J]. Angewandte Chemie International Edition, 2015, 54(41):12053-12057.

[36] Hirata T, Terai T, Yamamura H, et al. Protein-coupled fluorescent probe to visualize potassium ion transition on cellular membranes[J]. Analytical Chemistry, 2016, 88(5):2693-2700.

[37] Carpenter R D, Verkman A S. Synthesis of a sensitive and selective potassium-sensing fluoroionophore[J]. Organic Letters, 2010, 12(6):1160-1163.

[38] Song G, Jiang D, Wang L, et al. A mitochondria-targeting NIR fluorescent potassium ion sensor: real-time investigation of the mitochondrial K^+ regulation of apoptosis in situ[J]. Chemical Commununications (Camb), 2020, 6(40):5405-5408.

[39] Choi D W, Koh J Y. Zinc and brain injury[J]. Annual Review of Neuroscience, 1998, 21(1):347-375.

[40] Walkup G K, Burdette S C, Lippard S J, et al. A new cell-permeable fluorescent probe for Zn^{2+}[J]. Journal of the American Chemical Society, 2000, 122(23):5644-5645.

[41] Hirano T, Kikuchi K, Urano Y, et al. Highly zinc-selective fluorescent sensor molecules suitable for biological applications[J]. Journal of the American Chemical Society, 2000,122(49):12399-12400.

[42] Li M, Fan J, Du J, et al. Inhibiting proton interference in PET chemosensors by tuning the HOMO energy of fluorophores[J]. Sensors and Actuators B: Chemical, 2018, 259:626-632.

[43] Buccella D, Horowitz J A, Lippard S J. Understanding zinc quantification with existing and advanced ditopic fluorescent Zinpyr sensors[J]. Journal of the American Chemical Society. 2011,133(11):4101-4114.

[44] Komatsu K, Kikuchi K, Kojima H, et al. Selective zinc sensor molecules with various affinities for Zn^{2+}, revealing dynamics and regional distribution of synaptically released Zn^{2+} in hippocampal slices[J]. Journal of the American Chemical Society, 2005, 127(29):10197-10204.

[45] Burdette S C, Walkup G K, Spingler B, et al. Fluorescent sensors for Zn^{2+} based on a fluorescein platform: synthesis, properties and intracellular distribution[J]. Journal of the American Chemical Society, 2001, 123(32):7831-7841.

[46] Nolan E M, Lippard S J. Small-molecule fluorescent sensors for investigating zinc metalloneurochemistry[J]. Accounts of Chemical Research, 2009, 42(1):193-203.

[47] Wu Y K, Peng X J, Guo B C, et al. Boron dipyrromethene fluorophore based fluorescence sensor for the selective imaging of Zn(II) in living cells[J]. Organic & Biomolecular Chemistry, 2005, 3(8): 1387-1392.

[48] Maruyama S, Kikuchi K, Hirano T, et al. A novel, cell-permeable, fluorescent probe for ratiometric imaging of zinc ion[J]. Journal of the American Chemical Society, 2002, 124(36): 10650-10651.

[49] Komatsu K, Urano Y, Kojima H, et al. Development of an iminocoumarin-based zinc sensor suitable for ratiometric fluorescence imaging of neuronal zinc[J]. Journal of the American Chemical Society, 2007, 129(44):13447-13454.

[50] Zhu H, Fan J, Zhang S, et al. Ratiometric fluorescence imaging of lysosomal Zn^{2+} release under oxidative stress in neural stem cells[J]. Biomaterials Science, 2014, 2(1):89-97.

[51] Ying F P, Lu H S, Yi X Q, et al. A porphyrin platform for ratiometric fluorescence monitoring of Zn^{2+} ion[J]. Sensors and Actuators B: Chemical, 2021, 340:129997.

[52] Kiyose K, Kojima H, Urano Y, et al. Development of a ratiometric fluorescent zinc ion probe in near-infraredregion, based on tricarbocyanine chromophore[J]. Journal of the American Chemical Society, 2006, 128(20):6548-6549.

[53] Kim H M, Seo M S, An M J, et al. Two-photon fluorescent probes for intracellular free zinc ions in living tissue[J]. Angewandte Chemie International Edition, 2008, 47(28):5167-5170.

[54] Masanta G, Lim C S, Kim H J, et al. A mitochondrial-targeted two-photon probe for zinc ion[J]. Journal of the American Chemical Society, 2011, 133(15):5698-5700.

[55] Ma Y M, Abbate V, Hider R C. Iron-sensitive fluorescent probes: monitoring intracellular iron pools[J]. Metallomics, 2015, 7(2):212-222.

[56] Zheng J, Feng S, Gong S, et al. In vivo imaging of Fe^{2+} using an easily obtained probe with a large Stokes shift and bright strong lipid droplet-targetable near-infrared fluorescence[J]. Sensors and Actuators B: Chemical, 2020, 309:127796.

[57] Zhang X, Chen Y, Cai X, et al. A highly sensitive rapid-response fluorescent probe for specifically tracking endogenous labile Fe^{2+} in living cells and zebrafish[J]. Dyes and Pigments, 2020, 174:108065.

[58] Au-Yeung H Y, Chan J, Chantarojsiri T, et al. Molecular imaging of labile iron(Ⅱ) pools in living cells with a turn-on fluorescent probe[J]. Journal of the American Chemical Society, 2013, 135(40):15165-15173.

[59] Geng J, Liu Y, Li J, et al. A ratiometric fluorescent probe for ferric ion based on a 2,2′-bithiazole derivative and its biological applications[J]. Sensors and Actuators B: Chemical, 2016, 222:612-617.

[60] Qu Z, Li P, Zhang X, et al. A turn-on fluorescent chemodosimeter based on detelluration for detecting ferrous iron (Fe^{2+}) in living cells[J]. Journal of Materials Chemistry B, 2016, 4(5):887-892.

[61] Multhaup G, Schlicksupp A, Hesse L, et al. The amyloid precursor protein of Alzheimer's disease in the reduction of copper(Ⅱ) to copper(Ⅰ)[J]. Science, 1996, 271(5254):1406-1409.

[62] Dujols V, Ford F, Czarnik A W. A long-wavelength fluorescent chemodosimeter selective for Cu(Ⅱ) ion in water[J]. Journal of the American Chemical Society, 1997, 119(31):7386-7387.

[63] Li D, Sun X, Huang J, et al. A carbazole-based "turn-on" two-photon fluorescent probe for biological Cu^{2+} detection vis Cu^{2+}-promoted hydrolysis[J]. Dyes and Pigments, 2016, 125:185-191.

[64] Lin W, Yuan L, Tan W, et al. Construction of fluorescent probes via protection/deprotection of functional groups: a ratiometric fluorescent probe for Cu^{2+}[J]. Chemistry-A European Journal, 2009, 15(4):1030-1035.

[65] Lin W, Long L, Chen B, et al. Fluorescence turn-on detection of Cu^{2+} in water samples and living cells based on the unprecedented copper-mediated dihydrorosamine oxidation reaction[J]. Chemical Communications, 2010, 46(8):1311-1313.

[66] She H, Song F, Xu J, et al. A new tridentate sulfur receptor as a highly sensitive and selective fluorescent sensor for Cu^{2+} ions[J]. Chemistry-An Asian Journal, 2013, 8(11):2762-2767.

[67] Xiang Y, Tong A, Jin P, et al. New fluorescent Rhodamine hydrazone chemosensor for Cu(Ⅱ) with high selectivity and sensitivity[J]. Organic Letters, 2006, 8(13):2863-2866.

[68] Tang J, Ma S, Zhang D, et al. Highly sensitive and fast responsive ratiometric fluorescent probe for Cu^{2+} based on a naphthalimide-Rhodamine dyad and its application in living cell imaging[J]. Sensors and Actuators B: Chemical, 2016, 236:109-115.

[69] Zhang J F, Zhou Y, Yoon J, et al. Naphthalimide modified Rhodamine derivative: ratiometric and selective fluorescent sensor for Cu^{2+} based on two different approaches[J]. Organic Letters, 2010, 12(17):3852-3855.

[70] Li P, Duan X, Chen Z, et al. A near-infrared fluorescent probe for detecting copper(Ⅱ) with high selectivity and

sensitivity and its biological imaging applications[J]. Chemical Communications,2011, 47(27):7755-7757.

[71] Li J, Ge J, Zhang Z, et al. A cyanine dye-based fluorescent probe as indicator of copper clock reaction for tracing Cu^{2+}-catalyzed oxidation of cysteine[J]. Sensors and Actuators B: Chemical,2019, 296:126578.

[72] Zhang D, Wang Z, Yang J, et al. Development of a method for the detection of Cu^{2+} in the environment and live cells using a synthesized spider web-like fluorescent probe[J]. Biosensors Bioelectronics, 2021, 182:113174.

[73] Xu Z, Xiao Y, Qian X, et al. Ratiometric and selective fluorescent sensor for Cu(Ⅱ) based on internal charge transfer (ICT)[J]. Organic Letters, 2005, 7(5):889-892.

[74] Xu Z, Qian X, Cui J. Colorimetric and ratiometric fluorescent chemosensor with a large red-shift in emission: Cu(Ⅱ)-only sensing by deprotonation of secondary amines as receptor conjugated to naphthalimide fluorophore[J]. Organic Letters, 2005, 7(14):3029-3032.

[75] Yang L, McRae R, Henary M M, et al. Imaging of the intracellular topography of copper with a fluorescent sensor and by synchrotron X-ray fluorescence microscopy[J]. Proceedings of the National Academy of Sciences of the United States of America, 2005, 102(32):11179-11184.

[76] Morgan M T, Bagchi P, Fahrni C J. Designed to dissolve: suppression of colloidal aggregation of Cu(Ⅰ)-selective fluorescent probes in aqueous buffer and in-gel detection of a metallochaperone[J]. Journal of the American Chemical Society, 2011, 133(40):15906-15909.

[77] Chaudhry A F, Mandal S, Hardcastle K I, et al. High-contrast Cu(Ⅰ)-selective fluorescent probes based on synergistic electronic and conformational switching[J].Chemical Science, 2011, 2(6):1016-1024.

[78] Morgan M T, McCallum A M, Fahrni C J. Rational design of a water-soluble, lipid-compatible fluorescent probe for Cu(Ⅰ) with sub-part-per-trillion sensitivity[J]. Chemical Science, 2016, 7(2): 1468-1473.

[79] Cao X, Lin W, Wan W. Development of a near-infrared fluorescent probe for imaging of endogenous Cu^+ in live cells[J]. Chemical Communications, 2012, 48(50):6247-6249.

[80] Lim C S, Han J H, Kim C W, et al. A copper(Ⅰ)-ion selective two-photon fluorescent probe for in vivo imaging[J]. Chemical Communications, 2011, 47(25):7146-7148.

[81] Taki M, Iyoshi S, Ojida A, et al. Development of highly sensitive fluorescent probes for detection of intracellular copper(Ⅰ) in living systems[J]. Journal of the American Chemical Society, 2010, 132 (17):5938-5939.

[82] Taki M, Akaoka K, Mitsui K, et al. A mitochondria-targeted turn-on fluorescent probe based on a rhodol platform for the detection of copper(Ⅰ)[J]. Organic & Biomolecular Chemistry, 2014, 12(27): 4999-5005.

[83] Jung K H, Oh E T, Park H J, et al. Development of new peptide-based receptor of fluorescent probe with femtomolar affinity for Cu^+ and detection of Cu^+ in Golgi apparatus[J]. Biosensors and Bioelectronics, 2016, 85:437-444.

[84] Peng X, Wu Y, Fan J, et al. Colorimetric and ratiometric fluorescence sensing of fluoride: tuning selectivity in proton transfer[J]. The Journal of Organic Chemistry, 2005, 70(25):10524-10531.

[85] Wu Y, Peng X, Fan J, et al. Fluorescence sensing of anions based on inhibition of excited-state intramolecular proton transfer[J]. The Journal of Organic Chemistry, 2007, 72(1):62-70.

[86] Jun E J, Xu Z C, Lee M, et al. A ratiometric fluorescent probe for fluoride ions with a tridentate receptor of boronic acid and imidazolium[J]. Tetrahedron Letters, 2013, 54(22):2755-2758.

[87] Zhang S L, Fan J L, Zhang S Z, et al. Lighting up fluoride ions in cellular mitochondria using a highly selective and sensitive fluorescent probe[J]. Chemical Communications, 2014, 50(90):14021-14024.

[88] Wang Q, Li D, Rao N, et al. Development of indole-based fluorescent probe for detection of fluoride and cell imaging of HepG2[J]. Dyes and Pigments, 2021, 188(2):109166.

[89] Verkman AS. Development and biological applications of chloride-sensitive fluorescent indicators[J]. American

Journal of Physiology-Cell Physiology, 1990, 259(3):C375-C388.

[90] Park S H, Hyun J Y, Shin I. A lysosomal chloride ion-selective fluorescent probe for biological applications[J]. Chemical Science, 2019, 10(1):56-66.

[91] Ronaghi M, Karamohamed S, Pettersson B, et al. Real-time DNA sequencing using detection of pyrophosphate release[J]. Analytical Biochemistry, 1996, 242(1):84-89.

[92] Vance D H, Czarnik A W. Real-time assay of inorganic pyrophosphatase using a high-affinity chelation-enhanced fluorescence chemosensor[J]. Journal of the American Chemical Society, 1994, 116(20):9397-9398.

[93] Lee S, Yuen K K Y, Jolliffe K A, et al. Fluorescent and colorimetric chemosensors for pyrophosphate[J]. Chemical Society Reviews, 2015, 44(7):1749-1762.

[94] Lee H N, Xu Z, Kim S K, et al. Pyrophosphate-selective fluorescent chemosensor at physiological pH: formation of a unique excimer upon addition of pyrophosphate[J]. Journal of the American Chemical Society, 2007, 129(13):3828-3829.

[95] Lee J H, Jeong A R, Jung J H, et al. A highly selective and sensitive fluorescence sensing system for distinction between diphosphate and nucleoside triphosphates[J]. The Journal of Organic Chemistry, 2011, 76(2):417-423.

[96] Guo L E, Zhang J F, Liu X Y, et al. Phosphate ion targeted colorimetric and fluorescent probe and its use to monitor endogeneous phosphate ion in a hemichannel-closed cell[J]. Analytical Chemistry, 2015, 87: 1196-1201.

[97] Fan J, Peng X, Wang S, et al. A fluorescence turn-on sensor for Hg^{2+} with a simple receptor available in sulphide-rich environments[J]. Journal of Fluorescence, 2012, 22(3):945-951.

[98] Du J, Fan J, Peng X, et al. Highly selective and anions controlled fluorescent sensor for Hg^{2+} in aqueous environment[J]. Journal of Fluorescence, 2008, 18(5):919-924.

[99] Chen S Y, Li Z, Li K, et al. Small molecular fluorescent probes for the detection of lead, cadmium and mercury ions[J]. Coordination Chemistry Reviews, 2021, 429:213691.

[100] Ma W, Xu Q, Du J, et al. A Hg^{2+}-selective chemodosimeter based on desulfurization of coumarin thiosemicarbazide in aqueous media[J]. Spectrochimica Acta Part A: Molecular and Biomolecular Spectroscopy, 2010, 76(2):248-252.

[101] Yang Y K, Ko S K, Shin I, et al. Fluorescent detection of methylmercury by desulfurization reaction of Rhodamine hydrazide derivatives[J]. Organic & Biomolecular Chemistry. 2009,7(22): 4590-4593.

[102] Zhang X, Xiao Y, Qian X. A ratiometric fluorescent probe based on FRET for imaging Hg^{2+} ions in living cells[J]. Angewandte Chemie International Edition, 2008, 47(42):8025-8029.

[103] Du J, Fan J, Peng X, et al. A new fluorescent chemodosimeter for Hg^{2+}: selectivity, sensitivity, and resistance to Cys and GSH[J]. Organic Letters, 2010, 12(3):476-479.

[104] Ando S, Koide K. Development and applications of fluorogenic probes for mercury(II) based on vinyl ether oxymercuration[J]. Journal of the American Chemical Society, 2011, 133(8):2556-2566.

[105] Subedi S, Neupane L N, Yu H, et al. A new ratiometric fluorescent chemodosimeter for sensing of Hg^{2+} in water using irreversible reaction of arylboronic acid with Hg^{2+}[J]. Sensors and Actuators B: Chemical, 2021, 338:129814.

[106] Peng X, Du J, Fan J, et al. A selective fluorescent sensor for imaging Cd^{2+} in living cells[J]. Journal of the American Chemical Society, 2007, 129(6):1500-1501.

[107] Huang W B, Gu W, Huang H X, et al. A porphyrin-based fluorescent probe for optical detection of toxic Cd^{2+} ion in aqueous solution and living cells[J]. Dyes and Pigments, 2017,143:427-435.

[108] Cheng T, Xu Y, Zhang S, et al. A highly sensitive and selective OFF-ON fluorescent sensor for cadmium in aqueous solution and living cell[J]. Journal of the American Chemical Society, 2008,130(48):16160-16161.

[109] Yang Y, Cheng T, Zhu W, et al. Highly selective and sensitive near-infrared fluorescent sensors for cadmium in aqueous solution[J]. Organic Letters, 2011, 13(2):264-267.

[110] Taki M, Desaki M, Ojida A, et al. Fluorescence imaging of intracellular cadmium using a dual excitation ratiometric chemosensor[J]. Journal of the American Chemical Society, 2008, 130(38):12564-12565.

[111] Xue L, Liu Q, Jiang H. Ratiometric Zn^{2+} fluorescent sensor and new approach for sensing Cd^{2+} by ratiometric displacement[J]. Organic Letters, 2009, 11(15):3454-3457.

[112] Liu Z, Zhang C, He W, et al. A highly sensitive ratiometric fluorescent probe for Cd^{2+} detection in aqueous solution and living cells[J]. Chemical Communications, 2010, 46(33):6138-6140.

[113] Liu Y, Qiao Q, Zhao M, et al. Cd^{2+}-triggered amide tautomerization produces a highly Cd^{2+}- selective fluorescent sensor across a wide pH range[J]. Dyes and Pigments, 2016, 133:339-344.

[114] Chen W, Xu H, Ju L, et al. A highly sensitive fluorogenic "turn-on" chemosensor for the recognition of Cd^{2+} based on a hybrid purine-quinoline Schiff base[J]. Tetrahedron, 2021, 88:132123.

[115] Un H I, Huang C B, Huang J, et al . A naphthalimide-based fluorescence "Turn-On" probe for the detection of Pb^{2+} in aqueous solution and living cells[J]. Chemistry-An Asian Journal, 2014, 9 (12):3397-3402.

[116] Liu J, Wu K, Li S, et al. A highly sensitive and selective fluorescent chemosensor for Pb^{2+} ions in an aqueous solution[J]. Dalton Transactions, 2013, 42(11):3854-3859.

[117] Deo S, Godwin H A. A selective, ratiometric fluorescent sensor for Pb^{2+}[J]. Journal of the American Chemical Society, 2000, 122(1):174-175.

[118] Singh R, Das G. "Turn-on" Pb^{2+} sensing and rapid detection of biothiols in aqueous medium and real samples[J]. Analyst, 2019, 144(2):567-572.

[119] Kwon J Y, Jang Y J, Lee Y J, et al. A highly selective fluorescent chemosensor for Pb^{2+}[J]. Journal of the American Chemical Society, 2005, 127(28):10107-10111.

[120] Song F, Garner A L, Koide K. A highly sensitive fluorescent sensor for palladium based on the allylic oxidative insertion mechanism[J]. Journal of the American Chemical Society, 2007, 129(41):12354-12355.

[121] Santra M, Ko S K, Shin I, et al. Fluorescent detection of palladium species with an propargylated fluorescein[J]. Chemical Communications, 2010, 46(22):3964-3966.

[122] She M, Wang Z, Chen J, et al. Design strategy and recent progress of fluorescent probe for noble metal ions (Ag, Au, Pd, and Pt)[J]. Coordination Chemistry Reviews, 2021, 432:213712.

[123] Li H, Fan J, Du J, et al. A fluorescent and colorimetric probe specific for palladium detection[J]. Chemical Communications, 2010, 46(7):1079-1081.

[124] Li H, Fan J, Song F, et al. Fluorescent probes for Pd^{2+} detection by allylidene-hydrazone ligands with excellent selectivity and large fluorescence enhancement[J]. Chemistry-A European Journal, 2010, 16(41):12349-12356.

[125] Li H, Fan J, Peng X. Colourimetric and fluorescent probes for the optical detection of palladium ions[J]. Chemical Society Reviews, 2013, 42(19):7943-7962.

第六章
生物活性小分子荧光识别染料

第一节　活性氧物种荧光识别染料 / 126

第二节　生物硫醇类化合物荧光识别染料 / 140

第三节　生物气体荧光识别染料 / 151

生物活性小分子包括活性氧物种（reactive oxygen species，ROS）[1]、生物硫醇类化合物[2]、气体递质（硫化氢、一氧化碳、一氧化氮）[3]等，其在生命过程中发挥着重要作用。实时监测和分析生物活性小分子的浓度变化、在细胞和组织中的含量分布，对于深入了解其生理功能和参与的生命过程具有重要意义[4]。此外，通过对生物活性小分子的检测还可实现对相关疾病的早期诊断，具有重要的医学研究和临床价值。基于荧光染料实现对活性小分子高选择性、高灵敏度的光学分析一直是精细化工领域的重要前沿课题。结合现代荧光分析技术，荧光探针可实现对活性小分子在细胞、组织、活体水平上的荧光检测，可为相关研究提供有力分子工具[5]。

设计活性小分子的荧光识别染料主要有两种策略：一种是基于特异性反应[6]；另一种是基于金属配合物的竞争性置换配合[7]。在特异性反应的策略中，荧光猝灭基团（识别单元）和荧光基团（报告单元）共价连接，由此构筑的探针分子可通过与活性小分子发生反应，去除或改变猝灭基团，从而使探针发出荧光。由于这类小分子活性高，参与的反应特异性高，因而是设计该类荧光探针的主要途径。在竞争性置换配合中，金属配体通常作为猝灭基团与荧光基团相连。具有强配位效应的活性小分子如 H_2S、NO、CO 等可通过竞争配合的方式置换出金属离子，实现荧光检测。根据生物活性小分子的种类与检测特点，本章将重点介绍基于荧光染料对活性氧物种、生物硫醇类化合物、气体递质等生物活性小分子的荧光识别，及其在细胞及活体中的成像应用。

第一节
活性氧物种荧光识别染料

活性氧物种是指机体内或者自然环境中由氧组成，性质活泼的物种，主要包括单线态氧（$^1O_2$）、过氧化氢（H_2O_2）、超氧阴离子（$O_2^{·-}$）、羟基自由基（·OH）、次氯酸根（ClO^-）、过氧亚硝酸根（$ONOO^-$）等[8]。在生物体内，ROS 主要是通过线粒体呼吸过程、外源性暴露在有害条件下（如紫外线等）以及传染源等刺激产生。活性氧是维持细胞内氧化平衡的重要物质，也在对抗病毒、细菌感染等方面起到重要作用[9]。然而，细胞内活性氧浓度过高会破坏细胞内氧化还原的平衡，从而造成对细胞的损伤。活性氧可破坏细胞内核酸、蛋白、磷脂等重要生命物质，引起细胞损伤并导致细胞凋亡[10]（图6-1）。此外，研究表明，活性氧在生物体衰老、疾病、代谢等过程中均起着重要作用[11]。因此活性氧的荧光监测对于深入了解其的生理功能、揭示生命过程至关重要。

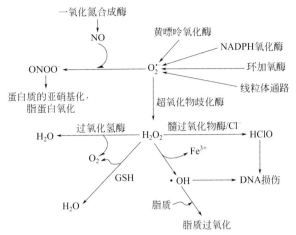

图6-1 生物体内活性氧物种产生、相互转化和生理作用

一、单线态氧荧光识别染料

单线态氧即激发态氧分子，不同于基态氧分子，其可以参与 Diels-Alder[4+2] 反应。基于单线态氧的此反应特性，蒽的氧化反应是单线态氧（$^1O_2$）检测的一种经典方法[12]。例如商品化的单线态检测试剂 SOSG 就是利用蒽作为识别基团与荧光团构筑。蒽的衍生物与荧光素分子相连，通过光诱导电子转移（photo-induced electron transfer，PET）猝灭荧光。单线态氧与蒽反应生成内过氧化物，抑制 PET 过程，促使染料发出强绿色荧光（λ_{ex} = 504nm；λ_{em} = 525nm）。目前，SOSG 广泛应用于细胞内 $^1O_2$ 成像与分析[13]。值得注意的是 SOSG 反应后生成的内过氧化产物在光照下也可释放出单线态氧，因而会对环境和细胞内 $^1O_2$ 的定量分析产生干扰。为降低探针自身产生 $^1O_2$ 的能力，Ogilby 等人[14] 筛选了不同荧光素衍生物作为荧光基团，其中四氟取代的荧光素荧光探针 1 与 $^1O_2$ 反应生成的内过氧化物在光照下不会诱导 $^1O_2$ 的产生，因而更适合 $^1O_2$ 的定量分析（图 6-2）。

为了增长荧光发射波长、降低细胞内背景荧光的干扰，Majima 等人[15] 进一步利用蒽与单线态氧反应的策略，选用硅杂罗丹明作为荧光母体设计合成了远红光激发的 $^1O_2$ 探针 2（λ_{ex}= 650nm；λ_{em}= 680nm）。在 $^1O_2$ 存在的情况下探针被氧化成内过氧化物，其荧光量子产率增强了 17 倍（Φ0.01 ⟶ 0.17）。此外，该分子可定位于细胞线粒体，并实现光动力过程及线粒体微管内 $^1O_2$ 浓度的荧光成像与分析（图 6-3）。

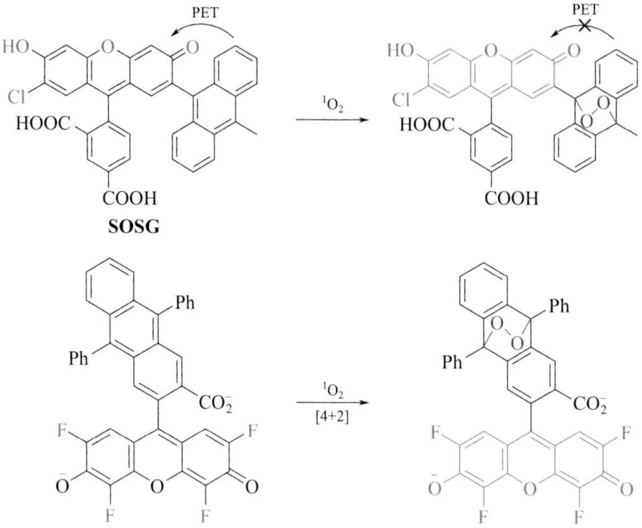

图6-2 探针SOSG[13]和1[14]的结构及其响应单线态氧的机理

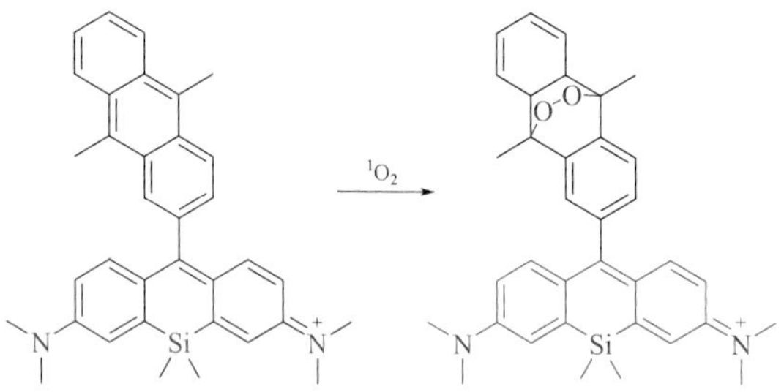

图6-3 探针2[15]的结构及其响应单线态氧的机理

组氨酸结构中的咪唑环可通过与 $^1O_2$ 发生1,4环加成反应而生成相应的羟基化合物因而可用于清除 $^1O_2$[16]。利用这种反应，Tang等人[17]将组氨酸引入到七甲川菁染料（Cy7）分子的中位报道了近红外激发和发射的 $^1O_2$ 探针分子3。由于结构中的咪唑具有较大的电子云密度，因而可通过PET过程猝灭Cy7的荧光，但与 $^1O_2$ 发生环加成反应后，不再具有供电子能力，发出近红外荧光（794nm）。探针分子3特异性强，其他ROS均不会引起染料分子的荧光变化，并用于巨噬细胞内单线态氧的荧光成像（图6-4）。

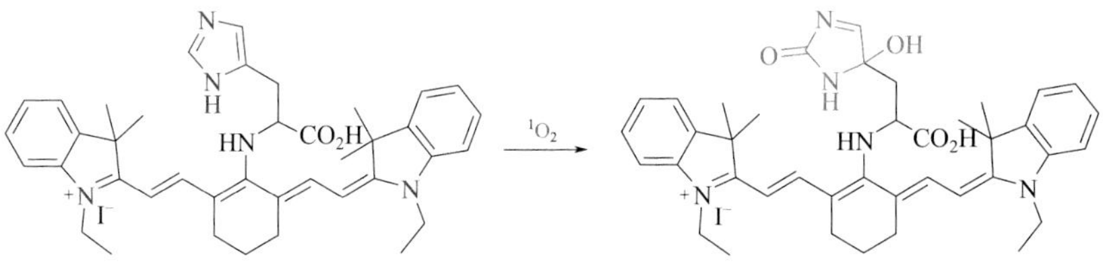

图6-4 探针3[17]的结构及其响应单线态氧的机理

二、过氧化氢荧光识别染料

过氧化氢（H_2O_2）是ROS家族中重要的一员[18]，主要通过线粒体内烟酰胺腺嘌呤二核苷酸磷酸（NADPH）氧化酶激活产生[19]。设计H_2O_2荧光探针最为常用的策略是硼酸酯/硼酸与其的氧化反应[20]。通常情况下，硼酸酯或硼酸通过苯环等间隔基团与染料分子相连，通过与H_2O_2发生氧化反应生成酚，从而引起染料荧光的改变（图6-5）。

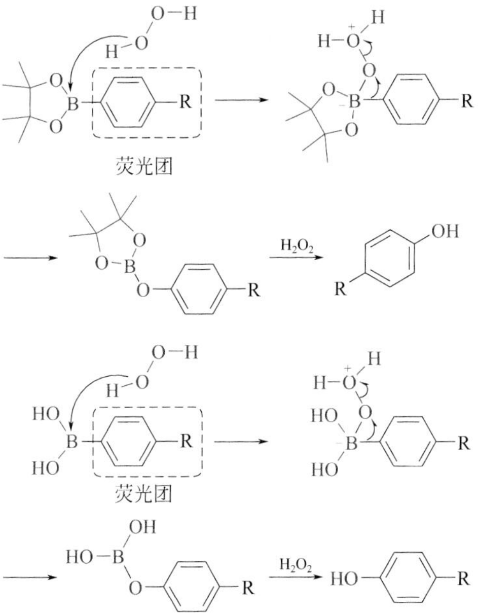

图6-5 硼酸酯或硼酸类探针对于过氧化氢的响应机理[18]

氧杂蒽类荧光母体是基于硼酸酯/硼酸氧化反应设计该类探针最为常见的信号单元[21]。由于荧光素处于闭环状态，没有形成共轭结构，因而探针4本身没有荧光发射。但硼酸酯被H_2O_2氧化后生成酚，螺环打开，共轭结构恢复，荧光强度不断增加[22]。Chang 课题组[23]进一步利用这一策略通过增加荧光素母体的共轭结构，报道了具有红色荧光发射的 H_2O_2 荧光探针 5。识别后探针发射出 660nm 的红色荧光（λ_{ex} = 598nm），并实现对 RAW264.7 细胞内 H_2O_2 水平的荧光监测（图 6-6）。

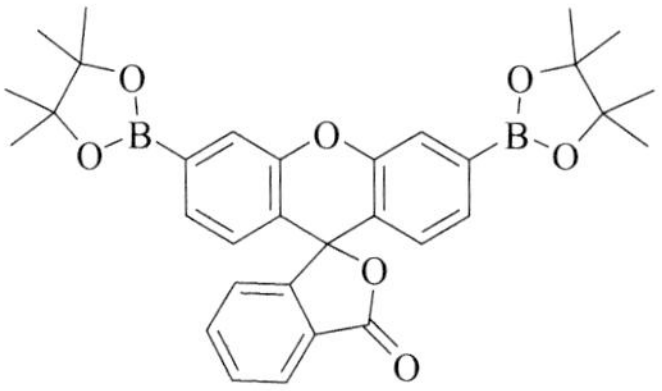

图6-6 探针4[22]和5[23]的分子结构

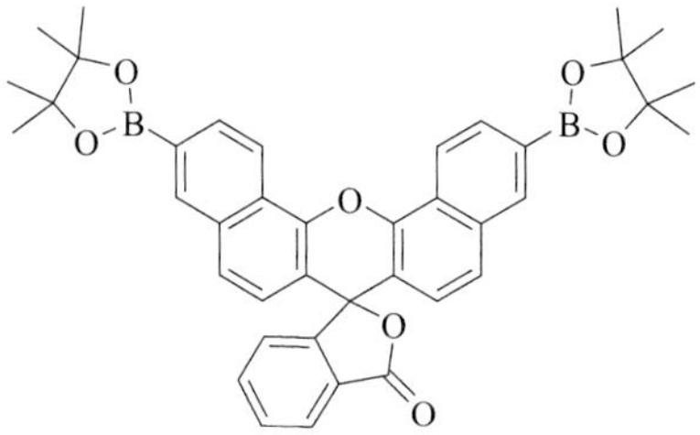

以上两例属于第一代基于硼酸酯的 H_2O_2 荧光探针。上述探针由于灵敏度不高，未能实现对细胞内源性 H_2O_2 的荧光检测。Chang 课题组将双硼酸酯的响应基团变成单硼酸酯（PG1）以提高检测灵敏度[24]。探针 6（图 6-7）在识别 H_2O_2 后的荧光强度是上述探针 4 的近 5 倍，对 H_2O_2 的灵敏性显著提高。因此探针 6 实现了对活细胞内由生长因子激活的内源性 H_2O_2 的荧光成像。此外，探针 6 也证实了在大脑海马组织中 H_2O_2 的存在。

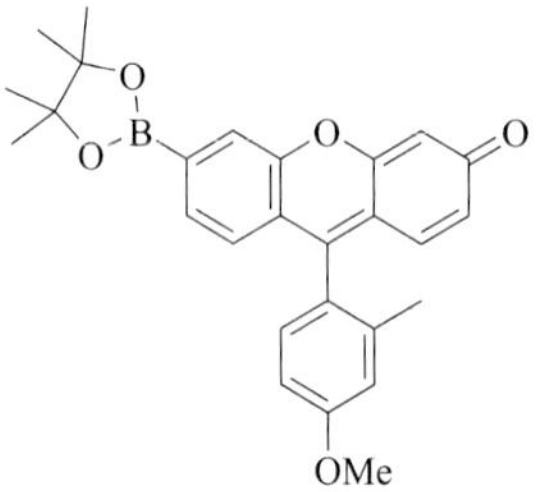

图6-7 探针6[25]的分子结构

苯偶酰可与 H_2O_2 通过 Baeyer-Villiger 重排反应转化成苯甲酸酐，再经水解生成相应的苯甲酸。基于此，Bai 等人[26]以香豆素为母体设计了荧光探针 7 实现对 H_2O_2 的检测。H_2O_2 诱导苯偶酰去除，生成具有强烈绿色荧光的香豆素分子。探针对 H_2O_2 的识别特异性很高，其他 ROS 包括 $^1O_2$，ClO^-，•OH 等都不会引起染料分子荧光的变化。此外，香豆素具有良好的双光子性能，因而可利用近红外光进行激发（760nm），从而实现了对细胞内 H_2O_2 的双光子荧光成像（图 6-8）。

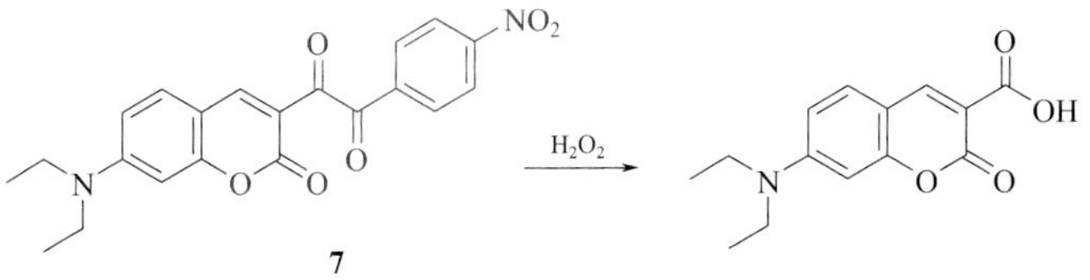

图6-8 探针7[26]的结构及其响应过氧化氢的机理

基于金属 Se 和 Te 的氧化反应也是设计 H_2O_2 荧光探针的重要方法[27]。例如，Tang 等人[28] 借助依布硒啉在 H_2O_2 作用下的闭环反应设计了近红外 H_2O_2 探针8。富电子的硒醇结构通过 PET 过程猝灭染料荧光，当与 H_2O_2 反应后生成闭合五元环，硒醇结构富电子现象消失，分子呈现近红外荧光（794nm）。此外，与前述识别染料不同的是，该分子与 H_2O_2 反应后的产物可被谷胱甘肽（GSH）重新还原，可实现对细胞内 H_2O_2-GSH 的水平变化的监测。其可逆性良好，可实现至少 4 次氧化-还原循环过程（图 6-9）。与此类似，Choi 等[29] 利用 Te 与 H_2O_2 的特异性氧化反应报道了探针9。分子同样可通过氧化还原的循环过程实现对 H_2O_2-GSH 的荧光成像。由于Te 的富电子性更强，探针对 H_2O_2 检测灵敏度更高，其检出限低至 6μmol/L（图 6-10）。

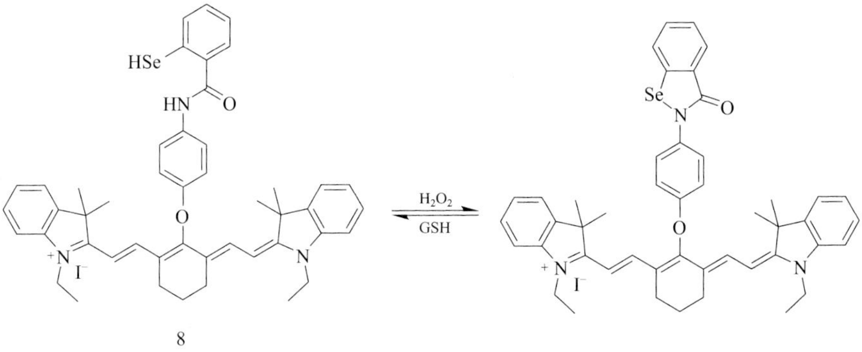

图6-9 探针8[28]的结构及其响应过氧化氢的机理

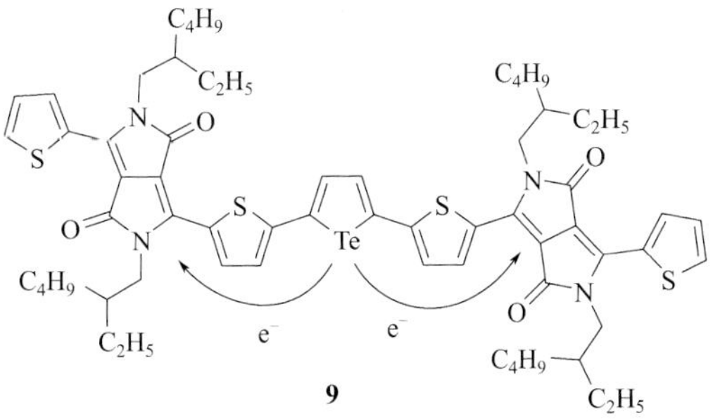

图6-10

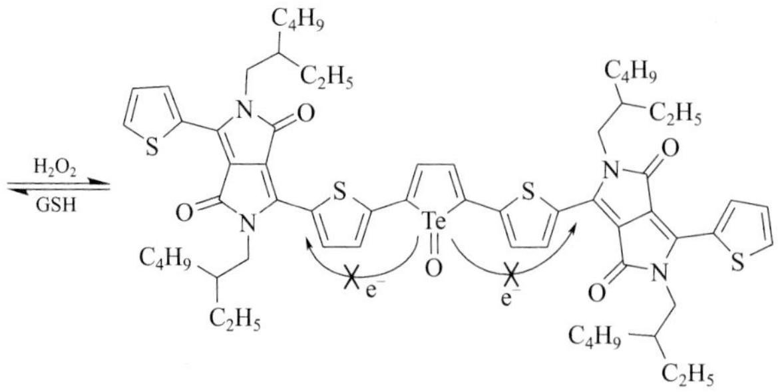

图6-10 探针9[29]的结构及其响应过氧化氢的机理

三、超氧阴离子荧光识别染料

超氧阴离子（$O_2^{\cdot-}$）是由氧分子经一个单电子还原产生，通常是其他活性氧物种的前驱体[30]。生物氧化中，一个氧气分子完全还原需要4个电子。如果氧分子仅被单个电子还原，则形成的中间产物为超氧基团，即为超氧阴离子$O_2^{\cdot-}$，其性质活泼，易与多种大分子物质结合而使其失去活性。因此，在复杂生物体系中高选择性地检测超氧阴离子具有重要的基础和应用研究意义。

二氢乙啶（图6-11）是一种最常用的超氧化物阴离子荧光检测试剂，目前已经商品化[31]。二氢乙啶可被细胞胞吞，经$O_2^{\cdot-}$氧化生成的氧化乙啶可嵌插入DNA双螺旋结构中并发出红色荧光。因此，细胞核若在共聚焦显微镜观察为红色，则可说明细胞内有$O_2^{\cdot-}$的存在。细胞内的$O_2^{\cdot-}$的含量也可通过流式细胞进行分析。但二氢乙啶对$O_2^{\cdot-}$检测的特异性并不高，其他ROS也会一定程度上引起探针的荧光变化[32]。此外，反应产物只有与DNA作用才能出现荧光，因而还无法实现对于细胞内原位$O_2^{\cdot-}$的荧光成像。

苯并噻唑啉与$O_2^{\cdot-}$的脱氢反应是设计$O_2^{\cdot-}$探针的另一种重要策略，脱氢反应后，苯并噻唑啉可生成强荧光化合物[33]。Tang等人[34]首次利用该机理设计并报道了探针10（图6-12）。采用流动注射-荧光光度法，分子可实现对生物样品中$O_2^{\cdot-}$和SOD（$O_2^{\cdot-}$的清除剂）的高通量检测，其检测样品的速度达55样品/h，具有较好的应用前景。利用相似原理，探针11（图6-12）则可实现对5.03×10^{-9}～3.33×10^{-6}mol/L较高浓度范围内$O_2^{\cdot-}$的检测，检出限达nmol/L级（1.68×10^{-9}mol/L）[35]。值得注意的是，该分子对$O_2^{\cdot-}$检测的选择性高，其他氧化物包括H_2O_2、NaClO、叔丁基氢过氧化物、对苯二酚等均不会造成干扰。此外，分子实现了在巨噬细胞内由PMA（4-β-Phorbol 12-myristate 13-acetate）刺激产生

内源性 O_2^- 的荧光成像。

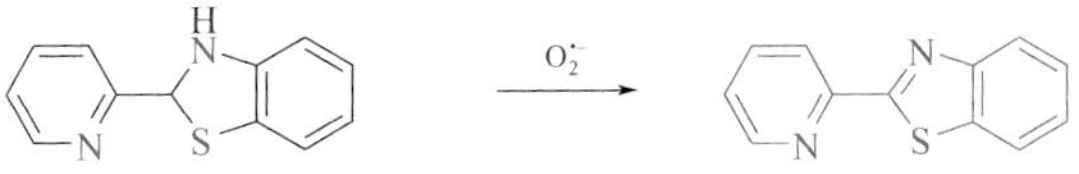

图6-11 二氢乙啶[31]的分子结构

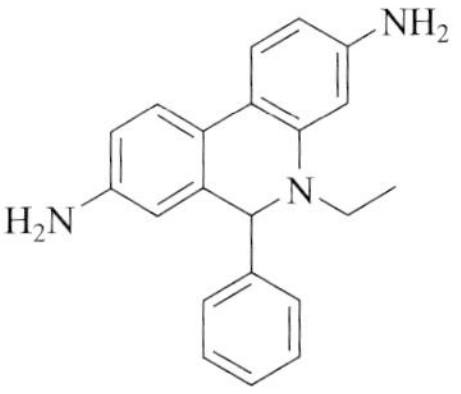

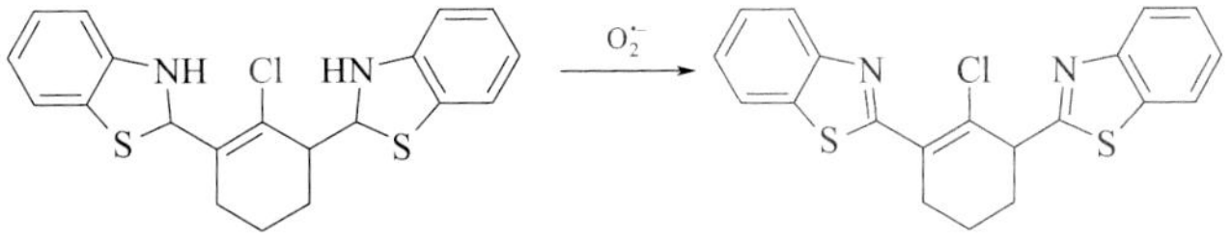

图6-12 探针10[34]和11[35]的结构及其响应超氧阴离子的机理

研究发现 O_2^- 广泛存在于亚细胞器结构中,特别是线粒体[36]。O_2^- 的浓度变化影响线粒体的形态及生理功能。三苯基膦是经典的线粒体靶向基团,利用三苯基膦的这一性质可设计对线粒体内 O_2^- 荧光识别的探针分子12[37](图6-13)。探针12具有双光子性能,其与 O_2^- 反应后可在770nm的近红外光照射下发射出强烈的绿色荧光(500~550nm)。此外,探针还可用于对活体小鼠内由LPS引起炎症反应产生的 O_2^- 进行成像[38]。

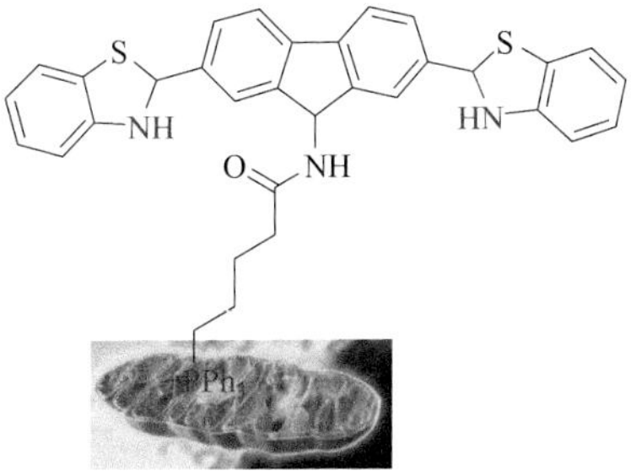

图6-13 探针12[37]的分子结构

Tang 等人[39]以三聚氰胺作为连接基团,发展了可逆双光子荧光探针13(图6-14),在与 O_2^- 发生氧化反应后,咖啡酸结构中的邻苯二酚经脱氢后变为邻苯二醌,电子供体部分变为电子受体,由此引发在515nm处的荧光不断增强。反应产物又可在GSH的作用下重新被还原成分子13,实现对 O_2^- 的可逆检测。分子不仅用于细胞内对 O_2^- 的双光子成像,还成功实现对小鼠缺血缺氧再灌注损伤中产生的 O_2^- 的荧光成像。

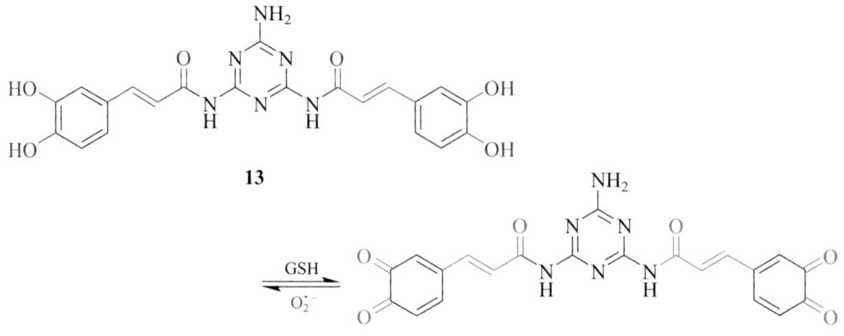

图6-14 探针13[39]的分子结构及其响应超氧阴离子的机理

此外,人们还利用化学发光能量共振转移(CRET)构筑 $O_2^{\cdot-}$ 荧光识别体系[40]。Rochford 等人[41]将化学发光体鲁米诺与能量接受体 BODIPY 染料共价相连,构筑 CRET 分子探针 14(图 6-15)。鲁米诺与 $O_2^{\cdot-}$ 反应呈现 455nm 的化学发光,经能量转移激发 BODIPY 染料分子 514nm 的绿色荧光,CRET 效率为 64%。化学发光策略可进一步解决光对组织穿透深度的限制,为实现 $O_2^{\cdot-}$ 的生物成像提供了新的手段。

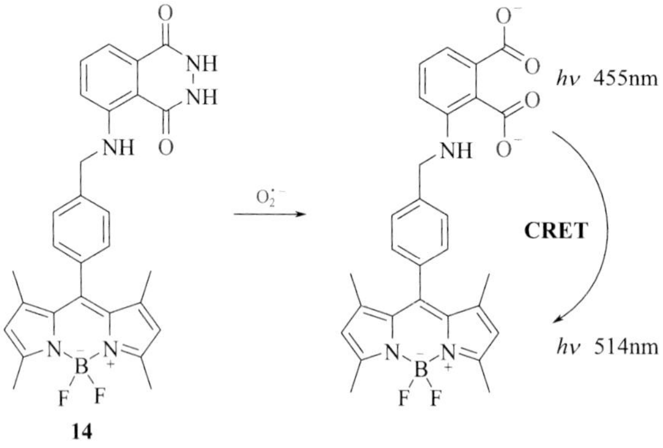

图6-15 探针14[41]的分子结构及其响应超氧阴离子的机理

四、羟基自由基荧光识别染料

羟基自由基(·OH)是活性最高的一类活性氧物种,但由于其在生物体系中浓度很低,·OH 的荧光检测具有一定的挑战[42]。目前主要利用·OH 的脱氢化反应、·OH 引起的基团脱离及羟基化反应设计探针。

与 $O_2^{\cdot-}$ 类似,利用·OH 的强氧化能力导致的脱氢反应也是设计·OH 探针的一种常见策略。Lin 等人[43]利用这一原理以香豆素-半花菁染料为平台报道了第一例用于检测·OH 的比率型荧光探针 15。分子 15 与·OH 反应脱氢后,共轭结构扩大,荧光发射红移,荧光波谱的此消彼长实现了对·OH 的比率检测。·OH

引起两波段荧光强度的比值为（I_{651nm}/I_{495nm}）3.8，其他活性分子包括 $O_2^{\cdot-}$，$^1O_2$，H_2O_2 等引起的比率变化小于 0.11。依据类似原理，Tae 等人[44]以罗丹明衍生物为荧光母体设计了探针 15′。分子内的环状酰肼脱氢反应后形成自由基，进一步形成环内碳氮双键，促使罗丹明螺环打开，发出红色荧光。分子对·OH 的选择性优异，可用于对癌细胞及巨噬细胞中·OH 的荧光成像（图 6-16）。

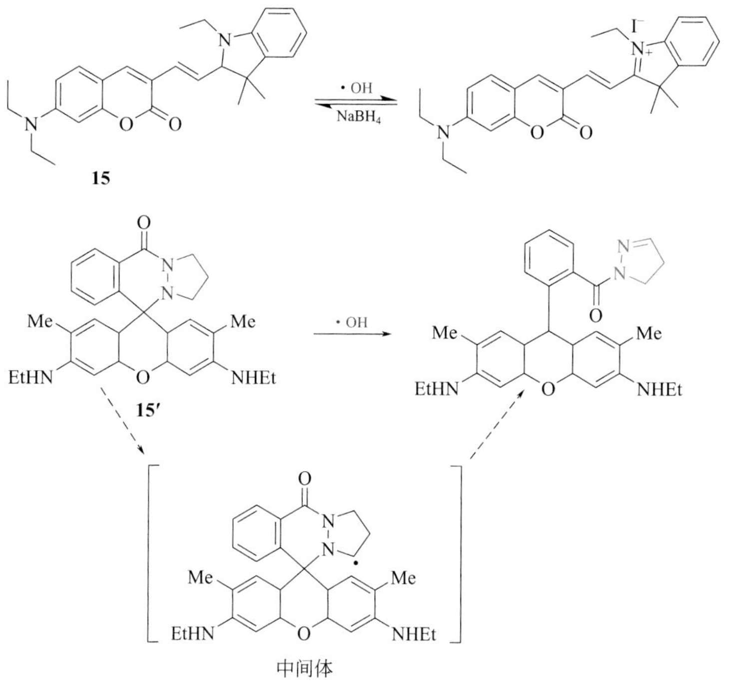

图 6-16　探针 15[43]及 15′[44]的分子结构及其响应羟基自由基的机理

Yuan 等人[45]依据·OH 引起的基团脱除效应报道了探针 16。·OH 引起 4-氨基苯酚的脱除形成羟基，从而实现配合物荧光从无到有的变化。探针反应灵敏度较高，其检出限低至 270nmol/L。但配合物本身的生物安全性没有得到验证，是进一步用于相关生物研究的障碍。利用金纳米簇作为参比荧光团，对苯二酚修饰的荧光素作为识别基团，Tian 等人[46]发展了比率型·OH 探针 17。由于探针稳定性高、细胞膜通透性好且细胞毒性低，可对细胞内氧化应激过程中产生的·OH 实现荧光监测（图 6-17）。

芳香化合物的羟基化是·OH 不同于其他 ROS 的特征反应，可极大提高·OH 荧光检测的特异性，避免其他 ROS 的干扰。Ma 等人[47]将甲氧基引入到菁染料（Cy7）的中位，利用其供电子能力提高对·OH 的捕获能力。探针分子 18 与·OH

发生羟基化反应形成一个酚的中间体,并进一步经电子重排,得到了共轭增大的染料分子(图6-18)。探针不仅对·OH 选择性明显提升,也表现出很高的灵敏度。·OH 可引起其荧光信号 122 倍的增强,因而实现了铁自氧化过程中产生的痕量·OH 的检测。在相同条件下,常用的分析手段如电子自旋共振(ESR)则无法进行检测,说明该探针分子具有良好的应用前景。

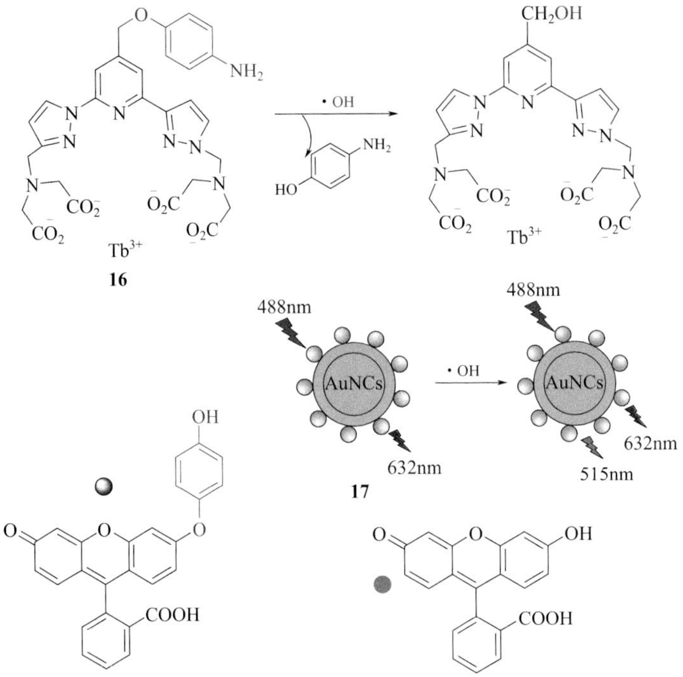

图6-17 探针16[45]和17[46]的分子结构及其响应羟基自由基的机理

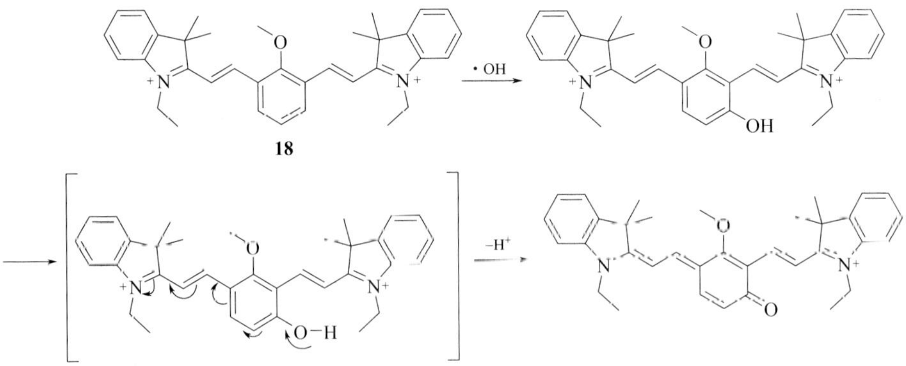

图6-18 探针18[47]的分子结构及其响应羟基自由基的机理

五、次氯酸荧光识别染料

次氯酸在生理 pH 值条件下通常以次氯酸根的形式存在,具有抑菌作用,也能提高机体免疫能力对抗微生物入侵。浓度较高时,次氯酸也会引发一系列疾病[48]。目前,ClO⁻ 的选择性检测主要策略有罗丹明及其衍生物的硫内酯开环、C=N 键的断裂以及硒醚的氧化。

Ma 等人[49]基于罗丹明硫内酯开环报道了荧光探针 19。ClO⁻ 可诱发硫内酯环的氧化裂解、脱除 ClO⁻,进一步引起螺环开环。这一化学反应过程引起 580nm 处的 200 倍的荧光增强,且荧光增强与 ClO⁻ 的浓度 2.0～35μmol/L 呈现良好的线性关系,检出限为 9nmol/L,且被用于对线粒体内微量 ClO⁻ 的荧光成像。此外,Feng 等人[50]还利用相似原理设计出近红外 ClO⁻ 荧光探针 20。ClO⁻ 引起螺环开环并最终形成共轭结构更大的染料分子,这伴随荧光由 486nm 到 707nm 的显著红移。与 ClO⁻ 反应前后,F_{486nm}/F_{707nm} 的荧光比值的变化达到 480 余倍,可实现对水中、血清中以及巨噬细胞内微量 ClO⁻ 比率荧光检测(图 6-19)。

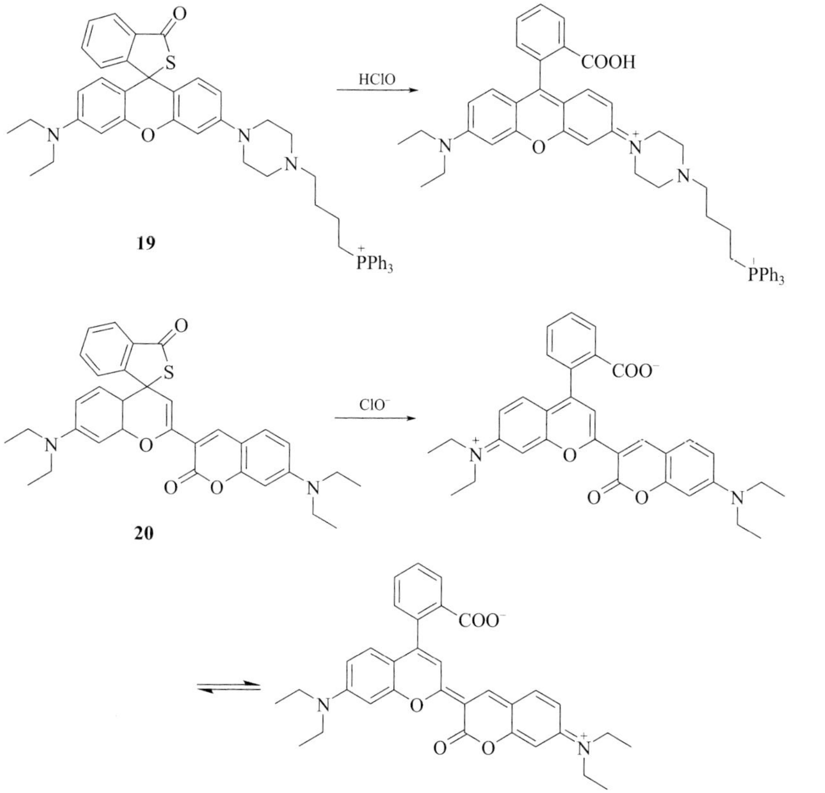

图 6-19 探针 19[49]和 20[50]的分子结构及其响应次氯酸的机理

染料分子结构中 C=N 双键通常会因异构化而导致染料激发态的非辐射衰减，猝灭染料的荧光，而 ClO⁻ 的强氧化能力可使 C=N 双键断裂使其荧光得以恢复。据此，Wu 等人[51]以 BODIPY 为母体设计了"关-开"型荧光探针 21。ClO⁻ 氧化 C=N 转化成醛基，使其荧光迅速增强。类似地，Peng 等人[52]将肟引入到 BODIPY 染料分子的结构中合成了荧光探针 22，也同样实现了对 ClO⁻ 的荧光响应。不同的是分子结构中引入的三苯基膦为研究 ClO⁻ 对线粒体功能的影响提供了可能。但需要特别指出的是，以上两例 BODIPY 探针背景荧光较高，检测限偏高（均为微摩尔/升级）。考虑到上述问题，人们还进一步结合荧光素开闭环原理设计了探针 23[53]。由于在闭环状态下荧光素几乎没有背景信号，因而其荧光增强倍数得到很大改善，检测限降低至 7.3nmol/L，实现了对巨噬细胞痕量内源性 ClO⁻ 的荧光分析（图 6-20）。

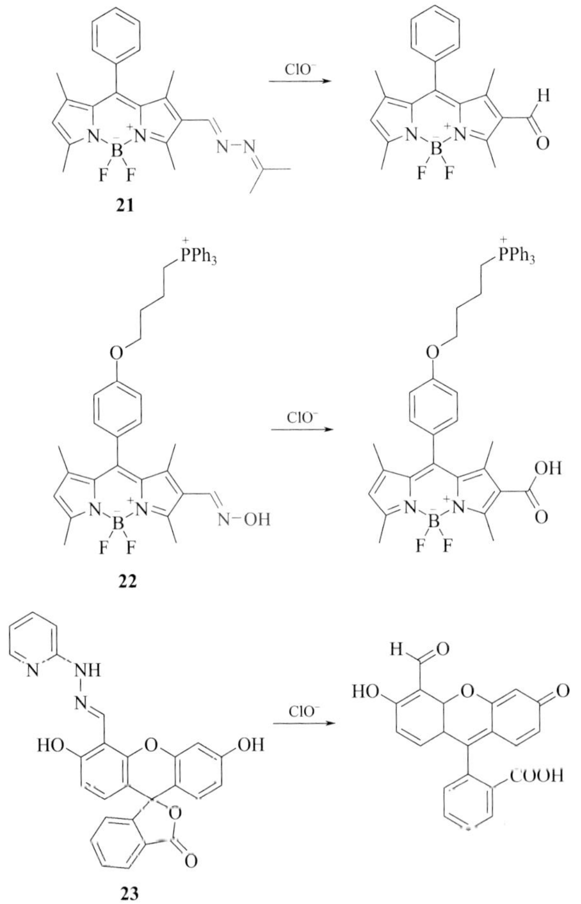

图6-20 探针21[51]、22[52]和23[53]的分子结构及其响应次氯酸的机理

六、过氧亚硝酸盐荧光识别染料

过氧亚硝酸盐属于高活性氧化剂，通过一氧化氮和超氧自由基的反应产生。在生理条件下，ONOO⁻与过氧亚硝酸（ONOOH）处于平衡状态，能迅速分解产生·OH和二氧化氮NO_2[54]。Yang等人[55]利用ONOO⁻引起的氧化N-脱烷基化反应合成了探针分子24。ONOO⁻的氧化性导致对苯二醌脱除，释放出荧光素分子。识别前后探针荧光量子产率从0.001提升至0.73，并用于对巨噬细胞内由大肠杆菌刺激产生的ONOO⁻的荧光成像。此外，探针还能够用于分析小鼠动脉粥样硬化组织中的ONOO⁻（图6-21）。

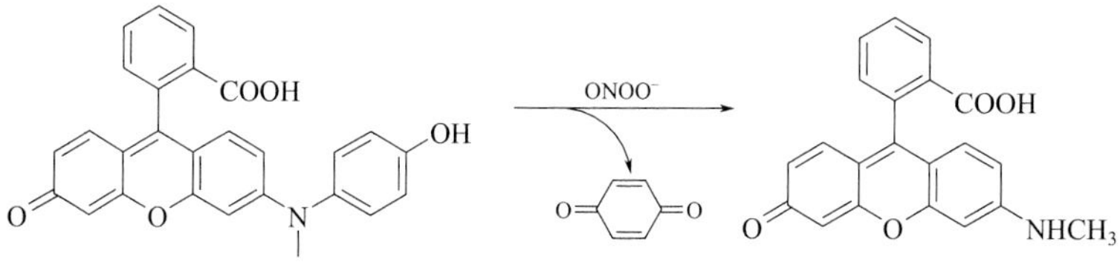

图6-21 探针24[55]的分子结构及其响应过氧亚硝酸盐的机理

多通道的荧光识别能提高对被测物的选择性，Yang等人[56]设计了三通道变化的荧光探针25。香豆素衍生物25具有绿色荧光，其结构中的苯酚被ONOO⁻氧化再与氨基形成具有橙色荧光的中间体26，进一步氧化后最终生成试卤灵的衍生物27发射出红色荧光。这种三通道的检测原理成功避免了其他ROS如ClO⁻，H_2O_2，$^1O_2$，$O_2^{\cdot -}$对ONOO⁻检测的干扰（图6-22）。

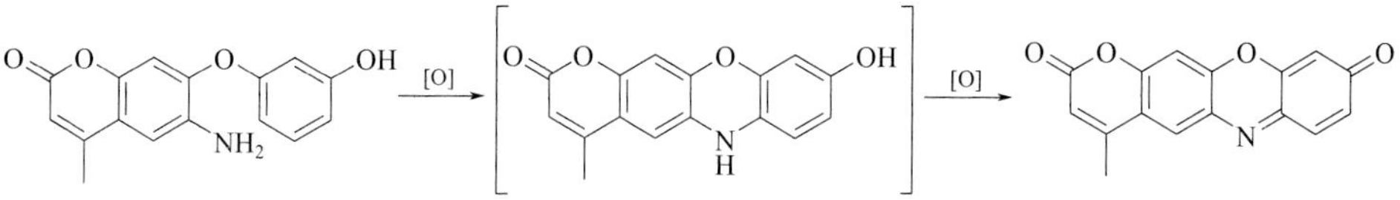

图6-22 探针25[56]、26、27的分子结构及其响应过氧亚硝酸盐的机理

ONOO⁻的强氧化性可造成染料分子骨架的氧化断裂实现比率检测。Yoon等人[57]报道了基于香豆素-半花菁平台的ONOO⁻荧光探针28，染料结构中连接香豆素-半花菁的双键电子云密度高，成为ONOO⁻的识别位点。探针与ONOO⁻反应后形成香豆素，共轭结构变短，荧光显著蓝移（635nm → 515nm）。这种比率荧光不仅可在溶液中对ONOO⁻进行检测，也用于细胞内由脂多糖、干扰素（IFN-γ）、佛波酯（PMA）引发的内源性ONOO⁻的成像。但过量的ClO⁻会

对其检测造成一定的干扰。Cheng 等人[58]报道了探针 29，基于荧光共振能量转移（fluorescence resonance energy transfer，FRET）过程识别 ONOO⁻。香豆素部分受激发时通过 FERT 过程传递给长波长染料分子；ONOO⁻氧化破坏能量受体，FRET 过程阻断，香豆素发出荧光。探针对 ONOO⁻表现出优异的选择性，可用于实时监测小鼠体内炎症组中产生的 ONOO⁻（图 6-23）。

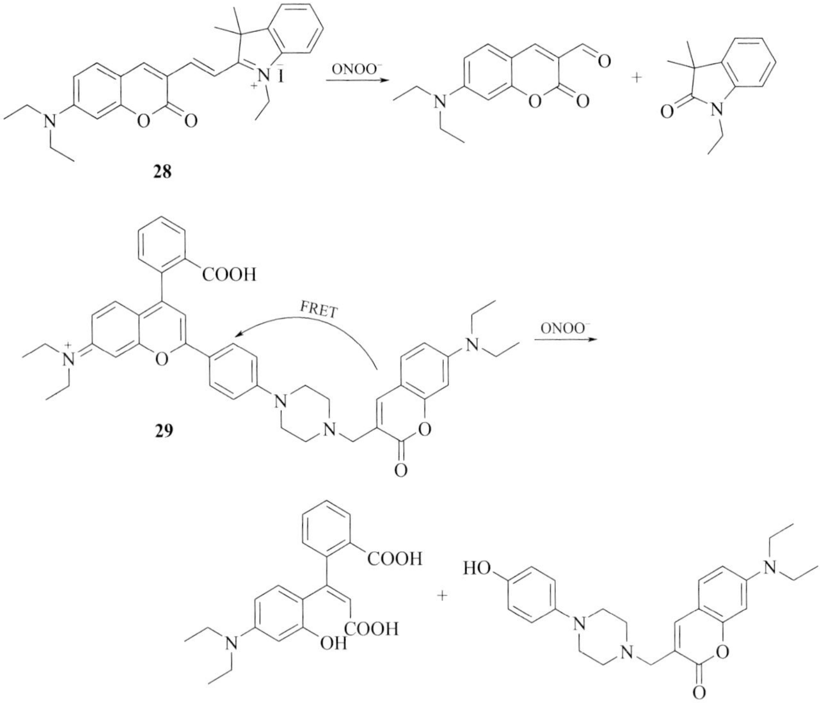

图6-23　探针28[57]和29[58]的分子结构及其响应过氧亚硝酸盐的机理

第二节
生物硫醇类化合物荧光识别染料

生物硫醇类化合物主要包括半胱氨酸（cysteine，Cys）、高半胱氨酸（homocysteine，Hcy）和谷胱甘肽（glutathione，GSH），在诸多生理活动如氧化还原应激，信号转导，细胞凋亡和增殖中起关键作用[59]。这些硫醇类化合物参与机体代谢和运输，影响一系列重要酶的生理功能。Cys 在生物体内的含量约为 30～200μmol/L，它不仅是合成 GSH、牛磺酸、乙酰辅酶的前体，同时也参与铁离子转运。Cys 的含量异常与肝脏损伤、皮肤损伤、生长缓慢有关[60]。Hcy 在生物体的浓度含量最低约 5～12μmol/L，但生物体内一些酶的含量异常，例如胱硫醚 β- 合成酶和胱硫醚 γ- 裂解酶及辅助因子可能导致 Hcy 的积累，进而引起心血管疾病和高胱氨酸尿症[61]。GSH 则是由谷氨酸、半胱氨酸、甘氨酸组成的三肽，分为还原型和氧化型，在细胞质中的浓度大约是 1～10mmol/L，是生物体内维持氧化还原稳态及解毒的关键物质[62]。鉴于 Cys，Hcy 和 GSH 重要的生理功能，对这三类硫醇类化合物的荧光检测一直是生物医学领域研究的热点（图 6-24）。

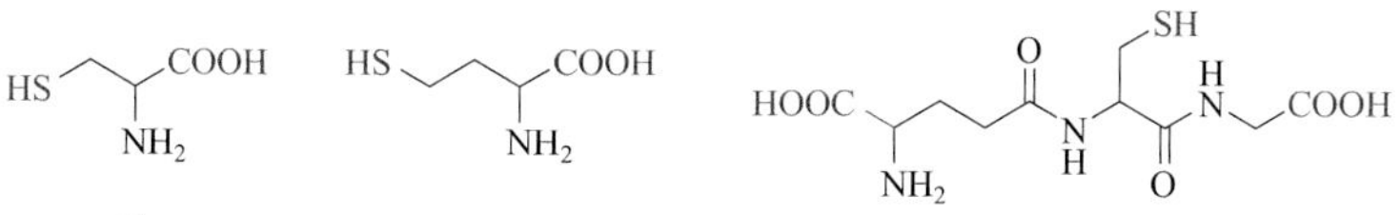

图6-24　Cys，Hcy和GSH的分子结构

一、半胱氨酸和高半胱氨酸荧光识别染料

半胱氨酸和高半胱氨酸的荧光识别主要利用分子中巯基/氨基的亲核反应，具体可分为三类。①醛基的加成环合。此类探针通过醛基与硫醇分子上的巯基先发生加成反应再进一步同氨基环合，改变分子内电荷流转实现荧光信号的变化。②迈克尔加成。该机理利用分子中巯基和不饱和双键发生加成反应，实现荧光的"关 - 开"或波长的变化。③芳香亲核取代。半胱氨酸和高半胱氨酸结构类似，大部分的探针可同时实现对二者的识别。

1. 醛基的加成环合

2004 年，Strongin 等人[63]以荧光素为母体通过甲酰化反应设计合成了首例基于醛基加成反应的 Cys/Hcy 探针 30。探针识别过程中吸收波长从 480nm 红移至 500nm，用于 Cys/Hcy 的裸眼比色识别。但反应前后探针分子荧光信号减弱，并不适合细胞及生物体系中使用。Hong 等人[64]以香豆素为母体在 8 位引入醛基设计合成了探针 31。该工作进一步优化了此类识别机理，对 Cys/Hcy 的识别转变为增强型。识别前由于醛基的吸电子效应破坏分子的供 - 吸电子体系荧光猝灭，识别后醛基发生加成环合导致荧光恢复。与此同时邻位的羟基在识别过程与硫醇上的氨基形成氢键加速反应进程提高了探针的识别速度，并应用于对血液中 Cys/Hcy 的荧光分析。为了进一步避免生物自发光的干扰、提高信噪比，Zhao 等人[65]通过拓展 BODIPY 荧光团的共轭结构，同时在中位引入醛基作为识别位点设计合成了近红外发射荧光探针 32。识别后 680nm 处荧光信号不断增强，适合生物体系中对 Cys/Hcy 的荧光识别（图 6-25）。

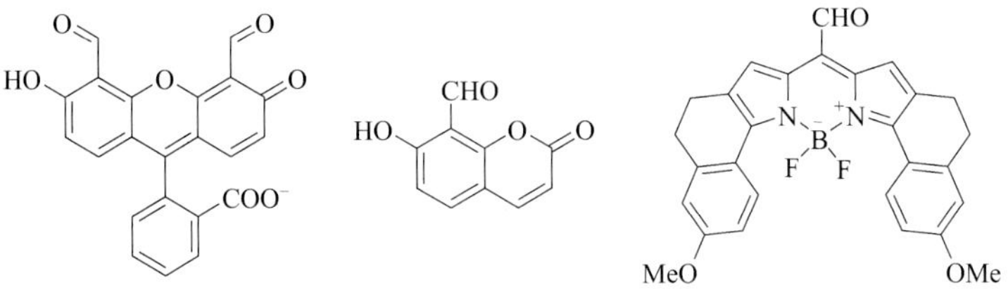

图6-25 探针30[63]、31[64]和32[65]的分子结构

  双光子荧光成像组织穿透深度更强，Chen等人[66]以三苯胺为母体设计了树枝状双光子荧光探针33（图6-26）。该探针在识别之前，末端的醛基和母体本身形成分子内电荷转移（ICT）发射波长处于近红外区，摩尔消光系数为260000L/（mol·cm）。与此同时，探针的多级 D-π-A 的结构提高了其双光子吸收截面。当Cys/Hcy与醛基发生加成环合之后破坏了体系的ICT，导致波长发生蓝移，但其荧光信号增强了50倍。

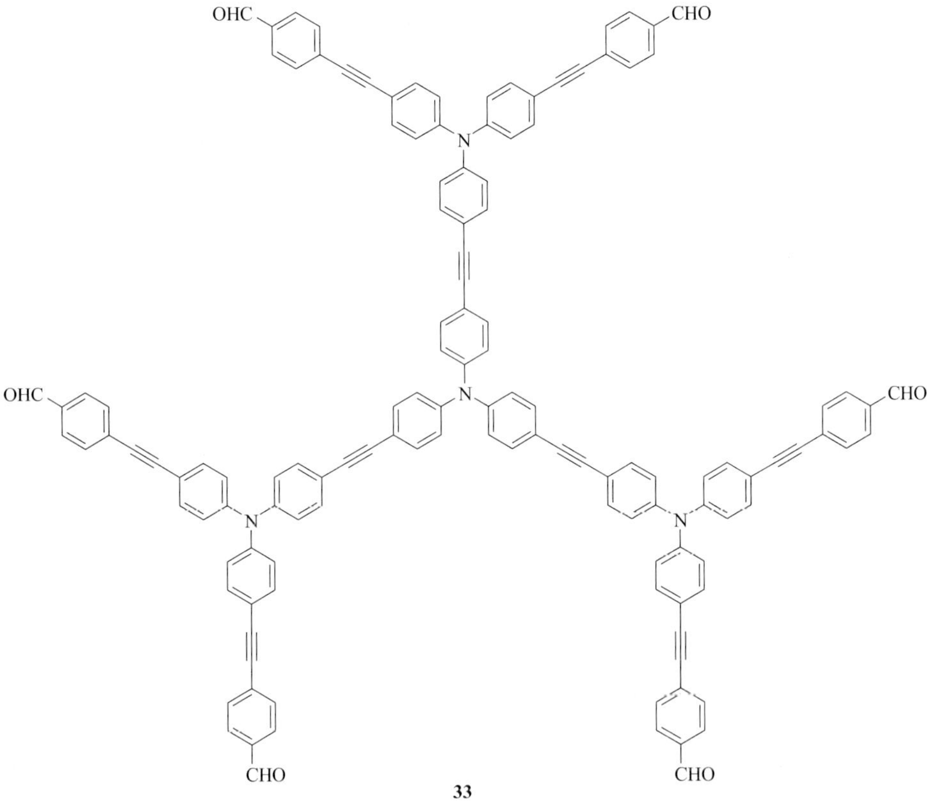

图6-26 探针33[66]的分子结构

2. 迈克尔加成

基于迈克尔加成原理，Strongin 等人[67]将丙烯酸酯引入 2-（2′-羟基-3′-甲氧基苯基）苯并噻唑合成了分子探针 34 实现了对 Cys/Hcy 的荧光识别（图 6-27）。识别前探针的发射波长为 377nm，识别后激发态质子转移机理被激活，裸露的羟基氢和噻唑上的氮原子形成氢键限制单键旋转使发射波长红移至 487nm。对 Cys/Hcy 的检测限分别为 0.11μmol/L /0.18μmol/L。

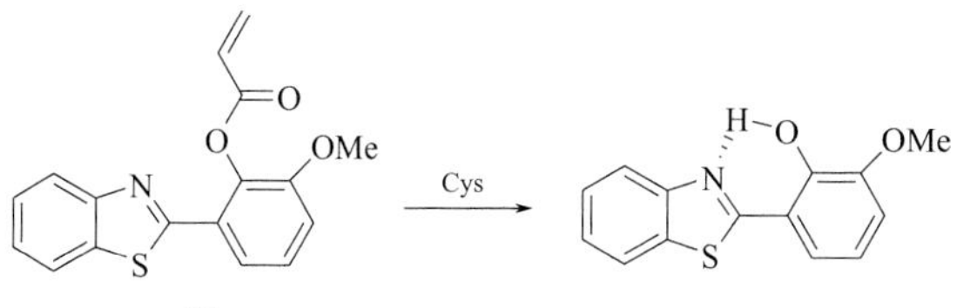

图 6-27 探针 34[67]的分子结构及其响应 Cys 的机理

Zhou 等人[68]基于咔唑荧光团在结构和光学性能上的显著优势，设计并合成了具有较大 Stokes 位移（128nm）的探针 35（图 6-28）。巯基与不饱和双键发生迈克尔加成反应后，荧光强度迅速增强，对 Cys/Hcy 的检测限分别为 1.770μmol/L/1.489μmol/L。值得注意的是，探针被用于活体斑马鱼中 Cys/Hcy 的定量检测。

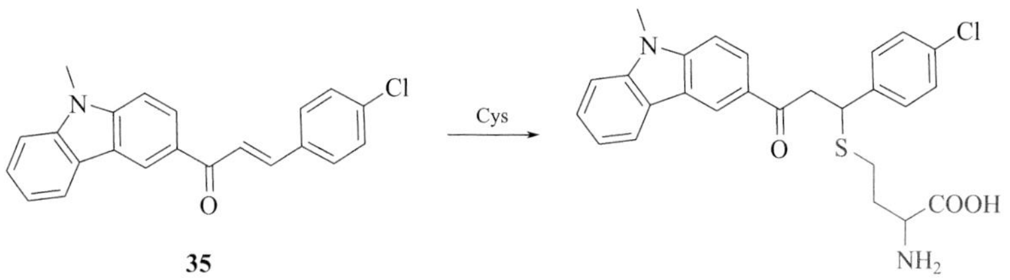

图 6-28 探针 35[68]的分子结构及其响应 Cys 的机理

3. 芳香亲核取代

化合物 36 是以水杨醛嗪为母体通过与 2,4-二硝基苯磺酸酯一步法合成的荧光打开型探针[69]。探针与 Cys/Hcy 发生亲核取代反应后生成水杨醛嗪母体，导致了荧光强度显著提高。加入 Cys/Hcy 几分钟后探针荧光强度即可达到饱和，响应快速灵敏，其他常见氨基酸及 GSH 均不引起荧光信号的改变。基于此，探针不仅用于人神经元细胞中检测 Cys/Hcy，还用于制作便携式试纸用于体外检测 Cys/Hcy（图 6-29）。

2019 年，Pan 等人[70]以罗丹明为荧光母体、对甲基苯硫酚作为识别基团设计合成了探针 37。当加入硫醇后发生亲核取代反应，Cys/Hcy 的巯基先进攻硫醚键，再进一步发生环化迁移使该探针发射波长蓝移，实现了对 Cys/Hcy 的比率识别,对 Cys/Hcy 的检测限为 22nmol/L /23nmol/L。该探针具有优越的膜透过性并被用于监测线粒体中 Cys/Hcy 及肾脏切片和大型蚤中生物硫醇浓度(图 6-30)。

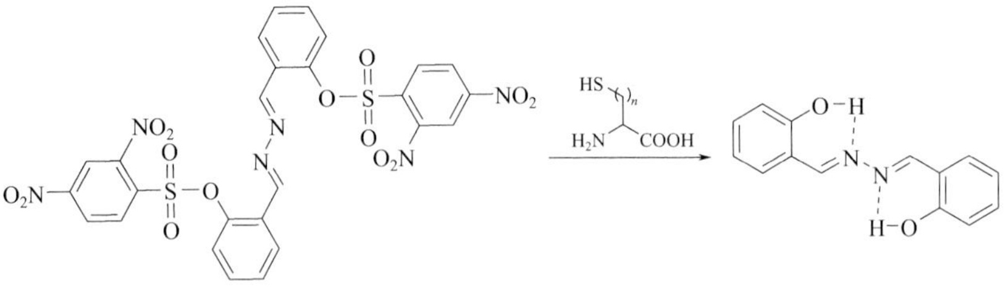

图6-29 探针36[69]的分子结构及其响应Cys的机理

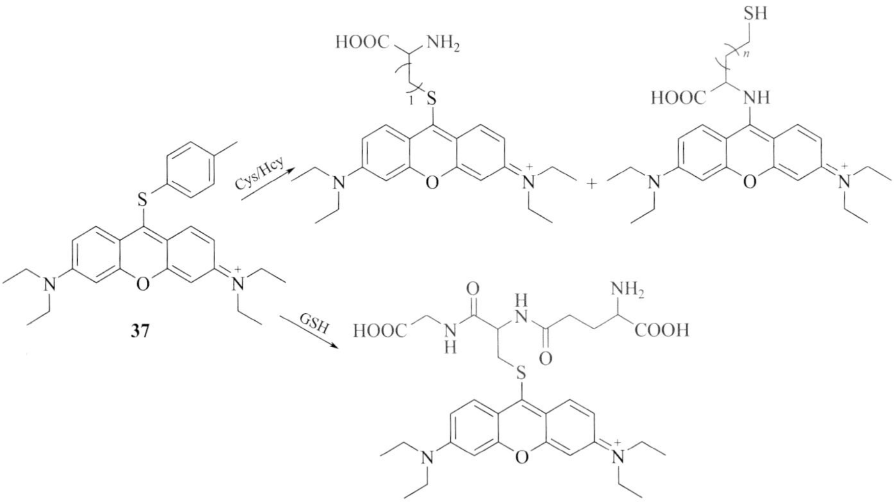

图6-30 探针37[70]的分子结构及其响应Cys的机理

尽管已报道的探针分子大部分实现了对 Cys/Hcy 总量的检测,但也可通过两者结构上的差异,实现对 Cys 和 Hcy 区分,这对于揭示相关生命过程意义更为重大。

Lin 等人[71]以香豆素为荧光供体、氯代苯并噁二唑为荧光受体基于 FRET 机理构建了荧光探针 38 用于专一性检测 Cys。Cys 取代苯并噁二唑的氯原子并进一步通过重排反应形成氨基取代的苯并噁二唑,导致其荧光发射由 481nm 红移至 580nm。而结构类似的 Hcy 却很难通过该过程引起荧光波谱的变化,由此可实现对 Cys 的选择性识别。Cys 可引起 I_{481nm}/I_{580nm} 比率信号 56 倍的增强，并应用于脂多糖诱导细胞和斑马鱼氧化应激过程中 Cys 浓度变化的监测（图 6-31）。

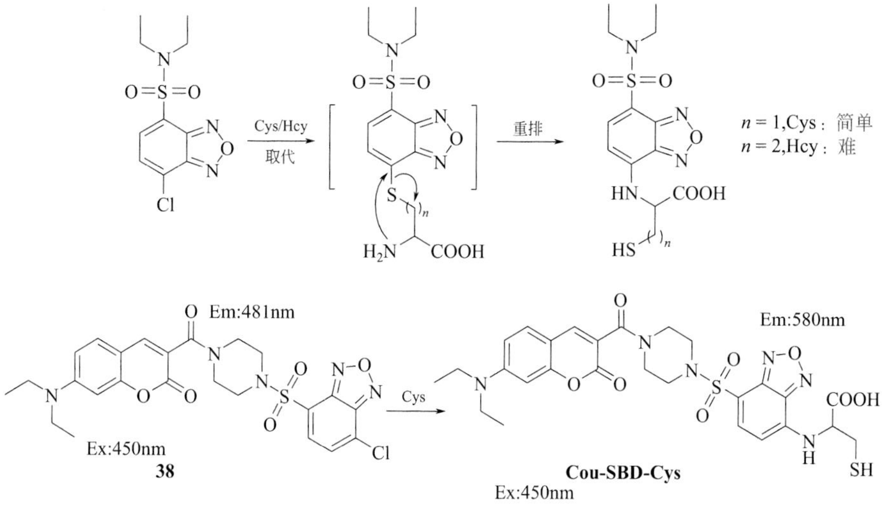

图6-31 探针38[71]的分子结构及其响应Cys的机理

Kim 等人[72] 同样以苯并噁二唑为荧光母体构造了 Cys 探针 39，分子中的五氟代苯酚是 Cys 专一性识别的基团。由于脑部乏氧环境导致细胞内 ROS 升高，为了维持细胞稳态癌细胞的 GSH 含量也随之提升，Cys 作为 GSH 合成的原料在细胞内的浓度也会增高，因而探针通过检测 Cys 实现了对胶质瘤细胞的荧光识别，并用于临床组织切片检测胶质瘤细胞以及荧光手术导航切除脑胶质瘤（图 6-32）。

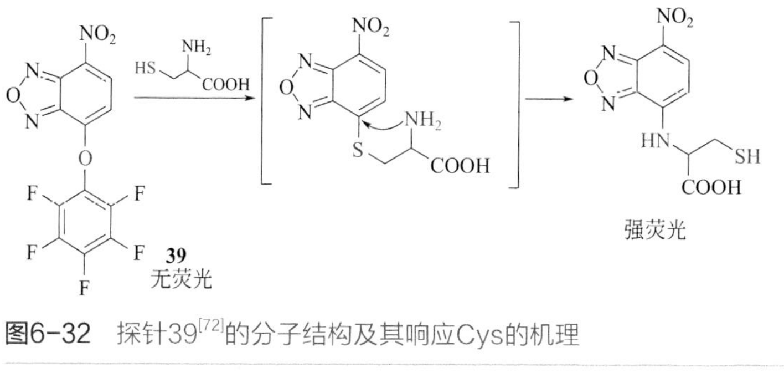

图6-32 探针39[72]的分子结构及其响应Cys的机理

特异性识别 Hcy 的探针分子也有相关报道，例如，Yoon 等人[73] 在芘的结构上引入醛基和乙酯官能团合成了探针 40，当 Cys/Hcy 结构上的氨基和巯基与醛基发生加成环合后，氨基会进一步和酯基中的羰基形成氢键，但 Hcy 六元环形成的氢键更为稳定，因而可实现对 Hcy 的特异性识别，并可应用于活细胞内 Hcy 的荧光成像（图 6-33）。

Wang 等人[74]基于萘胺母体结构修饰磺酸酯叠氮设计了 Hcy 荧光探针 41。事实上，Cys 和 Hcy 的巯基理论上都可与叠氮反生亲核反应，并继而发生自身氨基参与的成环反应，释放环化分子。但中间态的稳定性决定了还原反应是否能够进行，在这个中间态过程，Hcy 形成的是五元环过渡态，相对于 Cys 的四元环过渡态更为稳定，因此探针分子可实现对 Hcy 的专一性识别（图 6-33）。

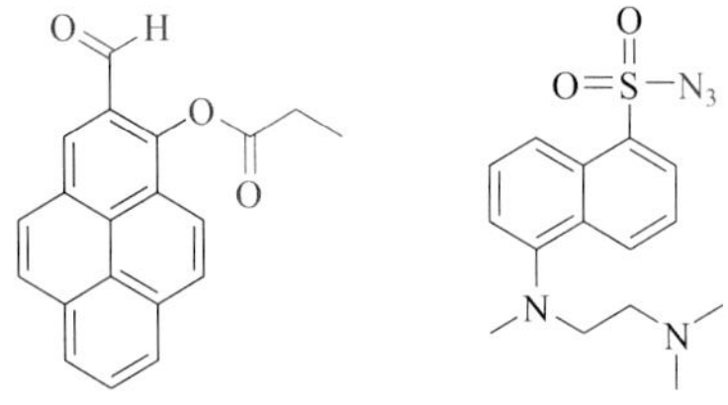

图6-33
探针40[73]和41[74]的分子结构

虽然以上两例探针实现了对 Hcy 的专一性识别，但两例探针的荧光发射均处于短波长可见光区，不适合生物应用。进一步发展长波长 Hcy 荧光探针，应用前景广阔。

二、谷胱甘肽荧光识别染料

相比于 Cys 和 Hcy，人体内 GSH 的浓度很高且与多种细胞功能相关，包括生长、代谢、癌症治疗以及细胞耐药性等[75]。与 Cys/Hcy 不同，GSH 具有长链多活性位点的结构特征。GSH 专一性识别探针的设计思路一般为在巯醇识别位点增加与 GSH 作用的辅助识别位点。

1. 基于亲核取代反应的 GSH 分子探针

利用 GSH 结构中巯基的亲核取代反应是设计 GSH 荧光识别染料的主要策略之一。Kim 等人[76]以对硝基偶氮为 GSH 的识别基团，以七甲川菁染料为荧光母体，设计合成了靶向线粒体的近红外荧光探针 42。当向探针溶液中加入生物硫醇，其巯基进攻醚键释放出染料分子，解除硝基偶氮对染料的猝灭作用，Cys、Hcy 和 GSH 均可引起硝基偶氮基团的离去，但 Cys/Hcy 巯基进攻后进一步发生硫-氮键迁移使荧光猝灭，因此探针可以专一性地识别 GSH。该课题组利用核磁氢谱观察巯基化合物加入后七甲川上不饱和双键氢的位移变化，验证了 GSH 的识别机理。此外，通过与RHB123的复染验证了该探针定位于线粒体中，并用于HeLa细胞中实时监测线粒体GSH的含量变化（图6-34）。

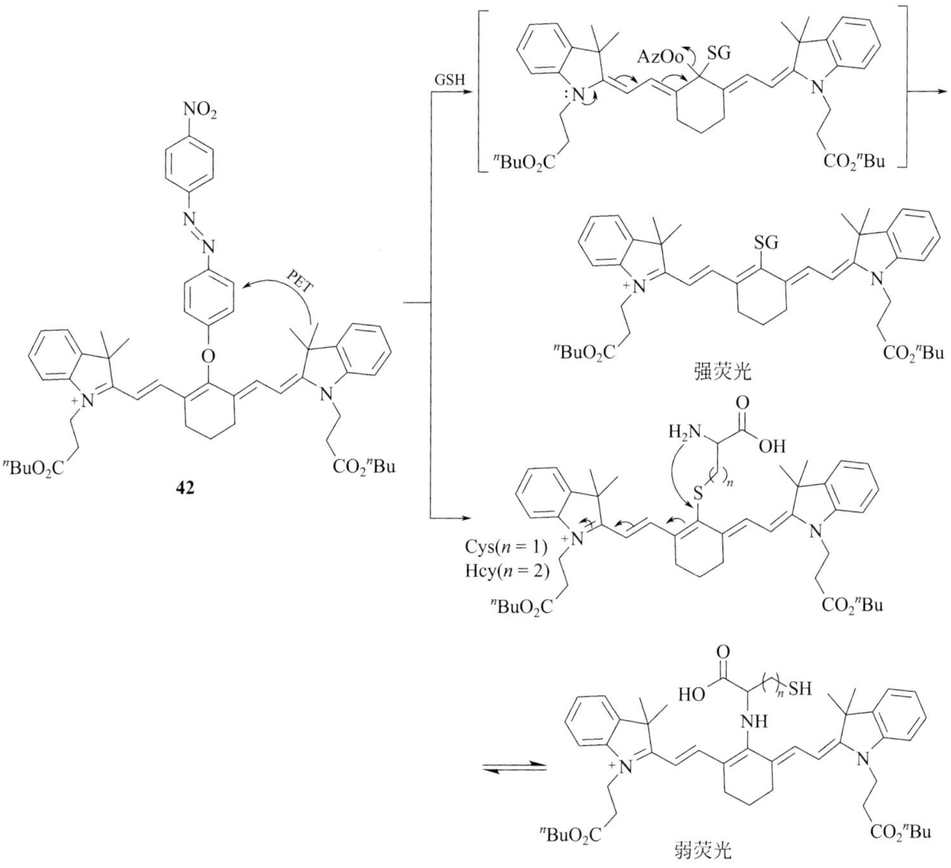

图6-34 探针42[76]的分子结构及其响应GSH的机理

Yoon等人[77]将丹磺酰氯通过哌嗪与七甲川菁染料相连，设计合成了探针43，可选择性识别GSH。推测原因是GSH长链上带负电荷片段与甲川带正电荷部分形成氢键和静电相互作用，从而实现对GSH的选择性识别。该分子响应速度更快，可在10min内完成，并应用于阿司匹林诱导的肝损伤过程中GSH含量变化的检测。Li等人[78]以香豆素为母体设计合成了探针44。GSH的巯基先进攻卤原子随后进攻酯键上的羰基，释放出荧光团。该探针不仅用于血液样本中检测GSH含量，同时还用于秀丽线虫药物损伤、饥饿状态、氧化应激等多种条件下GSH的量化分析（图6-35）。

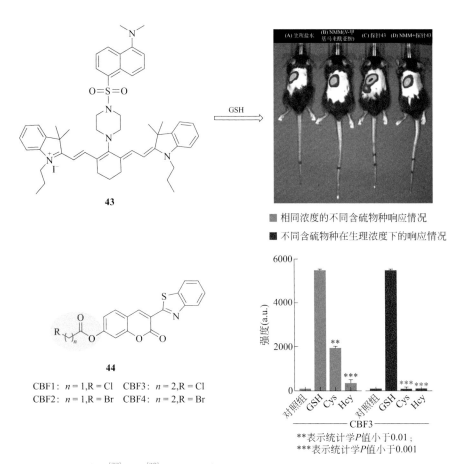

图6-35 探针43[77]和44[78]的分子结构及其响应GSH的机理

2. 基于迈克尔加成反应的GSH分子探针

基于GSH对双键的迈克尔加成反应也常用于此类荧光探针的开发。Akkaya等人[79]将硝基乙烯基识别位点引入到BODIPY荧光团的2，6位，并在中位引入冠醚合成了探针45，产生PET效果猝灭荧光的同时又作为识别的辅助位点（图6-36）。硫醇类化合物的巯基和不饱和双键发生加成反应，但只有长链结构的GSH末端的氨基和冠醚形成氢键，使得染料的PET过程被解除，而Cys和Hcy只能引起荧光微弱的增强。Wang等人[80]设计合成了硝基乙烯基官能化的二酮吡咯并吡咯探针46，作为一种高灵敏度和高选择性的探针用于检测GSH，检出限低至61.4nmol/L。由于GSH可直接与分子中双键发生迈克尔加成反应，而Cys与Hcy响应过程包含巯基参与的迈克尔加成（位点1）与氨基参与的分子内亲核反应（位点2），因而只有GSH能够引起分子荧光的增强。探针成功用于监测活细胞中GSH的含量（图6-37）。

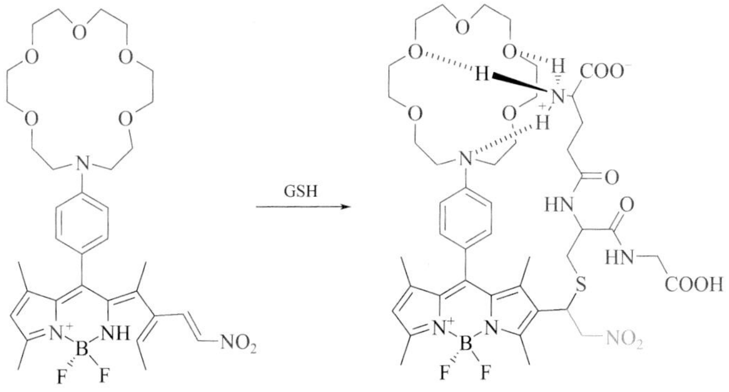

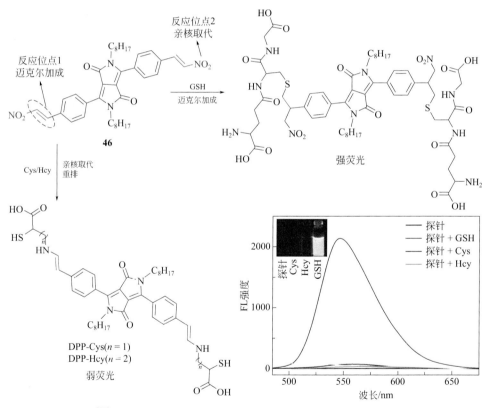

图6-36 探针45[79]的分子结构及其响应GSH的机理

图6-37 探针46[80]的分子结构及其响应GSH的机理

Wang 等人[81]报道了 GSH 探针 47，以三苯基膦为线粒体靶向基团，用于实时监测线粒体内 GSH 的动态变化。通过向不饱和双键上引入强吸电子的氰基进一步提高了双键的反应活性。此外,通过将二甲氨基替换为氮杂环丁基抑制键旋转导致能量耗散从而提高了该探针的荧光量子产率,线粒体导向功能使 MitoRT 能够优先靶向高负电性的线粒体膜。该探针可用于监测活细胞中氧化还原扰动引起的 GSH 的变化和实时成像(图 6-38)。

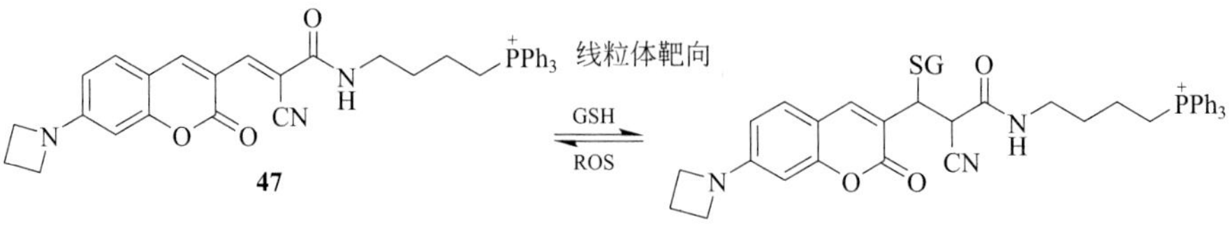

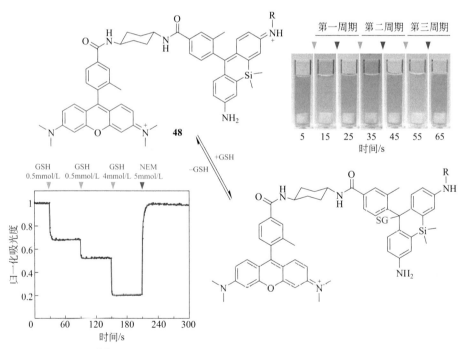

图6-38 探针47[81]的分子结构及其响应GSH的机理

Urano 等人[82]基于 FRET 机理报道了可逆荧光探针 48,能实时、连续地监测活细胞中的 GSH,并以高时间分辨率对其进行定量。识别前由于 FRET 过程硅杂罗丹明发射荧光,识别后能量受体共轭结构破坏,罗丹明的荧光逐渐出现,实现了对 GSH 的比率检测。此外,该识别过程可逆,在 ROS 的作用下 GSH 可被脱除,实现了探针分子的无损还原,并用于活细胞内 GSH 含量变化的实时监测(图 6-39)。

图6-39 探针48[82]的分子结构及其响应GSH的机理

Guo 等人[83]以 4-氯-7-二乙氨基香豆素为母体通过甲酰化反应和缩合反应引入甲基噻唑构建了多位点识别生物硫醇探针 49。该探针存在三个活性位点，可以对三种硫醇实现多通道识别信号。由于较大的 D-A 共轭体系，分子具有近红外荧光发射的特征。对于 Cys，识别位点为 1 和 2，最大程度减小了探针的共轭面使得发射波长迁移至蓝光；而 Hcy 只能实现硫基和氯的芳香亲核取代，导致荧光的猝灭；对于 GSH，识别位点为 1 和 3。与 Cys 不同的是，GSH 是与苯并噻唑环上的双键发生迈克尔加成，共轭面相对更大，从而展现出绿色荧光。该探针与前述探针不同，不仅可以实现对 GSH 的选择性识别，还能基于不同识别位点的组合，通过不同的信号通道同时实现了对 Cys，Hcy 和 GSH 的荧光区分（图 6-40）。

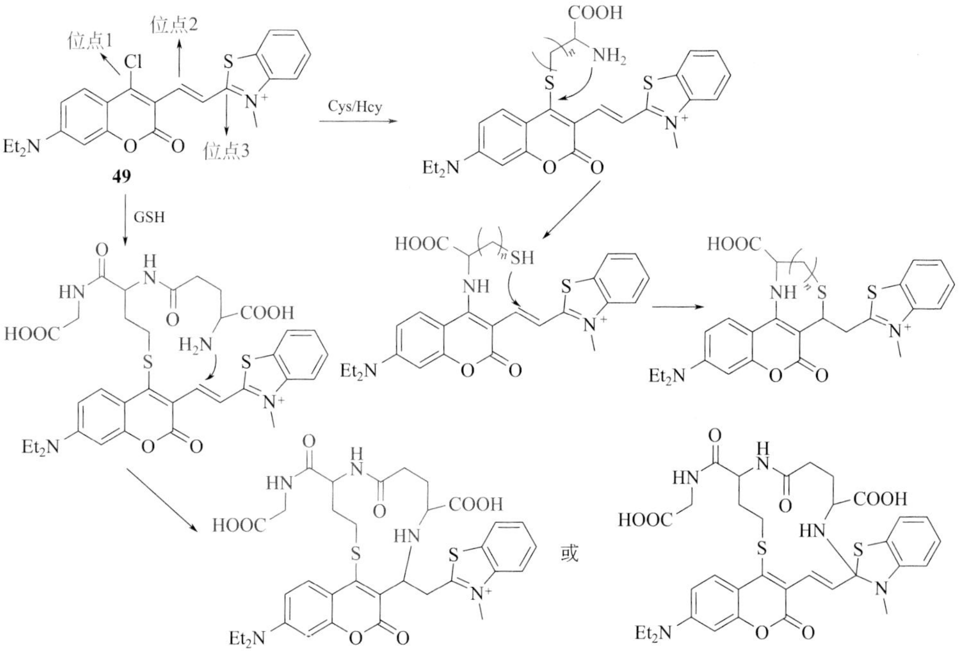

图 6-40 探针 49[83] 的分子结构及其响应 GSH 的机理

第三节
生物气体荧光识别染料

气体信号分子[3]是指在器官、组织或细胞内合成的，或器官、组织或细胞从环境中接受的用来传递化学信号的气体分子，可诱发特定的生理或生物化学变化，主要包括 NO、CO、H_2S 等。相关研究中发现，这三种气体分子不但在人体内产生，而且表现出重要的生理作用。例如，NO 具有调节神经递质的作用，能调控肿瘤生长[84]；CO 在神经系统和肠道系统中扮演重要角色，能够抑制丝裂原激活的蛋白激酶发挥抗炎作用[85]；H_2S 在细胞凋亡、神经调制和胰岛素信号抑制中起到调控作用[86]。另外，气体递质疗法被当作潜在的治疗方法已经应用于临床研究，比如 NO 作为婴儿肺高血压疾病的一般疗法[87]。气体递质不断深入的致病机理研究和疗法研究，要求发展具有针对性的实时监测气体递质在生物体系中分布的检测方法。本节致力于总结近年来用于检测细胞及活体内气体递质的有机小分子荧光探针。

一、一氧化氮荧光识别染料

目前，NO 有机小分子荧光探针从反应机理出发，可以分为以下三类：邻苯二胺与 NO 反应生成苯并三唑；芳香二级胺的亚硝化；以及金属配合物的竞争配合。

1. 邻苯二胺类

Nagano 研究组于 1998 年报道了第一类邻苯二胺类 NO 探针[88]，基于邻苯二胺与 NO 在中性条件下、氧气存在下可以反应生成苯并三唑的有机化学研究结果[89]，确立了在富氧条件下，邻苯二胺作为 NO 探针的反应基团，猜测反应机理涉及 NO 与氧气反应生成亚硝酸酐（N_2O_3），然后释放出亚硝酸离子与邻苯二胺反应生成苯并三唑：

$$2NO + O_2 \longrightarrow 2NO_2 \quad NO + NO_2 \rightleftharpoons N_2O_3$$

在此原创工作的启迪下，许多种依据此机理的有机小分子探针被报道。近年来，此类探针的发展朝着细胞器定位、近红外及双探针方向快速发展。

2016 年，Wang 等人[90]设计合成了一类以 BODIPY 为荧光团、邻苯二胺为 NO 识别基团的 NO 荧光探针 50。通过向分子中引入长烷基链憎水基团和磺酸钠亲水基团，此探针分子可以锚于细胞膜上，从而可检测从细胞内释放到细胞外的 NO 的作用。此探针分子具有快速的检测时间（1min），低的检测浓度（0.83nmol/L），宽的 pH 值响应范围（3~9）及对其他 ROS、RNS 及还原物种的抗干扰能力。细胞实验显示此探针可以锚定并累积于小鼠巨噬细胞 RAW 264.7 及人血管上皮细胞 ECV-304 上。

Xiao 等[91]报道了第一类溶酶体靶向的 NO 荧光探针 51，在 530nm 发射光谱处，与 NO 反应表现出 16 倍荧光信号增强。在 840nm 双光子激发下，双光子吸收截面值从 34 GM（与 NO 反应前，1GM=10^{-50}cm^4·s/光子，下同）增加到 210 GM（与 NO 反应后）。在 MCF-7 细胞中验证了此探针检测内源性 NO 的可行性。随后，Xu 等[92] 报道了一种类似的可以检测溶酶体内 NO 的探针分子 52，通过对萘酰亚胺类分子荧光团的芳香区引入邻二氨基作为 NO 反应基团，吗啉基团被引入使此探针分子具有靶向溶酶体的作用。此探针分子与 NO 反应后显出强的蓝色荧光（460nm），不受如 NO_2^-、NO_3^-、H_2O_2 和 ClO^- 等 ROS 和 RNS 的干扰，且在酸性溶酶体环境下，荧光开关不受影响。通过与商用溶酶体染料中性红共定位实验可见，此探针分子如预期累积在 CHO 细胞溶酶体中。Li 等人[93] 发展了内质网靶向的 NO 探针 53，通过引入甲磺酰胺基团使此探针具有检测内质网应激后 NO 的生成状况的功能，采用衣霉素刺激小鼠，通过双光子显微镜可以定量观测 NO 的生成。以上研究报道集中在亚细胞器靶向的 NO 分子探针，为生物医学领域更清楚地认识 NO 与疾病的关系提供了有效工具（图 6-41）。

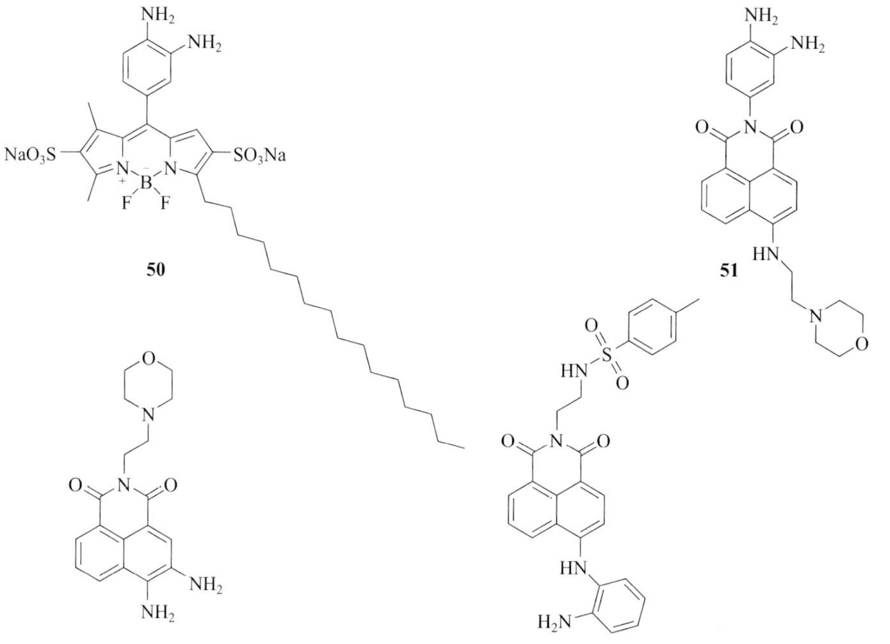

图6-41 探针50~53[90-93]的分子结构

从动物模型研究角度，需要背景干扰小且穿透深度更好的近红外 NO 分子探针。Liu 等人[94] 报道了一种尼罗红衍生的含有邻苯二胺基团的 NO 分子探针 54，尼罗红与邻苯二胺之间采用乙二氧基连接，其可以在单光子（543nm 激发）或双光子（840nm 激发）激发下，发射出强的荧光信号，适用于离体和活体实验，可有效避免叶酸、视网醇和核黄素等细胞内生物分子的自荧光带来的实验误差。在 3min 内可以快速与 NO 反应，检测限低于 37nmol/L，被成功应用到 LPS 刺激的炎症小鼠腿部模型，双光子穿透深度可达 170μm（图 6-42）。

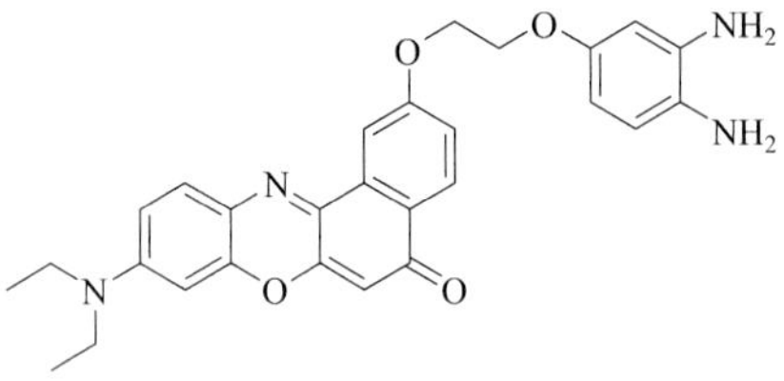

图 6-42 探针 54[94] 和 55[95] 的分子结构

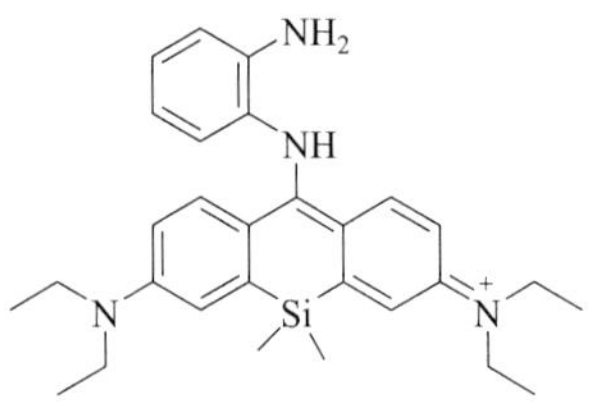

Guo 等人[95] 将硅取代咕吨类分子作为 NO 探针的荧光团，此类分子具有良好的近红外荧光特性。探针分子 55 中，邻苯二胺中一个氨基与咕吨类分子相连形成的一级胺-二级胺类邻苯二胺类分子具有更高的 NO 反应选择性。与 NO 反应，60s 内在 710nm 处荧光强度达到最大值，且不受 ROS、RNS 和生物硫醚的干扰。由于此探针的阳离子特性，此探针进入细胞后会累积在线粒体当中（图 6-42）。

生物体系受外界刺激后，往往表现出各种代谢物种的多维变化，近来在一个分子内实现多物种检测的分子探针成为研究热点。Singh 等[96] 报道了一种可以同时检测乏氧状态和 NO 的双探针分子 56。通过向香豆素分子中引入邻硝基-氨基基团及化疗药物苯丁酸氮芥，实现了化疗药物释放过程中乏氧及 NO 的检测。Yang 等[97] 报道了一种分析巨噬细胞 RAW 264.7 内 NO 和 GSH 的双通道的分子探针 57，将 4-氨基-3 甲胺苯酚基团引入 BODIPY 分子中，发现 4-氨基-3-甲胺苯酚基团不仅可以作为 NO 的反应基团，发出绿色荧光；同时该基团可以与 GSH 发生取代反应生成硫醚 BODIPY，发出红色荧光。此探针可以应用于 LPS 刺激的 RAW 264.7 细胞中，发现 NO 和 GSH 同时增加的情况。此类探针的发展必然为研究病变情况下，活细胞内代谢问题及目标检测物之间的相互关系提供有力的手段（图 6-43）。

邻苯二胺基团虽然作为一种经典的 NO 反应基团被广泛应用，但是其选择性依然是一个需要考虑的问题。邻苯二胺基团可以与二酮类物质和 α-碳基醛类物质反应生成喹喔啉物种，表现出与苯并三唑相同的荧光信号[98]。虽可以通过将一个氨基转化为二级胺来降低邻苯二胺的活性，从而避免二羰基物质的干扰，但邻二氨基与各种金属的配位依然是一个较难克服的问题。

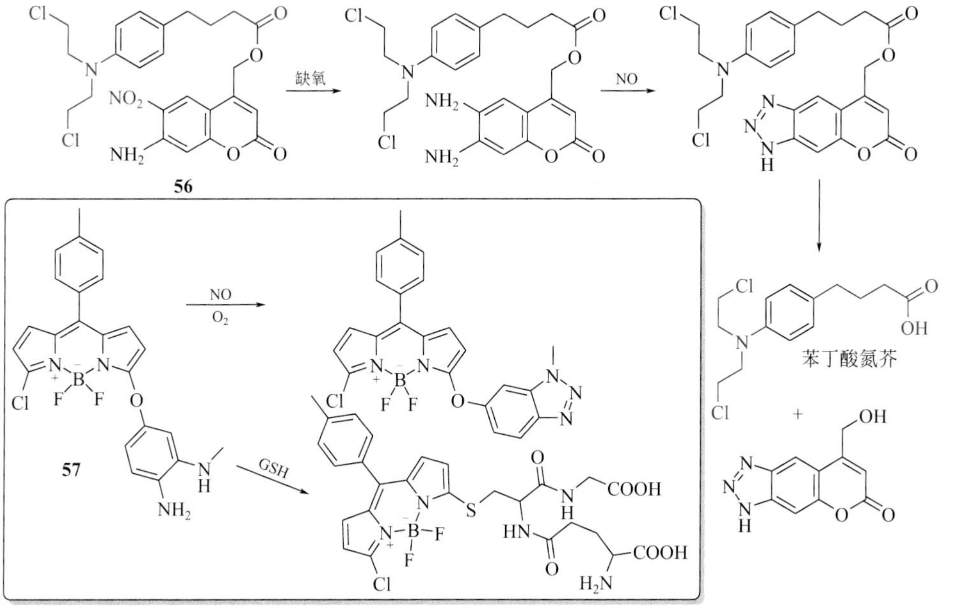

图6-43 探针56[96]和57[97]的分子结构及其响应NO的机理

2. 芳香二级胺的亚硝化

如前所述，NO 在氧气存在下会生成 N_2O_3，进而释放出亚硝酸离子。亚硝酸离子对二级胺的亚硝化反应很早被报道，直到 2016 年，Guo 等人[99]第一次利用其原理设计了 NO 探针 58。此探针分子不受二酮类物质和 α-碳基醛类物质干扰，在秒时间尺度可以完成响应并具有极低的检测限（4.8nmol/L）。在苄基上引入三苯基膦基团，发现探针分子 58′ 可以积累在线粒体。随后，该课题组将 NO 识别基团中的羟基替换为甲氧基，得到的新的分子探针 59 被证明具有更低的检测限（0.4nmol/L）[100]。有趣的是该探针可以与 $ONOO^-$ 反应，生成邻苯醌亚胺基团产物 59′，也可以阻断 PET 效应。课题组将该探针作为一种双功能探针使用，以 NOC-9 作为 NO 源、SIN-1 作为 $ONOO^-$ 源，在 HeLa 细胞中讨论了该双功能的探针的应用。Liu 等[101]采用硅取代罗丹明为荧光团、4-甲氧基-N-苯胺作为 NO 反应基团设计合成了探针 60，与 NO 反应后在最大吸收波长 672nm 处表现出荧光增强，此探针会积累于线粒体上，可用于肿瘤组织内 NO 的检测（图 6-44）。

Chan 等[102]利用不对称的 Aza-BODIPY 作为光声功能基团，以邻甲氧甲苯胺为亚硝基化基团发展了一种光声 NO 探针 61。此光声探针与 NO 反应后最大吸收波长蓝移 86nm，且具有 18.6 倍的比率光声变化。为了增加探针的水溶性，Chan 研究团队采用 Click 化学向 Aza-BODIPY 另一端引入醚氧基季铵盐基团（图 6-45）。

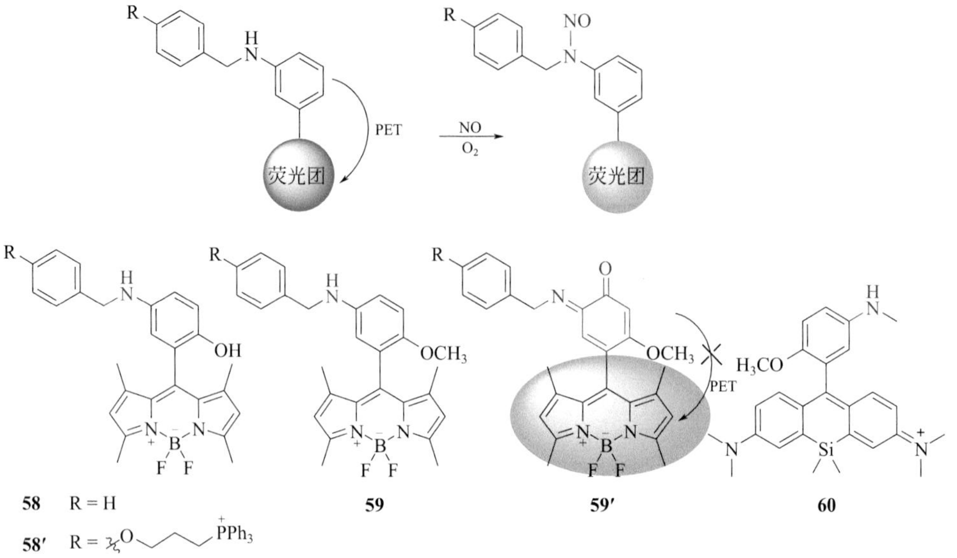

图6-44 探针58~60[99-101]的分子结构及其响应NO的机理

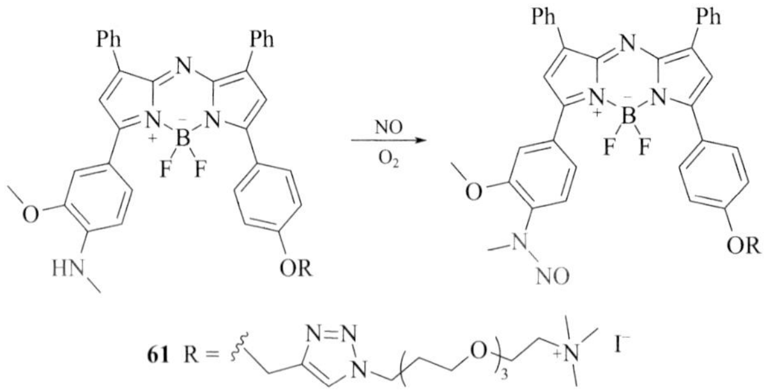

图6-45 探针61[102]的分子结构及其响应NO的机理

3. 金属配位和竞争配合

2006年，Lippard等[103]提出传统的邻苯二胺类NO探针实质上检测的是NO的氧化产物，反映出来的不是NO的实时数据，因此，设计合成了Cu(Ⅱ)-荧光素探针体系62，此探针体系通过荧光素衍生物与$CuCl_2$在pH 7.0的PIPES缓冲溶液中原位反应生成。在37℃下向体系中加入NO立即得到11倍的荧光增强，5min内荧光强度增强到16倍，并对HNO、NO_2^-、NO_3^-、$ONOO^-$、H_2O_2、O_2^-和ClO^-表现出抗干扰能力。通过此探针体系可观察到野生小鼠巨噬细胞RAW 264.7中iNOS产生的NO和人成神经细胞瘤中cNOS产生的NO（图6-46）。

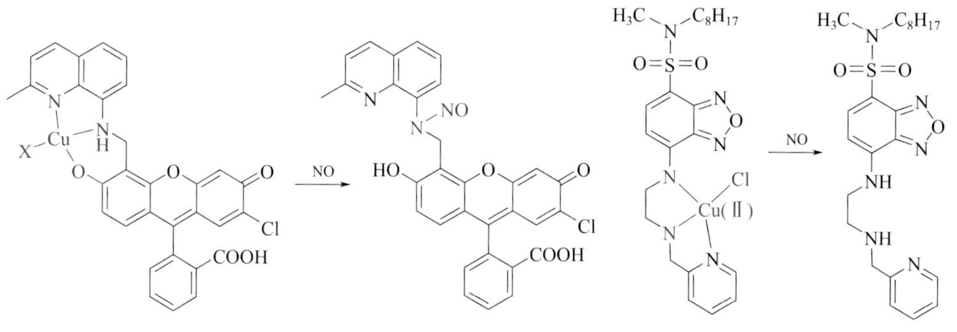

图6-46 探针62[103]和63[104]的分子结构及其响应NO的机理

Vilar 等[104]以 N-(吡啶基-2-亚甲基)乙烷-1,2-二胺为 Cu(Ⅱ) 螯合基团，以苯并噁二唑为荧光团，同时向分子中引入憎水性碳链发展了一种具有高细胞膜穿透性的NO探针分子63。该探针分子在440nm表现出极弱荧光，当加入NO后，还原后的 Cu(Ⅰ) 失去配位能力，使反应后的探针分子在580nm处产生强荧光信号。通过与不含烷基链的探针分子对比，证实了憎水性修饰的确提高了该探针的膜穿透效应（图6-46）。

二、硫化氢荧光识别染料

1. 叠氮化合物的还原

在复杂生物体系中，要实现对于 H_2S 的检测，首先要考虑其他亲核含硫物种的干扰。H_2S 的 pK_a 值为 6.8，在生理条件下约有 72% 的 H_2S 以 HS^- 状态存在，因而 H_2S 具有强的亲核反应活性[105]。另外，H_2S 可以被看作非取代硫醇，可以发生两次亲核反应，而其他亲核性硫醇，如 Cys、GSH，是单取代硫醇，只能发生一次巯基亲核反应。因此可以通过精巧的分子设计达到 H_2S 高选择性检测的目的。

有机叠氮化合物广泛地应用于生物正交反应中[106]，如 Staudinger-Bertozzi 偶联反应和 Huisgen 1,3-二极加成反应，这说明叠氮基团与复杂生物体系不会发生反应影响生物体的正常生化反应过程。Chang 等[107]第一次报道了将叠氮基团引入荧光染料罗丹明110中合成了探针64，通过 H_2S 还原拉电子的叠氮基团到给电子的氨基的方式实现了对 H_2S 的检测。但此探针响应时间较长，针对此问题，Wang 等[108]认为在拉电子基团上连接叠氮基团将极大增加其被 H_2S 还原的反应速率，依此设计了含有磺酰叠氮基团的分子探针65，此探针可在20s内达到荧光最大值。对 C57BL6/J 小鼠血液中 H_2S 浓度测试，证明了 H_2S 在（31.9±9.4）μmol/L 范围。Peng 等[109]合成了一种具有近红外发射的双光子探针66，采用对苯并呋喃进行共轭化可以简单制备得到，在800nm激发下，在575～630nm发射窗口下第一次完成了H₂S探针哺乳动物实验（图6-47）。

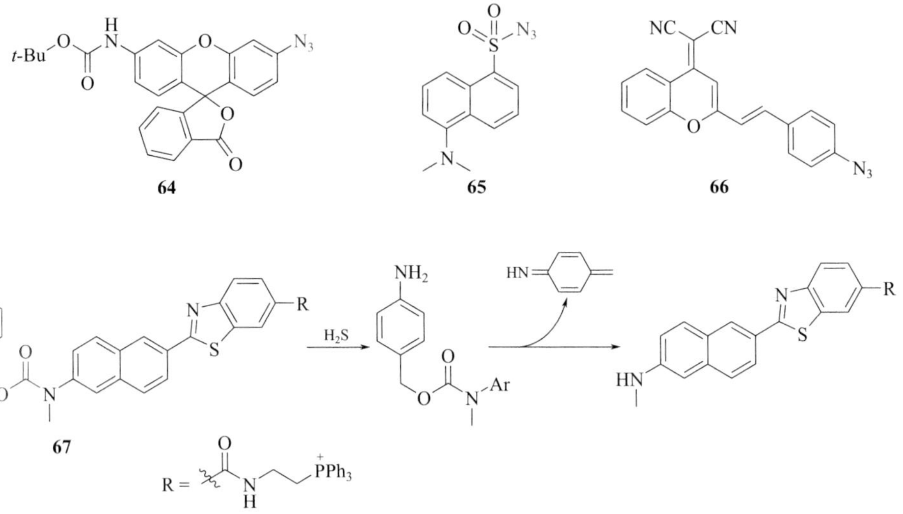

图6-47 探针64～67[107-110]的分子结构及其响应H₂S的机理

Choi 等[110]发展了比率型双光子H₂S探针67，采用分子内消除的策略实现了最大发射波长在反应前后的位移，此策略随后被广泛地应用到反应型探针的设计当中。对于表达不同量的胱硫醚β合成酶原生星形胶质细胞和DJ-1基因敲除的原生星形胶质细胞，探针可通过双光子荧光显微镜成像检测其细胞内H₂S的含量，验证了此基因和酶对于H₂S产生的影响（图6-47）。

2016年，Pluth 等[111]对4-叠氮萘酰亚胺进行了SNAP-tag修饰设计合成了探针68，可以借助于AGT融合蛋白实现亚细胞器的H₂S检测，考察了不同H₂S供体给药下，如ADT-OH，DATS，AP39和GYY4137，细胞器中H₂S量的差异。近来有研究表明癌细胞具有更高的胱硫醚β合成酶和胱硫醚γ裂解酶表达量，从而导致癌细胞和正常细胞中的H₂S量存在区别（图6-48）。

2. H₂S的亲核进攻反应

基于H₂S亲核进攻反应也是发展H₂S探针的重要策略。主要包括硫解反应和双键加成反应。

基于硫解反应的探针分子往往与具有强吸电子基团连接，如2，4-二硝基苯基（DNP）、硝基呋喃基（NBD）、2，4-二硝基苯磺基（DNPS）和其他吸电子酯基，这些基团可以被H₂S亲核取代，从而释放出荧光团。DNP基团[112]作为多肽合成中络氨酸的保护基团被广泛应用，Xu 等[113]从经典的ESIPT荧光分子

2-(2-羟基苯)苯并噻唑出发，采用吸电子共轭的方式，合成了具有近红外发射的（658nm，620nm）的荧光分子69，此分子具有大的Stokes位移（270nm，240nm）。通过引入DNP基团，可以猝灭荧光，与H_2S反应发生硫解反应释放出荧光。Zhang等[114]报道向半花菁骨架上引入DNP基团构筑了一类新的探针分子70，与100µmol/L的H_2S反应后在723nm处的荧光强度增强50倍，检测限为38nmol/L。该探针不但可以检测MCF-7细胞在单核苷酸多型性诱导下的内源性H_2S，而且可以检测胱硫醚合成酶高表达的细胞中内源性H_2S（图6-49）。

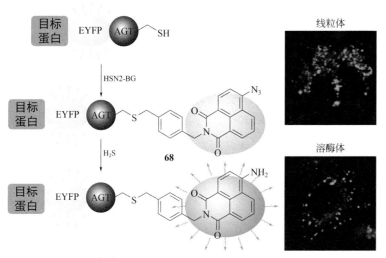

图6-48 探针68[111]的分子结构及AGT融合蛋白实现亚细胞器的H_2S检测

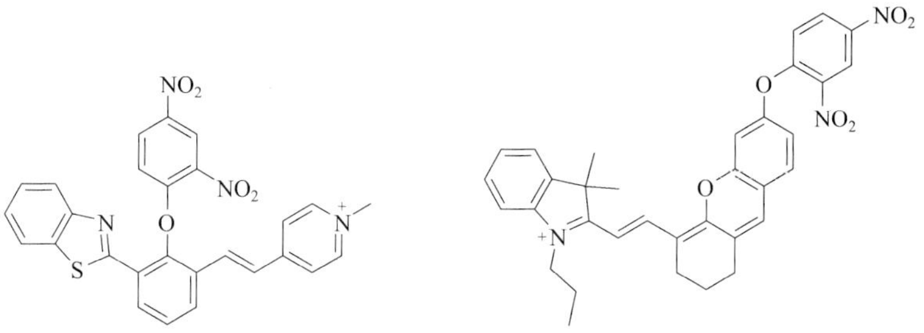

图6-49 2，4-二硝基苯基作为H_2S反应基团的探针69[113]和70[114]的分子结构

2013年，Yang等[115]应用NBD基团作为H_2S的硫解基团，并引入菁染料中合成了探针71。由于PET效应，引入NBD后菁染料荧光被猝灭，但当加入H_2S后，在800nm处出现荧光增强，应用探针检测到小鼠上皮细胞中D-半胱氨酸刺激产生的H_2S，并阐述了H_2S与血管再生的关系，此外，探针也被用在胱硫醚合

成酶高表达的癌细胞，如 FHC、HCT116 和 HT29 中内源 H_2S 的检测。作为强亲核试剂，HS^- 可以加成到共轭结构中从而改变荧光分子的光学性质。Peng 等[116]从花菁素染料出发，设计了基于 H_2S 双键加成反应的探针分子 72。由于拉电子基团的引入，亲核加成反应速率大大加快，从而使得该探针具有高灵敏性（响应时间：15s；检测限：68.2nmol/L）。采用此探针，通过数学统计的方式对 MCF-7 细胞内源性及外源性刺激产生的 H_2S 进行了定量分析。通过与商用细胞器染料共定位发现此探针累积在线粒体上。Zhao 等[117]向构型限制的 BODIPY 染料中位引入丙烯酸酯基团，利用共轭氰基构筑了一种基于双键加成原理的 H_2S 探针分子 73，该探针与 H_2S 反应后在 680nm 处表现出 40 倍的荧光增强，在牛血清白蛋白中依然具有 1μmol/L 的检测限。Ma 等[118]向半花菁分子羟基上引入三氟甲磺酸基团，合成了一种具有极低检测限的 H_2S 探针 74，HS^- 的亲核性可以加成到吲哚环，从而降低其共轭性，产生了 655nm 处的荧光减弱和 595nm 处的荧光增强，检测限低达 7.33nmol/L，与 H_2S 的反应可在 20s 内完成。有趣的是该探针与 H_2S 反应后的产物在酸性条件下表现出可逆性（图 6-50）。

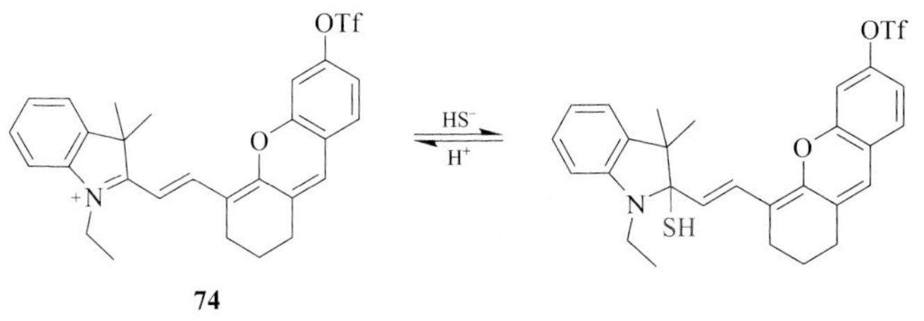

图6-50 探针71~74[115-118]的分子结构及响应H_2S的机理

3. 铜配合物的竞争性配合

由于CuS具有极低的沉淀离子积（$K_{sp}=6.36×10^{-36}$），且Cu^{2+}配合物中Cu^{2+}对于荧光有猝灭效应，所以铜配合物是设计H_2S探针的重要途径[119]。铜离子灵活的配位可塑性使得其可与很多含氮螯合配体配位，从而能发展出众多H_2S探针分子。Chang等[120]最早采用二甲基吡啶胺与荧光素连接合成了探针75，该探针可以检测缓冲溶液内10μmol/L浓度的H_2S，但同时也对高浓度的GSH(10mmol/L)具有响应，未能应用于生物体系中。随后Nagano等[121]发现1，4，7，10-四氮杂环十二烷作为Cu^{2+}的配体连接到荧光素分子上也可以很好地猝灭荧光，发展了一种探针分子76。与H_2S反应后，顺磁的Cu^{2+}可以容易地生成CuS沉淀，释放出荧光信号。更重要的是，该体系对于10mmol/L GSH没有任何响应，从而使得此体系可以应用于细胞内源H_2S的探测（图6-51）。

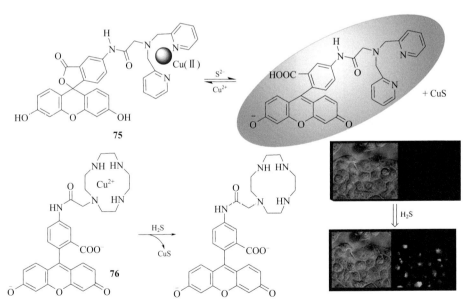

图6-51 铜配合物探针75[120]和76[121]的分子结构及与H_2S反应的机理

三、一氧化碳荧光识别染料

相比于 NO 和 H_2S 荧光探针，CO 荧光探针的发展相对滞后，其主要归因于 CO 分子的相对惰性。从机理上主要包括以下两类：① CO 参与羰基化或质子化环钯类化合物（palladacycles）[122]。在环钯类物质中，钯作为重原子对荧光配体有荧光猝灭作用，当 CO 与环钯部分反应后使得钯释放，从而荧光增强。② 零价钯对于吸电子基团烯丙基醚或烯丙基碳酸酯的烯丙基脱去反应[123]。此体系中，外加的 Pd^{2+} 会被 CO 还原为 Pd^0，Pd^0 参与脱去烯丙基释放荧光信号。

2012 年 Chang 研究组[124] 报道了第一例荧光分子探针 77 用于细胞内源性 CO 的检测。以 CO 作为羰基化试剂参与到羰基化 BODIPY 环钯类物质中，使 Pd^{2+} 金属配合物在与 CO 反应后脱离探针分子体系，生成 Pd^0，从而使金属对于分子荧光探针体系的重原子效应失去，释放出荧光信号。此探针体系可以检测缓冲水溶液体系和活细胞内的 CO，并且对相关生物活性物种具有高选择性，在 HEK293T 细胞上表现出 CO 前药剂量增加后的荧光增强。Tang 等[125] 合成了两类含有偶氮苯的 BODIPY 衍生环钯类 CO 分子探针 78，实验表明采用质子化 Pd—C 键方式释放出 Pd^0，从而消除了 Pd^{2+} 对于荧光分子的荧光猝灭效应。向对羟基苯胺中引入甲基基团后的探针 78′ 具有更高的活性且可以检测缺氧状态下细胞内源性 CO。对于 HepG2 细胞，缺氧缺糖损伤状态下的内源性 CO 也采用该探针进行了检测（图 6-52）。

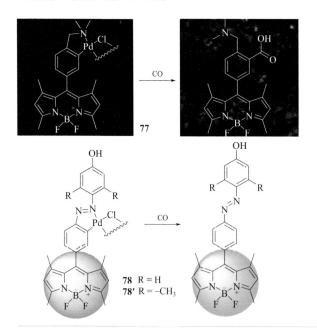

图6-52
探针77[124]和78[125]的分子结构及与CO反应的机理

2017 年，Lin 等[126]进一步发展了环钯类化合物，采用商品化可得的尼罗红与醋酸钯反应得到了一类结构简单、性能良好的 CO 荧光探针 79。该探针具有双光子近红外荧光特性、较深的穿透深度使得其可以用于动物活体实验。在常氧及厌氧状态下，对于 HeLa、RAW 264.7 及幼体斑马鱼都在单光子和双光子条件下得到清晰的成像图片，同时对于小鼠肝、肾及脾等脏器的内源性 CO 都可以方便成像检测（图 6-53）。

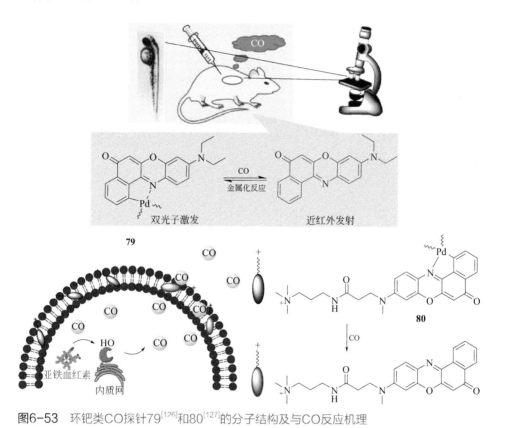

图6-53　环钯类CO探针79[126]和80[127]的分子结构及与CO反应机理

Zhang 等[127]提出 CO 分子是一种脂类物质溶解的气体信号分子，细胞膜靶向的 CO 分子探针可能会检测到细胞膜上 CO 含量。为此，该研究团队向 Lin 等发展的环钯类化合物中引入带有正电荷的季铵盐基团，从而合成出了一种具有双亲性质的细胞膜靶向 CO 探针 80，该探针分子在细胞膜上可以停留长达 60min，为观测外在刺激下细胞膜内 CO 含量提供了新方法。该探针可以用于 LPS 及血红素刺激下 HepG2 细胞内源性 CO 的检测，同时应用该探针可以观察到细胞在药物诱发肝损失过程中的自保护过程，且该双亲 CO 探针在活体实验中主要累积到肝脏中（图 6-53）。

Feng 等[123]将烯丙基碳酸酯基引入到荧光素分子上,合成了一类新的 CO 探针分子 81,采用 Tsuji-Trost 反应脱去烯丙基碳酸酯基团,从而释放出荧光素分子。在 A549 细胞实验中,采用 PdCl$_2$、CO 前药验证了此探针成像细胞内的可靠性。此外,血红蛋白酶产生的内源性 CO 也采用此分子荧光探针第一次进行了检测。但该探针对于 UV 光具有不稳定性。Feng 等[128]采用烯丙基醚代替烯丙基碳酸酯基团,得到稳定性提高的探针分子 82。通过 TLC 检测及质谱分析验证了假设反应机理的合理性。Gao 等[129]以菁染料 QCy7 为母体、烯丙基醚为反应基团合成了探针 83,通过共轭 π 电子重排来实现 CO 的检测。此探针体系表现出 135nm 的斯托克斯位移、110nmol/L 的检测限,对血红素诱发的炎症模型中的 CO 含量可以成像检测。Feng 等[130]以二氰基异佛尔酮为荧光团、烯丙基碳酸酯基为反应基团发展了另一种近红外 CO 探针,此探针具有高达 238nm 的斯托克斯位移,对于体外(in vitro)和体内(in vivo)的 HeLa 细胞内源性 CO 都进行了成像检测(图 6-54)。

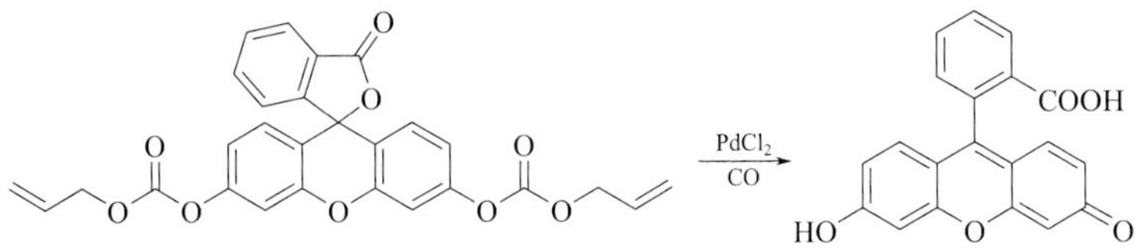

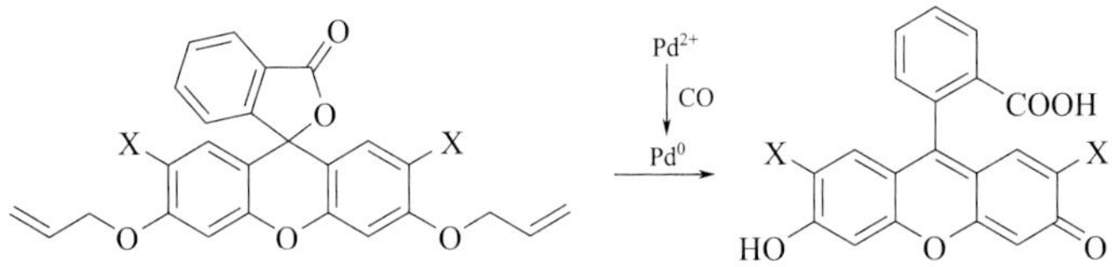

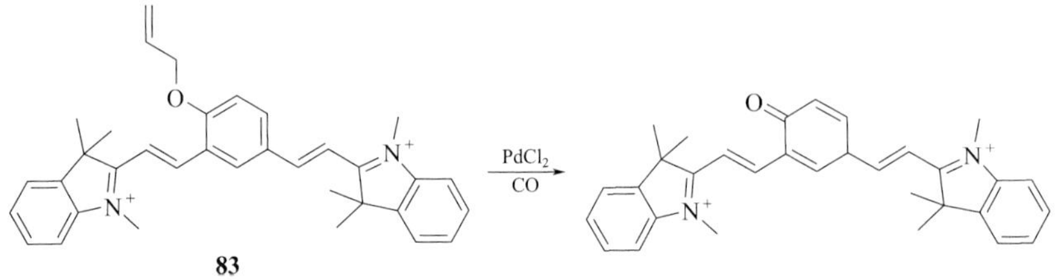

图 6-54 基于 Tsuji-Trost 反应的 CO 探针 81~83[123, 128, 129]的分子结构

参考文献

[1] Mccord J M. The evolution of free radicals and oxidative stress [J]. The American Journal of Medicine, 2000, 108(8): 652-659.

[2] Poole L B. The basics of thiols and cysteines in redox biology and chemistry [J]. Free Radical Biology & Medicine, 2015, 80:148-157.

[3] Mustafa A K, Gadalla M M, Snyder S H. Signaling by gasotransmitters [J]. Science Signaling, 2009, 2(68): re2.

[4] Apel K, Hirt H. Reactive oxygen species: metabolism, oxidative stress, and signal transduction [J]. Annual Review of Plant Biology, 2004, 55:373-399.

[5] Zhu H, Fan J, Du J, et al. Fluorescent probes for sensing and imaging within specific cellular organelles [J]. Accounts of Chemical Research, 2016, 49(10): 2115-2126.

[6] Chan J, Dodani S C, Chang C J. Reaction-based small-molecule fluorescent probes for chemoselective bioimaging [J]. Nature Chemistry, 2012, 4(12): 973-984.

[7] Strianese M, Pellecchia C. Metal complexes as fluorescent probes for sensing biologically relevant gas molecules [J]. Coordination Chemistry Reviews, 2016, 318:16-28.

[8] Gomes A, Fernandes E, Lima J L. Fluorescence probes used for detection of reactive oxygen species [J]. Journal of Biochemical and Biophysical Methods, 2005, 65(2-3): 45-80.

[9] Zhou Z, Song J, Nie L, et al. Reactive oxygen species generating systems meeting challenges of photodynamic cancer therapy [J]. Chemical Society Reviews, 2016, 45(23): 6597-6626.

[10] Dickinson B C, Chang C J. Chemistry and biology of reactive oxygen species in signaling or stress responses [J]. Nature Chemical Biology, 2011, 7(8): 504-511.

[11] Dikalov S I, Harrison D G. Methods for detection of mitochondrial and cellular reactive oxygen species [J]. Antioxidants & Redox Signaling, 2014, 20(2): 372-382.

[12] Corey E J, Taylor W C. A study of the peroxidation of organic compounds by externally generated singlet oxygen molecules [J]. Journal of the American Chemical Society, 2002, 86(18): 3881-3882.

[13] Johnson I, Spence M T Z. The molecular probes handbook: a guide to fluorescent probes and labeling technologies [M]. Carlsbad, CA: Live Technologies Corporation, 2010.

[14] Pedersen S K, Holmehave J, Blaikie F H, et al. Aarhus sensor green: a fluorescent probe for singlet oxygen [J]. Journal of Organic Chemistry, 2014, 79(7): 3079-3087.

[15] Kim S, Tachikawa T, Fujitsuka M, et al. Far-red fluorescence probe for monitoring singlet oxygen during photodynamic therapy [J]. Journal of the American Chemical Society, 2014, 136(33): 11707-11715.

[16] Tomita M, Irie M, Ukita T. Sensitized photooxidation of histidine and its derivatives, products and mechanism of the reaction [J]. Biochemistry, 1969, 8(12): 5149-5160.

[17] Xu K, Wang L, Qiang M, et al. A selective near-infrared fluorescent probe for singlet oxygen in living cells [J]. Chemical Communications, 2011, 47(26): 7386-7388.

[18] Rhee S G. Cell signaling. H_2O_2, a necessary evil for cell signaling [J]. Science, 2006, 312(5782): 1882-1883.

[19] Bedard K, Krause K H. The NOX family of ROS-generating NADPH oxidases: physiology and pathophysiology [J]. Physiological Reviews, 2007, 87(1): 245-313.

[20] Kuivila H G, Armour A G. Electrophilic displacement reactions. Ⅸ. effects of substituents on rates of reactions between hydrogen peroxide and benzeneboronic acid1-3 [J]. Journal of the American Chemical Society, 2002, 79(21): 5659-5662.

[21] Lippert A R, Van De Bittner G C, Chang C J. Boronate oxidation as a bioorthogonal reaction approach for studying the chemistry of hydrogen peroxide in living systems [J]. Accounts of Chemical Research, 2011, 44(9): 793-804.

[22] Chang M C, Pralle A, Isacoff E Y, et al. A selective, cell-permeable optical probe for hydrogen peroxide in living cells [J]. Journal of the American Chemical Society, 2004, 126(47): 15392-15393.

[23] Albers A E, Dickinson B C, Miller E W, et al. A red-emitting naphthofluorescein-based fluorescent probe for selective detection of hydrogen peroxide in living cells [J]. Bioorganic & Medicinal Chemistry Letters, 2008, 18(22): 5948-5950.

[24] Miller E W, Tulyathan O, Isacoff E Y, et al. Molecular imaging of hydrogen peroxide produced for cell signaling [J]. Nature Chemical Biology, 2007, 3(5): 263-267.

[25] Dickinson B C, Huynh C, Chang C J. A palette of fluorescent probes with varying emission colors for imaging hydrogen peroxide signaling in living cells [J]. Journal of the American Chemical Society, 2010, 132(16): 5906-5915.

[26] Zhang K M, Dou W, Li P X, et al. A coumarin-based two-photon probe for hydrogen peroxide [J]. Biosens Bioelectron, 2015, 64: 542-546.

[27] Nogueira C W, Zeni G, Rocha J B. Organoselenium and organotellurium compounds: toxicology and pharmacology [J]. Chemical Reviews, 2004, 104(12): 6255-6285.

[28] Xu K, Qiang M, Gao W, et al. A near-infrared reversible fluorescent probe for real-time imaging of redox status changes in vivo [J]. Chemical Science, 2013, 4(3): 1079.

[29] Kaur M, Yang D S, Choi K, et al. A fluorescence turn-on and colorimetric probe based on a diketopyrrolopyrrole-tellurophene conjugate for efficient detection of hydrogen peroxide and glutathione [J]. Dyes and Pigments, 2014, 100: 118-126.

[30] Turrens J F. Superoxide production by the mitochondrial respiratory chain [J]. Bioscience Reports, 1997, 17(1): 3-8.

[31] Tarpey M M, Fridovich I. Methods of detection of vascular reactive species: nitric oxide, superoxide, hydrogen peroxide, and peroxynitrite [J]. Circulation Research, 2001, 89(3): 224-236.

[32] Benov L, Sztejnberg L, Fridovich I. Critical evaluation of the use of hydroethidine as a measure of superoxide anion radical [J]. Free Radical Biology and Medicine, 1998, 25(7): 826-831.

[33] Xiao H, Zhang W, Li P, et al. Versatile fluorescent probes for imaging the superoxide anion in living cells and in vivo [J]. Angewandte Chemie, 2020, 59(11): 4216-4230.

[34] Tang B, Zhang L, Zhang L L. Study and application of flow injection spectrofluorimetry with a fluorescent probe of 2-(2-pyridil)-benzothiazoline for superoxide anion radicals [J]. Analytical Biochemistry, 2004, 326(2): 176-182.

[35] Gao J J, Xu K H, Tang B, et al. Selective detection of superoxide anion radicals generated from macrophages by using a novel fluorescent probe [J]. FEBS Journal, 2007, 274(7): 1725-1733.

[36] Turrens J F. Mitochondrial formation of reactive oxygen species [J]. The Journal of Physiology, 2003, 552(2): 335-344.

[37] Yousif L F, Stewart K M, Kelley S O. Targeting mitochondria with organelle-specific compounds: strategies and applications [J]. Chem Bio Chem, 2009, 10(12): 1939-1950.

[38] Li P, Zhang W, Li K, et al. Mitochondria-targeted reaction-based two-photon fluorescent probe for imaging of superoxide anion in live cells and in vivo [J]. Analytical Chemistry, 2013, 85(20): 9877-9881.

[39] Zhang W, Li P, Yang F, et al. Dynamic and reversible fluorescence imaging of superoxide anion fluctuations in live cells and in vivo [J]. Journal of the American Chemical Society, 2013, 135(40): 14956-14959.

[40] Han J, Jose J, Mei E, et al. Chemiluminescent energy-transfer cassettes based on fluorescein and nile red [J]. Angewandte Chemie International Edition, 2007, 46(10): 1684-1687.

[41] Bag S, Tseng J C, Rochford J. A BODIPY-luminol chemiluminescent resonance energy-transfer (CRET) cassette for imaging of cellular superoxide [J]. Organic & Biomolecular Chemistry, 2015, 13(6): 1763-1767.

[42] Gligorovski S, Strekowski R, Barbati S, et al. Environmental implications of hydroxyl radicals ((·)OH) [J].

Chemical Reviews, 2015, 115(24): 13051-13092.

[43] Yuan L, Lin W, Song J. Ratiometric fluorescent detection of intracellular hydroxyl radicals based on a hybrid coumarin-cyanine platform [J]. Chemical Communications, 2010, 46(42): 7930-7932.

[44] Kim M, Ko S K, Kim H, et al. Rhodamine cyclic hydrazide as a fluorescent probe for the detection of hydroxyl radicals [J]. Chemical Communications, 2013, 49(72): 7959-7961.

[45] Cui G, Ye Z, Chen J, et al. Development of a novel terbium(Ⅲ) chelate-based luminescent probe for highly sensitive time-resolved luminescence detection of hydroxyl radical [J]. Talanta, 2011, 84(3): 971-976.

[46] Zhuang M, Ding C, Zhu A, et al. Ratiometric fluorescence probe for monitoring hydroxyl radical in live cells based on gold nanoclusters [J]. Analytical Chemistry, 2014, 86(3): 1829-1836.

[47] Li H, Li X, Shi W, et al. Rationally designed fluorescence (·) OH probe with high sensitivity and selectivity for monitoring the generation of (·) OH in iron autoxidation without addition of H_2O_2 [J]. Angewandte Chemie, 2018, 57(39): 12830-12834.

[48] Yap Y W, Whiteman M, Cheung N S. Chlorinative stress: an under appreciated mediator of neurodegeneration？[J]. Cellular Signalling, 2007, 19(2): 219-228.

[49] Zhou J, Li L, Shi W, et al. HOCl can appear in the mitochondria of macrophages during bacterial infection as revealed by a sensitive mitochondrial-targeting fluorescent probe [J]. Chemical Science, 2015, 6(8): 4884-4888.

[50] Ding S, Zhang Q, Xue S, et al. Real-time detection of hypochlorite in tap water and biological samples by a colorimetric, ratiometric and near-infrared fluorescent turn-on probe [J]. Analyst, 2015, 140(13): 4687-4693.

[51] Chen W C, Venkatesan P, Wu S P. A turn-on fluorescent probe for hypochlorous acid based on HOCl-promoted removal of the C—N bond in BODIPY-hydrazone [J]. New Journal of Chemistry, 2015, 39(9): 6892-6898.

[52] Cheng G, Fan J, Sun W, et al. A highly specific BODIPY-based probe localized in mitochondria for HClO imaging [J]. Analyst, 2013, 138(20): 6091-6096.

[53] Wang B, Chen D, Kambam S, et al. A highly specific fluorescent probe for hypochlorite based on fluorescein derivative and its endogenous imaging in living cells [J]. Dyes and Pigments, 2015, 120: 22-29.

[54] Radi R, Beckman J S, Bush K M, et al. Peroxynitrite oxidation of sulfhydryls [J]. Journal of Biological Chemistry, 1991, 266(7): 4244-4250.

[55] Peng T, Wong N K, Chen X, et al. Molecular imaging of peroxynitrite with HKGreen-4 in live cells and tissues [J]. Journal of the American Chemical Society, 2014, 136(33): 11728-11734.

[56] Zhang Q, Zhu Z, Zheng Y, et al. A three-channel fluorescent probe that distinguishes peroxynitrite from hypochlorite [J]. Journal of the American Chemical Society, 2012, 134(45): 18479-18482.

[57] Zhou X, Kwon Y, Kim G, et al. A ratiometric fluorescent probe based on a coumarin-hemicyanine scaffold for sensitive and selective detection of endogenous peroxynitrite [J]. Biosens Bioelectron, 2015, 64: 285-291.

[58] Cheng D, Pan Y, Wang L, et al. Selective visualization of the endogenous peroxynitrite in an inflamed mouse model by a mitochondria-targetable two-photon ratiometric fluorescent probe [J]. Journal of the American Chemical Society, 2017, 139(1): 285-292.

[59] Zhang S, Ong C N, Shen H M. Critical roles of intracellular thiols and calcium in parthenolide-induced apoptosis in human colorectal cancer cells [J]. Cancer Letters, 2004, 208(2): 143-153.

[60] Jung H S, Pradhan T, Han J H, et al. Molecular modulated cysteine-selective fluorescent probe [J]. Biomaterials, 2012, 33(33): 8495-8502.

[61] Wierzbicki A S. Homocysteine and cardiovascular disease: a review of the evidence [J]. Diabetes and Vascular Disease Research, 2007, 4(2): 143-150.

[62] Yin G X, Niu T T, Gan Y B, et al. A multi-signal fluorescent probe with multiple binding sites for simultaneous sensing of cysteine, homocysteine, and glutathione [J]. Angewandte Chemie, 2018, 130(18): 5085-5088.

[63] Rusin O, St Luce N N, Agbaria R A, et al. Visual detection of cysteine and homocysteine [J]. Journal of the American Chemical Society, 2004, 126(2): 438-439.

[64] Lee K S, Kim T K, Lee J H, et al. Fluorescence turn-on probe for homocysteine and cysteine in water [J]. Chemical Communications, 2008 (46): 6173-6175.

[65] Zhang J, Jiang XD, Shao X, et al. A turn-on NIR fluorescent probe for the detection of homocysteine over cysteine [J]. RSC Advances, 2014, 4(96): 54080-54083.

[66] Zhang X, Ren X, Xu Q H, et al. One- and two-photon turn-on fluorescent probe for cysteine and homocysteine with large emission shift [J]. Organic Letters, 2009, 11(6): 1257-1260.

[67] Yang X, Guo Y, Strongin R M. Conjugate addition/cyclization sequence enables selective and simultaneous fluorescence detection of cysteine and homocysteine [J]. Angewandte Chemie, 2011, 50(45): 10690-10693.

[68] Song H, Zhang J, Wang X, et al. A novel "turn-on" fluorescent probe with a large Stokes shift for homocysteine and cysteine: performance in living cells and zebrafish [J]. Sensors and Actuators B: Chemical, 2018, 259: 233-240.

[69] Song H, Zhou Y, Qu H, et al. A novel AIE plus ESIPT fluorescent probe with a large Stokes shift for cysteine and homocysteine: application in cell imaging and portable kit [J]. Industrial & Engineering Chemistry Research, 2018, 57(44): 15216-15223.

[70] Yang M, Fan J, Sun W, et al. Mitochondria-anchored colorimetric and ratiometric fluorescent chemosensor for visualizing cysteine/homocysteine in living cells and daphnia magna model [J]. Analytical Chemistry, 2019, 91(19): 12531-12537.

[71] He L, Yang X, Xu K, et al. Improved aromatic substitution-rearrangement-based ratiometric fluorescent cysteine-specific probe and its application of real-time imaging under oxidative stress in living zebrafish [J]. Analytical Chemistry, 2017, 89(17): 9567-9573.

[72] An J M, Kang S, Huh E, et al. Penta-fluorophenol: a smiles rearrangement-inspired cysteine-selective fluorescent probe for imaging of human glioblastoma [J]. Chemical Science, 2020, 11(22): 5658-5668.

[73] Lee H Y, Choi Y P, Kim S, et al. Selective homocysteine turn-on fluorescent probes and their bioimaging applications [J]. Chemical Communications, 2014, 50(53): 6967-6969.

[74] Peng H, Wang K, Dai C, et al. Redox-based selective fluorometric detection of homocysteine [J]. Chemical Communications, 2014, 50(89): 13668-13671.

[75] Calabrese G, Morgan B, Riemer J. Mitochondrial glutathione: regulation and functions [J]. Antioxidants & Redox Signaling, 2017, 27(15): 1162-1177.

[76] Lim S Y, Hong K H, Kim D I, et al. Tunable heptamethine-azo dye conjugate as an NIR fluorescent probe for the selective detection of mitochondrial glutathione over cysteine and homocysteine [J]. Journal of the American Chemical Society, 2014, 136(19): 7018-7025.

[77] Yin J, Kwon Y, Kim D, et al. Cyanine-based fluorescent probe for highly selective detection of glutathione in cell cultures and live mouse tissues [J]. Journal of the American Chemical Society, 2014, 136(14): 5351-5358.

[78] Li H, Yang Y, Qi X, et al. Design and applications of a novel fluorescent probe for detecting glutathione in biological samples [J]. Analytica Chimica Acta, 2020, 1117: 18-24.

[79] Isik M, Guliyev R, Kolemen S, et al. Designing an intracellular fluorescent probe for glutathione: two modulation sites for selective signal transduction [J]. Organic Letters, 2014, 16(12): 3260-3263.

[80] Wang L, Chen X, Cao D. A novel fluorescence turn-on probe based on diketopyrrolopyrrole-nitroolefin conjugate

for highly selective detection of glutathione over cysteine and homocysteine [J]. Sensors and Actuators B: Chemical, 2017, 244: 531-540.

[81] Chen J, Jiang X, Zhang C, et al. Reversible reaction-based fluorescent probe for real-time imaging of glutathione dynamics in mitochondria [J]. ACS Sensors, 2017, 2(9): 1257-1261.

[82] Umezawa K, Yoshida M, Kamiya M, et al. Rational design of reversible fluorescent probes for live-cell imaging and quantification of fast glutathione dynamics [J]. Nature Chemistry, 2017, 9(3): 279-286.

[83] Liu J, Sun Y Q, Huo Y, et al. Simultaneous fluorescence sensing of Cys and GSH from different emission channels [J]. Journal of the American Chemical Society, 2014, 136(2): 574-577.

[84] Cobbs C S, Brenman J E, Aldape K D, et al. Expression of nitric oxide synthase in human central nervous system tumors [J]. Cancer Research, 1995, 55(4): 727-730.

[85] Wu L, Wang R. Carbon monoxide: endogenous production, physiological functions, and pharmacological applications [J]. Pharmacological Reviews, 2005, 57(4): 585-630.

[86] Szabo C. Hydrogen sulphide and its therapeutic potential [J]. Nature Reviews Drug Discovery, 2007, 6(11): 917-935.

[87] Sedlak T W, Snyder S H. Messenger molecules and cell death: therapeutic implications [J]. Journal of the American Medical Association, 2006, 295(1): 81-89.

[88] Kojima H, Nakatsubo N, Kikuchi K, et al. Detection and imaging of nitric oxide with novel fluorescent indicators: diaminofluoresceins [J]. Analytical Chemistry, 1998, 70(13): 2446-2453.

[89] Nagano T, Takizawa H, Hirobe M. Reactions of nitric oxide with amines in the presence of dioxygen [J]. Tetrahedron Letters, 1995, 36(45): 8239-8242.

[90] Yao H W, Zhu X Y, Guo X F, et al. An amphiphilic fluorescent probe designed for extracellular visualization of nitric oxide released from living cells [J]. Analytical Chemistry, 2016, 88(18): 9014-9021.

[91] Yu H, Xiao Y, Jin L. A lysosome-targetable and two-photon fluorescent probe for monitoring endogenous and exogenous nitric oxide in living cells [J]. Journal of the American Chemical Society, 2012, 134(42): 17486-17489.

[92] Feng W, Qiao QL, Leng S, et al. A 1,8-naphthalimide-derived turn-on fluorescent probe for imaging lysosomal nitric oxide in living cells [J]. Chinese Chemical Letters, 2016, 27(9): 1554-1558.

[93] Li S J, Zhou D Y, Li Y, et al. Efficient two-photon fluorescent probe for imaging of nitric oxide during endoplasmic reticulum stress [J]. ACS Sensors, 2018, 3(11): 2311-2319.

[94] Mao Z, Feng W, Li Z, et al. NIR in, far-red out: developing a two-photon fluorescent probe for tracking nitric oxide in deep tissue [J]. Chemical Science, 2016, 7(8): 5230-5235.

[95] Tang J, Guo Z, Zhang Y, et al. Rational design of a fast and selective near-infrared fluorescent probe for targeted monitoring of endogenous nitric oxide [J]. Chemical Communications, 2017, 53(76): 10520-10523.

[96] Biswas S, Rajesh Y, Barman S, et al. A dual-analyte probe: hypoxia activated nitric oxide detection with phototriggered drug release ability [J]. Chemical Communications, 2018, 54(57): 7940-7943.

[97] Chen XX, Niu LY, Shao N, et al. BODIPY-based fluorescent probe for dual-channel detection of nitric oxide and glutathione: visualization of cross-talk in living cells [J]. Analytical Chemistry, 2019, 91(7): 4301-4306.

[98] Li H, Wan A. Fluorescent probes for real-time measurement of nitric oxide in living cells [J]. Analyst, 2015, 140(21): 7129-7141.

[99] Miao J, Huo Y, Lv X, et al. Fast-response and highly selective fluorescent probes for biological signaling molecule NO based on N-nitrosation of electron-rich aromatic secondary amines [J]. Biomaterials, 2016, 78: 11-19.

[100] Huo Y, Miao J, Fang J, et al. Aromatic secondary amine-functionalized fluorescent NO probes: improved

detection sensitivity for NO and potential applications in cancer immunotherapy studies [J]. Chemical Science, 2019, 10(1): 145-152.

[101] Mao Z, Jiang H, Song X, et al. Development of a silicon-Rhodamine based near-infrared emissive two-photon fluorescent probe for nitric oxide [J]. Analytical Chemistry, 2017, 89(18): 9620-9624.

[102] Reinhardt C J, Zhou E Y, Jorgensen M D, et al. A ratiometric acoustogenic probe for in vivo imaging of endogenous nitric oxide [J]. Journal of the American Chemical Society, 2018, 140(3): 1011-1018.

[103] Lim M H, Xu D, Lippard S J. Visualization of nitric oxide in living cells by a copper-based fluorescent probe [J]. Nature Chemical Biology, 2006, 2(7): 375-380.

[104] Wilson N, Mak L H, Cilibrizzi A, et al. A lipophilic copper(II) complex as an optical probe for intracellular detection of NO [J]. Dalton Transactions, 2016, 45(45): 18177-18182.

[105] Li Q, Lancaster J R, Jr. Chemical foundations of hydrogen sulfide biology [J]. Nitric Oxide: Biology and Chemistry, 2013, 35: 21-34.

[106] Sletten E M, Bertozzi C R. Bioorthogonal chemistry: fishing for selectivity in a sea of functionality [J]. Angewandte Chemie, 2009, 48(38): 6974-6998.

[107] Lippert A R, New E J, Chang C J. Reaction-based fluorescent probes for selective imaging of hydrogen sulfide in living cells [J]. Journal of the American Chemical Society, 2011, 133(26): 10078-10080.

[108] Peng H, Cheng Y, Dai C, et al. A fluorescent probe for fast and quantitative detection of hydrogen sulfide in blood [J]. Angewandte Chemie, 2011, 50(41): 9672-9675.

[109] Sun W, Fan J, Hu C, et al. A two-photon fluorescent probe with near-infrared emission for hydrogen sulfide imaging in biosystems [J]. Chemical Communications, 2013, 49(37): 3890-3892.

[110] Bae S K, Heo C H, Choi D J, et al. A ratiometric two-photon fluorescent probe reveals reduction in mitochondrial H_2S production in Parkinson's disease gene knockout astrocytes [J]. Journal of the American Chemical Society, 2013, 135(26): 9915-9923.

[111] Montoya L A, Pluth M D. Organelle-targeted H_2S probes enable visualization of the subcellular distribution of H_2S donors [J]. Analytical Chemistry, 2016, 88(11): 5769-5774.

[112] Shaltiel S. Thiolysis of some dinitrophenyl derivatives of amino acids [J]. Biochemical and Biophysical Research Communications, 1967, 29(2): 178-183.

[113] Xu P, Gao T, Liu M, et al. A novel excited-state intramolecular proton transfer (ESIPT) dye with unique near-IR keto emission and its application in detection of hydrogen sulfide [J]. Analyst, 2015, 140(6): 1814-1816.

[114] Zhang L, Zheng X E, Zou F, et al. A highly selective and sensitive near-infrared fluorescent probe for imaging of hydrogen sulphide in living cells and mice [J]. Scientific Reports, 2016, 6: 18868.

[115] Yang X, Zhang C, Shen L, et al. A near-infrared fluorescent probe for sulfide detection [J]. Sensors and Actuators B: Chemical, 2017, 242: 332-337.

[116] Li H D, Yao Q C, Fan J L, et al. A fluorescent probe for H_2S in vivo with fast response and high sensitivity [J]. Chemical Communications, 2015, 51(90): 16225-16228.

[117] Zhang J, Zhou J, Dong X, et al. A near-infrared BODIPY-based fluorescent probe for the detection of hydrogen sulfide in fetal bovine serum and living cells [J]. RSC Advances, 2016, 6(56): 51304-51309.

[118] Ma J, Li F, Li Q, et al. Naked-eye and ratiometric fluorescence probe for fast and sensitive detection of hydrogen sulfide and its application in bioimaging [J]. New Journal of Chemistry, 2018, 42(23): 19272-19278.

[119] Kaushik R, Ghosh A, Amilan Jose D. Recent progress in hydrogen sulphide (H_2S) sensors by metal displacement approach [J]. Coordination Chemistry Reviews, 2017, 347: 141-157.

[120] Choi M G, Cha S, Lee H, et al. Sulfide-selective chemosignaling by a Cu^{2+} complex of dipicolylamine appended fluorescein [J]. Chemical Communications, 2009, 47: 7390.

[121] Sasakura K, Hanaoka K, Shibuya N, et al. Development of a highly selective fluorescence probe for hydrogen sulfide [J]. Journal of the American Chemical Society, 2011, 133(45): 18003-18005.

[122] Ohata J, Bruemmer K J, Chang C J. Activity-based sensing methods for monitoring the reactive carbon species carbon monoxide and formaldehyde in living systems [J]. Accounts of Chemical Research, 2019, 52(10): 2841-2848.

[123] Feng W, Liu D, Feng S, et al. Readily available fluorescent probe for carbon monoxide imaging in living cells [J]. Analytical Chemistry, 2016, 88(21): 10648-10653.

[124] Michel B W, Lippert A R, Chang C J. A reaction-based fluorescent probe for selective imaging of carbon monoxide in living cells using a palladium-mediated carbonylation [J]. Journal of the American Chemical Society, 2012, 134(38): 15668-15671.

[125] Li Y, Wang X, Yang J, et al. Fluorescent probe based on azobenzene-cyclopalladium for the selective imaging of endogenous carbon monoxide under hypoxia conditions [J]. Analytical Chemistry, 2016, 88(22): 11154-11159.

[126] Liu K, Kong X, Ma Y, et al. Rational design of a robust fluorescent probe for the detection of endogenous carbon monoxide in living zebrafish embryos and mouse tissue [J]. Angewandte Chemie, 2017, 56(43): 13489-13492.

[127] Xu S, Liu H W, Yin X, et al. A cell membrane-anchored fluorescent probe for monitoring carbon monoxide release from living cells [J]. Chemical Science, 2019, 10(1): 320-325.

[128] Feng S, Liu D, Feng W, et al. Allyl fluorescein ethers as promising fluorescent probes for carbon monoxide imaging in living cells [J]. Analytical Chemistry, 2017, 89(6): 3754-3760.

[129] Zhang W, Wang Y, Dong J, et al. Rational design of stable near-infrared cyanine-based probe with remarkable large Stokes shift for monitoring carbon monoxide in living cells and in vivo [J]. Dyes and Pigments, 2019, 171: 107753.

[130] Gong S, Hong J, Zhou E, et al. A near-infrared fluorescent probe for imaging endogenous carbon monoxide in living systems with a large Stokes shift [J]. Talanta, 2019, 201: 40-45.

第七章
生物酶荧光识别染料

第一节 概述 / 174

第二节 氧化还原酶荧光识别染料 / 175

第三节 转移酶荧光识别染料 / 195

第四节 水解酶荧光识别染料 / 202

第一节
概述

生命最基本的特征是新陈代谢，一切生命活动都是由代谢的正常运转来维持，而代谢中的各种反应都是需要"催化剂"的参与才能完成，这种"催化剂"就是我们所熟知的酶[1]。酶是具有催化功能的生物大分子[2]，存在于所有活细胞中，控制着细胞的代谢过程。细胞可以通过酶将各种营养物质转化为能量，维持细胞的生命机能。此外，酶还参与从简单化合物到复杂高分子的合成过程。毫不夸张地说，酶是生命活动必不可少的条件，没有酶，生命就会停止。

已知的生物酶高达几千种之多[3]，按照分子中起催化作用的主要组分不同，酶可以分为蛋白类酶和核酸类酶两大类。其中蛋白酶可分为六大类[4]：氧化还原酶、转移酶、水解酶、裂合酶、异构酶、合成酶或连接酶。目前发现的氧化还原酶、转移酶和水解酶的种类最为丰富，并且实际生物体中化学反应85%都是由水解酶来完成。

生物酶的活性可以反映生物体的生理状况[5]。酶的功能失调往往导致宿主相应的疾病[6,7]，可以根据病理条件下，酶的水平变化来指导药物的筛选和应用。所以，检测生物酶的活性水平具有重要的意义。

传统检测酶的方法，包括比色法[8]、酶联免疫吸附法[9]、电化学法[10]、分光光度法[11]、色谱法[12]和表面增强拉曼散射测定法[13]等，但是它们大多操作复杂，仪器昂贵，不适于活细胞中的成像及应用。不仅如此，它们还无法实现实时原位无损生物系统中特定酶活性的检测，也不能实现生物样本的原位成像。在这种情况下，荧光探针为酶的靶向定位和检测提供了一种可操作性更强的检测策略。荧光探针具有操作简单、灵敏度高、选择性好、实时快速、原位无创、高空间分辨率成像等优点[14]，有效弥补了传统酶检测方法的不足，在酶的检测以及相关疾病的诊断上有很大的优势和应用前景。另外，荧光探针对部分酶的实时检测和成像能够用于指导治疗，如癌症的早期诊断和肿瘤的切除。因此，近年来越来越多的荧光探针被开发用于各种酶的检测[15]。

目前，酶荧光探针主要分为两类[16]，一是基于酶对荧光探针中酶抑制剂基团的特异性识别引起探针荧光信号的变化。其机理多是利用探针内抑制剂部分占据酶的位点或空腔，致使探针空间构象变化来达到检测酶的作用，此方法能够实时证明酶的存在，却不能够表明酶的活性。二是基于酶对荧光探针识别基团的特异性催化反应导致识别前后荧光信号的变化。主要利用酶对其底物的特异性催化，引起探针发生化学反应从而发生结构变化，导致其荧光变化达到检测酶的目的。此方法能够实时显示酶的活性，但是对部分同工酶来说，由于其催化底物类似或相同，因此有部分基于底物-反应型的荧光探针在同工酶的区分上不占优势。目前已有相当多的荧光探针用于各种酶的检测和成像，但是酶荧光探针的开发仍有待进一步发展：①更多针对不同酶的荧光探针亟待开发，已发现的酶达到数千种之多，而目前使用荧光探针法来检测的酶仍只占少数；②选择性和灵敏度有待提高，生物体系环境复杂，要开发选择性和灵敏度高以及抗干扰能力强的荧光探针难度较大；③原位免洗荧光探针有待开发，目前多数酶的荧光探针并不具备"锚定"和免洗功能，其成像位置会随着细胞生理活动变化，不能够准确显示酶的位置，这不利于酶的相关生理和疾病研究。虽然目前已经有一些"锚定"型荧光探针被开发出来，但是屈指可数，仍待进一步发展。总之，更多功能、更多种类、更多性能优异和更多利于生物应用的酶荧光探针有待进一步开发，这对酶的生理功能研究和疾病诊断治疗有重要的应用价值。

第二节
氧化还原酶荧光识别染料

氧化还原酶（oxidoreductase），是催化两个分子间进行氧化还原反应的酶的总称[17]，这个反应通常有分子氧的参与或者伴随着电子或氢的转移[18,19]。氧化还原酶包括氧化酶、脱氢酶和加氢酶等。氧化还原酶广泛存在于动物、植物和微生物中，起到维持生命活动的作用。这些酶参与许多生理和病理过程，对宿主的健康具有重要意义[20]。因此，在诊断某些相关疾病时，许多氧化还原酶被用作标记物[21]。例如，因为酪氨酸酶在黑色素瘤癌细胞中能够过度表达，所以它是一种用于诊断黑色素瘤的生物标记物[22]。此外，氧化还原酶广泛应用于食品加工[23]。近年来，许多用于检测氧化还原酶的荧光探针被开发出来。常见的氧化还原酶有环氧化酶、酪氨酸酶、硝基还原酶、单胺氧化酶、过氧化物酶等。

一、环氧化酶荧光识别染料

环氧化酶（cyclooxygenase，COX）又称前列腺素 H 合成酶（prostaglandin H synthase，PGHS），是催化花生四烯酸合成前列腺（prostaglandins，PGs）和血栓素 A2（thromboxane A2，TXA2）的限速酶[24]。

COX 有 COX-1 和 COX-2 两种同工酶[25]，两者主要存在活性位点氨基酸的差异，COX-1 稳定地表达在哺乳类的所有细胞，主要分布于血管、胃、肾和血小板等绝大多数组织，参与血小板聚集、血管舒缩、胃黏膜血流以及肾血流的调节，以维持细胞、组织和器官生理功能的稳定，故其又称稳定表达型 COX[26]。COX-2 几乎表达于所有细胞，但在多数组织和器官中是诱导性表达，COX-2 在炎症或其他病理情况下诱导性地高表达而产生前列腺素，COX-2 的活性越强表示体内病理情况越严重，故其又称诱生型 COX[27]。

COX 荧光探针主要可分为两类：①基于酶对荧光探针中抑制剂基团（吲哚美辛和塞来昔布等）的特异性识别；②反应激活型酶荧光探针。

如图 7-1（a）所示，用己二胺基团将硝基-啶酮（NANQ）荧光团与 COX-2 抑制剂——吲哚美辛（Indomethacin，IMC）连接获得双光子荧光探针 1[28]。在与 COX-2 反应前，荧光团和 IMC 以折叠形式存在，两者之间存在光致电子转移（PET），因此荧光团的荧光被猝灭。而在与 COX-2 作用后，探针的 IMC 部分进入到 COX-2 的空腔内并与 COX-2 的氨基酸结合，探针变为非折叠构象导致 PET 进程被抑制，荧光团的荧光恢复。采用长链的己二胺作为连接集团，有以下几个功能：①提供足够空间使探针能完成折叠过程，并使 IMC 能完全插入 COX-2 空腔；②避免了荧光团对 IMC 功能的影响。探针 1 对浓度 0～0.12μg/mL 和 0.12～3.32μg/mL 范围的 COX-2 有不同的荧光响应，因此，其能够在体内准确地区分癌组织、发炎组织和正常组织。探针 2[29] 和 3[30] 均是采用与探针 1 相同的策略设计出来的 COX-2 荧光探针 [图 7-1（b）]，探针 2 和 3 分别使用塞来昔布和 IMC 作为识别基团，均能用于区分正常细胞和肿瘤细胞，能够用于肿瘤的成像和诊断并指导 COX 过表达的肿瘤切除手术。

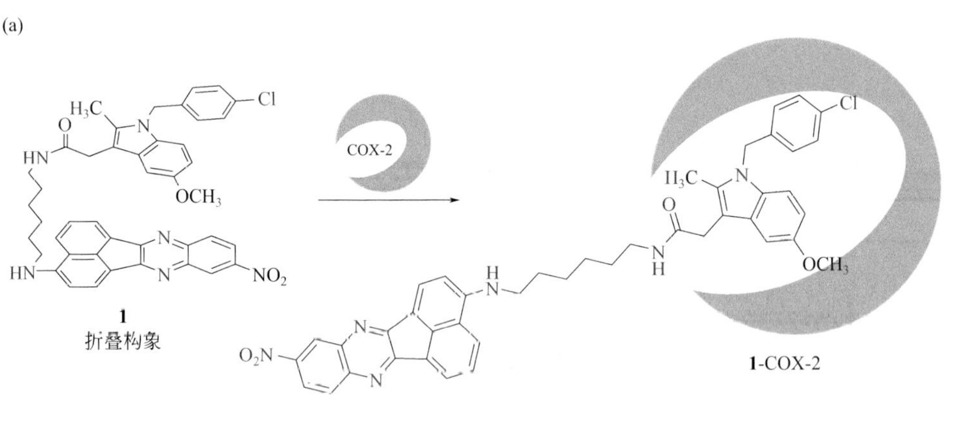

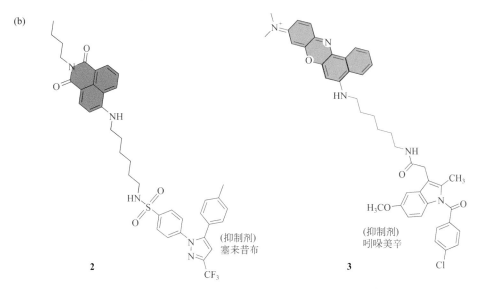

图7-1 探针1的结构及其响应COX-2的机理（a）[28]；探针2[29]和3[30]的结构（b）

到目前为止，COX的荧光探针多采用以上响应策略，能够有效地检测COX。但此种方法仅能够证明COX的存在，不能直接检测COX的活性。相比较而言，基于活性的传感（activity-based sensing）策略能够更直接有效地实时检测酶的活性。

如图7-2所示，以花生四烯为识别基团构建的探针4能够选择性地检测COX-2[31]，在探针和COX-2活性位点作用后，可以通过Tyr385进行氢原子提取，然后进行双氧合和环化反应，得到4-PGG$_2$中间体。中间体随后被化合物Ⅰ（对阳离子卟啉自由基）或化合物Ⅱ（羟乙酸）生产酶催化发生歧化和酰胺水解反应，从而释放出荧光产物试卤灵（Resorufin），荧光增强约41倍。探针4成功验证了抑制剂IMC和塞来昔布对COX-2的抑制效果，且成功应用于细胞成像和流式细胞中。探针4证明了COX-2活性可以通过活细胞内的氧气供应来调节，而与巨噬细胞内的蛋白质表达无关。

探针5和6是受阿司匹林结构启发设计的COX荧光探针[32]（图7-3）。阿司匹林选择性地乙酰化COX-1中的Ser-530和COX-2中的Ser-516，达到抑制其活性的目的。探针5和6中包含了具备阿司匹林主要功能的结构，当这一基团与COX相互作用后，探针脱去乙酰基，从而导致1,6-醌-甲基化物消除反应，释放出6-氨基喹啉荧光团。相对于探针5，探针6有更优异的抗水解稳定性，故其对COX的响应效果更好。

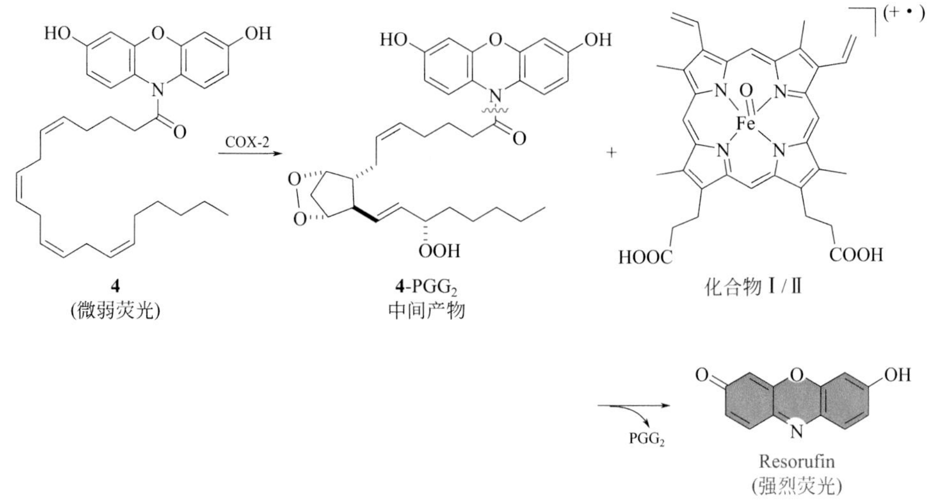

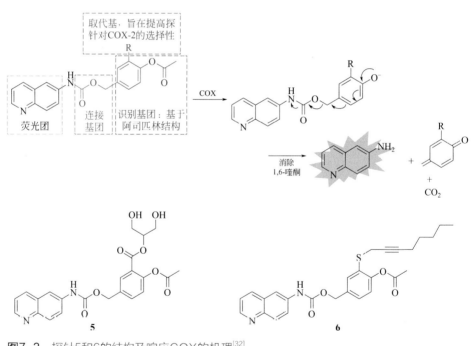

图7-2 探针4响应COX-2的机理[31]

图7-3 探针5和6的结构及响应COX的机理[32]

二、酪氨酸酶荧光识别染料

酪氨酸酶（tyrosinase，TYR）又称多酚氧化酶、儿茶酚氧化酶、陈干酪酵素等，是一种结构复杂的多亚基含铜氧化还原酶。TYR 广泛存在于动物、植物、真菌和细菌中，主要催化两种氧化反应，一种是单酚的羟基化作用（酪氨酸到多巴），另一种是多酚的氧化作用（多巴到多巴醌）[33]。

TYR 在生物体中具有重要的生理功能[34]，它可以将酪氨酸催化生成黑色素以及其他色素，如使剥皮或切片的马铃薯暴露在空气中变黑。在脊椎动物中，TYR 存在于皮肤黑素瘤细胞中[35]，在黑色素合成过程中起到重要作用，白化病就是 TYR 基因缺损造成的。生物合成黑色素可以保护细胞内的 DNA 免受紫外线的伤害。

1. 以对苯酚衍生物为识别基团

早期的 TYR 荧光探针多是以对苯酚衍生物为识别基团，利用 TYR 对苯酚的催化作用，引起荧光探针的荧光变化，是典型的反应激活型荧光探针。如图 7-4 所示，探针 7 是以 4-硝基苯并[1，2，5]噁二唑为荧光团、对氨基苯酚为识别基团的荧光探针[36]。一旦加入 TYR 到探针溶液（pH = 6.4）中，4-氨基苯酚基被氧化生成二酚。生成的羟基化单元通过分子内重排从探针上离去，7-硝基苯并[c][1，2，5]噁二唑-4-胺被释放出来，展现黄绿色荧光。7 对浓度在 0～100

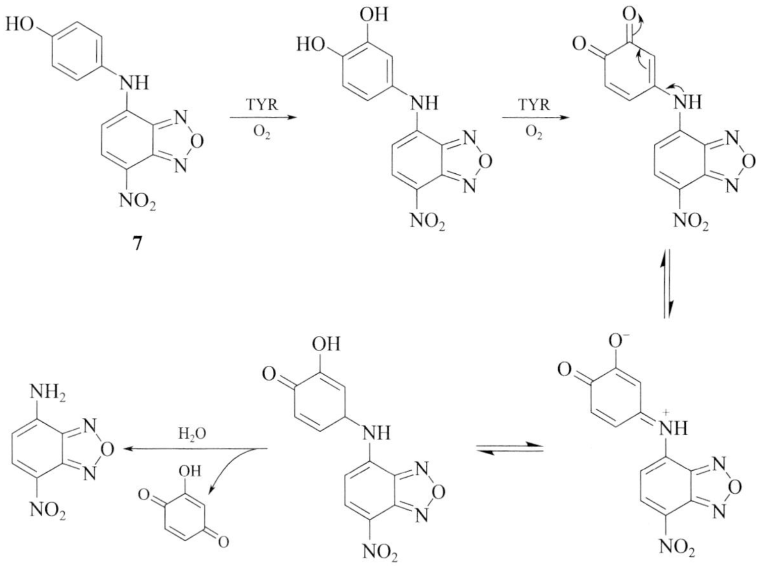

图7-4　探针7的结构及其检测TYR的机理[36]

U/mL 范围的 TYR 有很好的线性响应能力。探针 8[37] 和 9[38] 也是采用对苯酚衍生物为识别基团的 TYR 荧光探针，探针 8（图 7-5）能够实现细胞（B16F10）和斑马鱼内源性的 TYR 的成像。另外，在注射 B16F10 细胞仅 1 天，就能够在小鼠体内观察到荧光信号，直到第 5 天才能在小鼠的表面观察到明显的色素沉着（图 7-6），说明探针 8 有潜力作为诊断早期恶性黑色素瘤的一种工具。探针 9（图 7-7）的设计策略与探针 8 基本相同，探针 9 中使用亚甲基蓝（methylene blue，MB）为荧光团，亚甲基蓝是一种近红外荧光光敏剂，可用于光动力治疗。光激活后的探针 9 能够有效地抑制小鼠皮肤黑色素瘤细胞和黑色素瘤的生长。因此，探针 9 不仅是高灵敏的 TYR 荧光探针，还是潜在的治疗黑色素瘤的药物。由于活性氧 (ROS) 也能够将对苯酚衍生物氧化成醌类化合物，所以基于对苯酚的 TYR 荧光探针对部分 ROS 也有轻微的响应，即其选择性有待提高。

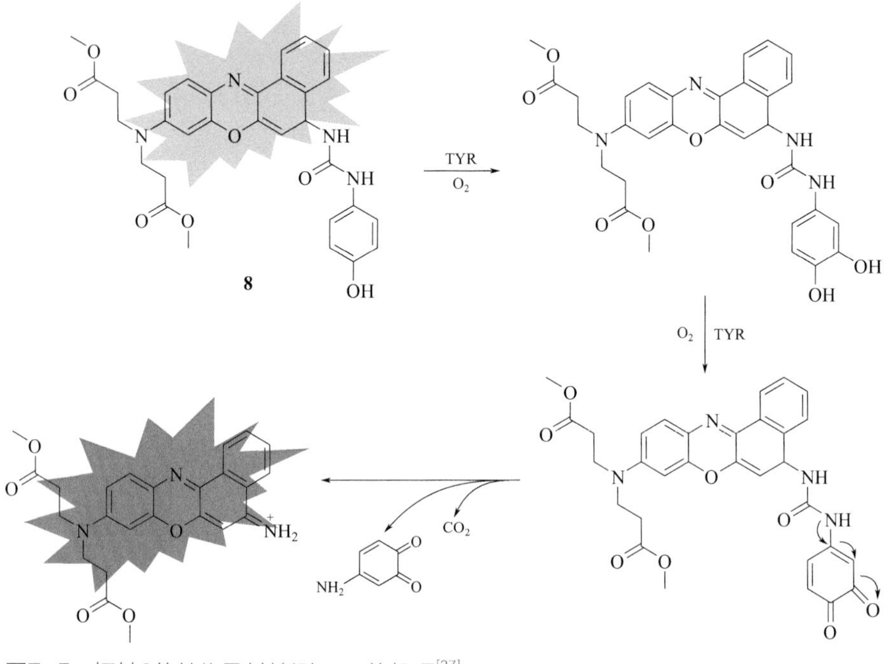

图 7-5 探针 8 的结构及其检测 TYR 的机理[37]

2. 以间苯酚衍生物为识别基团

探针 10 是首例以 3-羟基苄氧基为识别基团的 TYR 荧光探针（图 7-8）[39]，其响应机理和探针 7 相似。H_2O_2、TBHP、ClO^-、TBO·、·OH、O_2^-、$^1O_2$、NO、NO_2^- 和 $ONOO^-$ 等物质不干扰 TYR 活性的测定。该探针可用于检测 B16 细胞、HeLa 细胞和斑马鱼内的 TYR 活性。此探针首次使用间苯酚衍生物作为 TYR 的识别基团,且其对 ROS 没有响应,这既丰富了 TYR 荧光探针的设计策略,也提高了荧光探针法检测 TYR 的选择性。

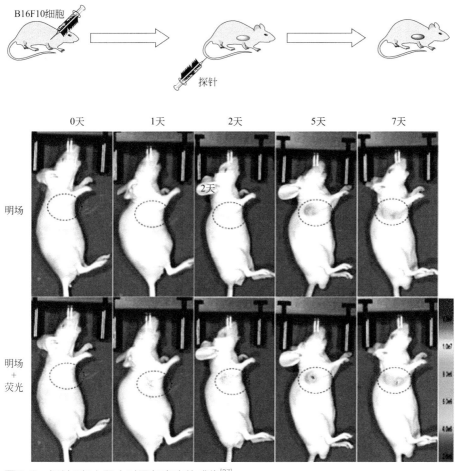

图7-6 探针8在小鼠内对黑色素瘤的成像[37]

3. 其他 TYR 荧光探针

从以上探针可以看出,TYR 的荧光探针多是以苯酚为识别基团,利用其对酚类的催化氧化作用实现酶活性的检测,那么是否有其他基团能够用于 TYR 的识别呢?如图 7-9 所示,探针 11[40] 以试卤灵为荧光团,以苯硼酸频哪醇酯为识别基团,其响应 TYR 的机理与探针 7 相似。探针 11 对包括 ROS 在内的潜在干扰物均无明显响应,对 TYR 展现了极好的选择性。探针 11 丰富了 TYR 的识别基团,为 TYR 荧光探针的开发提供了新的参考。

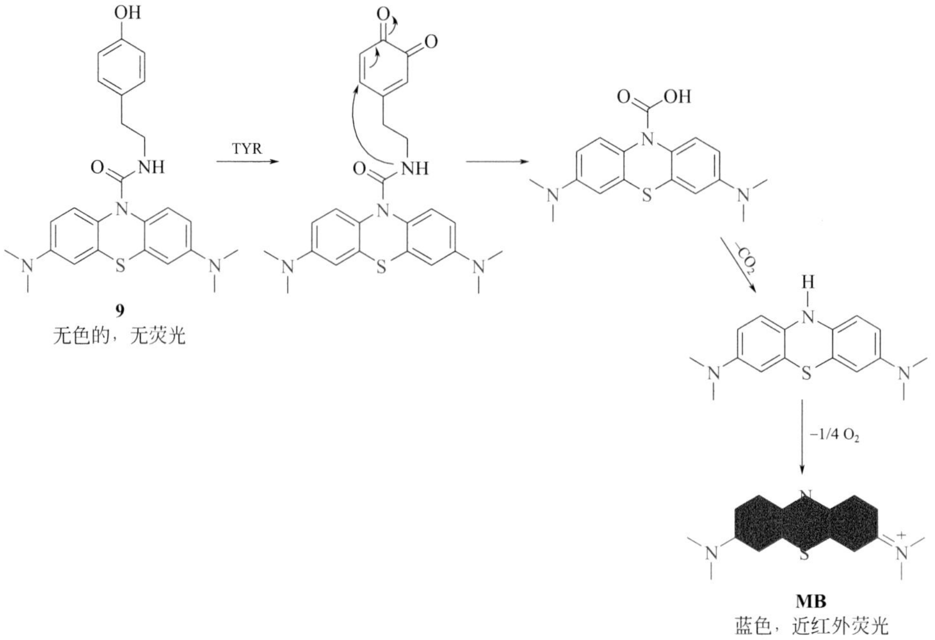

图7-7 探针9的结构及其检测TYR的机理[38]

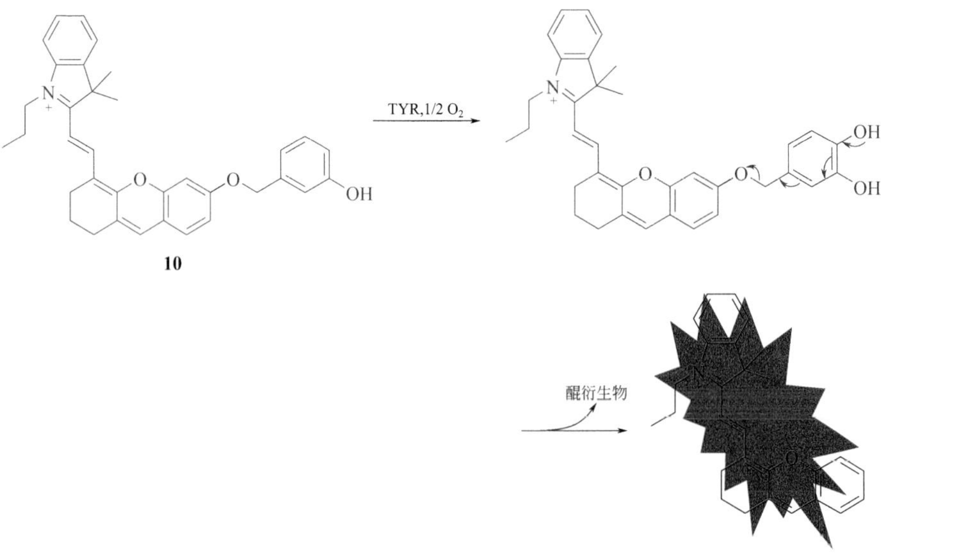

图7-8 探针10识别TYR的机理[39]

除了上述常规的TYR荧光探针外，还有一些具备其他功能的TYR荧光探针。如图7-10所示，探针12[41]能够光控检测TYR，首先通过在TYR荧光探针上修饰邻硝基苄基来使探针钝化，使其对TYR无响应。而一旦用紫外光照射光笼，邻硝基苄基会从探针上脱去，恢复其对TYR的活性，与TYR反应产生明显的红色荧光。此探针能够用于光控识别细胞内源性的TYR，为研究TYR在病理学和生理学中的作用提供了一种新的工具。同时这种光控测试酶活性的策略具有应用到其他生物酶检测中的潜力。

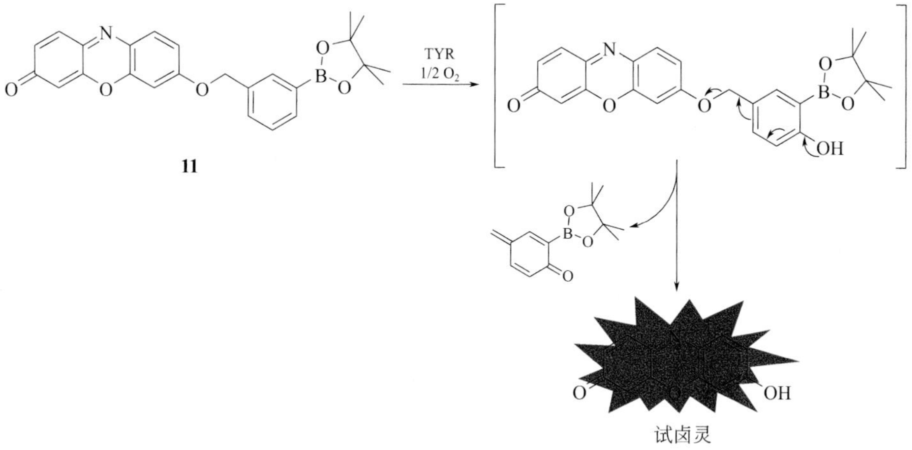

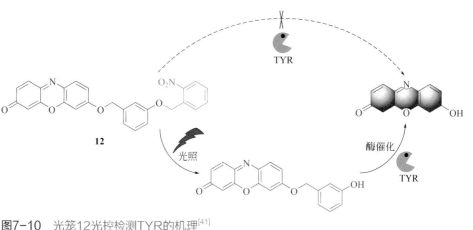

图7-9 探针11识别TYR的机理[40]

图7-10 光笼12光控检测TYR的机理[41]

三、硝基还原酶荧光识别染料

硝基还原酶（nitroreductase，NTR）是一类依赖于黄素腺嘌呤二核苷酸或黄素单核苷酸的细胞质酶，广泛存在于各种细胞中，在电子供体如还原型烟酰胺腺嘌呤二核苷酸/烟酰胺腺嘌呤二核苷酸磷酸［NAD(P)H］存在下，能将硝基芳香化合物催化还原为相应的芳香胺化合物[42]。

肿瘤细胞缺氧可引起细胞内NTR的水平升高，所以其含量可以作为评价机体病变状态的标准[43]。NTR在药物体内降解代谢过程中起关键作用，可用于药物代谢的评估，为新药的开发提供依据。经研究发现细菌中的NTR可用于激活硝基类药物，使其产生细胞毒性。另外，其还可用于硝基化合物的生物降解。

目前，NTR的荧光探针主要基于两种策略[44]：①利用NTR直接将荧光团上的硝基还原为氨基，引起荧光探针分子内的推-拉电子效应转换，导致其光学信号明显变化，达到检测的目的；②基于多米诺反应，利用NTR将探针带有硝基的识别基团还原为相应的氨基或羟胺化合物，随后通过分子内重排与消除等反应，使荧光团被释放出来。这两类探针均是反应激活型荧光探针。

1. 以荧光团上硝基作为识别基团的NTR荧光探针

探针13～16均是利用NTR直接将荧光团上的硝基还原为氨基，引起探针的荧光变化，实现NTR的检测。如图7-11（a）所示，探针13[45]以萘酰亚胺为荧光团，由于硝基的强吸电子作用，探针的荧光被其猝灭，在[NAD(P)H]存在下一旦与NTR反应，吸电子的硝基被还原为给电子的氨基，使得萘酰亚胺恢复荧光。

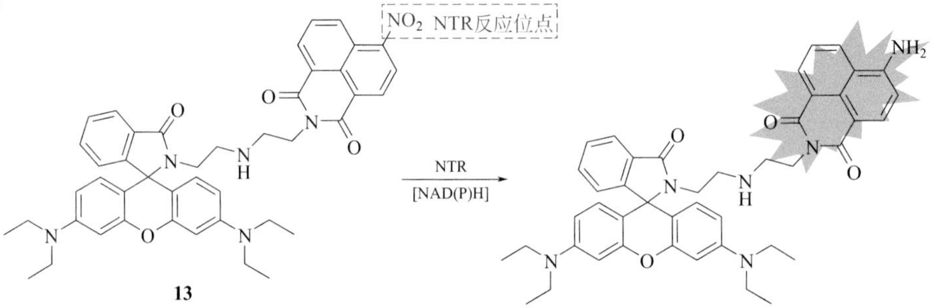

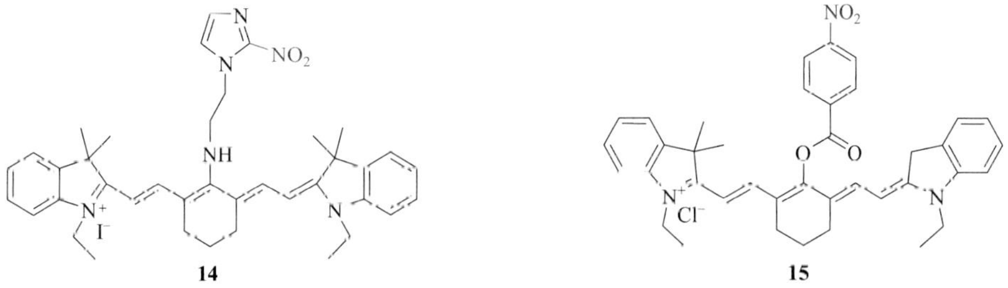

图7-11 探针13结构及其检测NTR的机理[45]（a）；探针14[46]和15[47]结构（b）

探针 14 ～ 16 为近红外荧光探针［图 7-11（b）、图 7-12］，响应 NTR 机理与探针 13 相似。探针 14[46]（10μmol/L）对浓度 3 ～ 13μg/mL 范围内的 NTR 有良好的线性响应，检出限为 77ng/mL。其可通过检测 NTR 来评估肿瘤细胞的缺氧状态，还能用于研究肿瘤变化时上皮 - 间质细胞转化过程与细胞的缺氧状态之间的关系。探针 15[47] 能够用于缺氧条件下 A549 细胞内 NTR 成像及小鼠低氧肿瘤模型内高分辨率成像。探针 16[48]（图 7-12）首次成功地应用于 ESKAPE（*Enterococcus faecium, Staphylococcus aureus, Klebsiella pneumoniae, Acinetobacter baumannii, Pseudomonas aeruginosa* 和 *Enterobacter*）病原体 NTR 活性的实时快速检测和比较分析，说明探针 16 在 ESKAPE 病原体的医学诊断中具有潜在的应用前景。

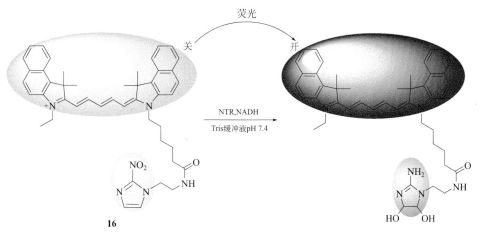

图7-12　探针16结构及其检测NTR的机理[48]

2. 基于多米诺反应的 NTR 荧光探针

探针 17 ～ 19 均是基于多米诺反应的 NTR 荧光探针。如图 7-13 所示，探针 17[49] 是以对硝基苯为识别基团、以萘衍生物为荧光团的双光子荧光探针。由于萘与识别基团之间存在 PET 效应导致探针 17 自身无荧光，一旦硝基被 NTR 还原成氨基衍生物，4- 亚甲基 -2，5- 环己二烯 -1- 亚胺通过分子内重排 - 消除反应从探针上离去，PET 进程结束，恢复其绿色荧光。探针 17（10μmol/L）能够实现 0.05 ～ 0.9μg/mL 浓度范围内 NTR 的定量分析，检出限为 20ng/mL。探针 17 能够用于癌细胞荧光成像和大鼠肝脏肿瘤组织切片的双光子激发成像，成像深度为 70 ～ 160μm。水溶性优良的近红外荧光探针 18[50]（图 7-14）与 NTR 作用过程与探针 17 相似。

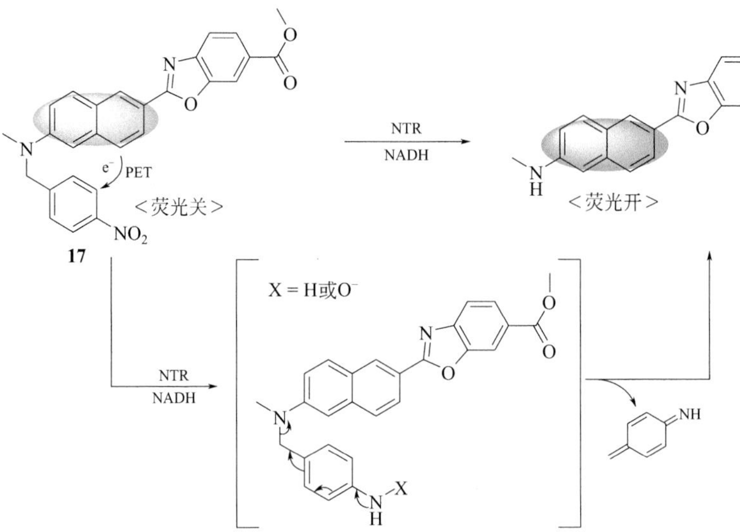

图7-13　探针17结构及其检测NTR的机理[49]

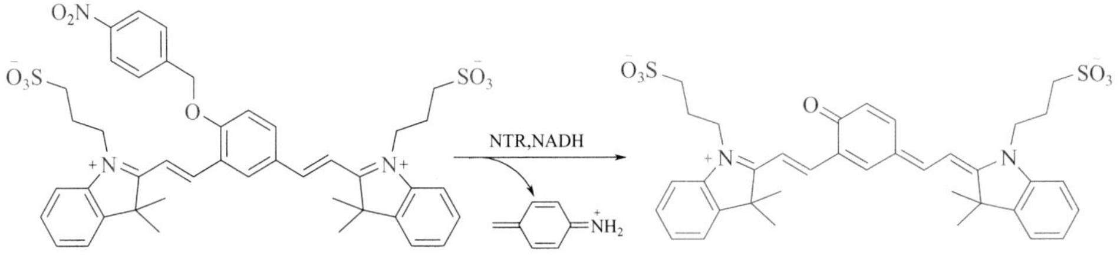

探针**18**
无荧光

明亮荧光

图7-14　探针18的结构及其识别NTR的机理[50]

探针 19[51] 是以镧系离子（Ln^{3+}）作为信号基团的 NTR 荧光探针，Ln^{3+} 的原子轨道从 $4f^0$ 到 $4f^{14}$ 逐渐填充，这些电子能级赋予其优良的光学性质。但 Ln^{3+} 的弱吸收作用致使其直接发光效率非常低，导致 Ln^{3+} 在光学和成像上的应用受到了限制。1942 年 Weissman 发现吸收紫外光的有机化合物与 Ln^{3+} 配位能够实现 Ln^{3+} 有效激发，这可以明显增强 Ln^{3+} 的发光强度，此现象被称作“天线效应（antenna effect）”。探针 19 正是利用天线效应产生的荧光作为定量 NTR 的信号。19 的硝基被 NTR 还原为氨基，随后产生级联反应导致识别基团从探针上离去并生成喹啉酮衍生物，喹啉酮衍生物作为“天线分子”能够有效地将激发能传递给 Ln^{3+} 使其产生荧光信号（图 7-15）。此探针具有以下优点：①大的斯托克斯位移避免了光谱串扰；②长寿命发射允许利用时间门控进行检测，无背景荧光干扰；

③灵敏度高、选择性和稳定性好，使其能够应用于 ESKAPE 家族的裂解物和活菌中的 NTR 的检测和成像，可用于开发细菌感染的诊断工具。

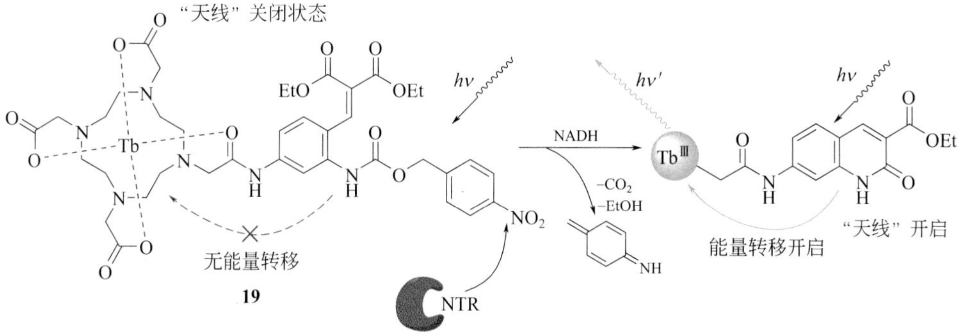

图7-15　探针19的结构及其识别NTR的机理[51]

四、单胺氧化酶荧光识别染料

单胺氧化酶（monoamine oxidase，MAO）是一种参与各种单胺类物质氧化脱氨的酶，广泛分布于体内各组织器官，尤以肝、肾、小肠和胃含量最多，主要位于线粒体膜外，并与膜紧密结合[52]。

MAO 活性的高低是多种生理疾病诊断的重要指标[53]，如：肝硬化、肝炎、糖尿病、甲亢等。血清中 MAO 来自结缔组织，能促进结缔组织成熟。MAO 与组织纤维化有关，一些纤维化疾病中该酶往往升高。测定血清中 MAO 活性可以反映其在结缔组织中的活性，从而了解组织纤维化的程度。

MAO 具有 MAO-A 和 MAO-B 两种亚型，是维持神经递质动态平衡的关键。这两种亚型有 70% 的序列是相同的，但是它们在细胞和组织中的分布、底物等方面均存在差异[54]。如 MAO-A 主要位于儿茶酚胺能神经元中，代谢去甲肾上腺素、5-羟色胺和多巴胺等单胺，并与细胞凋亡和舒张功能障碍有关。而 MAO-B 主要集中在星形胶质细胞和 5-羟色胺能神经元中，对多巴胺和 β-苯乙胺起作用。有证据表明 MAO-B 与生殖疾病和正常衰老密切相关。此外，两种异构体都有其独特的抑制剂，MAO-A 的抑制剂是氯吉林（Clorgyline，CL）；MAO-B 的抑制剂是优降宁（Pargyline，PA）、雷沙吉兰（Rasagiline，RA）和司来吉兰（Selegiline，SE）。综上所述，开发这两种同工酶特定的检测方法对于区分它们在生物系统中的功能非常重要。

目前荧光探针法检测 MAO 的识别基团主要有 2 类：

（1）3-氨基丙氧基衍生物，而根据与酶作用后反应的类型又可分为两类：①基于串联胺氧化和 β-消除机理；②基于串联胺氧化、β-消除和后续级联反应。

（2）四氢吡啶基，此识别基团是根据 MAO-B 的特异性底物 1-甲基-4-苯氧基-1,2,3,6-四氢吡啶设计出来的。

1. 以3-氨基丙氧基衍生物为识别基团的MAO荧光探针

探针20~23是以3-氨基丙氧基为识别基团检测MAO的荧光探针[55][图7-16(a)],这些探针的设计是基于荧光素的两个酚羟基烷基化后其衍生物的荧光猝灭的机理。加入了MAO后,探针的丙氨基被氧化成同系亚胺,然后被水解形成醛。这些荧光素的醛衍生物迅速进行 β- 消除,从而导致醚键断裂,释放出荧光素荧光团,伴随明亮的绿色荧光,可用来监测活细胞中的MAO活性。

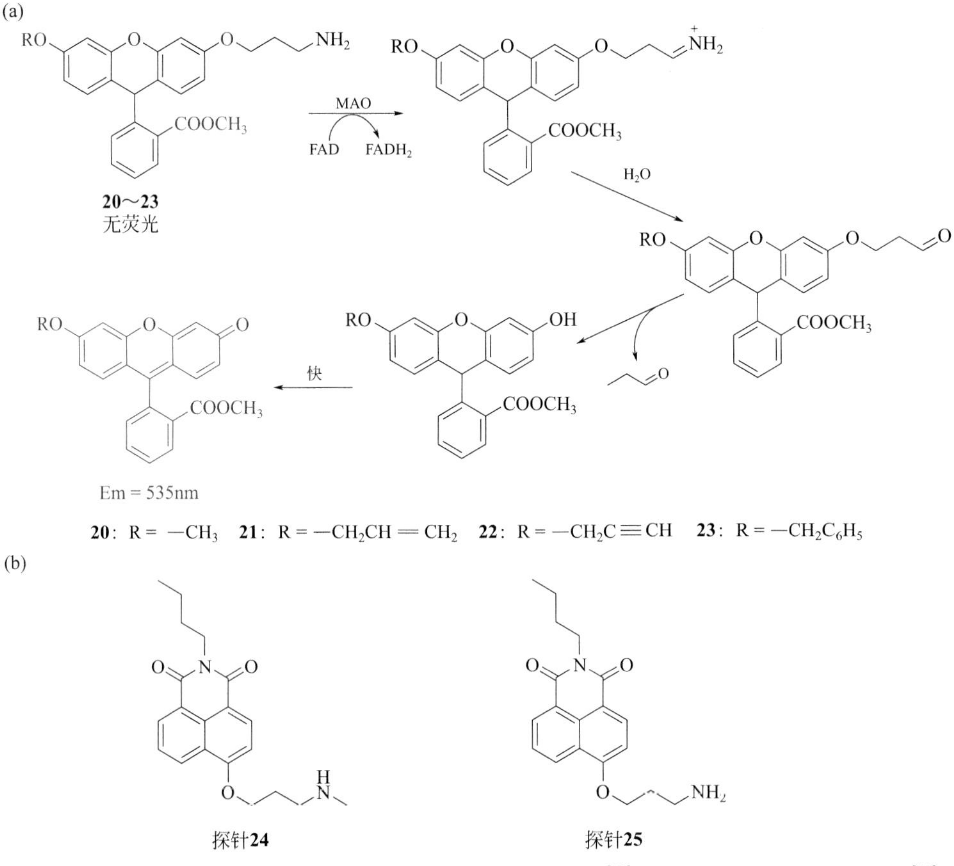

图7-16 探针20~23的结构以及对MAO的检测机理(a)[55];探针24和25的结构(b)[56]

探针24和25对MAO-A的选择性都高于MAO-B[56],其响应机理与20相似[图7-16(b)]。探针24和25的发射强度比(I_{550nm}/I_{454nm})分别与MAO-A浓度在0.5~1.5μg/mL和0.5~2.5μg/mL范围内呈良好的线性关系,检测限分别为1.1ng/mL和10ng/mL。探针24比探针25对MAO-A的响应更灵敏,能够实现HeLa和

NIH-3T3 细胞中 MAO-A 的检测和成像。

探针 26 ~ 34 是以 3- 氨基丙氧基衍生物为识别基团的基于串联胺氧化、β- 消除和后续级联反应的荧光探针。探针 26[57] 以 2- 甲基氨基 -6- 乙酰萘为荧光团，能够高选择性、高特异性识别内源性 MAO-B（图 7-17）。探针在 MAO-B 催化下，其 3- 氨基丙氧基氧化水解后以丙烯醛形式离去并获得中间产物 26a，随后中间产物发生分解反应释放 CO_2 获得 2- 甲基氨基 -6- 乙酰萘，展现出强烈的蓝绿色荧光。探针 26 能够实现细胞、组织、果蝇等生物体中的 MAO-B 实时成像，具有良好的空间分辨率。该探针进一步应用于帕金森病（Parkinson's disease，PD）患者临床样品中 MAO-B 的检测，发现 PD 患者 B 淋巴细胞中 MAO-B 活性明显升高，而成纤维细胞中 MAO-B 活性并未升高，这说明人外周血细胞中的 MAO-B 有望作为生物标志物用于快速诊断 PD。

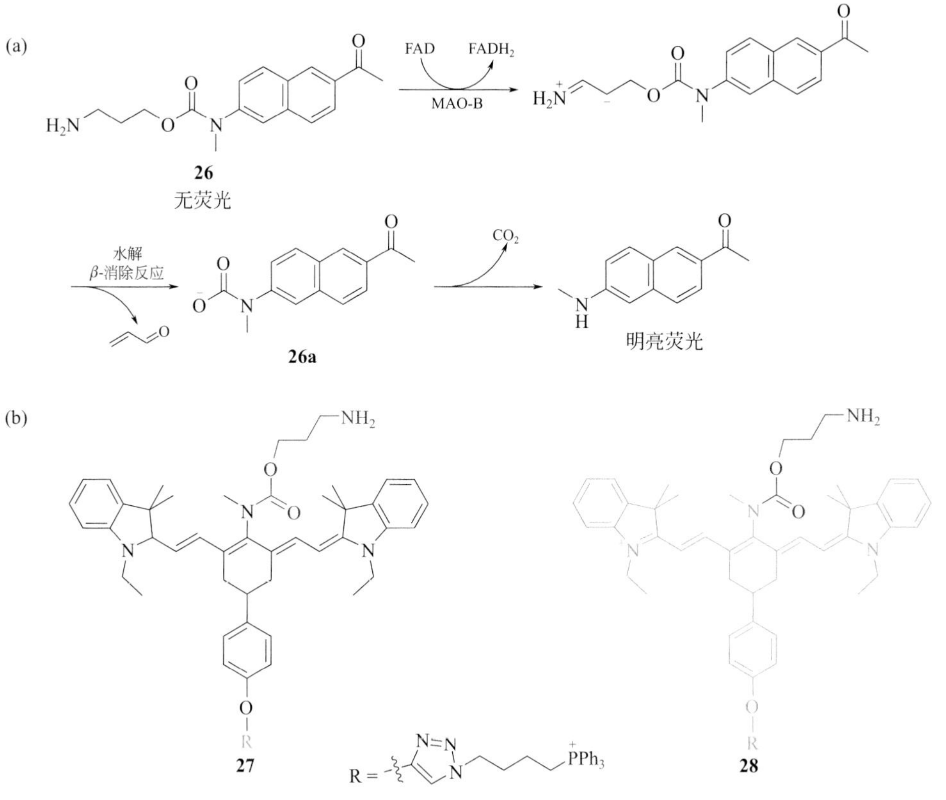

图7-17 探针26的结构及其对MAO-B的响应机理（a）[57]；探针27和28的结构（b）[58]

探针 27 和 28 识别 MAO-B 的机理与探针 26 相同［图 7-17（b）][58]。另外探针能够实现线粒体靶向 MAO-B 的响应和成像。探针 27 可用于协同检测

MAO-B 及其在衰老模型中对氧化应激的贡献。在 H_2O_2 诱导的细胞衰老模型和小鼠衰老模型实验中，发现 MAO-B 水平随小鼠年龄的增长而增加。28 可以评价药物优降宁（Pargyline）和盐酸司来吉兰（Selegiline）在小鼠模型中的治疗效果。上述研究对以后探索选择性检测 MAO-B 方法及其在生物系统中对氧化应激的作用提供了一定的参考。

目前的 MAO 荧光探针多是用于识别 MAOs（对 MAO-A 和 MAO-B 均有荧光响应）或者选择性识别 MAO-B，而用于 MAO-A 特异性检测的荧光探针尚需进一步发展。为了提高荧光探针对 MAO-A 的特异性识别，探针 29～34[59] 在识别基团上连接 MAO-A 抑制剂特征结构（氯吉兰）来提高探针对 MAO-A 的选择性［图 7-18（a）和（b）］。为了对比探针 29～34 对 MAO-A 的特异性，以

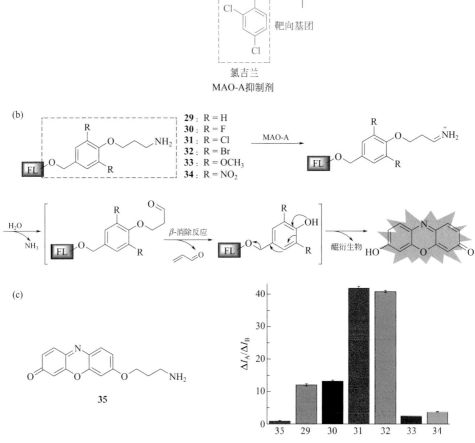

图7-18　MAO-A的特异性识别基团（a）；探针29～34的结构以及它们对MAO-B的响应机理（b）；探针35的结构及29～35分别对MAO-A和MAO-B荧光强度变化的比值（$\Delta I_A/\Delta I_B$）（c）[59]

不含有抑制剂特征结构的探针 35 作为参照，7 例探针在与 MAO-A 和 MAO-B 反应的荧光强度比值（$\Delta I_A/\Delta I_B$）作为特异性系数的指标［图 7-18（c）］。探针 31 和探针 32 的荧光强度增强比例明显高于其他探针，说明这两例探针能更好地选择性检测 MAO-A。探针 31 能在活细胞中选择性识别 MAO-A 并实现其荧光成像。总之，抑制剂特征结构的使用为设计和合成特异性识别酶的荧光探针提供了新的策略。

2．以四氢吡啶基为识别基团的 MAO 荧光探针

探针 36 ～ 40 是以四氢吡啶基为识别基团的 MAO 荧光探针。如图 7-19 所示，探针 36 ～ 39[60] 对 MAO-B 的响应速度灵敏，但是对 MAO-A 只有轻微的荧光变化。当探针与 MAO-B 反应，*N*- 甲基四氢吡啶单元经过 *α* 碳氧化生成二氢吡啶，二氢吡啶快速水解生成羟基和氨基烯酮。随后羟基被氧化成醌并从探针上离去，释放出具有绿色荧光的荧光素荧光团。上述四个探针均能实现 MCF-7 和 C6 胶质瘤细胞内的 MAO-B 活性检测和成像。

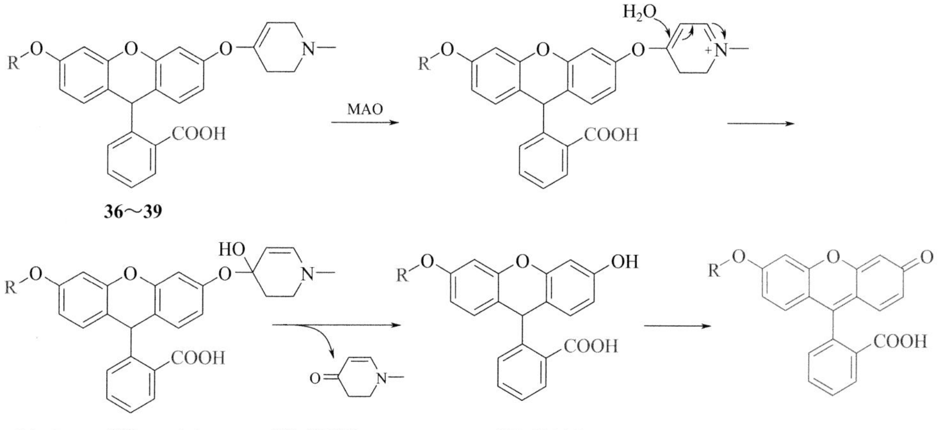

36：R = —CH_3 **37**：R = —CH_2CHCH_2 **38**：R = —$CH_2C≡CH$ **39**：R = —$CH_2C_6H_5$

图7-19 探针36～39的结构以及它们对MAO-B的响应机理[60]

探针 40[61] 是一个对 MAO-A 特异性响应的双光子荧光探针（图 7-20）。探针以 2- 甲基氨基萘为荧光团，当探针 40 与 MAO-A 相互作用后，被催化氧化成 40-Ox，40-Ox 通过系统中的化学 / 酶促氧化等反应生成 40a，吡啶盐良好的共轭性和强吸电子结构导致在荧光团形成明显的推拉效应，从而确保 40 到 40a 的转化伴随显著的荧光增强。探针 40 对人胶质瘤组织（癌旁组织切片为参比）进行了双光子成像，成像深度可以达到 220μm，并发现肿瘤旁组织中的 MAO-A 的活性远低于瘤组织样品。探针 40 将为胶质瘤和帕金森病这两种机理完全不同的中

枢神经系统疾病的相关性研究提供有力的研究工具。

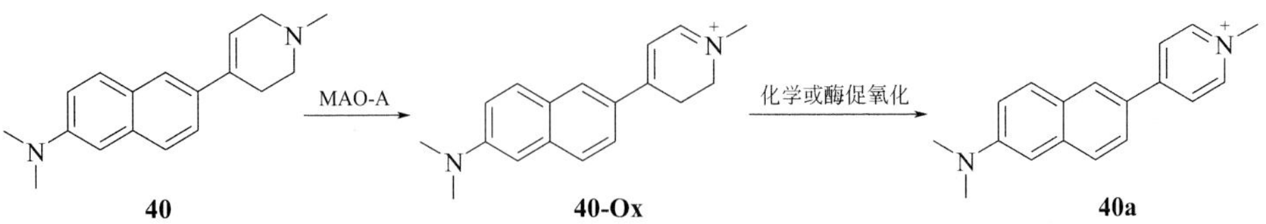

图7-20　探针40的结构以及其对MAO-A的响应机理[61]

五、过氧化物酶荧光识别染料

过氧化物酶（peroxidase，POD）是一种以过氧化物为电子受体催化底物氧化的酶，主要存在于载体的过氧化物酶体中，以铁卟啉为辅基，可催化过氧化氢、氧化酚类、胺类化合物和烃类氧化产物[62]。

过氧化物酶与呼吸作用、光合作用及生长素的氧化等都有关系，可以作为组织老化的一种生理指标。此外，它还可以用于食物防腐，临床上用作诊断酶测定葡萄糖含量。它对许多重要反应起催化作用，如：胆固醇和其他类异戊二烯的合成，多不饱和脂肪酸的生物合成等。另外，过氧化物酶与肝癌及多种人类遗传疾病相关[63]。

过氧化物酶可分为两大类：

（1）含铁过氧化物酶，其又可分为两类。①正铁血红素过氧化物酶：以正铁血红素Ⅲ作为辅基，存在于微生物、植物和动物中[64]；②绿过氧化物酶：其辅基也含有一个铁原卟啉基团，主要存在于动物器官和乳中。

（2）黄蛋白过氧化物酶：以黄素腺嘌呤二核苷酸作为辅基，这类酶存在于微生物和动物组织中。

辣根是过氧化物酶最主要的一个来源，因此称辣根过氧化物酶（HRP），其是临床检验试剂中的常用酶，其活性高，稳定，分子量小，纯酶容易制备，所以是最常用的过氧化物酶之一。目前，荧光探针法检测 HRP 主要基于其催化氧化的作用。如图 7-21 所示，在探针 41[65] 中，氨基官能化石墨烯量子点（af-GQDs）作为参考荧光团，邻苯二胺（OPD）作为识别部分，氧化产物 2,3-二氨基吩嗪（DAP）作为特异性响应信号。在加入 HRP 之前，探针 af-GQDs 的荧光发射波长为 440nm。经 HRP 处理后，OPD 被氧化成 DAP，荧光共振能量从 af-GQDs 转移到 DAP，荧光发射波长也由 440nm 红移至 553nm。二者荧光强度比（I_{553nm}/I_{440nm}）与 HRP 浓度在 2～800fmol/L（0.02～8μU/mL）范围内呈良好的线性关系。

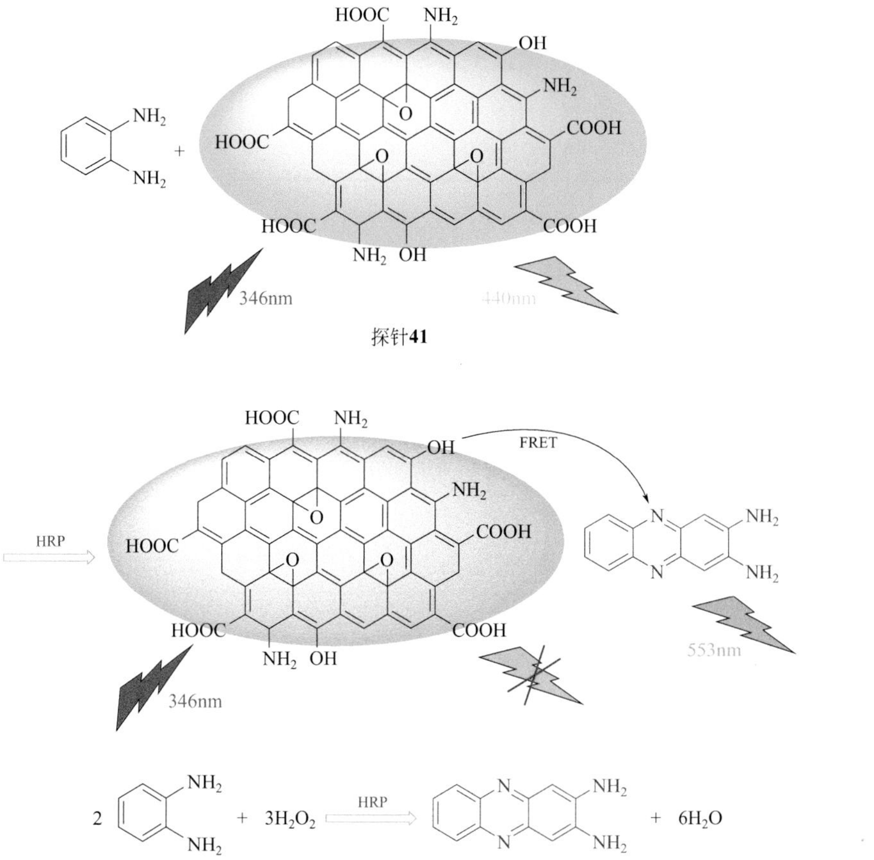

图7-21 探针41的结构及其检测HRP的机理示意图[65]

探针42[66]是一种以荧光素为荧光团（图7-22），基于HRP介导的对苯二胺（PPD）氧化产物PPDox的内滤效应（IFE），用于检测HRP的荧光传感器。受到HRP催化H_2O_2将PPD氧化为PPDox的特异性氧化反应的启发，PPDox的形成会导致荧光素的荧光猝灭。此基于PPD/荧光素的传感系统可用于实时监测实际生物样品中的HRP活性，对肝癌细胞中的HRP检测和成像具有很好的效果，除此之外，此传感器已成功扩展于目标抗原检测和血清学分析的荧光酶联免疫吸附试验（ELISA）中。由于简单易得，这种基于底物和荧光团的新型荧光测定法在生物测定和临床诊断中具有潜在应用。

探针43[67]是用于检测谷胱甘肽过氧化物酶（GPx）的比率型探针（图7-23）。其以2，2′-二硫代二乙醇为识别基团，以苯并吲哚与萘的衍生物（43-TP）为双光子荧光信号基团。GPx的活性中心是硒半胱氨酸（Sec），基于硒-硫交换反应，探针43对GPx的响应有很好的选择性。当探针与GPx作用后，二硫键被裂解，随后经分子内环化过程脱去 2-唑烷酮形成具有近红外荧光的 43-TP。探针 43 在两个发射带（I_{675nm}/I_{570nm}）的荧光强度之比用于 GPx 的定量检测，有效避免各种环境条件的干扰。探针 43 监测衰老细胞和小鼠模型中 GPx 的变化，发现在衰老过程中 GPx 的活性下降。此外，探针 43 还用于研究 GPx/GSH 氧化还原过程在汞中毒细胞和小鼠模型中的抗氧化机理以及脑组织深部 GPx 的检测和成像，成像深度可达 100μm。此探针的开发有利于探索 GPx/GSH 氧化还原过程的循环机理，还可以为了解老年人氧化应激增加的生物学基础、人类汞中毒以及临床干预的潜在靶点提供重要依据。

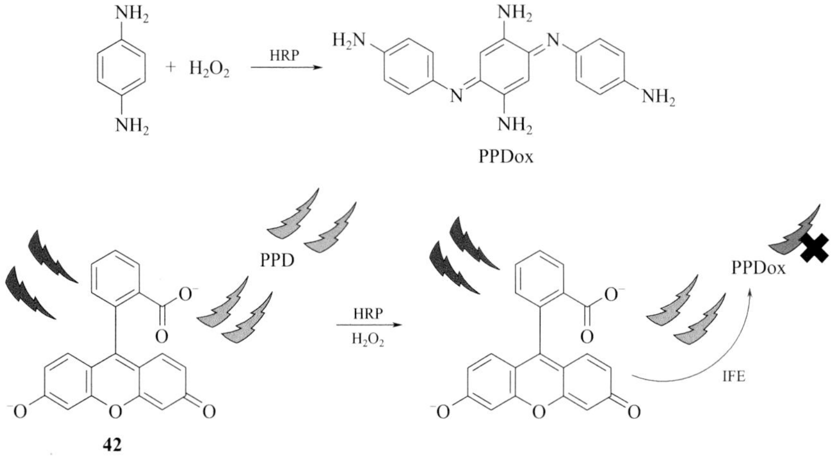

图7-22　探针42的结构以及它检测HRP的机理[66]

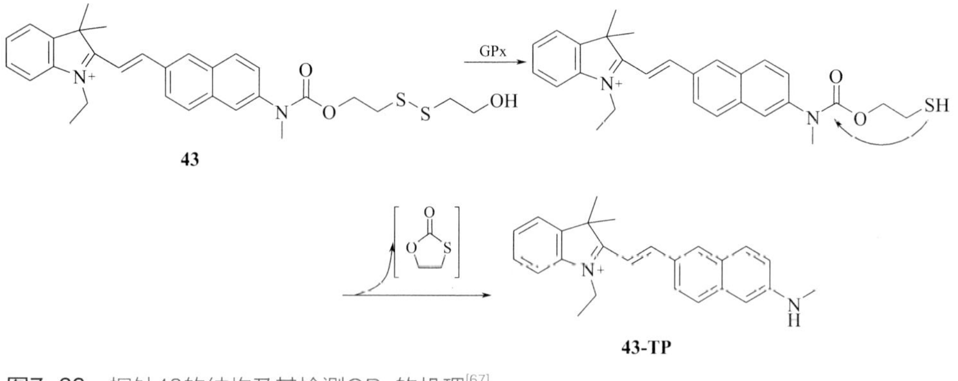

图7-23　探针43的结构及其检测GPx的机理[67]

第三节
转移酶荧光识别染料

转移酶(transferase)是能够催化除氢以外的各种化学功能团(官能团)从一种底物转移到另一种底物的酶类,例如转甲基酶、转氨酶、己糖激酶、磷酸化酶等,是在蛋白质合成中起肽链延伸作用的两种蛋白质之一,即延伸因子G(elongation factor G)。由于同源转移酶含量通常与病理改变相对应,因此可靠而灵敏的转移酶检测方法对于诊断相关疾病和病理分析都是非常重要的,且对于癌症和其他疾病的早期诊断以及选择正确的抗癌药物和干预措施提供帮助[68]。

一、谷氨酰转移酶荧光识别染料

谷氨酰转移酶(glutamyl transferase,GGT)是一种广泛存在于哺乳动物细胞表面的酶,可催化谷胱甘肽(GSH)或其他 γ-谷氨酰化合物中谷氨酰胺键的水解,其活性与诸多重要的生理过程密切相关[69]。主要存在肝细胞膜和微粒体上,参与谷胱甘肽的代谢,在肾脏、肝脏和胰腺含量丰富。研究发现,肝癌、卵巢癌、结直肠癌等多种疾病患者的 GGT 活性会显著升高。

目前 GGT 荧光探针的设计思路多是将含有 GGT 可裂解底物(目前多是 γ-谷氨酰胺键)的荧光猝灭基团修饰于荧光团上,GGT 催化探针中 γ-谷氨酰胺键水解使探针荧光恢复。目前检测 GGT 的荧光探针可分为两类:①利用 GGT 直接将荧光团上的荧光猝灭基团催化裂解除去,使其荧光恢复,达到检测目的。②基于级联反应。利用 GGT 将谷氨酰基催化裂解离去,随后探针通过分子内重排等反应,生成具有独特荧光的化合物,达到定量识别 GGT 的目的。

如图 7-24(a)所示,荧光探针 44[70] 能够高效地检测 GGT。44 在与 GGT 反应 45min 后,亲水的识别基团 γ-谷氨酰胺从探针上裂解离去,疏水的四苯乙烯衍生物聚集产生 AIE 效应,发出蓝色荧光。该探针可用于测定人血清样本中的 GGT,并在人卵巢癌细胞(A2780)中实现内源性 GGT 的成像。因此,此探针可用于 GGT 相关疾病的诊断和病理分析。探针 45~47 与 GGT 的作用机理与探针 44 相似[图 7-24(b)]。此三个探针均为近红外探针,45[71] 能够实现细胞中的 GGT 的检测和成像。探针 46[72] 可对肠道细菌中的 GGT 成像,有效地指导肠道细菌的分离,为从混合样品中快速分离特殊细菌提供了一种工具。探针 47[73] 可以通过单光子和双光子显微镜对细胞和组织内 GGT 进行成像。

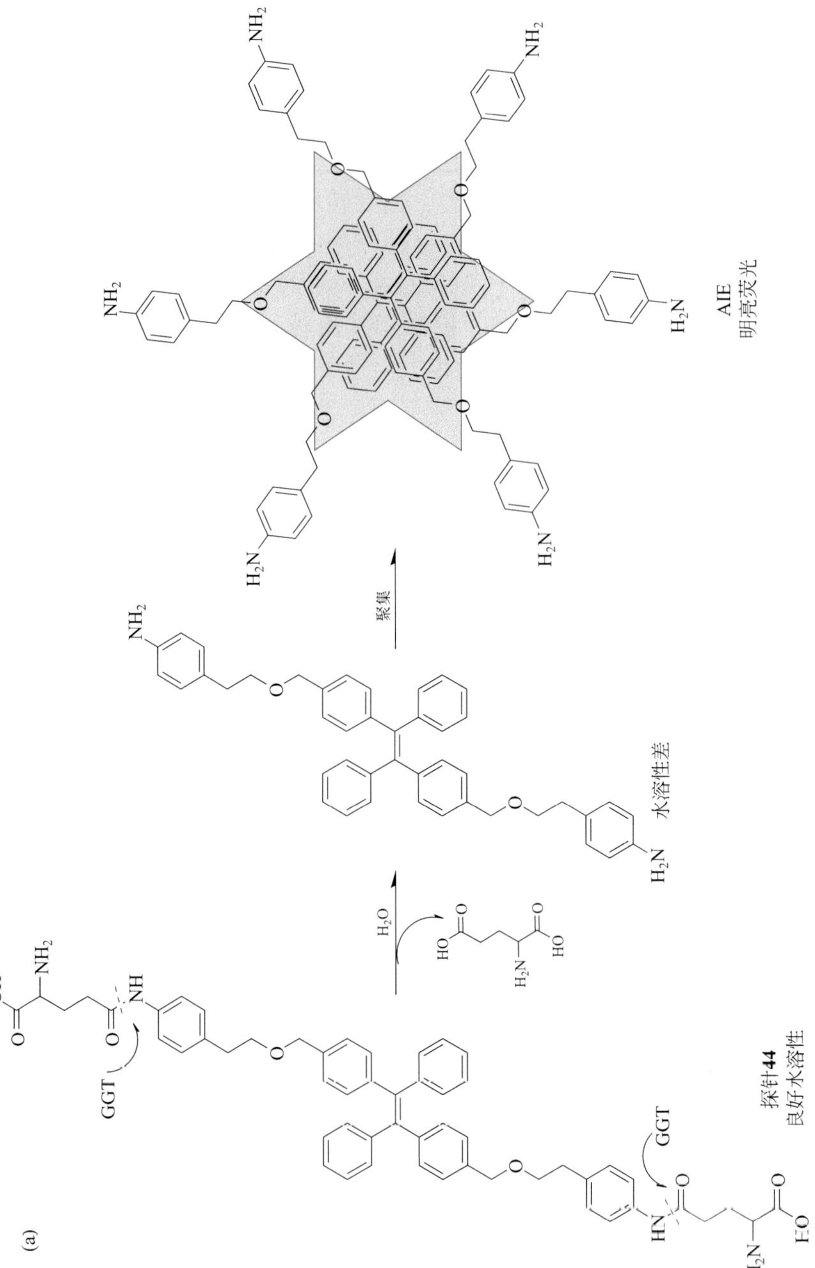
(a)
GGT
H_2O
聚集
探针**44**
良好水溶性
水溶性差
AIE
明亮荧光

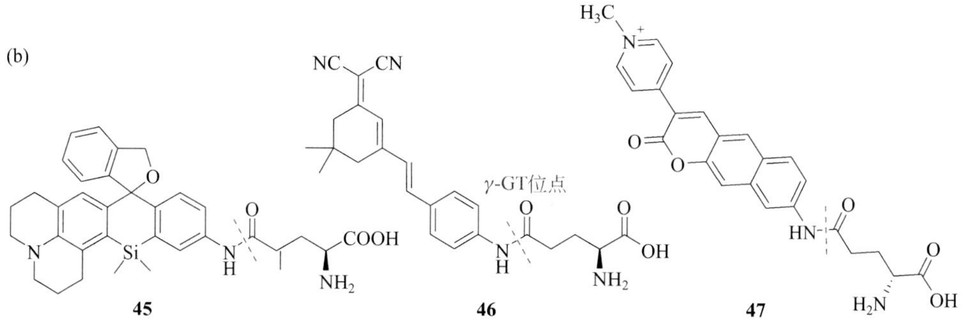

图7-24 探针44的结构及其检测GGT的机理（a）[70]；探针45[71]、46[72]和47[73]的结构（b）

48～50是基于级联反应的GGT荧光探针。如图7-25所示，在与GGT反应后，探针48[74]上的谷氨酰基裂解离去，这导致一个快速的分子内环转化反应，形成具有蓝色荧光的化合物。此探针对GGT的检测有很高的灵敏度，检出限低至0.21mU/mL。同时能够实现卵巢癌细胞（OVCAR5）和人脐静脉内皮细胞（HUVEC）中GGT的检测和成像。探针49和50（图7-26）对GGT的特异性响应和细胞成像能力能够将卵巢癌细胞与正常细胞区分开来[75]，可为肿瘤切除手术提供明确边缘，提高手术精准度降低人体损伤。

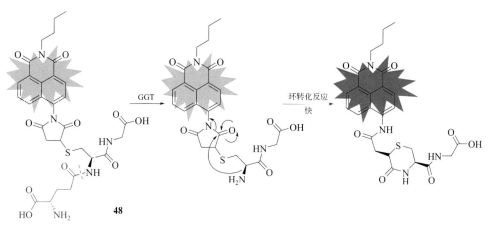

图7-25 探针48的结构及其检测GGT的机理[74]

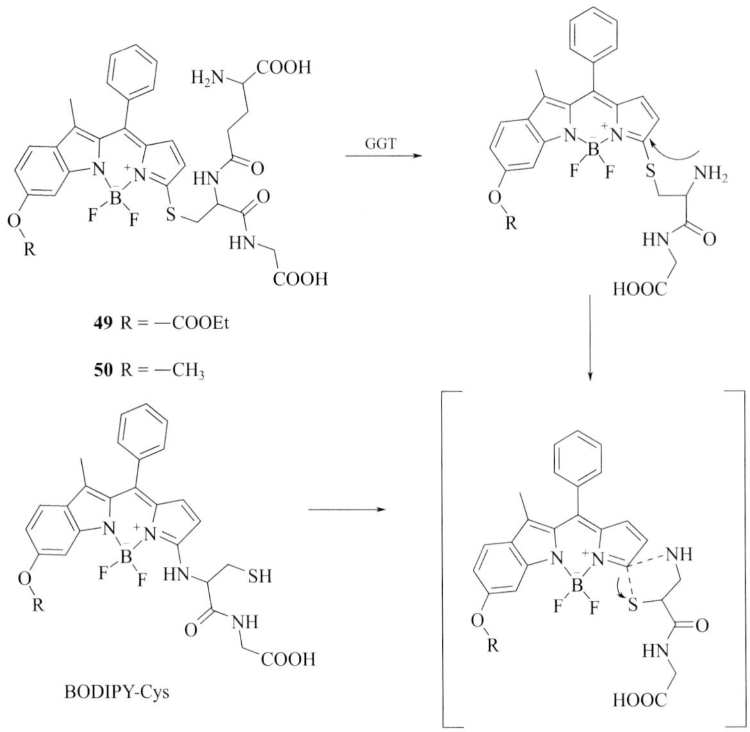

图7-26 探针49和50的结构及其检测GGT的机理[75]

二、硫酸基转移酶荧光识别染料

硫酸基转移酶（sulfate transferase，SULT）是Ⅱ相代谢酶中的重要成员，Ⅱ相代谢酶主要与进入人体内的原形药物或者Ⅰ相代谢产物进行结合，增强上述物质的水溶性，易于经人体肾脏排泄从而降低毒性反应的发生[76]。

目前发现的人体硫酸基转移酶有4个家族，分别是SULT1、SULT2、SULT4、SULT6，共包含13种不同的亚家族[77]。硫酸基转移酶作为一种解毒酶系统，主要分布在大脑、乳房、肠道、子宫内膜、肾上腺、血小板、胎盘、肾脏、肺等组织或器官中。SULT负责催化各种外源物（药物、食品添加剂、环境致癌物等）和内源物（如甾体激素、神经递质等）与体内的硫酸根离子结合，进而产生水溶性的硫酸盐类化合物，这种反应称为硫酸化反应[78]。SULT的活性受到显著抑制时，机体对甲状腺素、皮质激素类化合物和雌激素等物质的灭活能力将会明显降低，对机体产生一些不良影响。

目前SULT活性的检测大多数是基于比色方法或LC-MS，而用于SULT检测的荧光探针非常罕见。如图 7-27 所示，探针 51[79] 在辅酶苯酚硫转移酶（PST）的帮助下，采用偶联酶法，能够实现醇硫转移酶（AST）的荧光检测。51 和 PST 催化腺苷 3′,5′-二磷酸钠盐（PAP）生成的 3′-磷酸腺苷-5′-磷酰硫酸（PAPS）作为 SO_3^- 的供体，去氢表雄酮（DHEA）作为 AST 的底物，在此偶联酶法中，7-羟基-4-甲基香豆素作为荧光信号物来定量 AST 的活性。但是遗憾的是，目前的硫酸基转移酶荧光探针不适合在体内检测 SULT 活性或成像，需要更多的努力来开发 SULT 荧光探针。

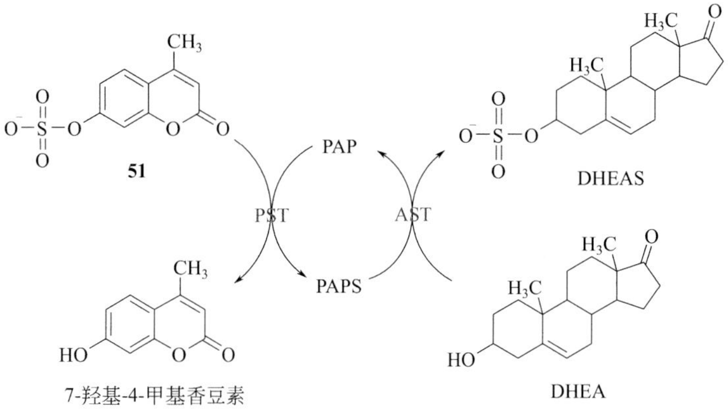

图7-27　探针51的结构及其检测AST的机理[79]

三、甲基转移酶荧光识别染料

甲基转移酶（methyl transferase，MTase）是一类催化甲基化反应的酶，广泛分布于微生物、动物、植物体内。

甲基转移酶可以调节多种生理过程[80]，如基因表达的抑制或关闭、DNA 损伤的修复，同时又能催化多种生理过程中间产物的甲基化进而合成或降解生理活性物质。有研究发现，人类的情绪和许多疾病的发生及植物的抗逆性都与甲基转移酶基因的表达有关。

如图 7-28 所示，探针 52 是一个检测 DNA 甲基转移酶（MTase）活性的荧光探针[81]，该探针基于链置换扩增（SDA）和指数滚环扩增技术（ERCA）的环状介导级联放大效应。这个长茎环探针（52）包含一个用于识别 DNA 甲基化腺嘌呤（Dam）MTase 的甲基化位点、一个用于探针稳定性的长茎和一个用于启动后续放大的环。在 DNA MTase 存在下，52 首先甲基化，然后被限制性核酸内切酶（DpnI：特异性切除甲基化的 DNA 链）切割，同时在 KF 聚合酶（DNA 聚

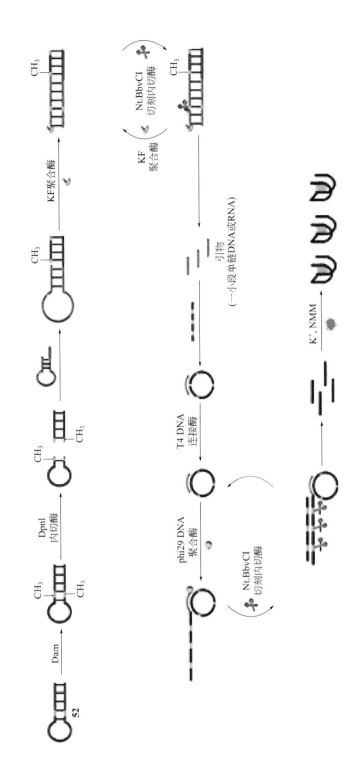

图7-28 探针52检测DNA MTase的机理示意图[81]

合酶 I 的 N 末端截短物，无任何外切酶活性，但保留了 DNA 聚合酶活性）、T4 DNA 连接酶（可以催化黏端或平端双链 DNA 或 RNA 的 5′-P 末端和 3′-OH 末端之间以磷酸二酯键结合）、Nt.BbvCI 切刻内切酶（对哺乳动物基因组 DNA CpG 甲基化敏感）和 phi29 DNA 聚合酶（phi29 DNA 聚合酶来源于枯草芽孢杆菌噬菌体 phi29，具有连续合成和链置换性质，且具有高保真性）等辅酶作用下，通过 SDA 和 ERCA 进程合成富含 G 序列的探针，并与 N-甲基卟啉二丙酸 IX（NMM）选择性地相互作用导致荧光增强。基于该放大效应，DNA MTase 的检测下限为 $8.1×10^{-5}$ U/mL。此外，该方法还能将 Dam MTase 与其他 MTase 明显区分开来，成功地应用于评估抑制剂对 DNA MTase 活性的影响，并在癌症早期诊断和治疗中具有巨大的潜力。

探针 53[82] 是一个能够实现活细胞内甲基鸟嘌呤-DNA 甲基转移酶（MGMT）检测和免洗成像的荧光探针（图 7-29）。该探针由一种特殊的 MGMT 伪底物（一种苄基鸟嘌呤）和一种环境敏感染料［4-磺胺基-7-氨基苯并噁唑（SBD）］组成。在 MGMT 存在下，探针上的鸟嘌呤被催化离去，苄基 SBD 被转移到疏水的蛋白活性位点中，导致其荧光增强 50 倍，该探针能够应用于 MGMT 过表达的 HeLa S3 和 MCF-7 细胞成像。而在 MGMT 缺乏的 CHO 细胞中并不展现荧光。表明这是一种快速、高通量的细胞筛查成像方法，能够实现 MGMT 活性高的肿瘤细胞成像。

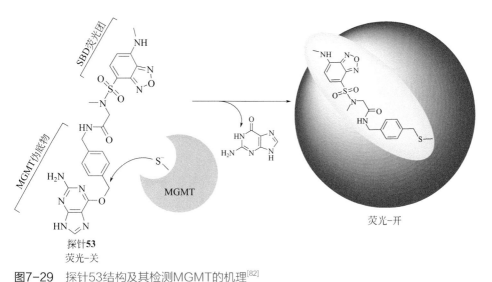

图7-29 探针53结构及其检测MGMT的机理[82]

探针 54[83] 是一个对儿茶酚-O-甲基转移酶（COMT）有高选择性的荧光探针（图 7-30）。COMT 是能够催化 S-腺苷酰甲硫氨酸的甲基转移至儿茶酚或儿茶酚胺的苯环 3- 位羟基上的酶。在 COMT 的作用下，8-OH 处甲基化反应后转化为 54a，展现绿色荧光。探针基于酶标仪的高通量分析方法可快速测定 COMT 活性，为选择性检测 COMT 活性奠定了基础。但是当需要定量精确测定生物基质中的 COMT 时，该方法又显得乏力。因此，迫切需要一种高灵敏度和高精度兼具的方法来监测复杂样品中的天然 COMT 活性。因此科研工作者以探针 54 为基础，采用液相色谱 - 荧光检测（LC-FD）测定法，利用甲基化的产物 54a 确定了生物样品中的 COMT 活性[84]。该方法在精密度、灵敏度和抗干扰等方面均得到了显著提高。这是由于液相色谱分离过程可避免或减少内源性化合物的干扰，从而准确而灵敏地测定生物基质中的 COMT。该方法可以准确测量人细胞制剂和人红细胞中 COMT 的活性。LC-FD 方法也为今后探索 COMT 在生理条件下的生物学功能、病理状态下的作用以及 COMT 抑制剂的发现提供了有效的手段。

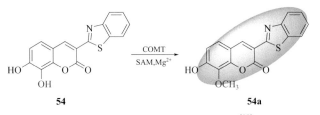

图7-30　探针54结构及其检测MGMT的机理[83]

第四节
水解酶荧光识别染料

水解酶（hydrolases）是催化各种化合物进行水解反应的酶的总称，其中主要有糖酶类（如淀粉酶、纤维素酶）、酯酶类（如脂肪酶）、蛋白酶类、酰胺酶类（如脲酶）、核酸酶类等。水解酶大多属于细胞外酶，在生物体内分布最广，数量最多，应用最广泛，在众多生理过程的调控和生物小分子的运输代谢中发挥着重要的作用。

一、蛋白水解酶荧光识别染料

蛋白水解酶（proteinase）是一类催化蛋白质肽键水解的酶的统称，简称蛋白酶，广泛存在于动植物及微生物中，尤其在动物消化道和细胞溶酶体中含量丰富。根据其蛋白水解机理分为丝氨酸蛋白酶、半胱氨酸蛋白酶、天冬氨酸蛋白酶、苏氨酸蛋白酶和金属蛋白酶[85]。其应用遍及食品、医药、化工等领域。

蛋白酶荧光探针多是反应激活型酶荧光探针，一般以一个包含酶作用位点的肽链为识别基团。如胰蛋白酶是一种丝氨酸蛋白水解酶，能够专一性催化水解赖氨酸、精氨酸羧基形成的肽键，所以在构筑胰蛋白酶荧光探针时，往往用赖氨酸、精氨酸羧基形成的肽键作为识别基团。如图 7-31 所示，探针 55 和 56 是可用来检测胰蛋白酶的自猝灭荧光底物[86]，从图上可看出两个探针均包含荧光团——荧光素异硫氰酸酯（FITC）和胰蛋白酶的作用位点——包含赖氨酸的肽链。在与酶作用之前，因为探针中荧光团高度组装聚集，其荧光被猝灭。在胰蛋白酶作用下，每个底物经历两次裂解，这使得 FITC 荧光得以恢复，达到检测胰蛋白酶的作用。这两个探针还能用于测定胰蛋白酶抑制剂的抑制效果，因此可用来筛选胰蛋白酶抑制剂。

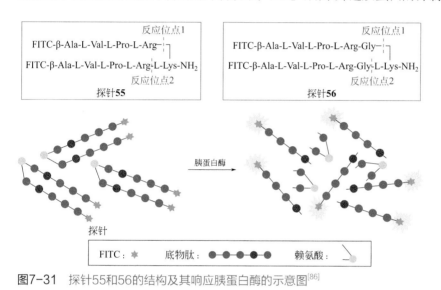

图7-31 探针55和56的结构及其响应胰蛋白酶的示意图[86]

胃促胰酶是一种丝氨酸蛋白酶，可使酪氨酸、色氨酸、苯丙氨酸及亮氨酸羧基端的肽键裂解。因此胃促胰酶荧光探针常常以包含以上几种氨基酸的肽链为识别基团。如图 7-32 所示，探针 57[87] 由 4-苯基乙烯基噻吩（TPETH）、半胱氨酸-苯丙氨酸-苏氨酸-谷氨酸-精氨酸（CFTER）序列的多肽和增强探针水溶性的天冬氨酸肽链组成。一旦探针与胃促胰酶相互作用，苯丙氨酸的 C 端肽键断裂，天冬氨酸组成的肽链水解离去，TPETH 发生聚集，诱导发射出红色荧光，达到定量分析胃促胰酶的作用。

组织蛋白酶 B（cathepsin B，Cat B）是溶酶体内半胱氨酸蛋白水解酶，其催化作用由 Cys、His 实现，易被巯基试剂抑制，又称巯基酶，其水解位点为 -Arg-Arg-，且能够在羧基端按顺序水解二肽，因此也叫做羧基二肽酶。Cat B 荧光探针多使用二肽作为识别基团。如图 7-33 所示，探针 58 和 59 是特异性检测 Cat B 的近红外荧光探针[88]，探针 58 基于分子内电荷转移（ICT）机理，其包含连接萘酚的 QCy7 荧光团和作为 Cat B 反应位点的二肽，在 Cat B 存在的情况下，二肽被水解离去，萘酚-QCy7 荧光团被释放，展现红色的荧光。探针 59 基于荧光共振能量转移（FRET）机理，在 Cat B 存在的情况下，连有猝灭基团的二肽被水解离去，Cy5 的红色荧光恢复。这两个探针均具备在细胞和肿瘤等生物体内检测和成像 Cat B 的能力。

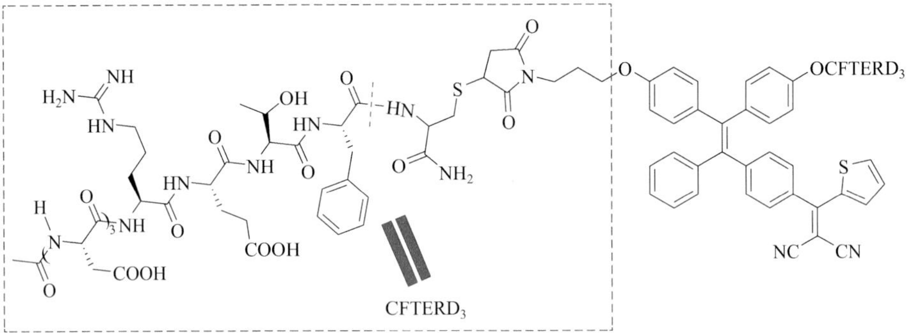

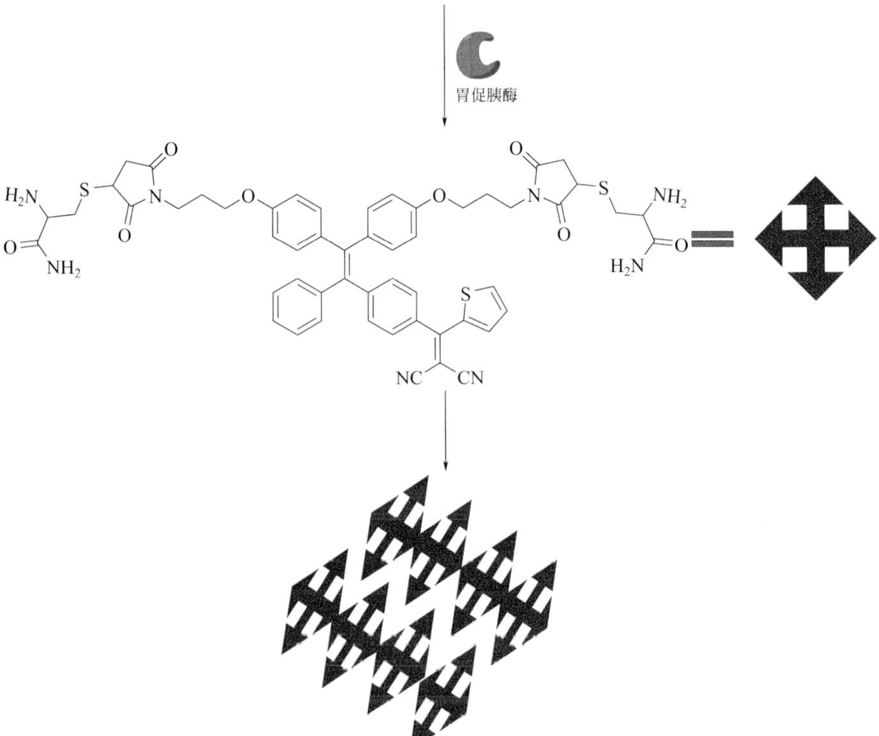

图7-32 探针57的结构及其检测胃促胰酶的机理[87]

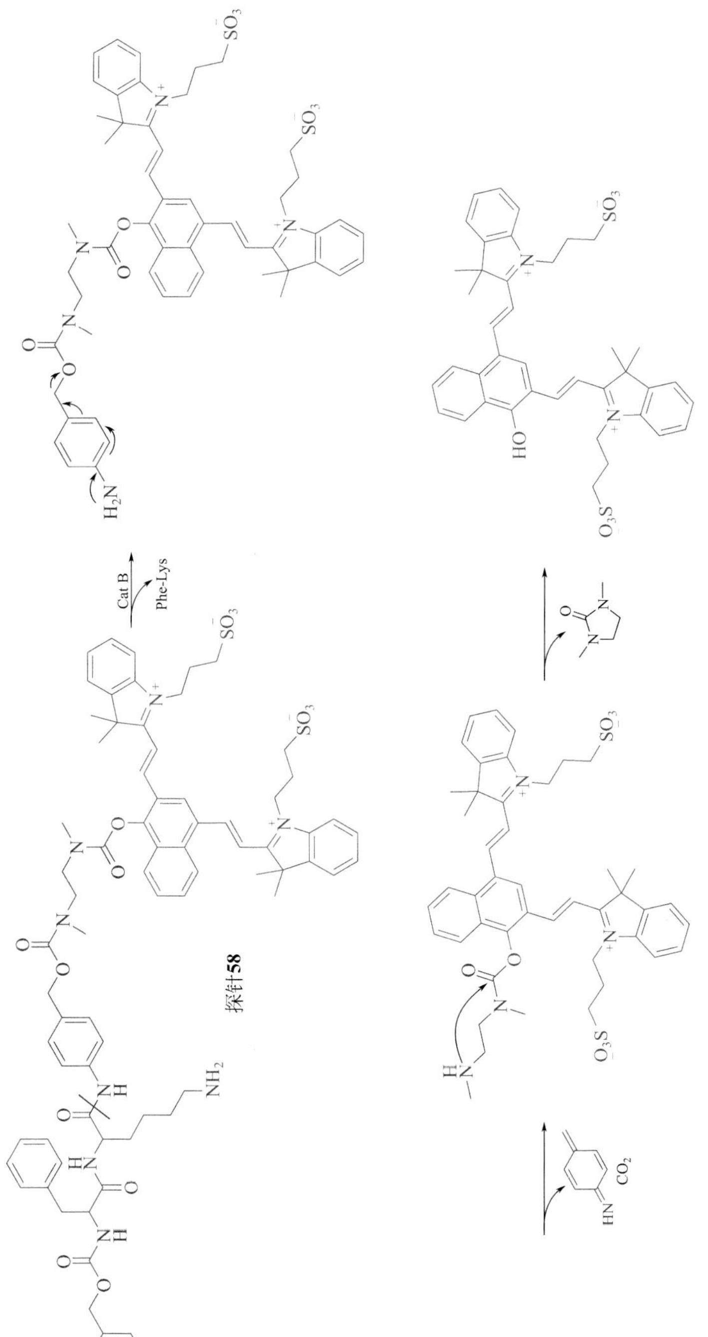

图7-33

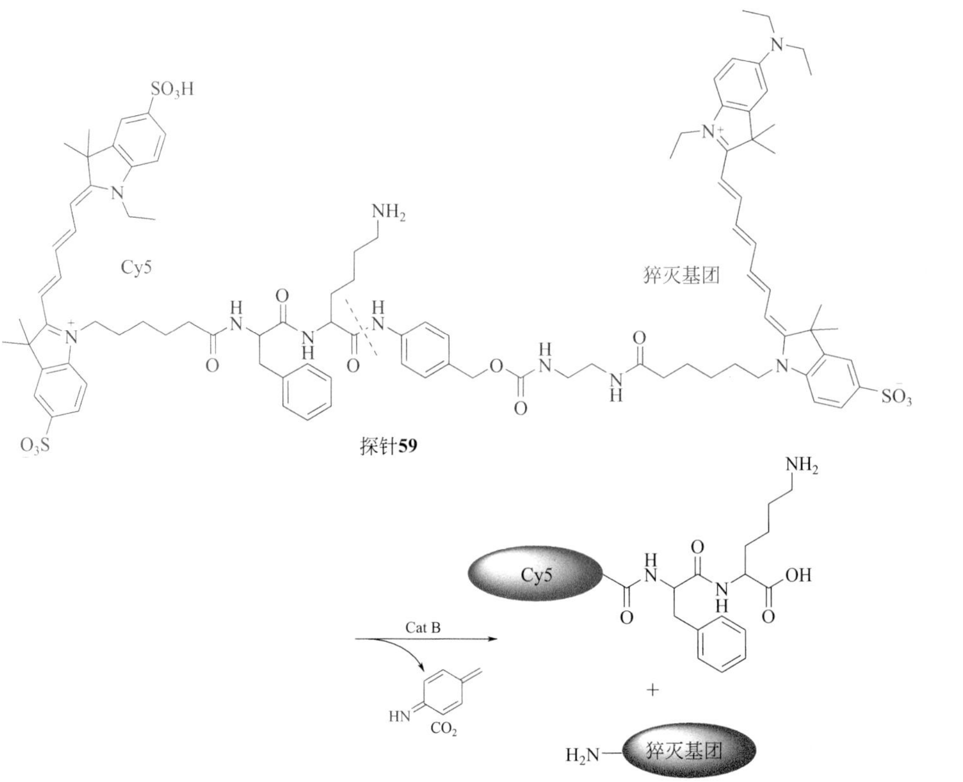

图7-33 探针58和59的结构及其响应Cat B的机理[88]

半胱天冬酶（caspase）在胞内以无活性的酶原形式存在，在其内部特定的天冬氨酸残基部位蛋白质裂解加工后可导致酶原激活，引发细胞凋亡。如图7-34所示，在丙烯酰化的2-（5′-氯-2-羟基苯基）-6-氯-4-（3H）-喹唑啉酮（CHCQ）荧光团上连接半胱氨酸肽底物合成的荧光探针60[89]能够特异性识别caspase-8。当caspase-8与探针60作用时，半胱氨酸上的肽链水解离去，半胱氨酸继续发生分子内环化反应，从CHCQ上离去，CHCQ荧光团展现明亮的绿色荧光。此探针能够实现细胞内caspase-8的实时检测和成像。

探针61[90]是以L-亮氨酸酰胺为识别基团的亮氨酸氨基肽酶（LAP）近红外荧光探针，其以双氰基异佛尔酮衍生物为荧光团（图7-35）。在与LAP相互作用时，探针61的酰胺部分被催化裂解，从而在NIR区域产生明显的荧光信号（658nm）。探针61能够实现细胞和生物体内痕量LAP的实时检测和成像。该探针证明具有更高LAP活性的HCT116细胞比经LAP siRNA转染的HCT116细胞更具侵袭性，这表明LAP可以作为反映癌细胞固有侵袭能力的指标。总之，探针61是一种有前景的可以作为LAP抑制剂筛选以及在临床应用中实时跟踪体内LAP活性的工具。

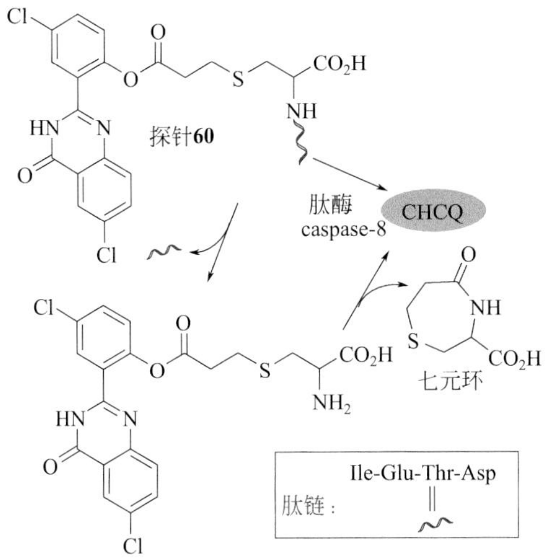

图7-34　探针60的结构及其响应caspase-8的机理[89]

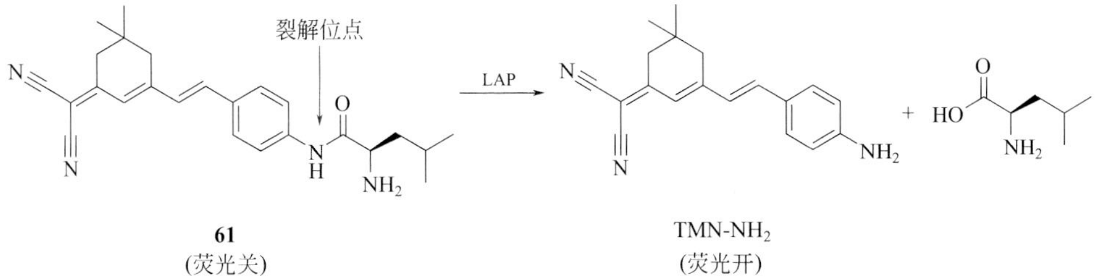

图7-35　LAP酶激活探针61的传感机理[90]

二、羧酸酯水解酶荧光识别染料

羧酸酯水解酶（carboxylesterase，CE）是一种能催化酯、硫酸酯和酰胺水解的酶，主要分布于肝脏，其他组织及细胞液、线粒体和内质网[91]。

CE属丝氨酸水解酶家族，它在人体代谢中起着重要的作用[91]，如：催化药物（包括前体药物）生成相应的自由酸，参与多种药物、环境毒物及致癌物的解毒和代谢；参与脂质运输和代谢，催化一些内源性化合物。肝微粒体CE中的一些同工酶与特定致癌物的代谢及肝癌的发生相关[92]。

CE荧光探针的设计思路仍是以在探针中修饰酶特异性催化底物为主。如图7-36（a）所示的探针62含有四个能与CE作用的羧酸酯基[93]。一旦与CE反应，羧酸酯基被催化水解离去，疏水的四苯乙烯荧光团被释放聚集诱导产生蓝

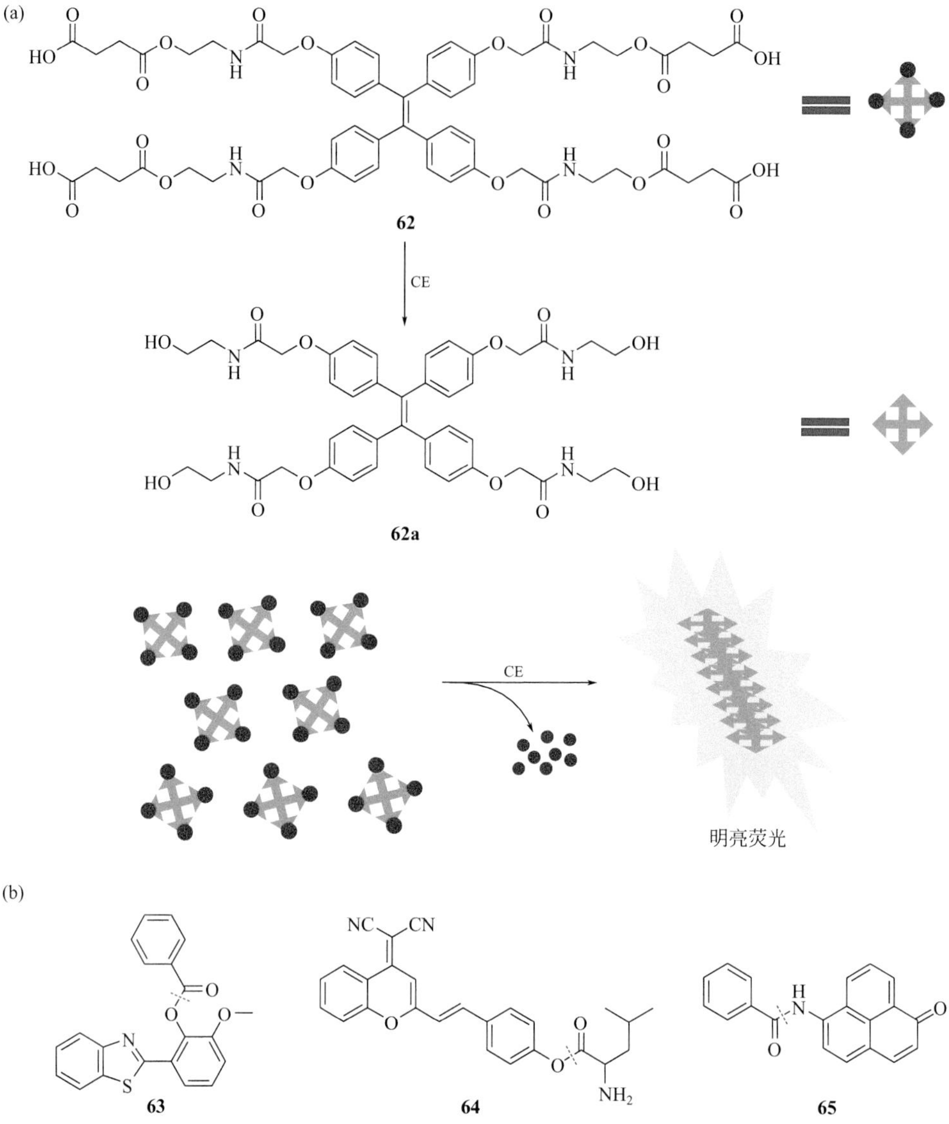

图7-36 探针62的结构及其响应CE的机理（a）[93]；探针63~65[94-96]的结构（b）

色荧光。探针62不仅可以用于实时监测CE的活性，而且有潜力用于筛选潜在的CE抑制剂。相同的，探针63和64均是以羧酸酯基为识别基团的CE探针[图7-36（b）]，63[94]能够实现细胞内源性CE1的成像和测定。64[95]能够实现细胞和组织等生物体内CE2的双光子成像，能够用于CE2相关药物的实时评价。探针65[96]是以酰胺键为识别基团的CE探针，其能够定量分析癌细胞以及胰腺癌患者的组织样品中的CE2活性，首次展示了荧光化学传感器在胰腺癌患者异种移植中检测 hCES2 的应用，并且提高了在高通量临床环境中预测患者对基于伊立替康（一种抗癌药物）的治疗反应的可能性。

三、磷酸酯酶荧光识别染料

磷酸酯酶（phosphatase）是水解酶，通常是指催化正磷酸酯化合物水解的酶类总称，或者说是水解磷酸酯及多聚磷酸化合物酶类的总称，在哺乳动物、植物和细菌中均有存在。磷酸酯酶可以通过水解底物分子上的磷酸盐单酯来脱磷，从而产生磷酸盐离子和游离羟基[97]。

根据其最适 pH 的不同，可分为酸性磷酸酯酶（ACP）和碱性磷酸酯酶（ALP）两大类[98]，前者的 pH 约为 5.0，后者的 pH 约为 9.0。ACP 主要存在于植物中，ALP 在生物医学中有着广泛的应用。ALP 在细胞内过程的信号转导和细胞生长、凋亡调控中起着至关重要的作用[99]。血清 ALP 常被用作各种疾病的重要诊断指标，包括乳腺癌、前列腺癌、骨病、肝功能障碍和糖尿病。因此目前的磷酸酯酶荧光探针大多用于 ALP 的检测。

由于磷酸酯酶对磷酸基团具有特异性催化水解作用，因此目前磷酸酯酶的荧光探针多是以磷酸基团作为识别基团。如图 7-37（a）所示，比率荧光探针 66 能够高灵敏地检测 ALP[100]。查尔酮（HCA）酚羟基上的氢原子被磷酸基团取代形成磷酸酯，激发态分子内质子转移（ESIPT）进程被抑制，探针在 539nm 显示较弱的荧光。而一旦探针与 ALP 作用，磷酸酯键被催化水解，磷酸基团从 HCA 上离去，HCA 的 ESIPT 效应使其荧光发射红移至 641nm 处。荧光强度比（I_{641nm}/I_{539nm}）与 ALP 浓度（0~150mU/mL）有很好的线性关系，能够用来定量分析 ALP。此探针还能应用于细胞间液中 ALP 的检测和 HeLa 细胞中 ALP 的成像。探针 67~70[101-104] 均是以磷酸基团作为识别基团的荧光探针 [图 7-37（b）、图 7-38]，能够应用于细胞、血样和组织等生物样本中 ALP 的成像和检测，对相关疾病的诊断、成像和治疗有应用价值。探针 70[104] 是一个自锚定近红外荧光探针（图 7-38），当探针被 ALP 催化后能与附近的亲核蛋白反应结合，展现其近红外荧光。此探针采用的酶活共价锚定附近蛋白质的策略克服了在高动态的体内系统中激活的荧光团从目标位点快速扩散的问题，荧光信号保留时间大幅延长。另外与传统的酶反应荧光探针相比，自锚定型荧光探针免洗的特点更加有利于其生物应用。

以半胱氨酸包覆的 CdTe 量子点（QDs）为荧光团的探针 71[105]（图 7-39）能够选择性地检测酸性磷酸酯酶（ACP），此探针以腺苷三磷酸（ATP）为识别基团。当量子点上修饰 ATP 后，展现明显的绿色荧光。而一旦探针与 ACP 反应，量子点表面的 ATP 水解离去，量子点的荧光信号减弱，从而达到检测 ACP 的目的。此方法还能够用于筛选 ACP 抑制剂，并能应用于测定人血清样本中的 ACP。

图7-37 探针66的结构及其检测ALP的机理（a）[100]；探针67~69[101-103]的结构（b）

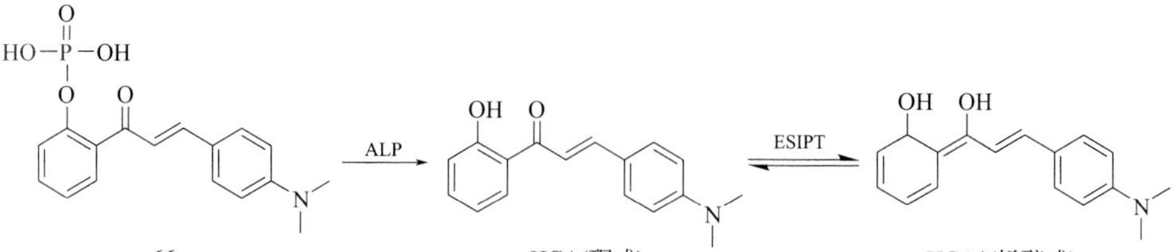

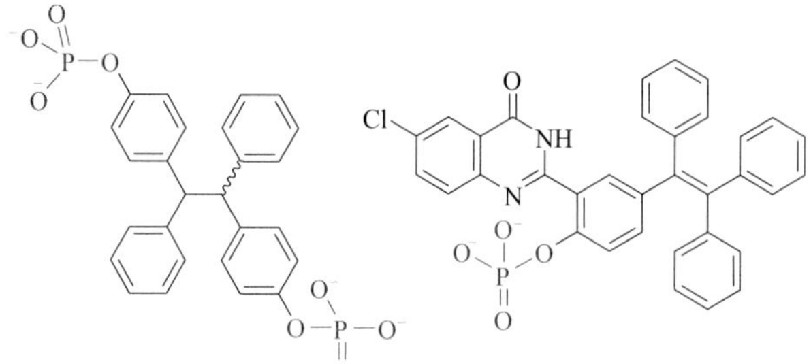

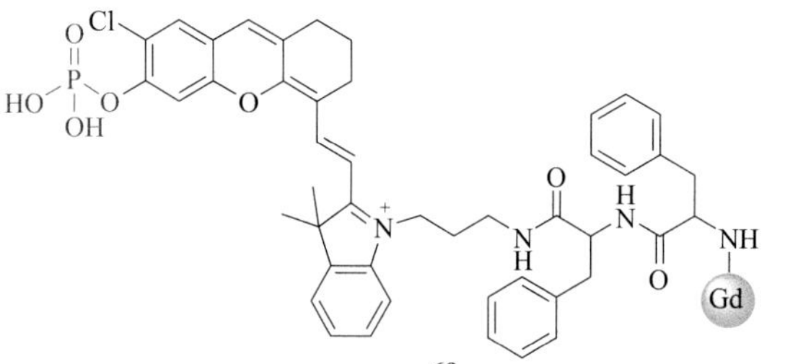

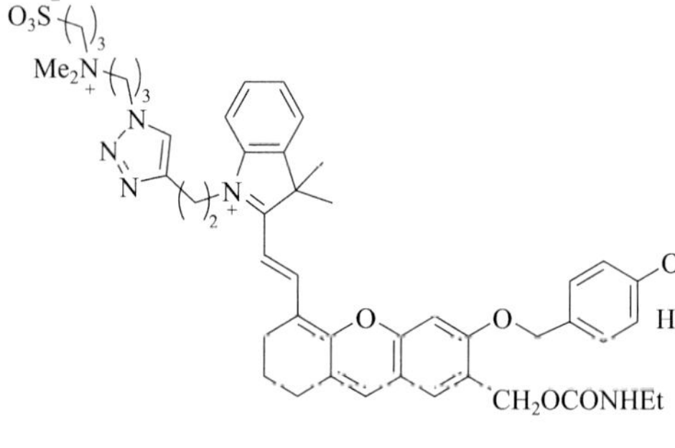

70
荧光-关

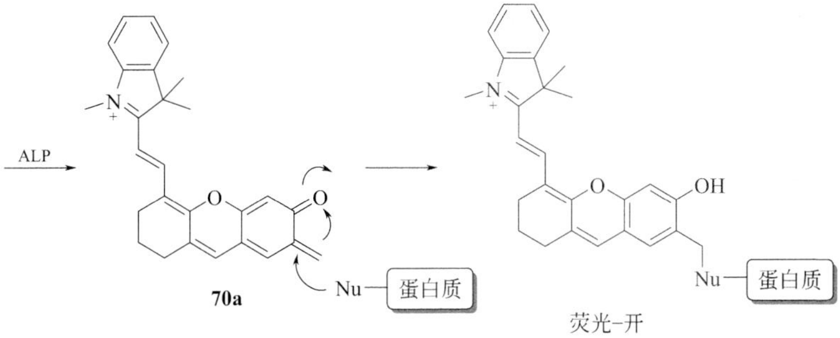

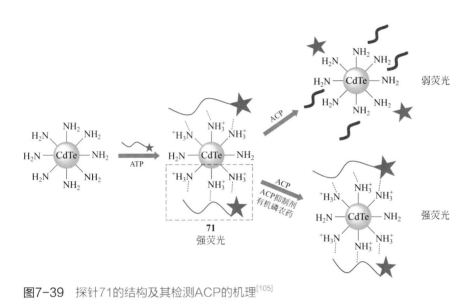

图7-38 探针70的结构及其检测ALP的机理[104]

图7-39 探针71的结构及其检测ACP的机理[105]

四、糖苷水解酶荧光识别染料

糖苷水解酶（glycoside hydrolases，GH）是一类水解糖苷键的酶的统称，简称糖苷酶，它是真正意义上的水解酶，不需要任何辅酶和辅因子。糖苷水解酶数量众多，广泛存在于细菌、真菌、植物种子和动物器官中，在生物体糖和糖缀合物的水解与合成过程中起着十分重要的作用[106]。

目前 GH 荧光探针多是反应激活型酶荧光探针，主要以酶的特异性催化底物为识别基团。如图 7-40 所示，72 是基于半花菁衍生荧光团用于高效检测 β-半乳糖苷酶（β-GAL）的荧光探针[107]。β-GAL 存在多种微生物中，除了水解活性外，

某些来源的 β-GAL 也具有转糖基活性。一般可催化乳糖分解为一分子的葡萄糖和一分子的半乳糖。当探针与 β-GAL 反应后，β-半乳糖基水解离去，释放出半花菁衍生荧光团，展现红色荧光。72 能够实现细胞中 β-GAL 的荧光成像。探针 73[108] 和 74[109] 也是以 β-半乳糖基为识别基团的 β-GAL 探针（图 7-41 和图 7-42），可用于细胞中的内源性 β-GAL 的检测和高分辨成像。其中探针 74 是自锚定型荧光探针，在生物应用方面与探针 70 有相同优点。

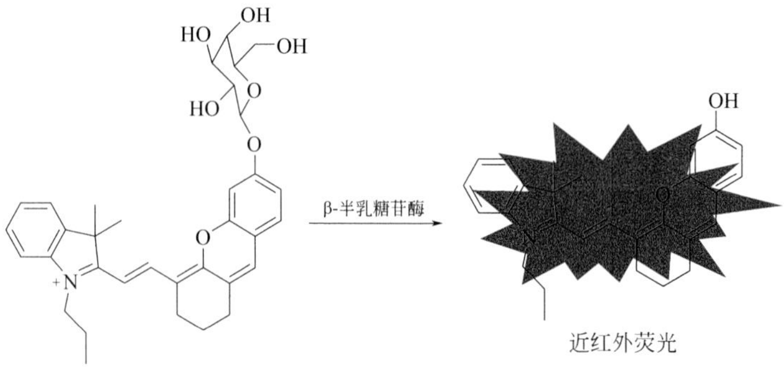

图 7-40　探针 72 的结构及其检测 β-GAL 的机理[107]

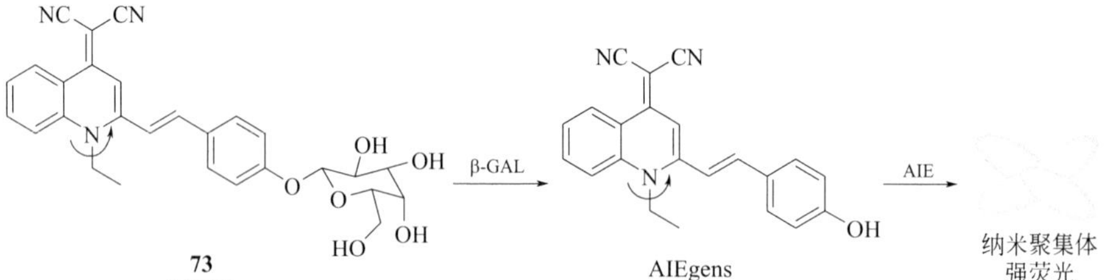

图 7-41　探针 73 的结构及其检测 β-GAL 的原理[108]

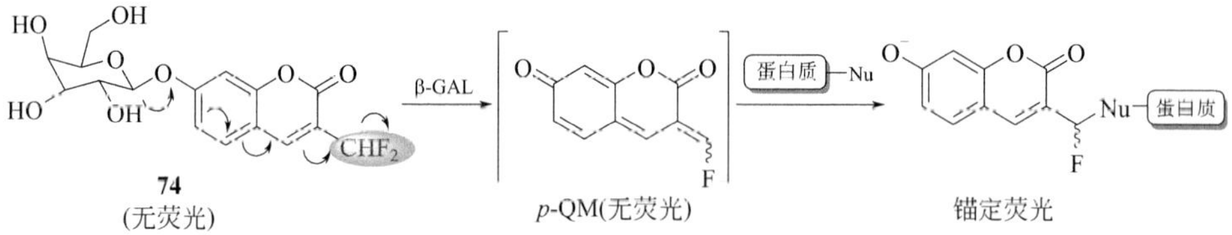

图 7-42　探针 74 的结构及其检测 β-GAL 的原理[109]

参考文献

[1] Prouteau M, Loewith R. Regulation of cellular metabolism through phase separation of enzymes[J]. Biomolecules, 2018, 8(4): 160.

[2] Madhu A, Chakraborty J N. Developments in application of enzymes for textile processing[J]. Journal of Cleaner Production, 2017, 145: 114-133.

[3] Mak W S, Siegel J B. Computational enzyme design: transitioning from catalytic proteins to enzymes[J]. Curr Opin Struct Biol, 2014, 27: 87-94.

[4] McDonald A G, Tipton K F. Fifty-five years of enzyme classification: advances and difficulties[J]. FEBS J, 2014, 281(2): 583-592.

[5] Narayanan C, Bernard D N, Doucet N. Role of conformational motions in enzyme function: selected methodologies and case studies[J]. Catalysts, 2016, 6(6): 81.

[6] Bunik V I, Tylicki A, Lukashev N V. Thiamin diphosphate-dependent enzymes: from enzymology to metabolic regulation, drug design and disease models[J]. FEBS J, 2013, 280(24): 6412-6442.

[7] Testa B, Pedretti A, Vistoli G. Reactions and enzymes in the metabolism of drugs and other xenobiotics[J]. Drug Discov Today, 2012, 17(11-12): 549-560.

[8] Alberti D, van't Erve M, Stefania R, et al. A quantitative relaxometric version of the ELISA test for the measurement of cell surface biomarkers[J]. Angew Chem Int Edit, 2014, 53(13): 3488-3491.

[9] Song Y, Wei W, Qu X. Colorimetric biosensing using smart materials[J]. Adv Mater, 2011, 23(37): 4215-4236.

[10] Bernal C, Rodriguez K, Martinez R. Integrating enzyme immobilization and protein engineering: an alternative path for the development of novel and improved industrial biocatalysts[J]. Biotechnol Adv, 2018, 36(5): 1470-1480.

[11] Valentino H, Sobrado P. Performing anaerobic stopped-flow spectrophotometry inside of an anaerobic chamber// New approaches for flavin catalysis, methods in enzymology [M]. England: Academic Press Ltd-Elsevier Science Ltd, 2019: 51-88.

[12] Bram S, Wolfram E. Recent advances in effect-directed enzyme assays based on thin-layer chromatography[J]. Phytochem Anal, 2017, 28(2): 74-86.

[13] Larmour I A, Faulds K, Graham D. The past, present and future of enzyme measurements using surface enhanced Raman spectroscopy[J]. Chem Sci, 2010, 1(2): 151-160.

[14] Wei T W, Wang F, Zhang Z J, et al. Recent progress in the development of fluorometric chemosensors to detect enzymatic activity[J]. Current Medicinal Chemistry, 2019, 26(21): 3923-3957.

[15] Liu H W, Chen L, Xu C, et al. Recent progresses in small-molecule enzymatic fluorescent probes for cancer imaging[J]. Chem Soc Rev, 2018, 47(18): 7140-7180.

[16] 钱明，张留伟，王静云. 反应激活型酶荧光探针的研究进展 [J]. 化工学报，2017, 68(1): 8-22.

[17] May S W, Padgette S R. Oxidoreductase enzymes in biotechnology-current status and future potential[J]. Bio-Technology, 1983, 1(8): 677-686.

[18] Khatoon N, Jamal A, Ali M I. Polymeric pollutant biodegradation through microbial oxidoreductase: a better strategy to safe environment[J]. Int J Biol Macromol, 2017, 105(Pt 1): 9-16.

[19] Gong L, Zhang CM, Lv JF, et al. Polymorphisms in cytochrome P450 oxidoreductase and its effect on drug metabolism and efficacy[J]. Pharmacogenetics and Genomics, 2017, 27(9): 337-346.

[20] Battelli M G, Bortolotti M, Polito L, et al. Metabolic syndrome and cancer risk: the role of xanthine oxidoreductase[J]. Redox Biol, 2019, 21: 101070.

[21] Kwon N, Cho M K, Park S J, et al. An efficient two-photon fluorescent probe for human NAD(P)H:quinone oxidoreductase (hNQO1) detection and imaging in tumor cells[J]. Chem Commun, 2017, 53(3): 525-528.

[22] Wu X, Li X, Li H, et al. A highly sensitive and selective fluorescence off-on probe for the detection of intracellular endogenous tyrosinase activity[J]. Chem Commun, 2017, 53(16): 2443-2446.

[23] Liu G, Wang J, Hou Y, et al. Improvements of modified wheat protein disulfide isomerases with chaperone activity only on the processing quality of flour[J]. Food and Bioprocess Technology, 2016, 10(3): 568-581.

[24] Thomas G J, Morton C A. Cyclooxygenase in cancer prevention and treatments for actinic keratosis[J]. Dermatol Ther (Heidelb), 2017, 7(Suppl 1): 21-29.

[25] Sellers R S, Radi Z A, Khan N K. Pathophysiology of cyclooxygenases in cardiovascular homeostasis[J]. Vet Pathol, 2010, 47(4): 601-613.

[26] Pannunzio A, Coluccia M. Cyclooxygenase-1 (COX-1) and COX-1 inhibitors in cancer: a review of oncology and medicinal chemistry literature[J]. Pharmaceuticals, 2018, 11(4): 101.

[27] Uchida K. HNE as an inducer of COX-2[J]. Free Radic Biol Med, 2017, 111: 169-172.

[28] Zhang H, Fan J, Wang J, et al. Fluorescence discrimination of cancer from inflammation by molecular response to COX-2 enzymes[J]. J Am Chem Soc, 2013, 135(46): 17469-17475.

[29] Gurram B, Zhang S, Li M, et al. Celecoxib conjugated fluorescent probe for identification and discrimination of cyclooxygenase-2 enzyme in cancer cells[J]. Anal Chem, 2018, 90(8): 5187-5193.

[30] Wang B, Fan J, Wang X, et al. A Nile blue based infrared fluorescent probe: imaging tumors that over-express cyclooxygenase-2[J]. Chem Commun, 2015, 51(4): 792-795.

[31] Yadav A K, Reinhardt C J, Arango A S, et al. An activity‐based sensing approach for the detection of cyclooxygenase‐2 in live cells[J]. Angewandte Chemie International Edition, 2020, 59(8): 3307-3314.

[32] Drake C R, Estevez-Salmeron L, Gascard P, et al. Towards aspirin-inspired self-immolating molecules which target the cyclooxygenases[J]. Org Biomol Chem, 2015, 13(45): 11078-11086.

[33] Haldys K, Latajka R. Thiosemicarbazones with tyrosinase inhibitory activity[J]. Med Chem Comm, 2019, 10(3): 378-389.

[34] Pillaiyar T, Manickam M, Namasivayam V. Skin whitening agents: medicinal chemistry perspective of tyrosinase inhibitors[J]. J Enzyme Inhib Med Chem, 2017, 32(1): 403-425.

[35] Zhang J, Li Z, Tian X, et al. A novel hydrosoluble near-infrared fluorescent probe for specifically monitoring tyrosinase and application in a mouse model[J]. Chem Commun, 2019, 55(64): 9463-9466.

[36] Wang C, Yan S, Huang R, et al. A turn-on fluorescent probe for detection of tyrosinase activity[J]. Analyst, 2013, 138(10): 2825-2828.

[37] Zhan C, Cheng J, Li B, et al. A fluorescent probe for early detection of melanoma and its metastasis by specifically imaging tyrosinase activity in a mouse model[J]. Anal Chem, 2018, 90(15): 8807-8815.

[38] Li Z, Wang Y F, Zeng C, et al. Ultrasensitive tyrosinase-activated turn-on near-infrared fluorescent probe with a rationally designed urea bond for selective imaging and photodamage to melanoma cells[J]. Anal Chem, 2018, 90(6): 3666-3669.

[39] Wu X, Li L, Shi W, et al. Near infrared fluorescent probe with new recognition moiety for specific detection of tyrosinase activity: design, synthesis, and application in living cells and zebrafish[J]. Angew Chem Int Edit, 2016, 55(47): 14728-14732.

[40] Li H, Liu W, Zhang F, et al. Highly selective fluorescent probe based on hydroxylation of phenylboronic acid pinacol ester for detection of tyrosinase in cells[J]. Anal Chem, 2018, 90(1): 855-858.

[41] Yang S, Jiang J, Zhou A, et al. Substrate-photocaged enzymatic fluorogenic probe enabling sequential activation for light-controllable monitoring of intracellular tyrosinase activity[J]. Anal Chem, 2020, 92(10): 7194-7199.

[42] Qin W, Xu C, Zhao Y, et al. Recent progress in small molecule fluorescent probes for nitroreductase[J]. Chinese Chemical Letters, 2018, 29(10): 1451-1455.

[43] More K N, Lim T H, Kim S Y, et al. Characteristics of new bioreductive fluorescent probes based on the xanthene fluorophore: detection of nitroreductase and imaging of hypoxic cells[J]. Dyes And Pigments, 2018, 151: 245-253.

[44] 万琼琼，李照，马会民. 硝基还原酶荧光探针的研究进展 [J]. 分析科学学报，2014, 30(5): 755-760.

[45] Fang Y, Shi W, Hu Y, et al. A dual-function fluorescent probe for monitoring the degrees of hypoxia in living cells via the imaging of nitroreductase and adenosine triphosphate[J]. Chem Commun (Camb), 2018, 54(43): 5454-5457.

[46] Xu K, Wang F, Pan X, et al. High selectivity imaging of nitroreductase using a near-infrared fluorescence probe in hypoxic tumor[J]. Chem Commun, 2013, 49(25): 2554-2556.

[47] Li Y, Sun Y, Li J, et al. Ultrasensitive near-infrared fluorescence-enhanced probe for in vivo nitroreductase imaging[J]. J Am Chem Soc, 2015, 137(19): 6407-6416.

[48] Xu S, Wang Q, Zhang Q, et al. Real time detection of ESKAPE pathogens by a nitroreductase-triggered fluorescence turn-on probe[J]. Chem Commun, 2017, 53(81): 11177-11180.

[49] Zhang J, Liu H W, Hu X X, et al. Efficient two-photon fluorescent probe for nitroreductase detection and hypoxia imaging in tumor cells and tissues[J]. Anal Chem, 2015, 87(23): 11832-11839.

[50] Shi Y, Zhang S, Zhang X. A novel near-infrared fluorescent probe for selectively sensing nitroreductase (NTR) in an aqueous medium[J]. Analyst, 2013, 138(7): 1952-1955.

[51] Brennecke B, Wang Q, Zhang Q, et al. An activatable lanthanide luminescent probe for time-gated detection of nitroreductase in live bacteria[J]. Angew Chem Int Edit, 2020, 59(22): 8512-8516.

[52] Dhiman P, Malik N, Sobarzo-Sanchez E, et al. Quercetin and related chromenone derivatives as monoamine oxidase inhibitors: targeting neurological and mental disorders[J]. Molecules, 2019, 24(3): 418.

[53] Shi R R, Wu Q, Xin C Q, et al. Structure-based specific detection and inhibition of monoamine oxidases and their applications in central nervous system diseases[J]. Chem Bio Chem, 2019, 20(12): 1487-1497.

[54] Mathew B. Unraveling the structural requirements of chalcone chemistry towards monoamine oxidase inhibition[J]. Central Nervous System Agents in Medicinal Chemistry, 2019, 19(1): 6-7.

[55] Li X, Zhang H, Xie Y, et al. Fluorescent probes for detecting monoamine oxidase activity and cell imaging[J]. Org Biomol Chem, 2014, 12(13): 2033-2036.

[56] Wu X, Li L, Shi W, et al. Sensitive and selective ratiometric fluorescence probes for detection of intracellular endogenous monoamine oxidase A[J]. Anal Chem, 2016, 88(2): 1440-1446.

[57] Li L, Zhang C W, Chen G Y, et al. A sensitive two-photon probe to selectively detect monoamine oxidase B activity in Parkinson's disease models[J]. Nat Commun, 2014, 5: 4276.

[58] Wang R, Han X, You J, et al. Ratiometric near-infrared fluorescent probe for synergistic detection of monoamine oxidase B and its contribution to oxidative stress in cell and mice aging models[J]. Anal Chem, 2018, 90(6): 4054-4061.

[59] Wu X, Shi W, Li X, et al. A strategy for specific fluorescence imaging of monoamine oxidase A in living cells[J]. Angew Chem Int Edit, 2017, 56(48): 15319-15323.

[60] Xiang Y, He B, Li X, et al. The design and synthesis of novel "turn-on" fluorescent probes to visualize monoamine oxidase-B in living cells[J]. RSC Advances, 2013, 3(15): 4876-4879.

[61] Fang H, Zhang H, Li L, et al. Rational design of a two-photon fluorogenic probe for visualizing monoamine oxidase A activity in human glioma tissues[J]. Angew Chem Int Edit, 2020, 59(19): 7536-7541.

[62] O'Brien P J. Peroxidases[J]. Chemico-Biological Interactions, 2000, 129: 113-139.

[63] Chang C, Worley B L, Phaeton R, et al. Extracellular glutathione peroxidase GPx3 and its role in cancer[J]. Cancers, 2020, 12(8): 2197.

[64] Sirokmány G, Geiszt M. The relationship of NADPH oxidases and heme peroxidases: fallin' in and out[J]. Frontiers in Immunology, 2019, 10: 394.

[65] Huang S, Wang L, Huang C, et al. Amino-functionalized graphene quantum dots based ratiometric fluorescent nanosensor for ultrasensitive and highly selective recognition of horseradish peroxidase[J]. Sensors and Actuators B: Chemical, 2016, 234: 255-263.

[66] Sun J, Zhao J, Wang L, et al. Inner filter effect-based sensor for horseradish peroxidase and its application to fluorescence immunoassay[J]. ACS Sens, 2018, 3(1): 183-190.

[67] Wang Y, Zhang L, Chen L. Glutathione peroxidase-activatable two-photon ratiometric fluorescent probe for redox mechanism research in aging and mercury exposure mice models[J]. Anal Chem, 2020, 92(2): 1997-2004.

[68] Pljesa-Ercegovac M, Savic-Radojevic A, Matic M, et al. Glutathione transferases: potential targets to overcome chemoresistance in solid tumors[J]. Int J Mol Sci, 2018, 19(12): 3785.

[69] Ndrepepa G, Kastrati A. Gamma-glutamyl transferase and cardiovascular disease[J]. Ann Transl Med, 2016, 4(24): 481.

[70] Hou X, Zeng F, Wu S. A fluorescent assay for gamma-glutamyltranspeptidase via aggregation induced emission and its applications in real samples[J]. Biosens Bioelectron, 2016, 85: 317-323.

[71] Iwatate R J, Kamiya M, Umezawa K, et al. Silicon Rhodamine-based near-infrared fluorescent probe for gamma-glutamyltransferase[J]. Bioconjug Chem, 2018, 29(2): 241-244.

[72] Liu T, Yan Q L, Feng L, et al. Isolation of gamma-glutamyl-transferase rich-bacteria from mouse gut by a near-infrared fluorescent probe with large Stokes shift[J]. Anal Chem, 2018, 90(16): 9921-9928.

[73] Reo Y J, Jun Y W, Sarkar S, et al. Ratiometric imaging of gamma-glutamyl transpeptidase unperturbed by pH, polarity, and viscosity changes: a benzocoumarin-based two-photon fluorescent probe[J]. Anal Chem, 2019, 91(21): 14101-14108.

[74] Tong H, Zheng Y, Zhou L, et al. Enzymatic cleavage and subsequent facile intramolecular transcyclization for in situ fluorescence detection of gamma-glutamyltranspetidase activities[J]. Anal Chem, 2016, 88(22): 10816-10820.

[75] Wang F, Zhu Y, Zhou L, et al. Fluorescent in situ targeting probes for rapid imaging of ovarian-cancer-specific gamma-glutamyltranspeptidase[J]. Angew Chem Int Ed Engl, 2015, 54(25): 7349-7353.

[76] Negishi M, Pedersen L G, Petrotchenko E, et al. Structure and function of sulfotransferases[J]. Arch Biochem Biophys, 2001, 390(2): 149-157.

[77] Gallo C, Nuzzo G, d'Ippolito G, et al. Sterol sulfates and sulfotransferases in marine diatoms[J]. Methods Enzymol, 2018, 605: 101-138.

[78] Feng L, Ning J, Tian X, et al. Fluorescent probes for bioactive detection and imaging of phase II metabolic enzymes[J]. Coordination Chemistry Reviews, 2019, 399: 213026.

[79] Chen W T, Liu M C, Yang Y S. Fluorometric assay for alcohol sulfotransferase[J]. Anal Biochem, 2005, 339(1): 54-60.

[80] Jiang B, Wei Y, Xu J, et al. Coupling hybridization chain reaction with DNAzyme recycling for enzyme-free and dual amplified sensitive fluorescent detection of methyltransferase activity[J]. Anal Chim Acta, 2017, 949: 83-88.

[81] Cui W, Wang L, Xu X, et al. A loop-mediated cascade amplification strategy for highly sensitive detection of DNA methyltransferase activity[J]. Sensors and Actuators B: Chemical, 2017, 244: 599-605.

[82] Lai WY, Tan KT. Environment-sensitive fluorescent turn-on chemical probe for the specific detection of O-methylguanine-DNA methyltransferase (MGMT) in living cells[J]. Journal of the Chinese Chemical Society, 2016, 63(8): 688-693.

[83] Wang P, Xia Y L, Zou L W, et al. An optimized two-photon fluorescent probe for biological sensing and imaging of catechol-O-methyltransferase[J]. Chemistry, 2017, 23(45): 10800-10807.

[84] Xia Y L, Pang H L, Li S Y, et al. Accurate and sensitive detection of catechol-O-methyltransferase activity by liquid chromatography with fluorescence detection[J]. J Chromatogr B Analyt Technol Biomed Life Sci, 2020, 1157: 122333.

[85] Grzywa R, Lesner A, Korkmaz B, et al. Proteinase 3 phosphonic inhibitors[J]. Biochimie, 2019, 166: 142-149.

[86] Sato D, Kato T. Novel fluorescent substrates for detection of trypsin activity and inhibitor screening by self-quenching[J]. Bioorg Med Chem Lett, 2016, 26(23): 5736-5740.

[87] Zhang R, Zhang C J, Feng G, et al. Specific light-up probe with aggregation-induced emission for facile detection of chymase[J]. Anal Chem, 2016, 88(18): 9111-9117.

[88] Kisin-Finfer E, Ferber S, Blau R, et al. Synthesis and evaluation of new NIR-fluorescent probes for cathepsin B: ICT versus FRET as a turn-on mode-of-action[J]. Bioorg Med Chem Lett, 2014, 24(11): 2453-2458.

[89] Liu W, Liu S J, Kuang Y Q, et al. Developing activity localization fluorescence peptide probe using thiol-ene click reaction for spatially resolved imaging of caspase-8 in live cells[J]. Anal Chem, 2016, 88(15): 7867-7872.

[90] Zhang W, Liu F, Zhang C, et al. Near-infrared fluorescent probe with remarkable large Stokes shift and favorable water solubility for real-time tracking leucine aminopeptidase in living cells and in vivo[J]. Anal Chem, 2017, 89(22): 12319-12326.

[91] Satoh T, Hosokawa M. Structure, function and regulation of carboxylesterases[J]. Chem Biol Interact, 2006, 162(3): 195-211.

[92] Satoh T, Hosokawa M. Carboxylesterases: structure, function and polymorphism in mammals[J]. Journal of Pesticide Science, 2010, 35(3): 218-228.

[93] Wang X, Liu H, Li J, et al A fluorogenic probe with aggregation-induced emission characteristics for carboxylesterase assay through formation of supramolecular microfibers[J]. Chem Asian J, 2014, 9(3): 784-789.

[94] Liu Z M, Feng L, Ge G B, et al. A highly selective ratiometric fluorescent probe for in vitro monitoring and cellular imaging of human carboxylesterase 1[J]. Biosens Bioelectron, 2014, 57: 30-35.

[95] Wang Y, Yu F, Luo X, et al. Visualization of carboxylesterase 2 with a near-infrared two-photon fluorescent probe and potential evaluation of its anticancer drug effects in an orthotopic colon carcinoma mice model[J]. Chem Commun, 2020, 56(32): 4412-4415.

[96] Kailass K, Sadovski O, Capello M, et al. Measuring human carboxylesterase 2 activity in pancreatic cancer patient-derived xenografts using a ratiometric fluorescent chemosensor[J]. Chem Sci, 2019, 10(36): 8428-8437.

[97] Pavic K, Duan G, Kohn M. VHR/DUSP3 phosphatase: structure, function and regulation[J]. FEBS J, 2015, 282(10): 1871-1890.

[98] Amoozadeh M, Behbahani M, Mohabatkar H, et al. Analysis and comparison of alkaline and acid phosphatases of Gram-negative bacteria by bioinformatic and colorimetric methods[J]. J Biotechnol, 2020, 308: 56-62.

[99] Kim T I, Kim H, Choi Y, et al. A fluorescent turn-on probe for the detection of alkaline phosphatase activity in living cells[J]. Chem Commun, 2011, 47(35): 9825-9827.

[100] Song Z, Kwok R T, Zhao E, et al. A ratiometric fluorescent probe based on ESIPT and AIE processes for alkaline phosphatase activity assay and visualization in living cells[J]. ACS Appl Mater Interfaces, 2014, 6(19): 17245-17254.

[101] Liang J, Kwok R T, Shi H, et al. Fluorescent light-up probe with aggregation-induced emission characteristics for alkaline phosphatase sensing and activity study[J]. ACS Appl Mater Interfaces, 2013, 5(17): 8784-8789.

[102] Liu H W, Li K, Hu X X, et al. In situ localization of enzyme activity in live cells by a molecular probe releasing a precipitating fluorochrome[J]. Angew Chem Int Edit, 2017, 56(39): 11788-11792.

[103] Yan R, Hu Y, Liu F, et al. Activatable NIR fluorescence/MRI bimodal probes for in vivo imaging by enzyme-mediated fluorogenic reaction and self-assembly[J]. J Am Chem Soc, 2019, 141(26): 10331-10341.

[104] Li Y, Song H, Xue C, et al. A self-immobilizing near-infrared fluorogenic probe for sensitive imaging of extracellular enzyme activity in vivo[J]. Chem Sci, 2020, 11(23): 5889-5894.

[105] Wang J, Yan Y, Yan X, et al. Label-free fluorescent assay for high sensitivity and selectivity detection of acid phosphatase and inhibitor screening[J]. Sensors and Actuators B: Chemical, 2016, 234: 470-477.

[106] Nakamura T, Fahmi M, Tanaka J, et al. Genome-wide analysis of whole human glycoside hydrolases by data-driven analysis in silico[J]. Int J Mol Sci, 2019, 20(24): 6290.

[107] Zhang J, Li C, Dutta C, et al. A novel near-infrared fluorescent probe for sensitive detection of beta-galactosidase in living cells[J]. Anal Chim Acta, 2017, 968: 97-104.

[108] Gu K, Qiu W, Guo Z, et al. An enzyme-activatable probe liberating AIEgens: on-site sensing and long-term tracking of beta-galactosidase in ovarian cancer cells[J]. Chem Sci, 2019, 10(2): 398-405.

[109] Jiang J, Tan Q, Zhao S, et al. Late-stage difluoromethylation leading to a self-immobilizing fluorogenic probe for the visualization of enzyme activities in live cells[J]. Chem Commun, 2019, 55(99): 15000-15003.

第八章
核酸荧光识别染料

第一节　核酸的基本特征 / 220

第二节　染色基本原理及类别 / 220

第三节　DNA 荧光染料 / 222

第四节　RNA 荧光染料 / 230

第五节　G 四联体荧光染料 / 233

第六节　基于核酸染色的多功能荧光探针 / 242

第一节
核酸的基本特征

核酸是生命体内最重要的生物大分子之一，是遗传物质储存、传递与表达的物质基础，包括脱氧核糖核苷酸（DNA）和核糖核苷酸（RNA）。DNA 通常存在于细胞核，少量存在于线粒体或叶绿体，其功能是储存遗传信息、调控生命体的遗传、遗传信息的转录及后续表达等；RNA 主要存在于细胞质中，直接执行遗传信息到蛋白质的转化，如 mRNA 将来自 DNA 的遗传信息表达成蛋白质、tRNA 为蛋白质的合成运输特定氨基酸、rRNA 在核糖体中参与催化过程等；在病毒中 RNA 可作为遗传物质存在。

从空间结构上，由 A、G、C 和 T（图 8-1）四种脱氧核糖核苷酸按一定序列经磷酸酯骨架聚合形成的 DNA 单链，形成 DNA 的一级结构；由 A、G、C 和 U（图 8-1）四种核糖核苷酸按一定序列聚合则形成的 RNA 单链，形成 RNA 的一级结构。但两者关键性差异不仅在于一级结构的化学组成，更在于 DNA 与 RNA 具有不同的二级结构。RNA 通常以单链形式存在；而 DNA 则经两条 DNA 单链反向互补形成具有双螺旋结构特征的 DNA 双链。核酸是遗传信息的载体与生命活动的核心。对核酸实时、定量及高灵敏度的检测对于生命科学的发展与生命健康的维护具有重要意义。

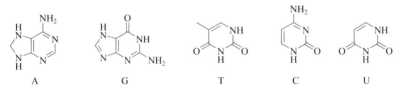

图8-1　五种碱基结构示意：腺嘌呤（A）、鸟嘌呤（G）、胸腺嘧啶（T）、胞嘧啶（C）和尿嘧啶（U）

第二节
染色基本原理及类别

荧光检测技术具有快速、无损、实时探测的优点，其在核酸检测领域被广泛应用。核酸在物质和结构上的特征是化学家设计特异性荧光探针的基础，所涉及的探针多通过氢键、静电、空间构型等作用实现荧光信号的指示。根据染料染色特点，核酸类染料大致分为如：非透膜型、透膜型、氨基反应型等；而根据染料结构特点，核酸类染料又可分为：阳离子型染料、碱性染料、其他类型染料。核酸染料与核酸结合的基本原理可概括为：嵌入式作用、沟槽结合模式作用以及静电作用，如图8-2所示。

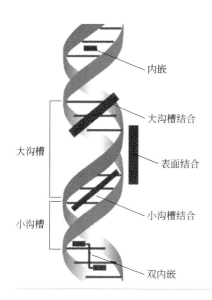

图8-2
核酸染料结合核酸的典型模式

一、静电作用

核酸分子由磷酸骨架连接而成，表现出强烈的电负性，而阳离子核酸染料呈现强烈的电正性，因此两者会产生静电吸引作用。阳离子染料吸附于核酸链上，并产生荧光信号的变化。

二、沟槽结合模式作用

沟槽结合其作用力既包括沟槽空间匹配结合，又包括碱基与染料间的氢键作用。例如碱性染料通过质子化作用显示电正性，通过静电作用首先快速吸附于核酸表面；含氮碱性染料进一步通过氢键作用及空间结构限制嵌入于核酸的沟槽结构中；最后由于空间作用力以及氢键作用使得被束缚的碱性染料显示出荧光信号的变化。

三、嵌入式作用

嵌入式结合其作用模式首先是基于静电吸引作用，染料快速在酸性磷酸骨架区域富集，随后由于染料结构、空间构型等因素进一步嵌插至碱基对之间，并展示荧光信号的变化。

第三节
DNA荧光染料

作为遗传物质存储与表达的核心，DNA（结构示意图8-3）的重要性不言而喻，因此了解DNA的组织形式及其在生命体内的分布具有重要意义。具有DNA选择性，且光谱性能优异，染色性能好的有机小分子荧光染料，对于生物学研究及医学诊断均具有重要价值。近年来从事小分子荧光染料的科技工作者设计并开发出许多性能优异的DNA选择性荧光染料。本节将从染料的母体结构出发进行分类，介绍重要商品化以及近年来科技工作者研发的各式DNA选择性荧光染料。

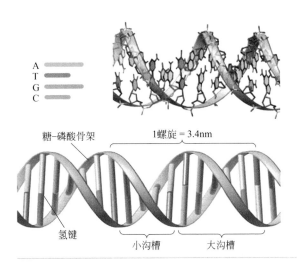

图8-3
DNA结构模型

一、碱性DNA染料

Hoechst类染料属于经典的DNA选择性核酸染料，其可选择性标记DNA小沟槽。Hoechst 33258 是其中最为典型的一例，早在 1975 年就有了其荧光染色相关研究相关报道[1]；在 1979 年 Cesarone 等对其进行了较为详细的研究[2]。如图 8-4 所示，在结构上，Hoechst 类染料具有苯并咪唑的平面结构，属于碱性小分子，具有较好的水溶性（可配制高达 2% 的水溶液浓度）；同时，Hoechst 类染料中有部分染料（如 33258 和 33342）具有一定的 pH 敏感性和 SDS 敏感性。上述结构及理化性质，使此类染料具有较好的透膜性能、较强的 DNA 选择性和结合能力，并倾向于结合 DNA 序列中 A/T 碱基富集区域，而在结合 DNA 前后展现出显著的荧光增强。Hoechst 类染料具有紫外区激发绿光区发射的光谱特性，适用于配合多数在可见区发射的荧光探针。此外，Hoechst 系列染料具有良好的选择性，不受 RNA、蛋白质等物质干扰，可实现对 DNA 的灵敏检测。目前有系列商品化产品供使用，如图 8-4 所示，包括 Hoechst 33342、Hoechst 34580、Hoechst 33258 等，广泛应用于化学、生物学及医学检测领域。

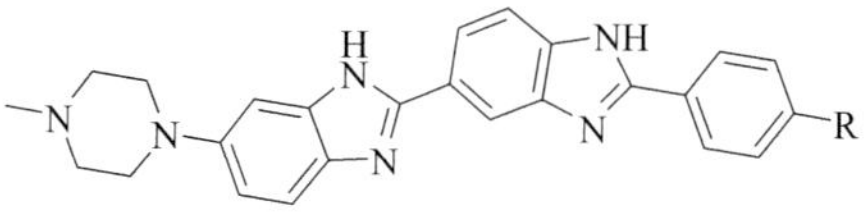

Hoechst 33258：R = OH
Hoechst 33342：R = —CH_2CH_3
Hoechst 34580：R = —$N(CH_3)_2$

图8-4 Hoechst系列染料结构示意

DAPI 具有与 Hoechst 相似的结构，也属一类碱性 DNA 标记试剂，其结构如图 8-5 所示。Müller 等人在 1975 年就对其进行了 DNA 荧光成像研究[3,4]。其结构上包含两个碱性的甲脒和一个吡咯烷，易于质子化，可以通过静电吸引及小沟槽结合的模式对双链 DNA 进行成像。结构特点使 DAPI 倾向于结合 DNA 双链中的 A/T 碱基对富集区域，并在结合 DNA 后展示有近 20 倍的荧光信号增强，发出强的蓝色荧光（约 460nm）。同时，研究也表明 DAPI 对 RNA 也有一定的结合能力，产生绿色荧光（约 500nm）。对于 DAPI，其对 DNA 的选择性也高于 RNA，与 DNA 结合后的荧光信号强度为 RNA 的 5 倍。

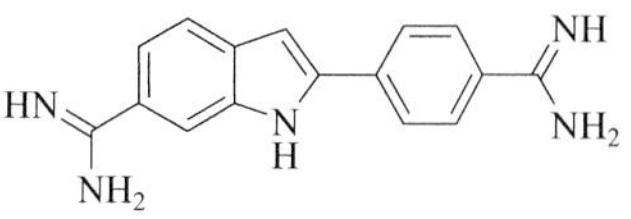

图8-5
DAPI结构示意图

二、阳离子型染料

阳离子型核酸染料包括多种类型分子结构，如商用的乙啶类染料以及近期报道的噻唑类染料及菁类染料，不同母体的染料共同的特点是分子内都包含正电荷基团,可通过静电吸引作用力与富含阴离子的核酸结合,并产生荧光信号的变化。

菲啶衍生物类染料或者乙啶类似物染料是一类经典的阳离子核酸染料,如图8-6所示,商用的乙啶类核酸染料包括两例典型结构:溴化乙啶(EtBr)和三甲氨基碘化丙啶(PI),两例染料具有非常相似的芳环结构,细微的结构修饰使两者具有显著的染色性能差异。早在20世纪60年代溴化乙啶(EtBr)就作为杀锥虫的药物被研究[5],1966年由Pecq等报道了其在核酸成像及检测领域的应用[6]。其具有590nm左右的激发波长和近650nm的最大发射波长,其自身荧光较弱,但结合DNA后荧光显著增强近10倍;较长波区的荧光发射使EtBr适用于多色荧光成像、流式细胞分选等应用。从染料与核酸的结合机理上看,乙啶类染料的共同特点是无核酸序列选择性,染料随机与核酸结合,其中染料与核酸的摩尔比约为1比4~5碱基对;其对核酸检测灵敏度高,检测限为0.01μg/mL。此外,溴化乙啶与DNA和RNA均可结合,因此,需针对不同成像目标使用核酸酶进行预处理。富含阳离子的结构特点使EtBr具有较高的水溶性,但也使其不易通过细胞膜,且细胞毒性较高,无法对活细胞进行成像,更多地应用于对于核酸物质的体外定量分析,如在核酸凝胶电泳中对核酸进行定量。作为第一例真正意义上的核酸荧光染料,其对核酸的定量分析大大简化了实验操作,截至目前仍在广泛使用。

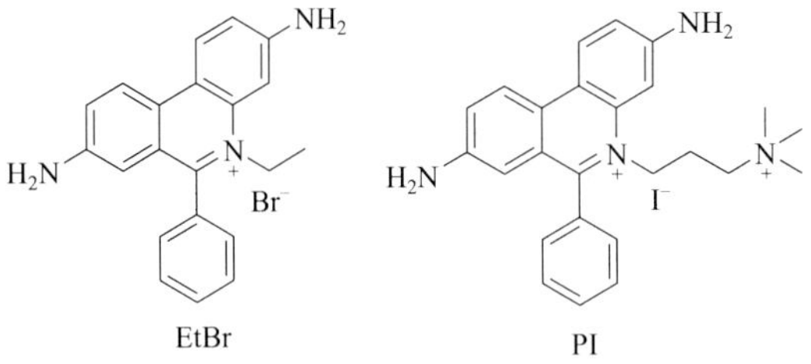

图8-6 乙啶类核酸染料的代表性结构

PI相比于EtBr多包含了一个季铵盐结构,其光谱特性与EtBr几乎相同,同样难于通过细胞膜,但其具有更好的水溶性,被用于对死细胞中的染色质进行定量。由于具有更好的水溶性,未结合到核酸上染色质上的染料易于被清除,进而实现精确的核酸定量。

噻唑类是一类结构较为丰富的核酸染料,早在1986年Lee等人提出一系列噻唑类阳离子染料用于血液分析,系列分子结构如图8-7所示,均展示出不同程度的DNA及RNA非选择性结合能力,据报道系列分子结合RNA以后展示出几倍到几千倍不等的荧光信号增强[7]。其中结构1对RNA具有最高的灵敏度,结合RNA后荧光信号增强近3000倍。相比于经典的乙啶系列核酸染料,该系列染料均具有细胞膜通透性,可以用于活细胞成像研究。Lee等人进行了较为详细的构效关系研究，发现在所研究的体系中具有较大的 π- 共轭平面可增加染料对核酸的灵敏度，为核酸探针的设计提供一定思路。

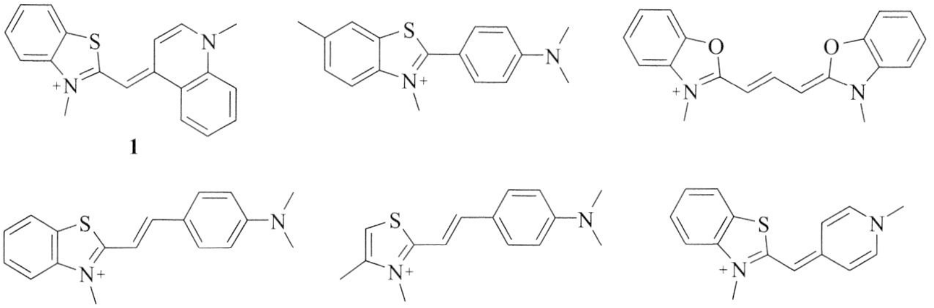

图8-7 噻唑类核酸染料结构

Kundu 等提出了一例基于噻唑和香豆素结构的 DNA 染料 TC，其结构如图 8-8 所示 [8]。研究证实染料分子通过对 A/T 富集区的双链 DNA 展示出高的选择性，对单链 DNA、RNA 以及蛋白质几乎没有响应。结合 DNA 前，TC 在缓冲液中仅有 0.03 的荧光量子产率，而结合后量子产率显著提升至 0.36。此外，TC 对 A/T 富集的双链 DNA 的荧光增强能力展示出对序列长度的依赖性。Kundu 等人利用 TC 对红细胞内疟原虫成像，证明染料可在低浓度时选择性对疟原虫内的 A/T 富集 DNA 成像，而相同浓度下不会对活细胞内的 DNA 进行成像。基于结构及荧光响应特性，TC 染料分子被用于对活细胞的细胞核进行成像，并展示出在荧光显微成像、流式细胞分析等领域潜在的应用价值。

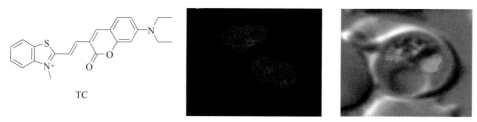

图8-8 TC结构及其对活细胞细胞核及红细胞内疟原虫的成像

Ge 等人合成两例基于噻唑结构的半花菁类核酸染料 1a、1b，其结构式如图 8-9 所示 [9]。除噻唑环上的 N 正阳离子外，两例分子结构中都包含烷基季铵盐结构，不同之处在于 1b 共轭体系中多一个苯环。两例染料光谱性质相近，具有斯托克斯位移大以及近红外区发射的优势，其最大吸收均在约 550nm 处，而发射在约 700nm 处的近红外区。二者对 DNA 及 RNA 无选择性，表现出相似的荧光信号响应，识别 DNA/RNA 后表现出 30 倍以上的荧光信号增强。两例染料未能对活细胞内 DNA/RNA 进行成像研究，仅对固定细胞内的细胞核进行荧光成像，而由于缺乏对 DNA 和 RNA 的选择性，对固定细胞的细胞核成像时有较明显核外荧光信号。

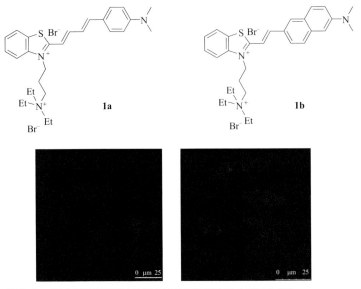

图8-9 半花菁类染料结构及其对固定细胞的细胞核成像

菁类染料光谱性质优异，波长调节范围广泛，荧光信号强，在生物成像领域应用广泛，其在核酸标记及成像领域也有重要应用。彭孝军、樊江莉等报道了系列基于菁染料母体的 DNA 选择性近红外长波长荧光染料，TO-3 系列化合物，其分子结构如图 8-10 所示。其中 DEAB-TO-3 展示出优于商品化核酸染料 EB 的性质，结合 DNA 前主要通过分子内双键的转动释放能量，本征荧光量子产率极低，仅有 0.0037；进入细胞核后，通过与 DNA 双链螺旋结构中的小沟槽结合，分子内转动被抑制，产生强烈的荧光，最大发射在近 650nm 的长波区，量子产率高达 0.36，增加近 97.3 倍，远高于商业化染料（溴化乙啶，13.5 倍），成为区分白细胞的关键染料系列[10-12]。DEAB-TO-3 对双链 DNA 的选择性为 RNA 的 6 倍，差别显著；同时，其结合双链 DNA 中的 AT 序列后荧光增强达 80.3 倍，显著优于结合 GC 富集区的 18.9 倍。显著的荧光增强效率、633nm 的激发波长以及对活细胞 DNA 的高选择性定量成像使其在血细胞分析领域具有重要的应用价值。红细胞不同成熟期，从有 DNA（有核红细胞）到无，从有 RNA（网织红细胞）到消失（成熟红细胞）。因此，区分和检测 DNA 和 RNA 是实现不同细胞分类计数的基础，但常规染料不能满足从 DNA 中识别出 RNA 的要求。为了区分双链螺旋结构的 DNA 和单链结构的 RNA，彭孝军团队发明了 RNA 荧光染料，在近红外尼罗蓝染料上引入空间位阻大的久洛利定基团，基于"门栓"机理，与RNA单链结合，但不嵌入DNA双链结构。相比商业染料SYTO RNASelect[TM]，该染料在细胞中对RNA和DNA的荧光增强比从1.7:1增大到8.7:1，大大提高了对RNA的选择性[13]。该探针用于对网织红细胞计数，能反映出骨髓造血功能和白血病等疾病信息[14]。基于DEAB-TO-3，彭孝军团队与深圳迈瑞公司开发了一整套血液分选系统，红色半导体激光器的使用大大降低了细胞分选仪的制造成本，延长了仪器维护周期，从而打破了国外细胞分选系统在我国医疗领域仪器及试剂的垄断，并在医疗领域实现了血细胞分析系统的我国自主知识产权技术的全覆盖。为了提高试剂的光稳定性，樊江莉等人提出TO3-CN这一带氰基的新型核酸染料，结构如图8-11所示。TO3-CN极大地提高了光稳定性和抗氧化能力：在紫外光长达3h的持续照射下，染料的吸收强度降低仅10%（通常为80%），在60℃试剂溶液中的耐热期从7天提升至90天（室温提升至1年），满足了集装箱海运的苛刻条件，避免了低温冷藏运输，极大降低了运输成本[15-17]。通过空间位阻效应提高染料与核酸的结合稳定性，结合核酸之前TO3-CN量子产率为0.017，而结合DNA或RNA之后量子产率分别增至0.73及0.72，展示出强的荧光信号。

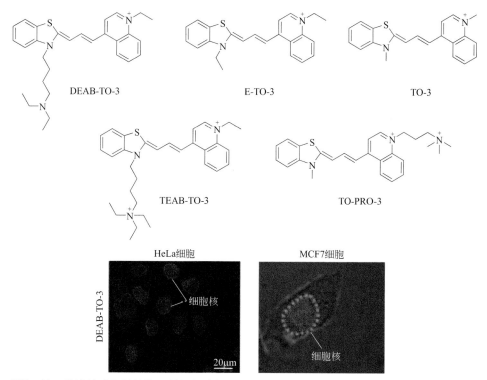

图8-10 菁类核酸染料结构及其活细胞细胞核成像

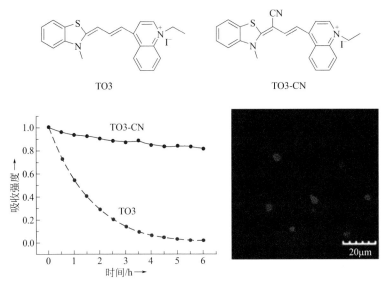

图8-11 光稳定型菁类核酸染料及其在活细胞细胞核中的光稳定性对比

Govindaraju 等人报道了一例基于菁类结构的长波长 DNA 染料 QCy-DT，其结构如图 8-12 所示[18]。染料分子通过小沟槽结合 DNA 可发射强的长波长（650nm）荧光发射，其对 AT 富集区域展示出更高的选择性，荧光增强达 200 倍。染料分子可对固定细胞的细胞核进行较好的荧光成像，对活细胞细胞核成像效果不够理想。利用染料对 AT 富集区的高选择性，实现了血细胞中疟原虫的选择性荧光成像。

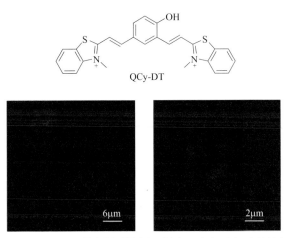

图8-12 吲哚菁类核酸染料及其在固定细胞细胞核染色和血细胞中的疟原虫成像

Yin 等人设计了一例基于吲哚-方酸菁 DNA 染料，其分子结构如图 8-13 所示[19]。在方酸菁母体上引入 4 个伯胺结构，在固定细胞及组织中染料氨基与 DNA 链上磷酸骨架通过静电吸引结合，实现细胞核染色；在活细胞中染料分子中的氨基使染料倾向于停留在细胞膜上，实现细胞膜染色。同时，染料具有较长的发射波长（约 650nm）和较高的荧光量子产率（0.3），适合用于细胞及组织成像。Yin 等人设计利用染料上述性质，实现对凋亡及健康细胞的区分鉴定。

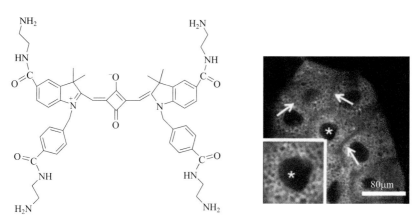

图8-13　长波长吲哚-方酸菁类核酸染料及其在组织切片中的荧光成像

三、其他类型染料

DNA 染料的设计开发往往集中于上述三个染料类别，仅有少数利用新型染料母体设计的案例。Teulade-Fichou 等人在三苯胺上引入乙烯基共轭结构构建支状染料，分子结构如图 8-14 所示[20]。几例染料均具有大的双光子吸收截面积，其中 TP-2Bzim 展示出对 DNA 更敏感的荧光信号变化，而改变源自荧光量子产率和双光子吸收截面积的共同作用。结合 DNA 前 TP-2Bzim 荧光量子产率为 0.005，双光子吸收截面积为 110 GM，而结合 DNA 后其量子产率显著增至 0.54，双光子吸收截面积增至 1080 GM，两者共同变化使得荧光信号提升 1060 倍，利于对细胞核内 DNA 进行高对比度成像。同时，发现 TP-2Bzim 对 DNA 序列中的 AT 富集区具有更高的选择性，利用染料对 3T3 细胞成像可清楚指示细胞核内分散分布的 AT 序列富集区域。该系列结构的开发提出了为数不多的双光子 DNA 染料，其显著的荧光信号变化和简洁的合成工艺使其具有潜在的应用价值。

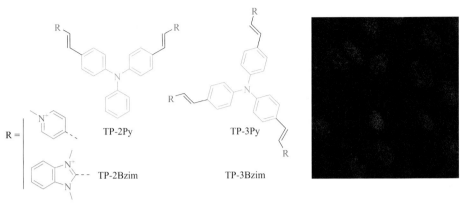

图8-14 三苯胺类支状核酸染料及其在3T3细胞中细胞核荧光成像

第四节
RNA荧光染料

近十年间随着生命科学的发展,越来越多数据表明RNA在生命过程中发挥着各种各样功能,包括催化物质合成、调控基因表达、运输生物大分子,等等。不同于DNA分子稳定的双螺旋结构,RNA分子具有极其复杂且多变的二级结构(图8-15)。

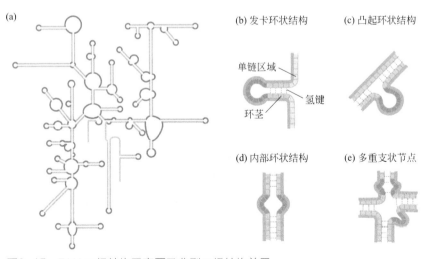

图8-15 RNA二级结构示意图及典型二级结构单元

其存在于细胞核仁及细胞质中，一般核仁中的 RNA 主要为核糖体 RNA，而细胞质中的 RNA 种类丰富，包括转运 RNA、小 RNA、信使 RNA 及核糖体 RNA。正是由于 RNA 结构的复杂性，实现对 RNA 的选择性成像极具挑战性，这也促进了多种 RNA 成像技术的发展，例如活细胞微注射荧光标记的 RNA、FISH 技术（原位杂交荧光标记技术）、GFP 融合蛋白配体以及小分子荧光标记试剂。小分子荧光标记试剂相对于其他基于生物大分子的手段具有操作简单、适用范围广、不易受生物大分子干扰等特点，然而具有 RNA 选择性的荧光染料难于设计，少有的商品化试剂结构未知。下面，对已报道的对 RNA 具有选择性响应的荧光染料进行分类介绍。

Wang 等人设计了一系列长波长核仁 RNA 荧光染料，其分子由香豆素和派洛宁构成，具有刚性的平面结构（图 8-16）[21, 22]。其中三例分子结合 RNA 后有显著的荧光信号增强，且结合 RNA 后荧光增强幅度优于结合 DNA，因而实现了对核仁中 RNA 的选择性荧光标记及成像。三例分子在染色选择性及光稳定性上均优于商品化试剂 SYTO RNASelect，且细胞毒性小，不干扰细胞正常增殖。长波长荧光发射、较优的染色选择性及光稳定性使 CP 系列染料具有用于动态、长期追踪细胞核仁内 RNA 的应用潜质。

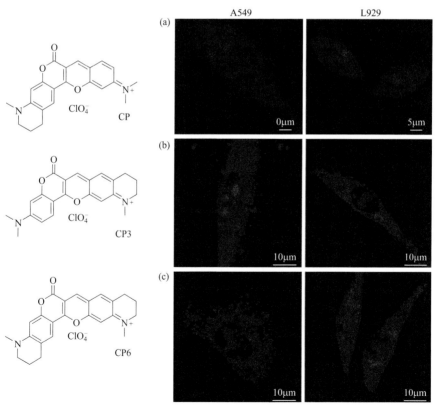

图 8-16　CP系列分子结构及其活细胞核仁RNA成像

Chang 等人通过染料库结构筛选的策略筛选得到一例基于苯乙烯结构的 RNA 染料 F22，其分子结构如图 8-17 所示[23]。相较于商品化 RNA 染料，F22 具有较长的发射波长（620nm）、较低的光毒性及较高的光稳定性，对活细胞染色也展示出较高的核仁 RNA 选择性，胞质内背景较低。不理想之处在于 F22 量子产率低，尽管结合 RNA 后，亮度增至原来 10 倍，但只有 0.0075 的荧光量子产率，仍有极大提高空间。

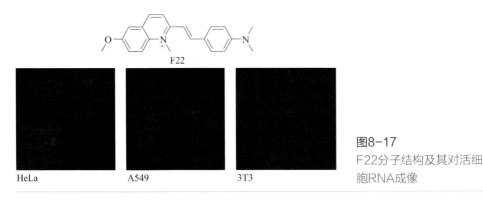

图8-17
F22分子结构及其对活细胞RNA成像

彭孝军等人通过结构修饰将 DNA 选择性荧光染料 Hs 改造成 RNA 选择性染料 Hsd，其结构式如图 8-18 所示[24]。通过在 Hs 上引入正电荷及空间位阻获得 Hsd，空间位阻的增加使得染料分子难于嵌入 DNA 双链的小沟槽，但却可利用静电吸引作用力结合 RNA。延展染料的共轭体系不仅调节了染料的靶向性能，也显著地调节了 Hsd 的光谱性质，使其在 458nm 具有最大吸收，在 682nm 处具有最大发射，具有近 224nm 的斯托克斯位移。优异的光谱性质使其适用于细胞成像，在固定细胞中可高选择性对核仁中 RNA 进行成像，其结合 RNA 后荧光增强近 65 倍，远远高于其结合 DNA 后的荧光增强倍数（24 倍）。Hsd 的不足之处在于双电荷限制分子透过活细胞，使其倾向于停留在细胞膜上，因此无法对活细胞 RNA 进行成像。彭孝军等人利用环糊精与 Hsd 的组装特性，原位制备了超分子自组装体，可顺利通过活细胞细胞膜并完成细胞核仁的染色。

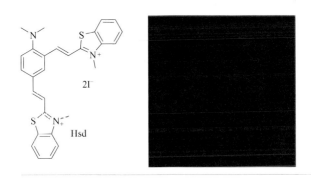

图8-18
Hsd分子结构及其对活细胞RNA成像

第五节
G四联体荧光染料

G四联体是由富含鸟嘌呤的核酸序列所构成的四股形态的二级结构，四联体内部核苷之间通过Hoogsteen碱基配对。早在20世纪80年代，就有研究表明在染色体端粒的鸟嘌呤富集区可形成G四联体结构。G四联体依据核酸序列、长度、金属离子以及微环境的不同其结构类型丰富多变，其重要功能特性也在近期被逐渐揭示。尤其该结构被证明可抑制端粒酶的活性，进而抑制恶性肿瘤的快速增殖，在肿瘤治疗领域具有重要潜质。因而，通过荧光标记、成像技术实时、可视化监测G四联体结构在细胞及活体的动态分布情况具有重要意义。

一、DNA G四联体荧光染料

Pei等人通过延展共轭双烯长、引入二甲基吲哚以及丙磺酸阴离子结构对噻唑橙类染料进行结构修饰，得到菁类染料Dir（图8-19），用以实现其对G四联体结构的选择性响应[25]。共轭双烯的构建使得染料的发射波长延展至650nm的长波区，而染料分子也实现了对平行-四联体结构c-myc的选择性识别，并展示出了70倍的荧光信号提升。Dir与DNA或RNA在溶液中共孵育时无显著的荧光增强，表明染料分子具有作为G四联体结构选择性成像试剂的重要潜质，但Dir尚不能应用于活细胞成像。

DODC是典型的DNA小沟槽靶向基团（图8-20），并被证明在结合平行TG4T四联体DNA时显示出18%的荧光增强，同条件下双链DNA、DNA发卡结构以及单链DNA不会引起荧光信号的变化[26]。基于DODC、NMM以及DTDC三例染料有研究人员提出"混染分析（mix and measure）"的测试方法，通过多重染料荧光增强与减弱的变化组合特异性地识别四联体结构。

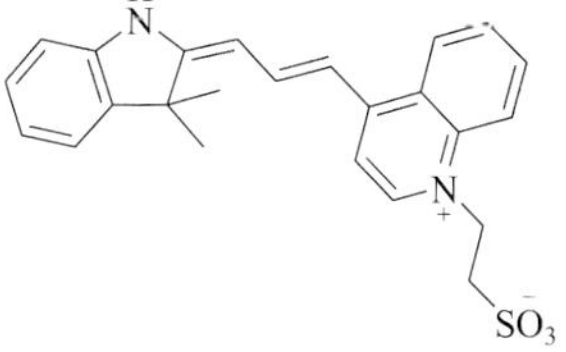

图8-19　Dir分子结构式

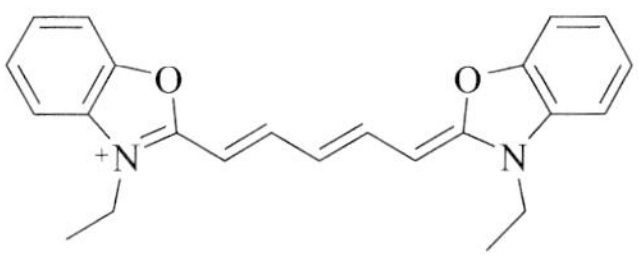

图8-20　DODC分子结构式

Tang 等人提出一例基于噻唑菁类染料的超分子自组装体用以区分分子内 G 四联体与双链或单链 DNA，染料分子结构如图 8-21 所示[27]。较大的共轭平面结构使染料分子在水中形成 J 聚集体，并在 660nm 处展示出单一的吸收峰。在溶液中，ETC 聚集态染料与 bcl-2 2345 杂化 G 四联体结合，J 聚集态被打破，因而 660nm 处吸收峰逐渐消失，并产生一个最大吸收为 585nm 的 ETC 单体吸收峰。相应的，ETC 聚集体在 662nm 处具有唯一的弱发射峰，而 ETC 单体在 600nm 处具有弱的发射峰；但在结合 G 四联体后，662nm 发射峰逐渐消失，600nm 处发射峰显著增强。更重要的是 ETC 聚集体对双链及单链 DNA 不会产生同样的信号变化，展示出对 G 四联体的高选择性，实现了溶液水平对 G 四联体的选择性检测。然而，ETC 聚集体在生理环境下和高钾离子浓度条件下无法顺利解离并结合四联体结构。为此，Tang 等人优化了分子结构，将分子中乙基替换为甲基得到 MTC[28]，进而显著降低分子形成 H 聚集体的趋势，实现了在生理条件及高浓度钾离子条件下检测 G 四联体，识别四联体后 MTC 在 660nm 处的 H 聚集体最大吸收峰消失，在 580nm 处产生单体的最大吸收，并在 600nm 处展示近 1000 倍的荧光增强。上述实验现象在溶液及金薄膜上得到验证，但两个分子结构均未展示出可在细胞水平检测 G 四联体的能力。

Ihmels 等人开发了一例三叉构型的噻唑菁类染料 C3-1，其分子结构如图 8-22 所示[29]。C3-1 可通过 π 堆积形式结合 G 四联体端位，该结合机理使 C3-1 倾向于结合 G 四联体而不是 DNA。结合 G 四联体后，C3-1 的最大吸收波长红移至 677nm，其最大发射 715nm 处展示出近 106 倍的荧光增强。C3-1 对双链 DNA 具有相似的光谱变化趋势，但荧光增强倍数（57 倍）为 G 四联体的一半，基于此差异，染料分子展示出对 G 四联体的相对选择性。三电荷的引入以及仍不够显著的选择性使 C3-1 未能应用到细胞水平成像研究。

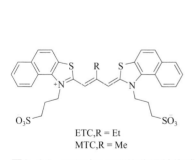

图 8-21 ETC 与 MTC 的分子结构式　　图 8-22 C3-1 的分子结构式

Fei 等人设计了一例基于咔唑结构的菁类染料 9E-PBIC，用于选择性识别 c-myc G 四联体，分子结构如图 8-23 所示[30]。分子以咔唑作为骨架中心，通过两个引出烯烃共轭体系得到菁类结构，其最大发射波长在 600nm 以上。9E-PBIC 在水中荧光量子产率极低，仅为 0.014，但通过端位结合 c-myc G 四联体后荧光增强超过 100 倍。同样条件下，结合其他类型的 G 四联体荧光增强倍数只有 10～30 倍，结合单链或双链 DNA 荧光仅有微弱增强。因此，探针展示出对 c-myc G 四联体具有较优秀的选择性。

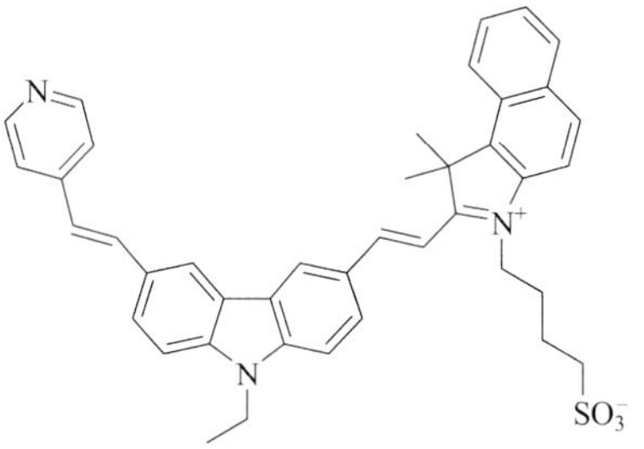

图8-23
9E-PBIC的分子结构式

Tan 等人通过共价偶联噻唑橙和咔唑结构提出一例变色型荧光染料 TO-CZ，其分子结构如图 8-24 所示[31]。在未结合 G 四联体时，TO-CZ 在 516nm 处有最大吸收，在近 700nm 最大发射处有微弱的荧光；随着探针结合 G 四联体 pu22，染料的最大吸收逐渐红移至 546nm，其在 613nm 处的发射显著增强。溶液中光谱性质的研究表明 TO-CZ 对 DNA 及 RNA G 四联体均有荧光信号的响应，而对单链或双链 DNA 仅有微弱的响应。TO-CZ 是为数不多的成功应用于活细胞中 G 四联体成像研究的荧光染料。

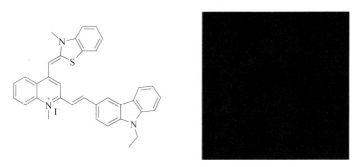

图8-24　TO-CZ的分子结构式及固定细胞成像

三苯胺类染料是一类经典染料类别，由于分子内苯环的旋转，此类染料在大多数有机溶剂中都无荧光发射，一旦旋转受限，则恢复荧光发射。基于此性质，Zhou 等和 Wang 等分别设计了两系列荧光染料 CPT 系列和 TPA 系列，用于 G 四联体的选择性成像，分子结构如图 8-25 所示。在溶液水平两个系列三苯胺类染料均展示了对 G 四联体的选择性识别 [32,33]。CPT2 识别反平行 G 四联体 22AG 后在 620nm 最大发射处展示出 190 倍的荧光信号增强，但未在细胞水平进行展示 [32]。TPA-2b 可选择性识别 c-kit1 G 四联体，识别后在 627nm 展示出荧光增强，其检测限为 0.16μmol/L，而 TPA-2b 结合单链或双链 DNA 后仅有微弱荧光增强。该选择性识别区分度高，从溶液颜色即可做出区分 [33]。

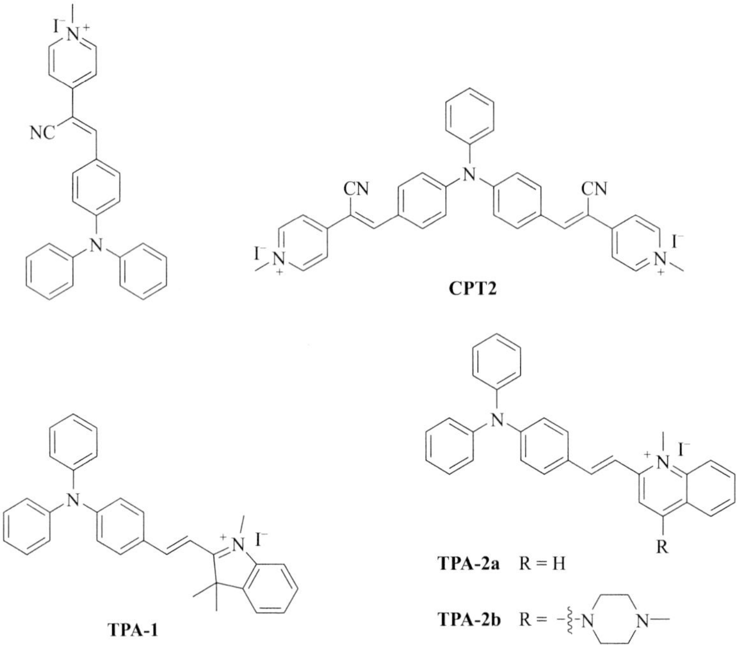

图8-25　CPT系列与TPA系列分子结构式

方酸类染料分子具有强吸收、长波长发射等光谱优点，Zhou 等人提出一例基于方酸结构的 G 四联体识别染料 TSQ1，其分子结构如图 8-26 所示 [34]。TSQ1 结合 G 四联体后在 668nm 处展示出近 70 倍的荧光增强，该增强倍数是染料结合双链 DNA 的 28 倍，表明 TSQ1 对 G 四联体具有很好的选择性识别能力。由于方酸染料较强的吸收及荧光发射，TSQ1 对 G 四联体的识别在紫外灯下可通过肉眼进行观察，同时活细胞成像研究也展示了 TSQ1 具备在细胞水平识别 G 四联体的性能。

Dihua Shangguan 等人提出系列基于方酸结构的染料可选择性识别 G 四联体，其代表性结构 CSTS 和 CSTS-4 如图 8-26 所示 [35,36]。CSTS 具有 V 字形刚性平面结构，展示出对顺式 G 四联体很好的选择性识别能力，对单链或双链 DNA 几乎没有响应。在溶液中，CSTS 以 H 聚集体形式存在，在结合 G 四联体后，H 聚集体逐渐转化为染料单体，在吸收光谱上展示出 610nm 处吸收强度减弱、680nm 吸收强度增强，在荧光光谱上展示出 710nm 处最大发射增强。高的选择性及荧光信号变化使得 CSTS 成为潜在的 G 四联体探针。Dihua Shangguan 等人继续优化结构设计，通过引入叔胺侧链得到 CSTS-4，其结构如图 8-26 所示。该结构修饰显著增强染料对 G 四联体的结合力，以及染料透过细胞膜的能力，使其成功用于活细胞成像研究。

Wuerthner 等人设计了一例含有聚乙二醇侧链的方酸染料 SQgl，其结构如图 8-26 所示[37]。分子在水溶液中以聚集态存在，无荧光发射产生。但平行 G 四联体可特异性结合 SQgl 进而瓦解聚集体，使染料分子恢复强的荧光信号，在 700nm 处发射荧光，量子产率高达 0.358。优异的光谱性质使其成为潜在的活细胞内 G 四联体选择性荧光染料。

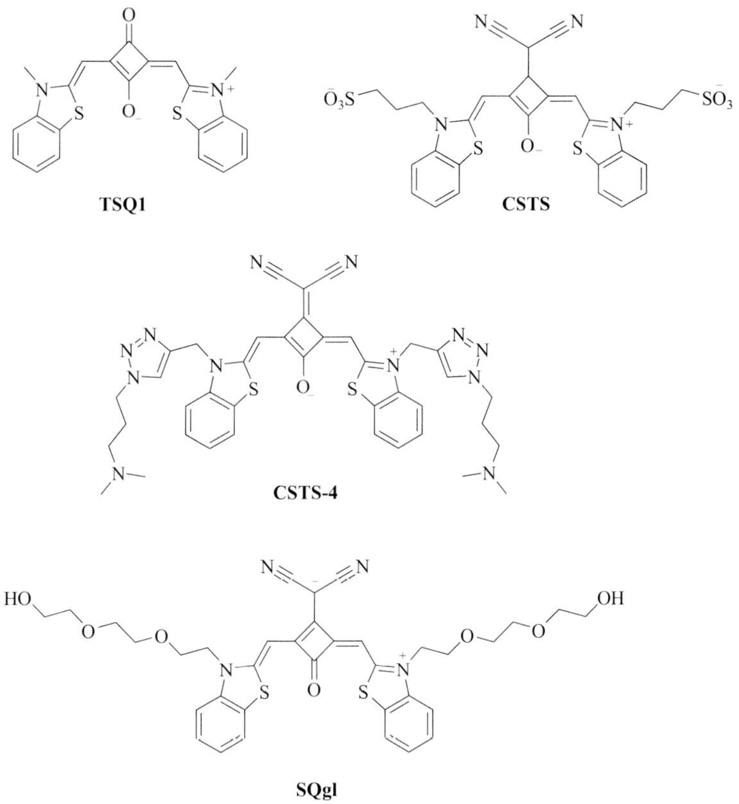

图8-26 TSQ1、CSTS系列以及SQgl分子结构式

萘酰亚胺是一类衍生方式丰富的染料分子，Freccero 等人利用萘酰双亚胺分

子对设计了系列染料用于 G 四联体选择性成像,染料结构如图 8-27 所示[38]。其中分子 cNDI-1 由萘酰双亚胺及香豆素结构通过柔性碳链连接而成,溶液中游离状态的分子对中香豆素通过分子内电荷转移机理(ICT)猝灭萘酰亚胺部分荧光,萘酰亚胺单体量子产率为 0.19,但其在分子对中量子产率低于 0.001。分子对在溶液中仅有 488nm 处单发射峰,但萘酰双亚胺部分嵌入四联体后,香豆素对其的 ICT 作用受空间距离增加而消除,分子对在 666nm 处荧光恢复。cNDI-1 的优越之处在于其对 DNA G 四联体具有很好的选择性,相比之下,分子结合 RNA G 四联体、单链及双链 DNA 后荧光增强微弱。其不足之处在于识别 G 四联体后荧光亮度不高,难于满足细胞成像要求。Doria 等优化设计,提出另一例基于萘酰双亚胺的染料分子 c-exNDI,其分子结构如图 8-27 所示[39]。c-exNDI 具有相对较大的共轭体系中心以及两条叔胺侧链,其在水溶液中形成聚集体猝灭荧光;但结合 G 四联体后,聚集体解离,染料分子单体嵌入四联体恢复荧光,在 618nm 处荧光显著增强,量子产率由聚集态的 0.08 增至 0.24。c-exNDI 具有强的荧光量子产率和跨膜性能,使其适用于活细胞荧光成像,并通过蛋白标签手段证实了探针特异性识别活细胞中核仁内的 1H6G 四联体。该探针是少数适用于活细胞 G 四联体成像的染料,进一步提高染料对 G 四联体序列的选择性将使其具有重要的应用前景。

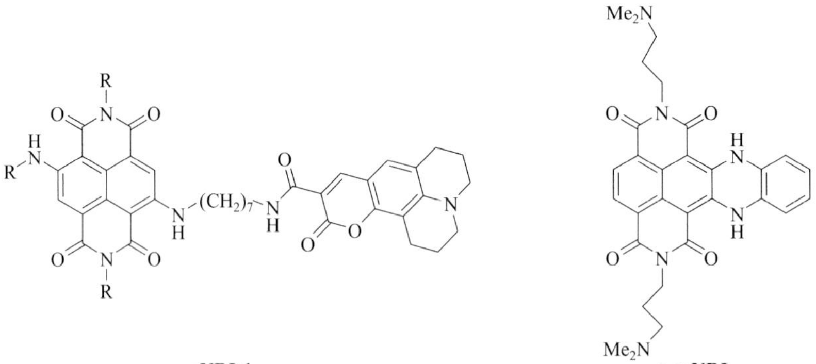

图 8-27 cNDI-1 以及 c-exNDI 分子结构式

上述染料均在溶液体系中展示出对 G 四联体的高选择性,仅个别染料可在细胞水平实现对 G 四联体的选择性成像,实现对序列具有选择性的 G 四联体荧光成像更为困难。Chang 等人通过染料库筛选的手段,从 5000 个染料中筛选出最优结构 GQR,展示出对平行 G 四联体 93del(具有 4 个中等沟槽和裸露的端位)等少数四联体专一的选择性,其分子结构如图 8-28 所示[40]。溶液中光谱滴定证实 GQR 对其他平行 G 四联体和所有反平行 G 四联体以及 DNA、RNA 均无明显响应。从响应机理上看 GQR 在溶液中形成聚集态，当加入 G 四联体时，聚集体解离，染料分子嵌入四联体末端并恢复荧光。GQR 的优越之处在于其对 G 四联体展示出序列选择性，对 93del，J19，T95 和 T95-2T 等具有 4 个中等沟槽和裸露的端位的四联体展示出选择性荧光响应，而对其他平行及反平行 G 四联体仅有微弱的信号变化。这种对一类四联体具有选择性的染料性质尚属少有的特性，对于疾病诊疗具有重要的应用价值。

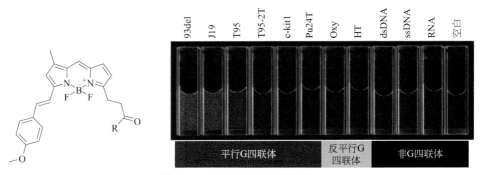

图8-28 GQR分子结构式及其对G四联体选择性光谱测试

Zhou 等人在利用 DNA 链与红色荧光蛋白（RFP）发色团类似物时，筛选出数例 RFP 染料类似物，其具有选择性识别 G 四联体的性能。以其中一例发光性能最好的 DFHBSI 为例（图 8-29）[41]，游离状态的染料由于扭曲分子内电荷转移（TICT），染料分子发光很弱，G 四联体为其提供了类似 RFP 的空腔环境，限制其 TICT 效应使其恢复荧光发射能力。结合 NG16 四联体后，DFHBSI 在 606nm 的最大发射峰处展示出显著的荧光增强，其对平行 G 四联体的选择性优于其他构象的四联体以及 DNA 和 RNA。Zhou 等人利用 DFHBSI-GQ 复合物作为细胞表面蛋白抗体，实现了对细胞表面及肿瘤球组织切片上 PTK7 抗原的靶向性成像。作为 G 四联体识别染料，DFHBSI 在细胞水平的研究尚少，仅在溶液中展示出潜在应用价值。

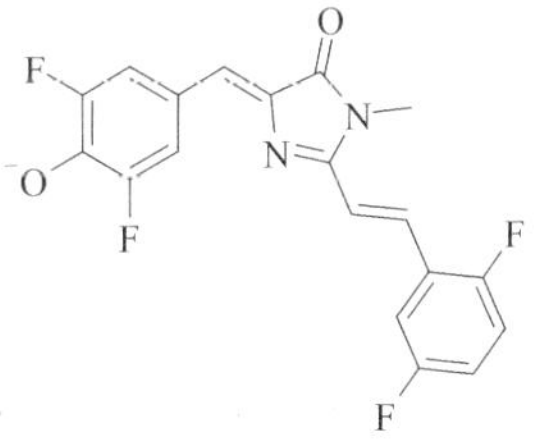

图8-29 DFHBSI分子结构式

卟啉及酞菁类染料是在可见及近红外区吸收及发射性能优异的发色团，两类染料都具有较大的π共轭体系，易于通过π-π堆叠作用结合G四联体端位，通过侧链的修饰可以得到G四联体选择性染料分子，但此类分子往往对三联体、单链及双链DNA也具有较明显的选择性。如图8-30所示的NMM具有非对称结构以及可阳离子化的叔胺，展示出对平行G四联体较好的选择性[42]。酞菁类染料具有比卟啉更大的平面结构，理论上更利于其选择性结合G四联体。Luedtke等人提出胍基修饰的锌酞菁Zn-DIGP用于选择性识别G四联体，其分子结构如图8-30所示[43]。Zn-DIGP在结合c-myc G四联体后在705nm最大发射处展示出近200倍的荧光信号增强，该荧光增强幅度是RNA的100倍，是ctDNA的5000倍。Zn-DIGP也被用于活细胞及固定细胞成像研究，总体上具有较好的细胞膜通透性，但染料在细胞内的分布特性尚不清楚。由于卟啉及酞菁类染料自身的物理化学性质，其在G四联体选择性成像领域研究不多，更多应用于疾病治疗领域。

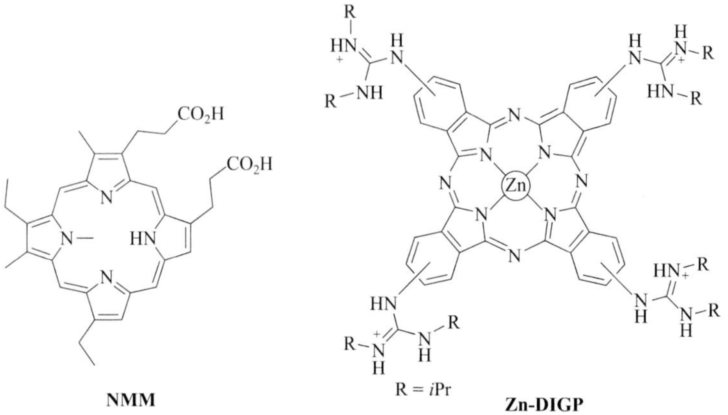

图8-30 NMM和Zn-DIGP分子结构式

二、RNA G四联体荧光染料

RNA G四联体在mRNA切割、聚腺嘌呤、mRNA识别以及表达等生物过程均具有重要作用，开发特异性识别RNA G四联体的荧光探针具有重要意义。

Tang等人开发了一例基于菁类染料的RNA G四联体识别染料CyT，其分子结构如图8-31所示[44]。染料分子在水溶液中形成J聚集体，加入RNA G四联体后，聚集体逐渐解离，染料单体嵌入四联体。从光谱上，染料单体恢复在578nm处的最大吸收，其在590nm处荧光显著增强1000倍。CyT在体外的凝胶电泳实验中展示出对RNA G四联体的特异性结合能力，并可对活细胞胞质中RNA G四联体进行选择性荧光成像。

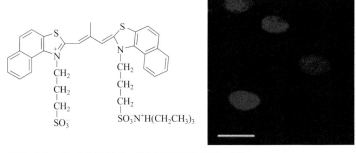

图8-31 CyT分子结构式及其活细胞荧光成像

Monchaud 等人提出一系列新型智能 G 四联体配体，可高选择性、高稳定性结合 G 四联体，并展示荧光信号增强的响应[45-47]。其中代表性分子 N-TASQ 结构如图 8-32 所示，系列分子以萘、芘等染料为核心，通过柔性链向四周发散性引出四个鸟嘌呤，四个嘌呤基团可形成分子内的拟四联体构型，并与 DNA 或 RNA G 四联体通过氢键等作用力结合，完成识别[46]。系列分子中，N-TASQ 表现出适宜的细胞水平应用性能。在水溶液中，分子以游离的状态存在，萘的荧光被分子内的四个鸟嘌呤猝灭；当分子与 G 四联体结合后，分子内四个鸟嘌呤组装成四联体，其对萘的猝灭效应消失，因而萘的荧光恢复，实现对 G 四联体的选择性检测。

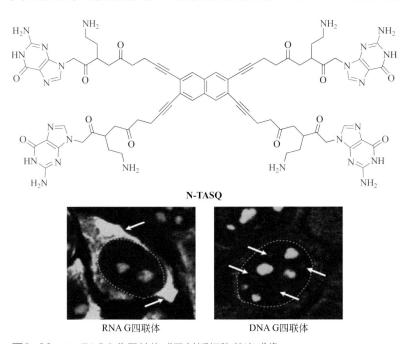

图8-32 N-TASQ分子结构式及其活细胞荧光成像

第八章 核酸荧光识别染料

第六节
基于核酸染色的多功能荧光探针

除本章前部分介绍的核酸发色团外，基于核酸选择性染色的分子对在核酸成像及近核酸微环境探测的指示中展现了重要价值。此类核酸染料分子通过化学设计将具有核酸选择性的染料配体与具有光学响应的另一个染料连接构成分子对，实现了双色核酸选择性成像、近核酸微环境（如 pH、极性、黏度等）的指示、超分辨荧光成像等多功能成像效果，为核酸成像的发展提出新的方向。

一、细胞核超分辨探针

经典的 DNA 小沟槽结合染料 Hoechst 以其较优的 DNA 靶向性染色性能常被用作 DNA 选择性配体染料与其他染料分子共价连接构成多功能 DNA 荧光探针。

Tsukiji 等人最早将 Hoechst 用作 DNA 靶向基团，成功将荧光素、罗丹明、氟硼吡咯三类广泛应用的发色团靶向至细胞核内 DNA，系列分子对结构如图 8-33 所示[48]。三例分子，hoeAc$_2$FL、hoeTMR 和 hoeBDP 均展示出对细胞核 DNA 的

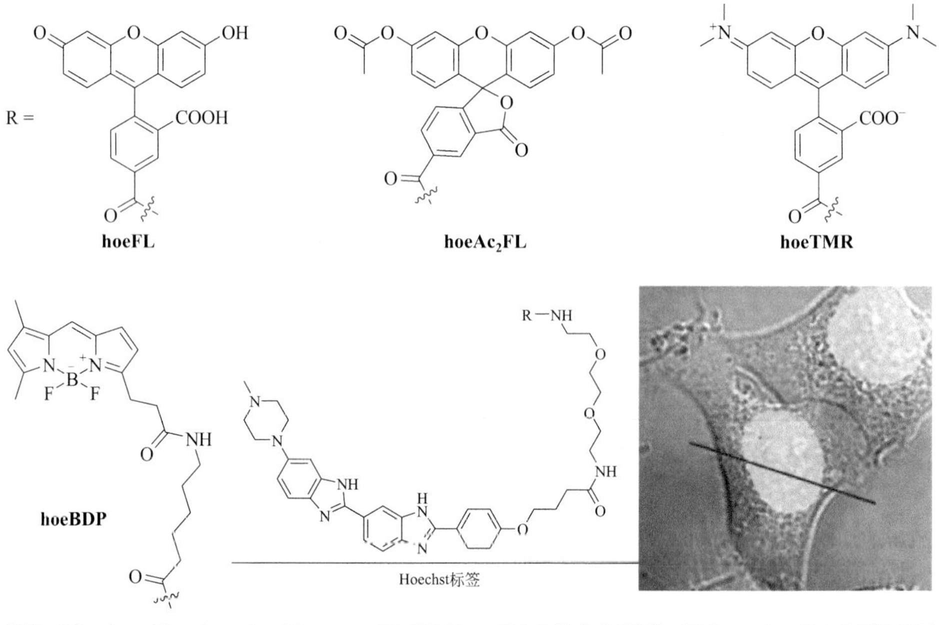

图8-33　hoeFL、hoeAc$_2$FL、hoeTMR及hoeBDP的分子结构式及hoeAc$_2$FL用于活细胞内DNA荧光成像

增强型荧光响应。以 hoeFL 为例进行溶液中的光谱研究，游离染料在缓冲液中荧光微弱，量子产率为 0.0072，结合 hpDNA 后荧光显著增强，量子产率可达 0.44。活细胞成像表明四例分子对可选择性对细胞核 DNA 成像。该策略的提出为 DNA 的多色荧光成像提出更简便通用的方法，也为各类荧光探针在细胞核内的应用提供解决方案。

  Xiao 等人设计合成了一例含 Hoechst 及萘酰亚胺结构的分子对 hoe-NI，用

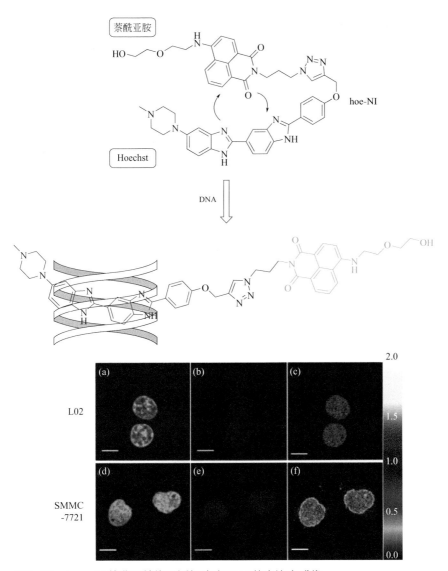

图8-34　hoe-NI的分子结构及活细胞内DNA荧光比率成像

于实现活细胞内 DNA 靶向性比率成像，其分子结构如图 8-34 所示[49]。分子对在溶液中以折叠形式存在，萘酰亚胺与 Hoechst 相互靠近，其荧光被 Hoechst 猝灭。在 hoe-NI 溶液中加入 DNA 后，分子对中 Hoechst 与 DNA 小沟槽结合，自身荧光恢复；同时萘酰亚胺部分远离 Hoechst，其荧光也得到恢复，即 hoe-NI 分子对结合 DNA 后两个发色团均展示出荧光增强。利用 hoe-NI 实现了对活细胞中 DNA 的比率成像，且通过两部分荧光的比率值可对 DNA 浓度进行定量分析。

Johnsson、Lukinavičius、Heilemann、Lavis 和 Xiao 等人近期分别利用 Hoechst 作为活细胞 DNA 靶向基团递送罗丹明类染料至活细胞 DNA，以不同模式实现对活细胞 DNA 的超分辨荧光成像。Johnsson 与 Lukinavičius 设计多例 Hoechst 与长波长罗丹明的分子对（图 8-35），两例包含羧基长波长罗丹明的设计（SiR-Hoechst 和 5-610CP-Hoechst）通过 STED 成像技术展示了活细胞内 DNA 的超分辨成像图像[50, 51]；一例包含苄醇基团的硅罗丹明的设计（5-HMSiR-Hoechst）通过 SMLM 实现了对活细胞内 DNA 的超分辨成像[52]。Heilemann 和 Lavis 设计一系列由 Hoechst 和不同类型罗丹明组成的分子对，其中三例代表性 JF$_{503}$-Hoechst、JF$_{549}$-Hoechst 以及 JF$_{646}$-Hoechst 结构如图 8-36 所示[53]。利用三例 DNA 选择性分子对，通过 PAINT 技术实现了对细菌内 DNA 的超分辨成像。Zhang 和 Xiao 等人设计一例基于 Hoechst 和磺酰胺罗丹明的 DNA 靶向型分子对，其分子结构如图 8-37 所示。分子在结合 DNA 前磺酰胺罗丹明部分以闭环形式存在，无荧光发射；识别并结合 DNA 后磺酰胺罗丹明荧光恢复。利用 HoeSR 对 DNA 的特异性响应，并通过 dSTORM 技术实现了活细胞内 DNA 的超分辨成像[54]。

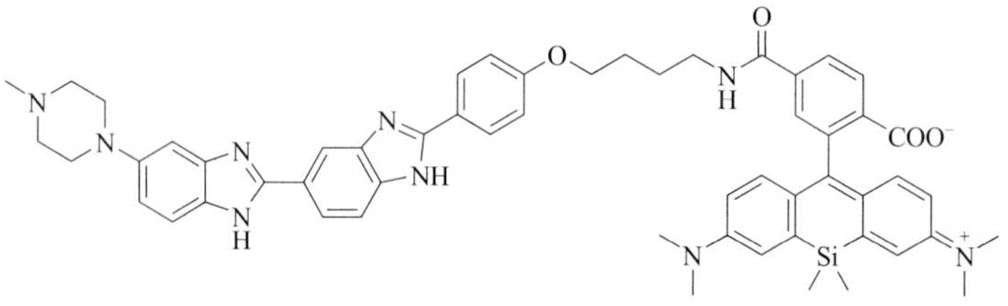

SiR-Hoechst

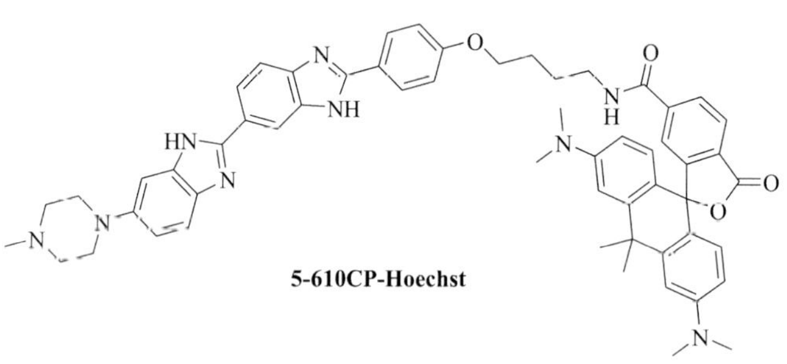

5-610CP-Hoechst

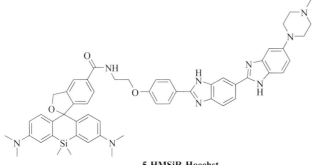

5-HMSiR-Hoechst

图8-35 SiR-Hoechst、5-610CP-Hoechst以及5-HMSiR-Hoechst的分子结构及活细胞内DNA超分辨成像

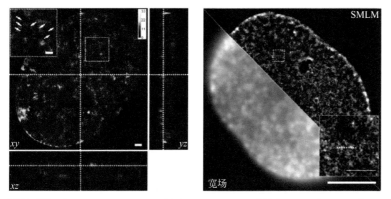

JF$_{646}$-Hoechst(1)　　　JF$_{549}$-Hoechst(2)　　　JF$_{503}$-Hoechst(3)

图8-36

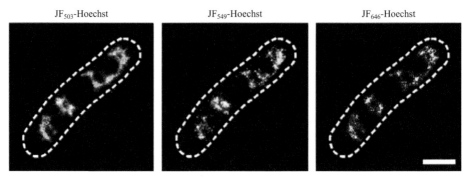

图8-36 JF$_{503}$-Hoechst、JF$_{549}$-Hoechst以及JF$_{646}$-Hoechst的分子结构及细菌内DNA超分辨成像

利用RNA选择性荧光团作为RNA配体同样可以实现类似于上述Hoechst分子对的成像策略。Turro等人设计了一例基于乙啶类似物和荧光素结构的分子对（FLEth）用于活细胞RNA成像，分子结构如图8-38所示[55]。分子中荧光素与乙啶构成分子内能量转移体系，其中荧光素作为能量供体，乙啶结构作为能量受体以及RNA靶向基团。Turro等通过能量转移体系的设计，提高了染料的吸光能力，进而提高成像的亮度至乙啶单体的5倍；进一步利用乙啶部分在能量转移体系中的长荧光寿命实现了时间分辨荧光成像，将成像的信噪比从乙啶单体的7提升至40。

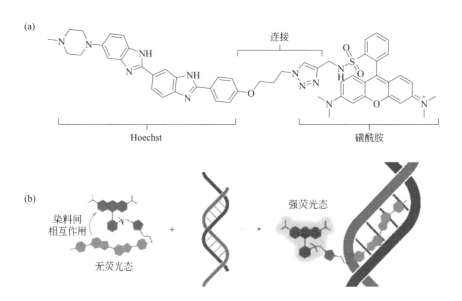

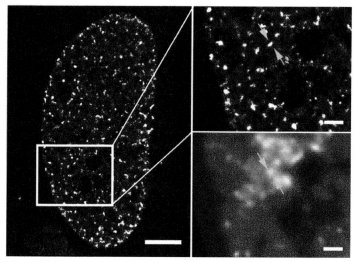

图8-37　HoeSR的分子结构及活细胞内DNA超分辨成像

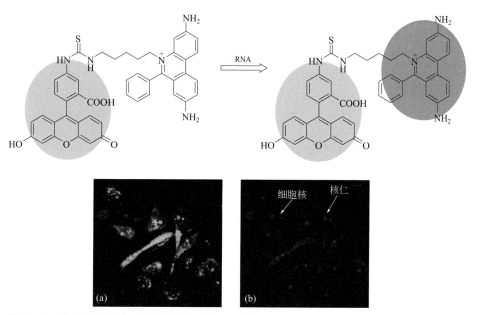

图8-38　FLEth分子结构及其对活细胞RNA成像

二、细胞核微环境探针

利用 Hoechst 作为靶向基团实现了对 DNA 多色及超分辨成像。若 Hoechst

另一端连接的是环境敏感荧光染料,则可同时实现对DNA的可视化成像以及近DNA微环境的指示。Tsukiji和Ueda等人利用已报道的hoeAc$_2$FL通过比率成像探测活细胞或植物细胞内DNA附近的pH变化(图8-39)[56,57]。hoeAc$_2$FL对细胞核内DNA染色后,分子通过水解作用转化为hoeFL,其中Hoechst和Fluorescein各自具有特征荧光信号。当环境pH较高时,荧光素部分发光显著,且由于能量转移效应,Hoechst部分荧光显著降低;当环境pH较低时,荧光素部分发光减弱,且由于能量转移效应降低,Hoechst部分荧光重新升高。因此两个特征荧光峰强度的比值可用来定量指示DNA附近pH信息。

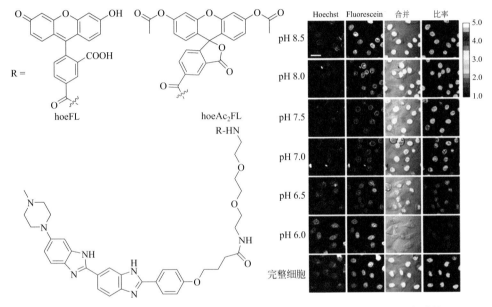

图8-39　hoeAc$_2$FL及hoeFL分子结构及其对活细胞内DNA附近pH的荧光比率成像

Xiao等人近期利用Hoechst与黏度转子BODIPY构建了分子对Chroma-V,用于活细胞内DNA的可视化追踪和DNA附近黏度的探测,分子结构如图8-40所示[58]。Chroma-V可以较好地进入细胞核内选择性识别DNA,Hoechst和BODIPY各自具有特征荧光信号。BODIPY的荧光强度和荧光寿命对微环境的黏度具有灵敏的响应,黏度较大时,BODIPY的荧光强度增强且其寿命增加;黏度较小时,BODIPY的荧光强度减弱且其寿命减小。因此,两部分荧光信号的比值和BODIPY部分的荧光寿命均可定量指示活细胞DNA附近黏度。

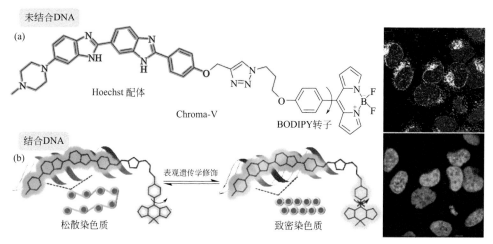

图8-40 Chroma-V分子结构及其对活细胞内DNA的荧光比率及寿命成像

参考文献

[1] Holmquist G. Hoechst 33258 fluorescent staining of *Drosophila* chromosomes [J]. Chromosoma, 1975, 49(4): 333-356.

[2] Cesarone C F, Bolognesi C, Santi L. Improved microfluorometric DNA determination in biological material using 33258 Hoechst [J]. Analytical Biochemistry, 1979, 100(1): 188-197.

[3] Müller W, Crothers D M. Interactions of heteroaromatic compounds with nucleic acids. the influence of heteroatoms and polarizability on the base specificity of intercalating ligands [J]. European Journal of Biochemistry, 1975, 54(1): 267-277.

[4] Müller W, Gautier F. Interactions of heteroaromatic compounds with nucleic acids. A - T-specific non-intercalating DNA ligands [J]. European Journal of Biochemistry, 1975, 54(2): 385-394.

[5] Newton B A. The mode of action of phenanthridines: the effect of ethidium bromide on cell division and nucleic acid synthesis [J]. Journal of General Microbiology, 1957, 17(3): 718-730.

[6] Le Pecq J B, Jeanteur P, Emanoil-Ravicovitch R, et al. A spectrofluorometric method for the study of transcription of single-stranded DNA by RNA polymerase [J]. Biochimica et Biophysica Acta, 1966, 119(2): 442-444.

[7] Lee L G, Chen C H, Chiu L A. Thiazole orange: a new dye for reticulocyte analysis [J]. Cytometry, 1986, 7(6): 508-517.

[8] Narayanaswamy N, Kumar M, Das S, et al. A thiazole coumarin (TC) turn-on fluorescence probe for AT-base pair detection and multipurpose applications in different biological systems [J]. Scientific Reports, 2014, 4: 6476.

[9] Wang X L, Sun R, Miao J T, et al. Hemicyanine dyes linked with quaternary ammonium group: near-infrared probes for the detection of nucleic acid [J]. Sensor and Actuators B-Chemical, 2016, 236: 627-634.

[10] Peng X, Wu T, Fan J, et al. An effective minor groove binder as a red fluorescent marker for live-cell DNA imaging and quantification [J]. Angewandte Chemie (International ed. in English), 2011, 50(18): 4180-4183.

[11] 彭孝军，吴彤，樊江莉，等. 一类荧光染料、制备方法及其应用 [P]: ZL 201010022414.6. 2014.07.02.

[12] 彭孝军，吴彤，樊江莉，等. Fluorescent dyes, methods of synthesis and applications thereof[P]: US, 8298766B2. 2012.10.30.

[13] Yao Q, Li H, Xian L, et al. Differentiating RNA from DNA by a molecular fluorescent probe based on the "door-bolt" mechanism biomaterials [J]. Biomaterials, 2018, 177: 78-87.

[14] 彭孝军，姚起超，李海东，等. 噁嗪类化合物在制备近红外荧光探针中的应用 [P]: ZL201610983551.3. 2019.04.09.

[15] Zhang S, Fan J, Li Z, et al. A bright red fluorescent cyanine dye for live-cell nucleic acid imaging, with high photostability and a large Stokes shift [J]. Journal of Materials Chemistry B, 2014, 2(18): 2688-2693.

[16] 彭孝军，张思，樊江莉，等. 一种氰基取代的不对称菁类化合物，其制备方法及应用 [P]: ZL 201310530150.9. 2016.06.01.

[17] 彭孝军，张思，樊江莉，等. Class of cyano-substituted asymmetric cyanine dyes, synthesizing method and application thereof[P]: US10029996 (B2). 2018.07.24.

[18] Narayanaswamy N, Das S, Samanta P K, et al. Sequence-specific recognition of DNA minor groove by an NIR-fluorescence switch-on probe and its potential applications [J]. Nucleic Acids Research, 2015, 43(18): 8651-8663.

[19] Li J, Guo K, Shen J, et al. A difunctional squarylium indocyanine dye distinguishes dead cells through diverse staining of the cell nuclei/membranes [J]. Small (Weinheim an der Bergstrasse, Germany), 2014, 10(7): 1351-1360.

[20] Dumat B, Bordeau G, Faurel-Paul E, et al. DNA switches on the two-photon efficiency of an ultrabright triphenylamine fluorescent probe specific of AT regions [J]. Journal of the American Chemical Society, 2013, 135(34): 12697-12706.

[21] Zhou B, Liu W, Zhang H, et al. Imaging of nucleolar RNA in living cells using a highly photostable deep-red fluorescent probe [J]. Biosensors & Bioelectronics, 2015, 68: 189-196.

[22] Liu W, Zhou B, Niu G, et al. Deep-red emissive crescent-shaped fluorescent dyes: substituent effect on live cell imaging [J]. ACS Applied Materials & Interfaces, 2015, 7(13): 7421-7427.

[23] Li Q, Kim Y, Namm J, et al. RNA-selective, live cell imaging probes for studying nuclear structure and function [J]. Chemistry & Biology, 2006, 13(6): 615-623.

[24] Li Z, Sun S, Yang Z, et al. The use of a near-infrared RNA fluorescent probe with a large Stokes shift for imaging living cells assisted by the macrocyclic molecule CB7 [J]. Biomaterials, 2013, 34(27): 6473-6481.

[25] Chen X, Wang J, Jiang G M, et al. The development of a light-up red-emitting fluorescent probe based on a G-quadruplex specific cyanine dye [J]. RSC Advances, 2016, 6(74): 70117-70123.

[26] Chen Q, Kuntz I D, Shafer R H. Spectroscopic recognition of guanine dimeric hairpin quadruplexes by a carbocyanine dye [J]. Proceedings of the National Academy of Sciences of the United States of America, 1996, 93(7): 2635-2639.

[27] Yang Q, Xiang J, Yang S, et al. Verification of specific G-quadruplex structure by using a novel cyanine dye supramolecular assembly: Ⅱ. the binding characterization with specific intramolecular G-quadruplex and the recognizing mechanism [J]. Nucleic Acids Research, 2010, 38(3): 1022-1033.

[28] Yang Q, Xiang J F, Yang S, et al. Verification of intramolecular hybrid/parallel G-quadruplex structure under physiological conditions using novel cyanine dye H-aggregates: both in solution and on Au film [J]. Analytical Chemistry, 2010, 82(22): 9135-9137.

[29] Ihmels H, Thomas L. Light up G-quadruplex DNA with a [2.2.2] heptamethinecyanine dye [J]. Organic & Biomolecular Chemistry, 2013, 11(3): 480-487.

[30] Lin D, Fei X, Gu Y, et al. A benzindole substituted carbazole cyanine dye: a novel targeting fluorescent probe for parallel c-myc G-quadruplexes [J]. The Analyst, 2015, 140(16): 5772-5780.

[31] Hu M H, Guo R J, Chen S B, et al. Development of an engineered carbazole/thiazole orange conjugating probe for G-quadruplexes [J]. Dyes and Pigments, 2017, 137: 191-199.

[32] Lai H, Xiao Y, Yan S, et al. Symmetric cyanovinyl-pyridinium triphenylamine: a novel fluorescent switch-on probe for an antiparallel G-quadruplex [J]. The Analyst, 2014, 139(8): 1834-1838.

[33] Wang M Q, Zhu W X, Song Z Z, et al. A triphenylamine-based colorimetric and fluorescent probe with donor-bridge-acceptor structure for detection of G-quadruplex DNA [J]. Bioorganic & Medicinal Chemistry Letters, 2015, 25(24): 5672-5676.

[34] Chen Y, Yan S, Yuan L, et al. Nonlinear optical dye TSQ1 as an efficiently selective fluorescent probe for G-quadruplex DNA [J]. Organic Chemistry Frontiers, 2014, 1(3): 267-270.

[35] Jin B, Zhang X, Zheng W, et al. Dicyanomethylene-functionalized squaraine as a highly selective probe for parallel G-quadruplexes [J]. Analytical Chemistry, 2014, 86(14): 7063-7070.

[36] Zhang X, Wei Y, Bing T, et al. Development of squaraine based G-quadruplex ligands using click chemistry [J]. Scientific Reports, 2017, 7(1): 4766.

[37] Grande V, Doria F, Freccero M, et al. An aggregating amphiphilic squaraine: a light-up probe that discriminates parallel G-quadruplexes [J]. Angewandte Chemie International Edition, 2017, 56(26): 7520-7524.

[38] Zuffo M, Doria F, Spalluto V, et al. Red/NIR G-quadruplex sensing, harvesting blue light by a coumarin-naphthalene diimide dyad [J]. Chemistry-A European Journal, 2015, 21(49): 17596-17600.

[39] Doria F, Nadai M, Zuffo M, et al. A red-NIR fluorescent dye detecting nuclear DNA G-quadruplexes: in vitro analysis and cell imaging [J]. Chemical Communications, 2017, 53(14): 2268-2271.

[40] Zhang L, Er J C, Ghosh K K, et al. Discovery of a structural-element specific G-quadruplex "light-up" probe [J]. Scientific Reports, 2014, 4: 3776.

[41] Feng G, Luo C, Yi H, et al. DNA mimics of red fluorescent proteins (RFP) based on G-quadruplex-confined synthetic RFP chromophores [J]. Nucleic Acids Research, 2017, 45(18): 10380-10392.

[42] Arthanari H, Basu S, Kawano T L, et al. Fluorescent dyes specific for quadruplex DNA [J]. Nucleic Acids Research, 1998, 26(16): 3724-3728.

[43] Alzeer J, Vummidi B R, Roth P J, et al. Guanidinium-modified phthalocyanines as high-affinity G-quadruplex fluorescent probes and transcriptional regulators [J]. Angewandte Chemie (International ed. in English), 2009, 48(49): 9362-9365.

[44] Xu S, Li Q, Xiang J, et al. Directly lighting up RNA G-quadruplexes from test tubes to living human cells [J]. Nucleic Acids Research, 2015, 43(20): 9575-9586.

[45] Laguerre A, Stefan L, Larrouy M, et al. A twice-as-smart synthetic G-quartet: pyroTASQ is both a smart quadruplex ligand and a smart fluorescent probe [J]. Journal of the American Chemical Society, 2014, 136(35): 12406-12414.

[46] Laguerre A, Hukezalie K, Winckler P, et al. Visualization of RNA-quadruplexes in live cells [J]. Journal of the American Chemical Society, 2015, 137(26): 8521-8525.

[47] Laguerre A, Wong J M, Monchaud D. Direct visualization of both DNA and RNA quadruplexes in human cells via an uncommon spectroscopic method [J]. Scientific Reports, 2016, 6: 32141.

[48] Nakamura A, Takigawa K, Kurishita Y, et al. Hoechst tagging: a modular strategy to design synthetic fluorescent probes for live-cell nucleus imaging [J]. Chemical Communications (Cambridge, England), 2014, 50(46): 6149-6152.

[49] Yang F, Wang C, Wang L, et al. Hoechst-naphthalimide dyad with dual emissions as specific and ratiometric sensor for nucleus DNA damage [J]. Chinese Chemical Letters, 2017, 28(10): 2019-2022.

[50] Lukinavičius G, Blaukopf C, Pershagen E, et al. SiR-Hoechst is a far-red DNA stain for live-cell nanoscopy [J]. Nature Communications, 2015, 6: 8497.

[51] Bucevičius J, Keller-Findeisen J, Gilat T, et al. Rhodamine-Hoechst positional isomers for highly efficient staining of heterochromatin [J]. Chemical Science, 2019, 10(7): 1962-1970.

[52] Bucevičius J, Gilat T, Lukinavicius G. Far-red switching DNA probes for live cell nanoscopy [J]. Chemical Communications, 2020, 56(94): 14797-14800.

[53] Spahn C K, Glaesmann M, Grimm J B, et al. A toolbox for multiplexed super-resolution imaging of the *E. coli* nucleoid and membrane using novel PAINT labels [J]. Scientific Reports, 2018, 8(1): 14768.

[54] Zhang X, Ye Z, Zhang X, et al. A targetable fluorescent probe for dSTORM super-resolution imaging of live cell nucleus DNA [J]. Chemical Communications (Cambridge, England), 2019, 55(13): 1951-1954.

[55] Stevens N, O'Connor N, Vishwasrao H, et al. Two color RNA intercalating probe for cell imaging applications [J]. Journal of the American Chemical Society, 2008, 130(23): 7182-7183.

[56] Nakamura A, Tsukiji S. Ratiometric fluorescence imaging of nuclear pH in living cells using Hoechst-tagged fluorescein [J]. Bioorganic & Medicinal Chemistry Letters, 2017, 27(14): 3127-3130.

[57] Takaoka Y, Miyagawa S, Nakamura A, et al. Hoechst-tagged fluorescein diacetate for the fluorescence imaging-based assessment of stomatal dynamics in *Arabidopsis thaliana* [J]. Scientific Reports, 2020, 10(1): 5333.

[58] Zhang X, Wang L, Li N, et al. Assessing chromatin condensation for epigenetics with a DNA-targeting sensor by FRET and FLIM techniques [J]. Chinese Chemical Letters, 2021, https://doi.org/10.1016/j.cclet.2021.02.031.

第九章
蛋白的荧光识别和标记技术

第一节　蛋白特异性标记技术概述 / 254

第二节　小分子配体标记 / 255

第三节　多肽标签标记 / 258

第四节　自修饰酶标签标记 / 263

第五节　核酸适配体标记 / 269

第六节　总结与展望 / 270

第一节
蛋白特异性标记技术概述

近年来，荧光传感与成像在生命科学领域的进展令世人瞩目，最具代表性的是绿色荧光蛋白和超分辨荧光成像先后获得了诺贝尔化学奖。各种各样的荧光试剂被开发出来，实现了细胞、组织和活体上的实时动态荧光分析，并具有灵敏度高、选择性好、响应速度快、安全方便、成本低等突出优势。荧光探针技术已经成为现代生物学研究和医学分子诊断的重要基础和强大工具，是当前国际学术界、产业界激烈竞争的焦点。

蛋白质是细胞功能的主要执行者，研究蛋白质的结构、功能及其相互作用是理解细胞生命过程中各种内在机制的关键。活体蛋白荧光标记技术已经被广泛应用于蛋白质功能的可视化研究中。其中以绿色荧光蛋白（GFP）为代表的荧光蛋白标记技术常被用来研究蛋白质在生物体内的表达和定位[1]。简而言之，GFP 标记本质是一种基因编码的蛋白质标签技术，将 GFP 的基因序列与目标蛋白质的基因序列进行融合，构建新的 DNA 质粒；将质粒转染到细胞中，就能表达出新的融合蛋白［即 GFP 连接到目标蛋白，成为目标蛋白的荧光标签（fluorescent tag）］，因而实现了分子水平上对目标蛋白的特异性稳定标记。尽管 GFP 标记是生物学领域内公认的特异性荧光标记的金标准，但其存在一些局限性，主要包括两方面：①由于这些荧光蛋白本身体积比较大，往往会影响目标蛋白的生物活性；②由于荧光蛋白的分子结构复杂，可设计性相对较小，或者说很难通过蛋白质结构设计实现对其发光波长、发光效率、环境敏感与响应等性能调控，因此其应用相对有限，通常只用于目标蛋白的可视化示踪。

荧光染料的分子量小，对蛋白质生物功能干扰小，同时，染料化学的发展已经为调控染料各种性质建立了非常丰富的分子设计方法，对于生物学应用中荧光分析技术的精度强化和维度拓展具有重要价值。事实上，荧光染料标记各种生物靶标，尤其是蛋白质，也取得了很大的进展，不仅可以用于目标蛋白的荧光示踪，也可以利用染料的传感性能，探测蛋白所处的局部微环境和活性物质等。但是，相比基因编码的 GFP 标记技术，染料标记的最大局限在于标记的特异性和稳定性相对不足，仍有很大可提升的空间[2]。本章主要总结常见的蛋白质特异性标记的荧光染料探针技术的进展。

第二节
小分子配体标记

利用某些重要的功能蛋白的小分子配体作为靶向基团,将其与荧光染料偶联,形成的缀合物(coujugate)可以作为该蛋白的特异性荧光探针。其原理在于,通过小分子配体与目标蛋白的特异性结合,将荧光发色团标记到蛋白上。这是一种较为经典、有效的蛋白质标记策略[3],在药物化学与生物化学领域应用广泛,包括发现或理性设计其小分子抑制剂、激动剂或底物等,并作为蛋白靶向型药物分子或为蛋白质的特异性标记提供了靶向基团。

一、标记细胞骨架的荧光探针

细胞骨架是由蛋白质与蛋白质搭建起的骨架网络结构,其重要功能包括维持细胞的形态,也是细胞内物质运输和细胞器移动的交通动脉,将细胞内基质区域化。而且细胞骨架还具有帮助细胞移动行走的功能。细胞骨架成像主要通过对微管蛋白和肌动蛋白的标记来实现。其中针对微管蛋白的小分子配体已经有许多研究结果,最具代表性的是紫杉醇。它是被发现的第一个能与微管蛋白聚合体相互作用的药物,即通过与微管紧密地结合,使微管稳定;它对多种实体瘤细胞显示出良好的抑制活性,已经成功地用作临床抗癌药。紫杉醇的微管蛋白靶向性吸引了更多生物学家将紫杉醇作为生物医学的一个研究工具,用于探索细胞活性的未知领域和发现新的抗癌药物,其中最常见的做法是将各种荧光染料通过与紫杉醇共价键连接起来,形成微管荧光探针,实现活细胞成像。来自于微生物天然毒素的鬼笔环肽肌动蛋白的强效抑制剂,其通过结合和稳定丝状肌动蛋白(F-actin)发挥功能,有效防止肌动蛋白纤维解聚。由于其与丝状肌动蛋白的紧密和选择性结合,含鬼笔环肽的荧光标记也已广泛用于显微术中,已在生物医学研究中可视化丝状肌动蛋白。

通过超分辨荧光成像,精准观察细胞骨架的微细变化,是生物医学的重要研究课题。因此,硅罗丹明这一类在超分辨成像领域的重要染料也被用于标记微管蛋白和肌动蛋白。如图9-1所示,SiR-tubulin为硅罗丹明与紫杉醇的缀合物,SiR-actin为硅罗丹明与鬼笔环肽的缀合物。有趣的是SiR-tubulin不仅能特异性地结合微管蛋白,当其与微管蛋白结合的时候荧光增强超过10倍以上;而SiR-actin与肌动蛋白特异性结合时,荧光增强高达100倍以上。SiR-tubulin和SiR-actin这种与靶标结合导致的荧光"开(turn-on)"性能,非常有助于消除非特异性染色导致的背景荧光干扰。通过结合结构光照明技术，证明了 SiR-tubulin 和 SiR-actin 对活细胞微管和微丝的高特异性标记，然后利用 STED 超分辨成像技术，获得了活细胞细胞骨架的超分辨成像，达到了以往只能在固定细胞中才能实现的超高分辨率[4]。

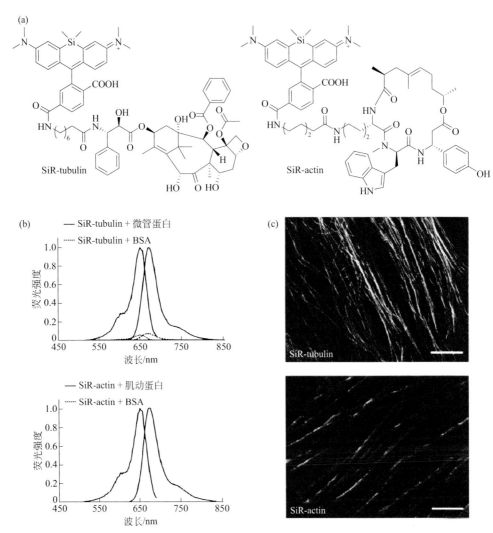

图9-1　细胞骨架标记探针：（a）SiR-tubulin和SiR-actin的化学结构。（b）SiR-tubulin与微管蛋白或牛血清白蛋白（BSA）结合的激发光谱和荧光光谱；SiR-actin与肌动蛋白或牛血清白蛋白结合的激发光谱和荧光光谱。（c）SiR-tubulin和SiR-actin分别对微管蛋白和肌动蛋白的特异性标记和结构光照明成像[4]

二、磺酰脲类标记钾离子ATP通道蛋白探针

磺酰脲类药物是被广泛使用的降糖药。其中某些品种，比如格列苯脲，也是活性很高的 ATP 敏感的钾离子通道蛋白的特异性抑制剂，而该蛋白在细胞内主要表达内质网上。因此，格列苯脲常用于与荧光染料连接，构建内质网特异性标记荧光探针。不仅部分商业化的内质网示踪剂（ER tracker）采用了格列苯脲作为靶向基团，一些新颖的针对内质网微环境或客体的传感探针也是如此。如图 9-2 所示，ER-Naph 是基于萘酰亚胺染料的谷胱甘肽选择性响应荧光探针，其中二硫键结构在谷胱甘肽作用下断裂，导致荧光显著增强；且 ER-Naph 分子结构中连接上了一个格列苯脲单元，通过其与钾离子通道蛋白的高灵敏结合，实现内质网的特异靶向性。利用 ER-Naph 探针，通过共聚焦荧光成像发现，在一些药物诱导内质网应激模型中，内质网中的谷胱甘肽的浓度水平显著下降[5]。

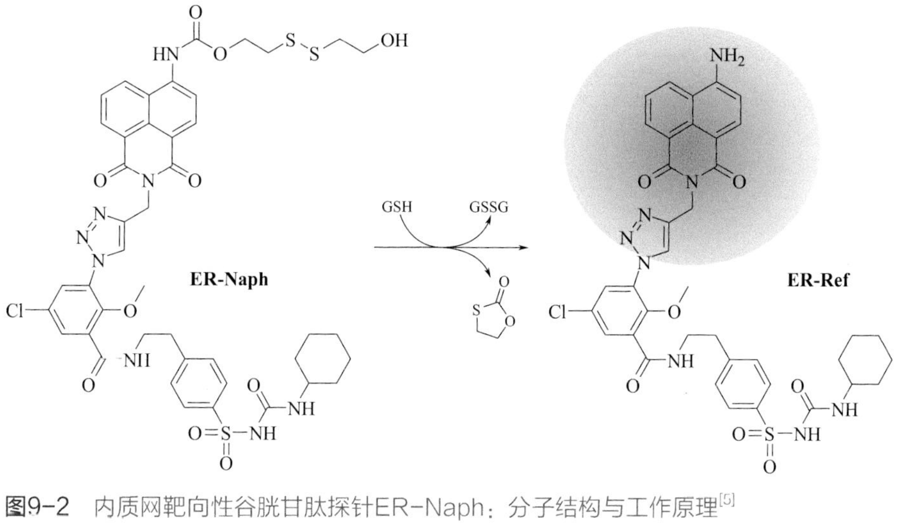

图9-2 内质网靶向性谷胱甘肽探针ER-Naph：分子结构与工作原理[5]

有趣的是，将磺酰脲简化为磺酰胺结构的时候，分子仍然具有良好的内质网靶向性，这使得内质网探针的设计合成更加简捷高效。例如，肖义课题组最近将 BODIPY 荧光转子与苯磺酰胺相连，开发了一个内质网微环境黏度探针，如

图 9-3 所示。将该探针特异性标记在内质网之后，荧光信号非常清晰地展示了内质网的微观形态，并且该探针在内质网上仍然保持了对黏度的高敏感性；利用该探针，并结合荧光寿命成像技术，实现了细胞内不同区域内质网的黏度分布的原位探测，具有很好的空间分辨率；并在不同诱导细胞铁死亡条件下，定量地观察到内质网应激过程中 L-Vis-1 的荧光寿命明显增加，指示出内质网应激导致了其微环境黏度显著增大的趋势[6]。

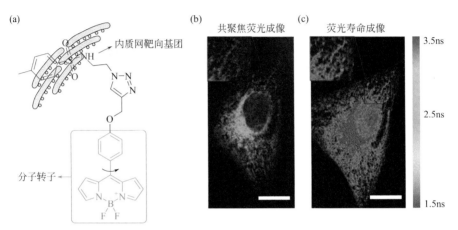

图9-3 基于磺酰胺靶向基团内质网黏度探针L-Vis-1：（a）分子结构与工作原理；（b）活细胞内质网共聚焦荧光成像；（c）活细胞内质网荧光寿命成像[6]，与（b）图视野相同

第三节
多肽标签标记

　　GFP 重组蛋白已经是非常成熟的生物标记手段，但是 GFP 的体积较大，如果同样基于基因编码技术，但将 GFP 替换为一段较短的多肽序列，不仅能确保标记特异性，而且对目标蛋白功能造成的影响也会大大降低。融合一段多肽标签的重组蛋白从生物技术上非常方便，关键问题是如何理性构建特殊的多肽序列和与该序列高特异性结合的染料结构；或者针对特定的荧光染料，如何构建或筛选

与该染料具有高特异性结合能力的多肽序列。

一、双砷染料-四半胱氨酸多肽设计以及类似工作

诺贝尔奖获得者 Roger Y. Tsien 于 1998 年创造性地提出了双砷染料 - 四半胱氨酸体系,实现对活细胞内重组蛋白的特异性共价标记[7]。一方面设计带有两个砷原子的荧光染料作为化学标记探针,另一方面以基因技术为手段在重组目标蛋白上构建含有四个半胱氨酸的多肽序列;双砷染料可以与多肽序列的六肽标签 CCXXCC 序列(简称 TC,X 是除半胱氨酸以外的其他氨基酸)特异性结合生成强荧光的双砷 - 四半胱氨酸体系。如图 9-4 中所列,多数双砷染料主要是基于荧光素母体及类似染料结构进行衍生,这一特点也决定了 TC 多肽序列的构建原则。由于荧光素的刚性结构决定了两个砷原子的空间距离(约 4.8Å,1Å=0.1nm,下同),也就决定了最佳的 TC 距离模式为 CCXXCC。但也有少数报道,基于其他染料母体(如 Cy 染料)的双砷试剂,其两个砷原子间空间距离更长,则需要调整多肽标签 TC 距离模式[8]。双砷标记技术得到了广泛的应用。比如,基于环境敏感尼罗红染料的双砷 BArNile-EDT$_2$ 被设计出来,用于标记融合了四半胱氨酸序列的钙调蛋白(CaM),从而对活细胞内的钙离子浓度变化导致的钙调蛋白构象改变进行荧光成像研究。观察到 ATP 刺激下引起内质网钙离子释放,导致细胞内钙离子浓度升高,引起荧光信号明显增强,这可以归结于钙调蛋白变形引起的尼罗红染料所标记的位点的微环境极性发生改变[9]。

受双砷染料标记策略的启发,多种类似的双(无机)原子染料 - 多肽标记组合体系被构建出来。比如,带有双硼酸基团的染料 RhOBO(图 9-5),在经典罗丹明染料的两个氨基侧链上对称性地引入两个苯硼酸结构单元,这一设计利用了苯硼酸能特异性地与相邻位置的两个羟基形成硼酸酯的性质,而相应与双硼酸配对的多肽设计为四丝氨酸 SSPGSS 标签。这对组合具有非常高的灵敏度,采用 50nmol/L RhOBO 在 20min 内就可实现对活细胞内重组蛋白的特异性标记[10]。再如,带有双锌离子配合物的染料(图 9-5),利用 DpaTyrs 配体与两个锌离子形成双核配合物后,没有达到配位饱和的锌离子可以继续配位;此时一个锌离子可以结合相邻的两个天冬氨酸的羧基,因此双锌离子配合物染料可以高选择性地与四天冬氨酸多肽标签 DDDD。将四天冬氨酸标签融合到活细胞表面的乙酰胆碱受体蛋白上,发现用双锌离子配合物染料对该重组蛋白的标记具有高选择性,且速度非常快,只需要几分钟就可完成[11]。

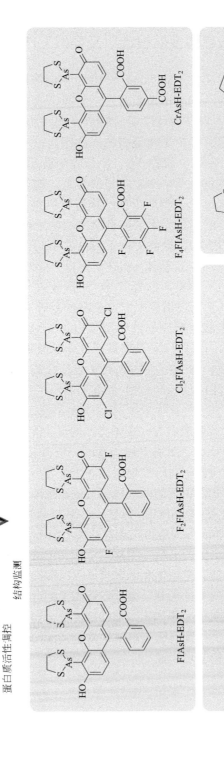

图9-4 双砷染料化学结构的多样化设计与应用领域及常见双砷染料分子结构[8]

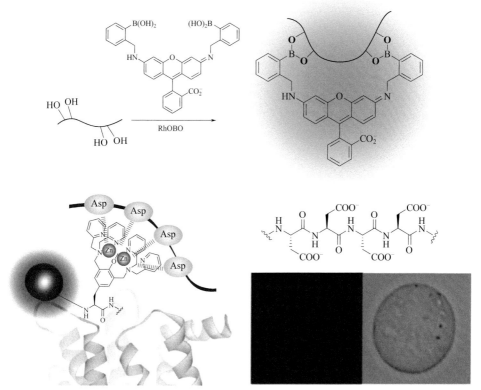

图9-5 双硼酸染料结构及其与四丝氨酸多肽结合[10]及双锌离子配合物染料与四天冬氨酸多肽结合[11]

在蛋白纯化技术中经常采用的连续组氨酸多肽标签（His tag）与镍离子配合物（Ni-trisNTA）组合也被利用来进行重组蛋白标记，这时多齿配合物 Ni-trisNTA 中的镍原子还可以与 His tag 中相邻组氨酸的两个咪唑进行配位[12]。但研究发现，染料连接单个 Ni-trisNTA 单元后与多肽标签（His tag）的结合作用力不够强，使得活细胞标记出现非特异性染色现象，不利于实现高分辨率的荧光成像。为了改善标记的特异性，有人建议将多个结构单元连接到染料上，再与多重多肽标签（His tag）相匹配，通过增加作用位点，提高标记的灵敏度和选择性，从而构建小分子敏感特异标记方法体系（用 SLAP 表示）。如图 9-6 所示，三个 Ni-trisNTA 连接到 Cy5 染料上，与多肽标签（His tag）结合常数达到了纳摩尔每升级，从而实现了高特异性活细胞内重组蛋白标记和高分辨荧光成像[13]。

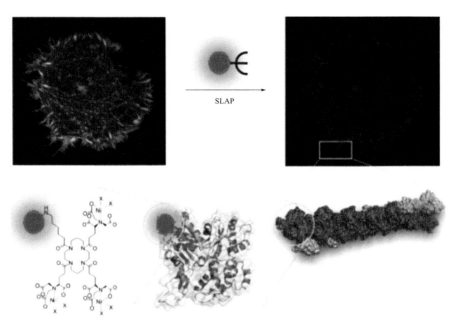

图9-6 三镍离子配合物（Ni-trisNTA）染料与多组氨酸标签特异性作用及细胞成像应用[13]

二、随机筛选特异性结合染料的多肽标签

有别于前文中通过一些金属原子与氨基酸残基的配位作用构建得到的特殊染料-多肽标记组合，对于一些重要的荧光染料，人们不必对其进行特殊设计（如连上金属配合物等），只需要通过噬菌体展示技术，从随机多肽库中直接筛选出对染料具有特异性结合能力的多肽序列。虽然目前应用似乎不够普遍，但这种方法最大限度地避免染料结构修饰带来的发光性质的损失，也使得探针合成更加简化，因而不失为一种重要而通用性的标记策略。比如，如图9-7所示，对得克萨斯红（一类重要的罗丹明染料）具有高亲和力结合作用的多肽序列从一个能够形成稳定折叠结构的限制性肽库中，经过5轮筛选而成功获得，其对得克萨斯红的结合常数达到皮摩尔每升级；这种多肽虽然很小，但能够在较宽的生理条件下保持稳定。有趣的是，此类多肽的识别作用对得克萨斯红母体的结构衍生变化有一定的容忍度，当其刚性骨架不变，而对侧链部分进行适当修饰的时候，仍然能够高效地与多肽特异性结合。因此，由得克萨斯红衍生出来的钙离子探针X-rhod-5F可以标记活细胞内的融合此多肽标签的重组蛋白，并且能够保持对蛋白周围环境中的钙离子的传感性质[14]。

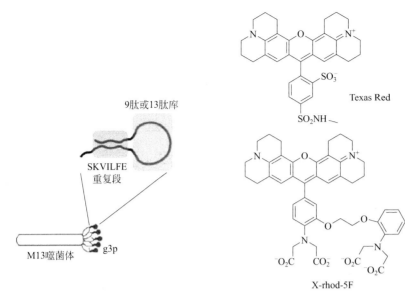

图9-7 噬菌体展示筛选得克萨斯红染料（Texas Red）的特异性结合的限制性多肽，此多肽也适合于结合与得克萨斯红（Texas Red）结构类似的钙离子探针X-rhod-5F [14]

第四节
自修饰酶标签标记

　　自修饰酶标签也是利用基因编码的方法，选用一些特殊的酶作为标签来与目标蛋白融合。这些酶标签的特点在于，它们专一性地催化其底物与自身反应形成化学键，从而使得底物的一部分结构被共价连接到酶的分子结构中，实现所谓酶的"自标记"。如果将小分子荧光染料通过合理的方式与酶底物连接形成荧光底物，其在酶催化下就能将染料转移到酶标签上，也就是标记在重组蛋白上，从而实现对目标蛋白的专一、稳定化学键标记。这是一种强大的化学生物学技术，充分利用了小分子染料的多样化设计与基因编码技术的特异性，将二者正好互补优势融合起来。目前应用较为广泛的酶标签包括SNAP Tag和Halo Tag等。

一、SNAP Tag

　　SNAP Tag是通过改造人的O^6-烷基鸟嘌呤-DNA烷基转移酶（hAGT）获得的一种特异性蛋白质标签，由182个氨基酸组成（20k），其底物是O^6位置修饰的苄基鸟嘌呤。荧光染料修饰的苄基鸟嘌呤成为 SNAP Tag 的荧光底物,经过该酶的催化,染料基团被转移到 SNAP Tag 的一个活性位点半胱氨酸巯基上(Cys145),实现对该标签蛋白的稳定共价键荧光标记[15]。由于鸟嘌呤常常对染料的荧光有强烈的猝灭效应,而 SNAP Tag 催化底物的反应过程导致鸟嘌呤基团的离去,使染料的荧光显著增强,从而有效压制非特异性荧光信号。

一氧化氮作为重要的信使分子,在不同的亚细胞区域的分布不同,以往的活细胞内一氧化氮探针没有靶向性,只能探测细胞内一氧化氮的平均水平。为了实现细胞内各个亚细胞区域的一氧化氮的探测,肖义课题组将基于罗丹明染料的一氧化氮敏感探针连接上苄基鸟嘌呤,构建了 SNAP Tag 的荧光探针底物 TMR-NO-BG。如图 9-8 所示,TMR-NO-BG 通过对 SNAP Tag 融合蛋白的特异性标记反应形成 TMR-NO-SNAP,其在活细胞中仍能保持对 NO 的灵敏和快速反应。将 SNAP Tag 融合在各种目标蛋白上,利用后者在细胞内的特异定位分布,确保了探针在指定亚细胞器(细胞核、线粒体和细胞质等)的靶向定位。利用此标记-探测体系,可探测内源性的 NO,监测了在脂多糖活化的巨噬细胞 RAW264.7,或在凋亡进程中的 COS-7 细胞中,各个亚细胞器区域中 NO 的分布变化[16]。

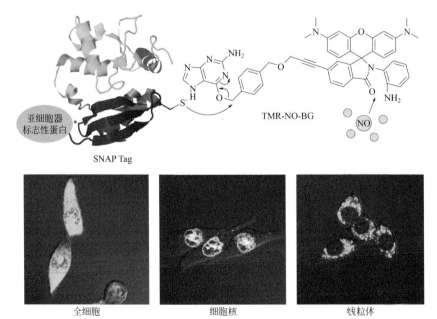

图9-8 特异性标记的亚细胞器靶向性SNAP Tag重组蛋白的一氧化氮荧光探针TMR-NO-BG,及其探测各个指定区域(全细胞、细胞核、线粒体)的一氧化氮[15]

硫化氢是多种生物调控途径中重要的生物信号分子。如图 9-9 所示,一个荧光 H_2S 检测探针(HSN_2-BG)的结构中包含了硫化氢的荧光传感结构单元(叠氮基萘酰

亚胺 HSN_2）和 SNAP Tag 底物结构单元（BG），因此能特异性与亚细胞定位 SNAP Tag 融合蛋白反应并共价标记后者。使用合适的融合蛋白结构来证明此方法确保对指定的亚细胞器的靶向定位能力，比如线粒体和溶酶体。研究表明，该检测体系（探针与重组蛋白）可适用于中国仓鼠卵巢细胞内源性 H_2S 成像，并且展示出常见的供体分子在细胞内释放硫化氢的亚细胞区域分布，为研究 H_2S 生物功能提供了有用的工具[17]。

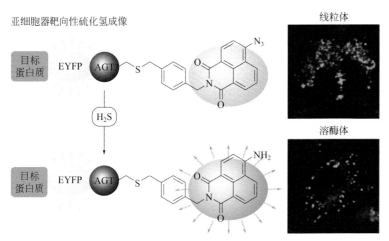

图9-9 SNAP Tag 特异性标记的亚细胞器靶向性-硫化氢检测探针 HSN_2-BG[17]

尽管苄基鸟嘌呤（BG）是普遍采用的 SNAP Tag 底物，但是实际应用中发现鸟嘌呤由于强烈的氢键效应，导致其很容易聚集，BG-染料偶联产生的 SNAP Tag 标记探针的溶解性较低，细胞膜通透性较差，非特异性背景荧光干扰也较大。虽然在常规的荧光成像中，这一缺陷的影响似乎不太显著，但是在一些对于标记特异性和标记密度要求很高的应用中，比如超分辨荧光成像，这就成为一个相当严重的问题了。苄基氯代胞嘧啶（CLP）可以替代 BG 作为 SNAP Tag 底物，虽然其与 SNAP Tag 反应的效率相对 BG 略低一些，应用实例也少很多，但 CLP 的优势在于具有更高的亲酯性、透膜性，所以相比之下，染料-CLP 偶联物更适合活细胞内标记 SNAP Tag 融合蛋白。肖义课题组最近设计了一组实验，专门对比了一对四甲基罗丹明染料（TMR）衍生的 SNAP Tag 底物，即 TMR-BG 和 TMR-CLP 的活细胞内蛋白标记性能和超分辨成像应用效果[18]。如图 9-10 所示，肖义课题组构建了内质网靶向肽和驻留肽融合 SNAP Tag 的重组蛋白，通过重构内质网形态精细结构的分辨率来整体评估探针的超分辨成像应用性能。结果发现，相同的活细胞染色条件下，共聚焦显微镜下 TMR-CLP 的荧光强度约是 TMR-BG 的 600 倍，而单分子显微镜下定位密度前者是后者的大约 2 倍。显然 TMR-CLP 用于活细胞超分辨成像的性能远超过 TMR-BG。由于染料和连接基相同，意味着标记 SNAP Tag 后形成的产物完全相同，因此 TMR-CLP 比 TMR-BG 更优秀的超分辨成像性能完全取决于 CLP 更好的标记能力。如图 9-10 所示，肖义课题组利用 TMR-CLP 和重组蛋白完成了高质量的内质网单分子定位超分辨，重构效果很好，定位精度达到 26nm，单分子平均光子数为 1777，半峰宽 88nm。

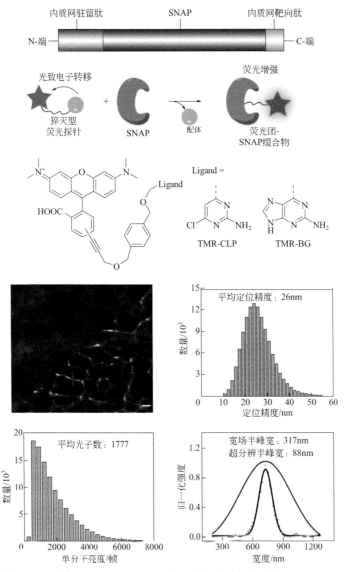

图9-10 对比两种SNAP Tag底物衍生的荧光探针（TMR-CLP和TMR-BG）的应用效果。特异靶向内质网SNAP Tag重组蛋白的构建、探针分子设计原理和探针分子结构；TMR-CLP对内质网的单分子超分辨成像[18]

二、Halo Tag

Halo Tag 是由紫红红球菌的脱卤素酶（DhaA）改造得到的一种由 293 个氨基酸组成（33k）的特异性蛋白标签。HaloTag 催化自身上一个苯丙氨酸（Phe272）与长链代烷烃类底物反应，形成酯基，从而与脱去卤原子的底物形成稳定的共价标记物[19]。脱卤素酶并不存在于其他原核和真核的细胞内，因此不会存在非特异性干扰，保证了这一标记方法的高特异性；而且 Halo Tag 的特异性底物卤代烷烃部分的化学合成相对简易，结构修饰衍生方便，且长链卤代烷烃较强的亲酯性可以确保其经过染料修饰后的探针分子仍然具有较好的细胞膜透过性。

如图 9-11 所示，为了探测细胞膜表面的钾离子，一个基于 BODIPY 染料的钾离子特异性识别荧光探针被设计为 Halo Tag 底物，在长链氯代烃与 BODIPY 染料之间的连接上引入了强烈的水溶性磺酸基，使得该探针 TLSHalo 不能透过细胞膜，而只能在细胞外表面进行标记。另外，通过基因工程技术，将 Halo Tag 与一个 G 蛋白偶联受体蛋白（GPCR）融合，表达在细胞膜上。TLSHalo 特异性地与重组蛋白反应，从而特异性、稳定地定位到细胞膜上，并且保持了对钾离子的高选择性、高灵敏荧光增强响应。利用这一标记组合，结合全内反射荧光成像技术，实现对细胞表面钾离子的动态变化的可视化追踪，特别是实时观察到细胞底面电刺激诱导的 hBKα 通道钾离子外流过程[20]。

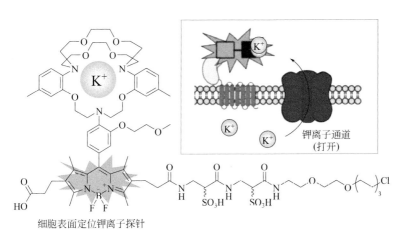

图9-11 TLSHalo用于标记细胞膜上Halo Tag并响应细胞表面的钾离子[20]

染色质主要由 DNA 缠绕组蛋白形成，其凝缩状态对于细胞功能有重要影响，为了实现细胞核染色质微观形貌的超分辨成像，肖义课题组将一种光开关型罗丹明染料连接上了长链氯代烃，形成 Halo Tag 底物，再将细胞核组蛋白 H2B 融合 Halo Tag。如图 9-12 所示，应用这一组合，对活细胞组蛋白进行标记后，采用两束激光进行成像：探针本身是罗丹明螺酰亚胺类隐色体结构，处于稳定的暗态（不发光），采用紫外光（370nm 激光）作为激活光，控制其强度使得一小部分探针分子被随机激活进入亮态（强烈发光），从而达到稀疏发光的效果；再用可见光（532nm 激光）为激发光，使得被激活的单分子快速发射足够多的光子数，从而实现单分子定位超分辨成像，定位精度达到了 21nm[21]。

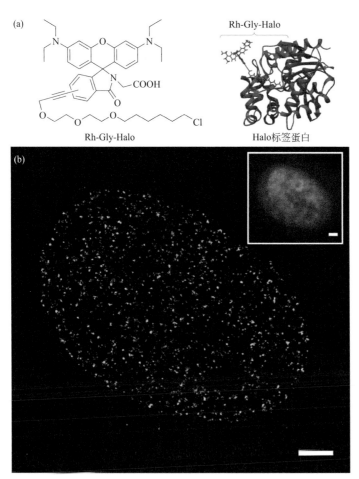

图9-12　细胞核组蛋白H2B的Halo Tag荧光标记探针Rh-Gly-Halo及其对单分子定位超分辨成像[21]

第五节
核酸适配体标记

核酸适配体（aptamer）能与目标物质高特异性、高选择性地结合，因此被广泛应用于生物传感器领域。核酸适配体通常是利用体外筛选技术——指数富集的配体系统进化技术（systematic evolution of ligands by exponential enrichment，SELEX），从核酸分子（DNA 或 RNA）文库中得到的是一段寡核苷酸序列。核酸适配体经过适当方式连接上染料后，利用染料荧光性质，实现对目标物质的荧光示踪和成像。核酸适配体标记目标蛋白的优势在于，寡核苷酸链的尺寸较小，能对蛋白的空间分布实现精准定位，对于蛋白的组织形态的精细结构能够准确成像，并且适用于活细胞标记，因此核酸适配体荧光标记克服了过去生物学中常规的抗体荧光标记法的弊端，后者由于抗体的体积较大，导致荧光信号不能真实反映蛋白的形态，而且空间障碍可能导致标记密度不够高；此外，抗体标记通常需要对细胞进行固定，因此不利于对生理条件下目标蛋白的精准成像。在新兴的超分辨荧光成像应用中，其对于靶标标记的精确性和标记密度有很严格的要求，核酸适配体荧光标记蛋白技术具有很明显的优势，因而得到了很大关注[22]。

最近的重要进展是关于细胞膜关键受体蛋白酪氨酸激酶-7（PTK7）的超分辨荧光成像。将 PTK7 的核酸适配体 Sgc8c26（一段寡 DNA 序列）连接上四甲基罗丹明 TAMRA 形成 PTK7 的特异性标记荧光探针。如图 9-13 所示，通过与荧光抗体间接标记法进行对比，确证了核酸适配体法在标记特异性上和超分辨荧光成像效果上具有明显的优势；进一步将 Sgc8c26-TAMRA 用于标记 MCF10A 细胞表面的 PTK7，实现该受体在细胞膜不同区域分布的超分辨荧光成像，得到了很有意义的新发现：PTK7 在基底膜上的聚集分布比在顶膜上的聚集分布更为明显，

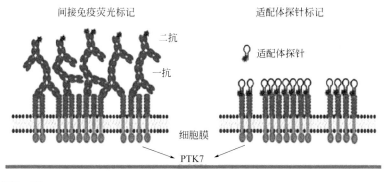

图9-13

顶膜上PTK7蛋白dSTORM超分辨成像　　　　　　　　基底膜

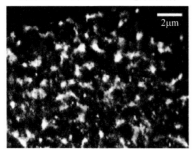
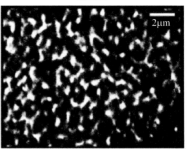

图9-13　细胞膜受体PTK7的荧光标记：核酸适配体标记法对比抗体间接标记法。PTK7细胞表面分布的超分辨荧光成像[23]

这与该受体在细胞膜不同部位上的特定功能相适应；并且也揭示了PTK7在细胞膜上不同区域的组装状态受到三个关键细胞膜环境因子——脂筏、肌动蛋白细胞骨架和糖链的调控[23]。

第六节
总结与展望

　　高特异性、高灵敏度荧光标记是对蛋白进行原位可视化追踪和探测的前提条件，对蛋白质研究而言是必不可少的关键技术。本章对常见的活细胞蛋白质特异性荧光标记方法进行了分类，讨论了各种标记法的特点和优势，并列举了一些典型实例。生物学领域还开发了其他一些非常有价值的蛋白标记方法，比如用荧光团修饰的非天然氨基酸对目标蛋白特定位点的氨基酸进行替换等方法[24]，但因为这些化学生物学技术较为复杂，对于多数研究者而言挑战性很大，当前暂时还未获得广泛应用，在本章中就没有加以评论。

　　应该指出，各种蛋白标记方法各有优势，但也有相应的局限性。比如基于小分子配体探针使用方便，对目标蛋白的细胞功能影响较小，但其标记稳定性或特异性可能不及自修饰酶标签。而自修饰酶标签的体积相对较大，也可能干扰目标蛋白功能。各种重组蛋白的标记策略特异性高，但是表达重组蛋白的细胞需经过基因编码改造，是修饰过的细胞，因而基于重组蛋白的荧光成像未必能完全真实地反映细胞的自然状态。核酸适配体用于活细胞内蛋白标记也需要解决寡核苷酸链的透膜性问题等等。因此实际上并没有十全十美的蛋白荧光标记策略，研究者需根据蛋白研究的主要目的进行考虑，选取较优的方案。

生物医学领域的进展日新月异，早已不满足于对单个目标蛋白进行标记和常规荧光成像，而是通过对相关蛋白进行同时多色标记，实现对它们的相互作用的动态、超分辨成像，往往需要对不同靶标蛋白的具体情况，采用不同的标记策略，才能互不干扰，要求采用各种标记策略的合理搭配。

参考文献

[1] Day R N, Davidson M W. The fluorescent protein palette: tools for cellular imaging [J]. Chemical Society Reviews, 2009, 38: 2887-2921.

[2] Giepmans B N G, Adams S R, Ellisman M H, et al. The fluorescent toolbox for assessing protein location and function [J]. Science, 2006, 312: 217-224.

[3] Liang J, Tang B Z, Liu B. Specific light-up bioprobes based on AIEgen conjugates [J]. Chemical Society Reviews, 2015, 44: 2798-2811.

[4] Lukinavičius G, Reymond L, D'Este E, et al. Fluorogenic probes for live-cell imaging of the cytoskeleton [J]. Nature Methods, 2014, 11: 731-733.

[5] Wi Y, Le H T, Verwilst P, et al. Modulating the GSH/Trx selectivity of a fluorogenic disulfide-based thiol sensor to reveal diminished GSH levels under ER stress [J]. Chemical Communications, 2018, 54: 8897-8900.

[6] Liu C, Xie L, Xiao Y, et al. Forthrightly monitoring ferroptosis induced by endoplasmic reticulum stresses (ERS) through fluorescence lifetime imaging of microviscosity increases with a specific rotor [J/OL].Chinese Chemical Letters, 2021[2021-12-01]. DOI: 10.1016/j.cclet.2021.11.082.

[7] Griffin B A, Adams S R, Tsien R Y. Specific covalent labeling of recombinant protein molecules inside live cells [J]. Science, 1998, 281: 269-272.

[8] Pomorski A, Krężel A. Exploration of biarsenical chemistry—challenges in protein research [J]. Chem Bio Chem, 2011, 12: 1152-1167.

[9] Nakanishi J, Nakajima T, Sato M, et al. Imaging of conformational changes of proteins with a new environment-sensitive fluorescent probe designed for site-specific labeling of recombinant proteins in live cells [J]. Analytical Chemistry, 2001, 73: 2920-2928.

[10] Halo T L, Appelbaum J, Hobert E M, et al. Selective recognition of protein tetraserine motifs with a cell-permeable, pro-fluorescent bis-boronic acid [J]. Journal of the American Chemical Society, 2009, 131: 438-439.

[11] Ojida A, Honda K, Shinmi D, et al. Oligo-Asp tag/zn(Ⅱ) complex probe as a new pair for labeling and fluorescence imaging of proteins [J]. Journal of the American Chemical Society, 2006, 128: 10452-10459.

[12] Lata S, Reichel A, Brock R, et al. High-affinity adaptors for switchable recognition of histidine-tagged proteins [J]. Journal of the American Chemical Society, 2005, 127: 10205-10215.

[13] Wieneke R, Raulf A, Kollmannsperger A, et al. SLAP: small labeling pair for single-molecule super-resolution imaging [J]. Angewandte Chemie-International Edition, 2015, 54: 10216-10219.

[14] Marks K M, Rosinov M, Nolan G P. In vivo targeting of organic calcium sensors via genetically selected peptides [J]. Chemistry & Biology, 2004, 11: 347-356.

[15] Keppler A, Gendreizig S, Gronemeyer T, et al. A general method for the covalent labeling of fusion proteins with small molecules in vivo [J]. Nature Biotechnology, 2003, 21: 86-89.

[16] Wang C, Song X, Han Z, et al. Monitoring nitric oxide in subcellular compartments by hybrid probe based on rhodamine spirolactam and SNAP-tag [J]. ACS Chemical Biology, 2016, 11: 2033-2040.

[17] Montoy L A, Pluth M D. Organelle-targeted H_2S probes enable visualization of the subcellular distribution of H_2S donors [J]. Analytical Chemistry, 2016, 88: 5769-5774.

[18] Man H, Bian H, Zhang X. et al. Hybrid labeling system for dSTORM imaging of endoplasmic reticulum for uncovering ultrastructural transformations under stress conditions [J]. Biosensors & Bioelectronics, 2021, 189: 113378.

[19] Los G V, Encell L P, McDougall M G, et al. HaloTag: a novel protein labeling technology for cell imaging and protein analysis [J]. ACS Chemical Biology, 2008, 3: 373-382.

[20] Hirata T, Terai T, Yamamura H, et al. Protein-coupled fluorescent probe to visualize potassium ion transition on cellular membranes [J]. Analytical Chemistry, 2016, 88: 2693-2700.

[21] Ye Z, Yu H, Yang W, et al. Strategy to lengthen the on-time of photochromic Rhodamine spirolactam for super-resolution photoactivated localization microscopy [J]. Journal of the American Chemical Society, 2019, 141: 6527-6536.

[22] Delcanale P, Porciani D, Pujals S, et al. Aptamers with tunable affinity enable single-molecule tracking and localization of membrane receptors on living cancer cells [J]. Angewandte Chemie-International Edition, 2020, 59: 18546-18555.

[23] Chen J, Li H, Wu Q, et al. Organization of protein tyrosine kinase-7 on cell membranes characterized by aptamer probe-based STORM imaging [J]. Analytical Chemistry, 2021, 93: 936-945.

[24] Hao Z, Hong S, Chen X, et al. Introducing bioorthogonal functionalities into proteins in living cells [J]. Accounts of Chemical Research, 2011, 44: 742-751.

第十章
热激活延迟荧光染料

第一节 热激活延迟荧光染料的结构与光谱性质 / 274

第二节 生物荧光成像用热激活延迟荧光染料 / 284

第三节 诊疗一体化用热激活延迟荧光染料 / 293

第四节 热激活延迟荧光染料生物医学应用的展望 / 295

纯有机荧光染料的分子结构易于衍生化，可以通过分子结构的改变来调控其发光特性，比如颜色、发光效率和发光寿命等，从而满足研究与应用的需求。因此，研究荧光染料分子结构与光学性能之间的关系具有重要的研究意义和应用价值。目前，已经开发出一些新型功能性纯有机荧光染料，例如热激活延迟荧光染料（thermally activated delayed fluorescence，TADF）[1-4]、聚集诱导发光染料[5]（aggregation-induced emission luminogens，AIEgens）等功能染料分子。这些功能染料分子已经成功应用于电致发光材料、染料激光器、光催化剂、太阳能电池以及分子传感和荧光探针生物成像等领域[1,6-22]。

TADF 功能化染料在有机发光二极管（organic light-emitting diode，OLED）领域已经成功应用，至今已经开发出近 500 个 TADF 染料分子[2]。目前 TADF 染料的发光机理和设计理论正在不断地完善和发展。同时具有优异光物理性质的 TADF 分子已经被应用到一些新的领域，例如三线态-三线态湮灭上转换（triplet-triplet annihilation up conversation，TTA-UC）、有机光催化合成、电致化学发光电池（electrogenerated chemiluminescence cells，ECL）和力致变色材料（mechanoluminochromism，MLC）等领域。另外，TADF 染料具有独特的延迟荧光性质，可应用于时间分辨荧光成像以及荧光寿命成像；TADF 染料分子具有高效的系间穿越能力以及微秒级三重激发态寿命，可以满足光动力治疗的光敏剂要求。由于纯有机 TADF 分子具有更好的生物相容性，它们在生物成像与光动力治疗中具有很大的应用潜力。

第一节
热激活延迟荧光染料的结构与光谱性质

一、热激活延迟荧光的概念及发光过程机理

自 1852 年英国科学家斯托克斯阐述了荧光发射机理，提出"荧光"的光致发光概念，至今已经开发出各种功能的光致发光染料分子。依据发光机理的不同，光致发光染料大致可以分三类：荧光染料、磷光染料和热激活延迟荧光染料。它们发光过程的 Jablonski 图如图 10-1 所示。

荧光[图 10-1（a）]和磷光[图 10-1（b）]的发光过程研究比较多[24,25]，但延迟荧光的发光过程研究相对较少。1961 年，Parker 和 Hatchard 教授对曙红分

子（Eosin Y）的发光寿命研究中发现，除了长寿命磷光外，观测到另一个发光寿命为微秒级别的光。该光的发光寿命与磷光寿命近似，但其光谱位置与荧光光谱重叠，该光被命名为延迟荧光（delayed fluorescence，DF）。延迟荧光的发光机理如图10-1（c）所示，当染料分子吸收光子从基态 S_0 跃迁到达激发态 S_1，一部分处于激发态 S_1 的分子可以发出荧光回到基态，寿命一般为纳秒级，该荧光过程称为瞬时荧光（prompt fluorescence，PF）；同时另一部分处于激发态 S_1 的分子发生 ISC 过程，到达三重激发态 T_1，当 S_1 与 T_1 能级差 ΔE_{ST} 足够小的情况下，处在 T_1 的分子可吸收环境中的热能，发生反系间穿越过程（reverse intersystem crossing，RISC）而回到单重激发态 S_1，然后再跃迁回基态 S_0，再次发出荧光，由于该荧光过程经历多个光物理过程，具有比较长的寿命（1×10^{-6} s），因此被称为热激活延迟荧光（thermally activated delayed fluorescence，TADF）。

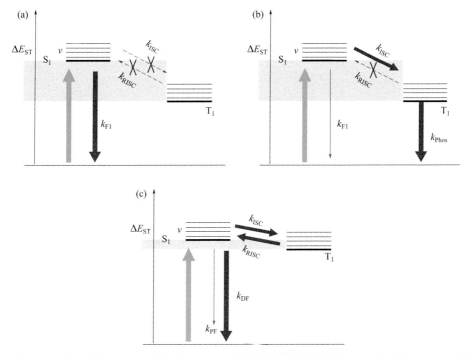

图10-1 荧光染料（a）、磷光染料（b）和热激活延迟荧光染料（c）分子的Jablonski图[23]

TADF 分子具有相对较小的 ΔE_{ST}，通常无需重原子即可实现有效的 ISC 过程，获得高的三线态量子产率，并且 S_1 与 T_1 能级间比较小的能量差使得其可以通过室温下的热能，有效激活反系间穿越过程（RISC）。TADF 的特点如下：①发光效率可以与正常荧光相近；②发光寿命与磷光的发光寿命相近。因此，TADF 分子集合了传统荧光分子和磷光分子的优点，在许多领域都显示出巨大的应用潜力。

二、延迟荧光染料的基本物理参数

TADF 染料具有较高的发光效率和较长的发光寿命,因此发光亮度和发光寿命是 TADF 染料最受关注的两个光物理参数。TADF 染料分子的荧光由两组分组成:PF 和 DF。两者对应的荧光量子产率和衰减速率常数可以通过测量光谱的实验数据计算得出[图 10-1(c)]。

1. 荧光量子产率 Φ

荧光量子产率是评价染料分子荧光属性的重要参数。TADF 染料分子荧光包含瞬时荧光 PF 和延迟荧光 DF。相关计算公式[26]为:

$$\Phi_P = \frac{k_S^r}{k_S^r + k_S^{nr} + k_{ISC}} \tag{10-1}$$

$$\Phi_D = \sum_{k=1}^{n}(\Phi_{ISC}\Phi_{RISC})^k \Phi_P \tag{10-2}$$

式中,Φ_P 为瞬时荧光量子产率;Φ_D 为延迟荧光量子产率;k_S^r 为单线态辐射跃迁速率常数;k_S^{nr} 为单线态非辐射跃迁速率常数;k_{ISC} 为系间穿越速率常数。

Φ_P,Φ_D 依据实验数据的表达式为:

$$\Phi_{total} = \Phi_P + \Phi_D \tag{10-3}$$

$$\Phi_P = r_1 \Phi_{total} \tag{10-4}$$

$$\Phi_D = r_2 \Phi_{total} \tag{10-5}$$

式中,Φ_{total} 为除氧后的荧光量子产率;Φ_P 为除氧后的瞬时荧光量子产率;Φ_D 为除氧后的延迟荧光量子产率;r_1 为荧光中瞬时荧光组分占的百分比;r_2 为荧光中延迟荧光组分占的百分比。

r_1,r_2 可以通过测试分子的荧光衰减动力学数据求得,也可以通过分别测量除氧前和除氧后的荧光量子产率求出。

2. 系间穿越速率常数 k_{ISC} 和反系间穿越速率常数 k_{RISC}

k_{ISC} 是用来表征 ISC 过程的重要参数,也是实现高效发光 TADF 的重要决定条件。k_{ISC} 可以采用公式(10-6)[27,28]表示:

$$k_{ISC} \propto \frac{<T_1|H_{SO}|S_1>^2}{(\Delta E_{ST})^2} \tag{10-6}$$

式中,H_{SO} 为自旋轨道偶合哈密顿算符;ΔE_{ST} 为 S_1 与 T_1 能级差。

纯有机分子的自旋轨道偶合 H_{SO} 较小,可以通过降低系间能级差 ΔE_{ST} 来增强系间穿越效率。现有的大多数供受体（D-A）构型染料分子，可以通过增加 S_1 态和 T_1 态的紧密能量共振来降低 ΔE_{ST}[2-4,29,30]。

$$k_{RISC} = \frac{k_P k_D}{k_{ISC}} \frac{\Phi_D}{\Phi_P} \quad (10\text{-}7)$$

式中，k_{RISC} 为反系间穿越速率常数；k_P 为瞬时荧光速率常数；k_D 为延迟荧光速率常数；k_{ISC} 为系间穿越速率常数；Φ_P 为瞬时荧光量子产率；Φ_D 为延迟荧光量子产率。以上参数可以根据荧光衰减动力学数据求出。

3. 最低激发单线态 S_1 与最低激发三线态 T_1 的能级差 ΔE_{ST}

TADF 分子的系间能级差一般采用理论计算和实验数据拟合求出。通过实验数据拟合得出的结果可以用理论计算来验证其合理性。其中实验方法主要是利用公式（10-8）[31]：

$$K_{ISC}^{T \to S} = \bar{K}_{ISC}^{T \to S} e^{-\Delta E_{ST}/(K_B T)} \quad (10\text{-}8)$$

式中，$K_{ISC}^{T \to S}$ 为反系间穿越速率常数；$\bar{K}_{ISC}^{T \to S}$ 为测试温度范围内的平均反系间穿越速率常数；K_B 为玻尔兹曼常数。

对于系间穿越速率常数 k_{ISC} 值非常大、延迟荧光量子产率非常大的 TADF 染料分子，可以采用延迟荧光寿命值来近似表示 $K_{ISC}^{T \to S}$ 过程，这样在选定温度区间得出反系间穿越速率常数值与温度的关系曲线，通过数据拟合计算出 ΔE_{ST}。

4. 荧光寿命

延迟荧光与瞬时荧光的主要区别是两者寿命不同：荧光寿命被定义为荧光强度衰减为初始强度 1/e 时所需要的时间，如图 10-2 所示，当 N 个激发态的分子通过去激发减少到原来的 1/e 时所需的时间，常用 τ 表示为：

$$I_\tau = I_0 e^{-kt} \quad (10\text{-}9)$$

式中，I_0 为分子最开始为激发时最大的荧光强度；I_τ 为 τ 时刻对应的荧光强度；k 为衰减常数。

对于 TADF 染料分子，因其具有两个荧光组分，其对应的荧光强度与时间的关系为：

$$I_\tau = A_{PF} \exp\left(\frac{\tau}{\tau_{PF}}\right) + A_{DF} \exp\left(\frac{\tau}{\tau_{DF}}\right) \quad (10\text{-}10)$$

式中，I_τ 为 τ 时刻对应的荧光强度；A_{PF}，τ_{PF} 为双指数方程拟合瞬时荧光组分指前因子及对应寿命拟合值；A_{DF}，τ_{DF} 为双指数方程拟合延迟荧光组分指前因子及对应寿命拟合值。

通过使用荧光寿命光谱仪测的荧光寿命衰减曲线，采用双指数方程拟合衰减曲线，得出指前因子及对应组分寿命值 A_{PF}，τ_{PF} 和 A_{DF}，τ_{PF}[32,33]。

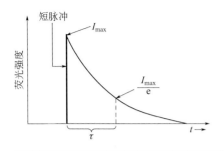

图10-2
荧光强度随时间的衰减曲线图

三、延迟荧光染料分子结构和设计原则

从 TADF 分子的发光机理可以看出，为了保证高的延迟荧光发光效率，在设计 TADF 染料分子时[34]，需要满足以下要求：①具有小的系间能级差 ΔE_{ST}，从而可以获得高的 k_{RISC}；②具有足够大的 k_S^r，即满足分子激发态 S_1 到 S_0 快速跃迁过程[35,36]。然而，小的 ΔE_{ST} 与大的 k_S^r 通常是相互矛盾的关系，小的 ΔE_{ST} 往往使得 S_1 到 S_0 振动强度降低[37]。因此，为了获得高效的 TADF 分子，要综合调控 k_S^r 和 ΔE_{ST}，获得最佳的平衡点。

根据 TADF 分子以上两点的性能要求，其分子设计原则总结如下。Adachi 课题组首次使用量子力学分析，可以通过减小分子的前线轨道重叠，即最高占有分子轨道（highest occupied molecular orbital，HOMO）和最低未占有分子轨道（lowest unoccupied molecular orbital，LUMO），可以实现小的 ΔE_{ST}，获得较高的热激活延迟荧光发射。基于此设计原则，开发了一些 D-A 型有机 TADF 染料[1,22,30,38-41]。

1. 基于 D-A 型分子结构设计的 TADF 分子

立足于小 ΔE_{ST} 和较高 k_S^r 的平衡调控，已经有多个具有良好光物理性的 TADF 分子报道。Adachi 课题组设计并合成了具有扭转结构的 D-A 型分子 PIC-TRZ（图10-3），在 PIC-TRZ 分子中，通过大空间位阻取代基的引入，使中心的受体和外围的供体在空间结构上互相扭转，HOMO 与 LUMO 有效分离，其 ΔE_{ST} 低至 0.11eV，实现了有效的 TADF，获得了比较高的 k_S^r[38]。通过扭转的 D-A 分子的空间结构，达到激发态扭曲分子内电荷转移（TICT），是 TADF 分子设计的一种常用策略，可以有效获得高效 TADF 纯有机分子[3]。基于此策略设计的染料分子 4CzIPN，与 PIC-TRZ 相比，其 ΔE_{ST} 从 0.11eV 降低到 0.083eV，外部量子产率（EQE）高达 19.3%。染料 DACT-Ⅱ 具有接近零的 ΔE_{ST}，能够实现三线态到单线态的激发态的近乎 100% 的转换，其电致发光外部量子产率 EQE 进一步提高为 29.6%。

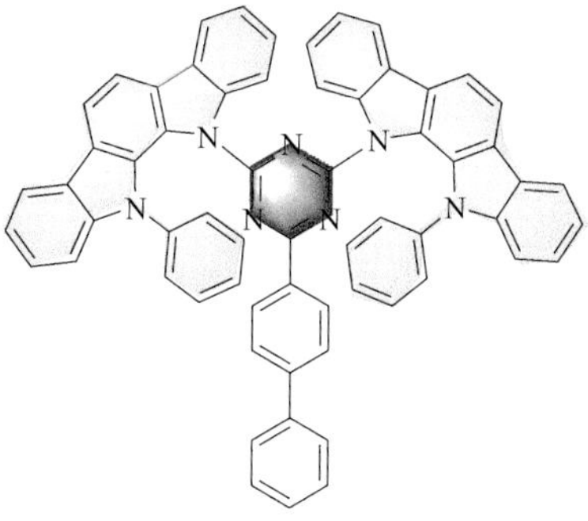

PIC-TRZ
ΔE_{ST}: 110meV
EQE: 5.3%

4CzIPN
ΔE_{ST}: 83meV
EQE: 19.3%

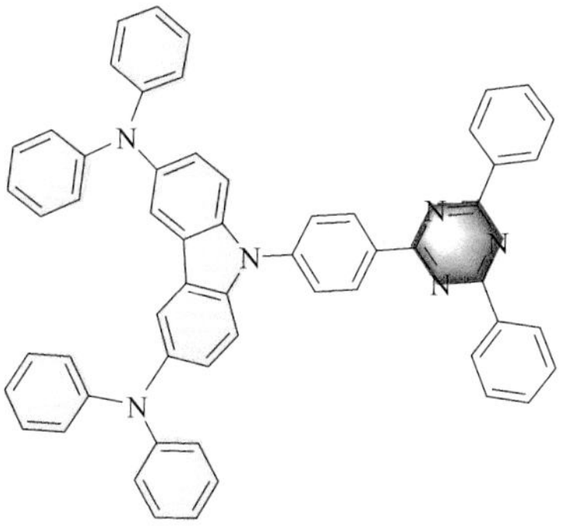

DACT-Ⅱ
ΔE_{ST}: ≈0meV
EQE: 29.6%

图10-3 TADF染料PIC-TRZ，4CzIPN和DACT-Ⅱ的分子结构及性能参数
黄色标记区域代表分子的电子供体部分，红色标记区域代表分子的电子受体

除了基于 TICT 方式实现 TADF 的策略外［图 10-4（a）］，Zheng 课题组总结了另外两种实现高效 TADF 的策略[42]：一种是基于空间诱导电荷转移（TSCT）原理，此类 TADF 染料主要有匀-共轭结构分子 TPA-QNX（CN）$_2$、螺-共轭结构分子 ACRFLCN 和 D-A 型的 XPT［图 10-4（b）］；另外一种策略是基于多重共振诱导原理，此类 TADF 染料代表分子如 DABNA-1［图 10-4（c）］。

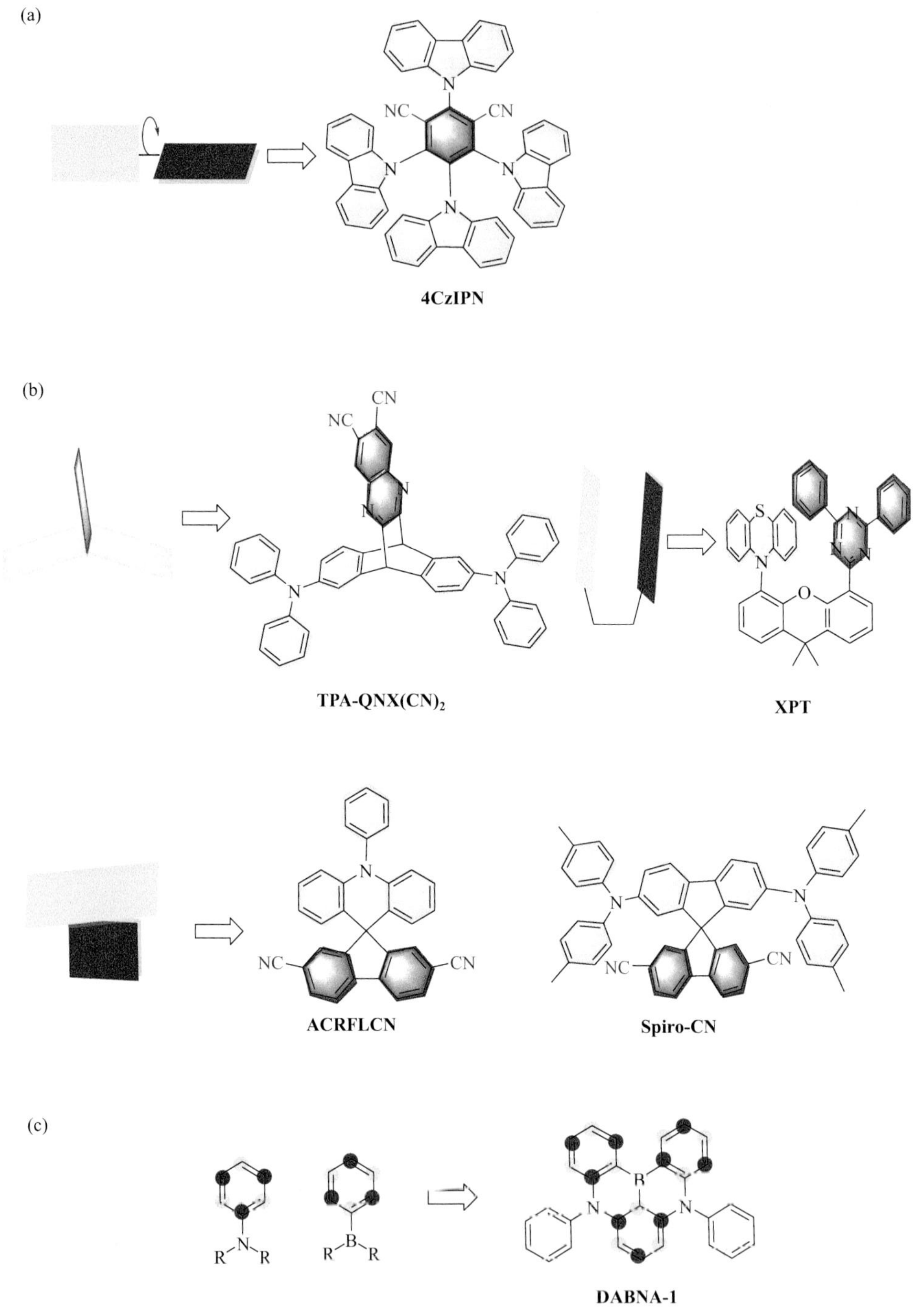

图10-4 三种类型TADF分子结构和D-A组分示意图

2. 基于荧光素分子衍生结构设计的 TADF 分子

目前 TADF 染料的分子设计中，一些机理仍不清楚，需要进一步研究。彭孝军课题组 2014 年报道了一例基于 2,7-二氯荧光素衍生物的 TADF 染料 DCF-MPYM（图 10-5）[43]。该染料分子的发光寿命长达 22.11μs，水溶性好，生物毒

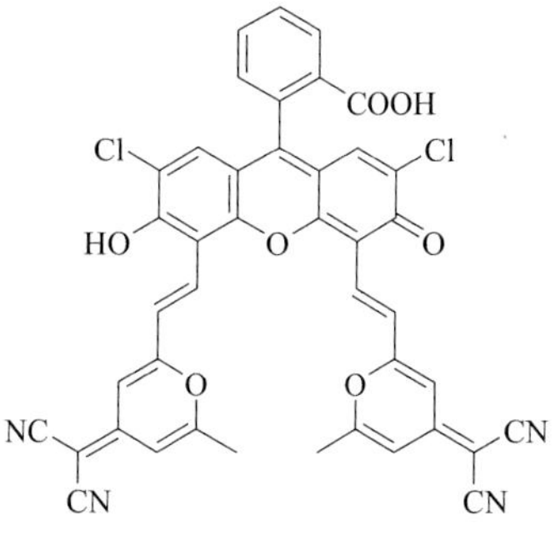

DCF-MPYM
λ_{em}: 630nm

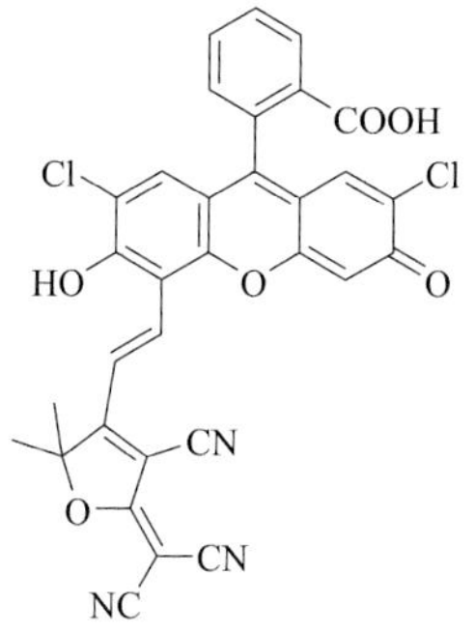

STFM-DCF
λ_{em}: 681nm

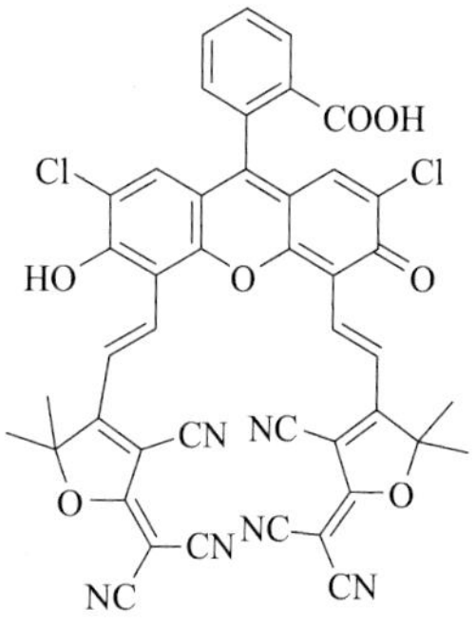

DTFM-DCF
λ_{em}: 755nm

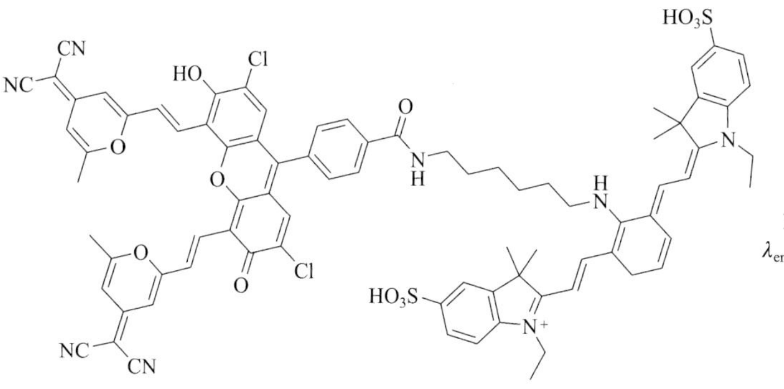

FL-CyN
λ_{em}: 754nm

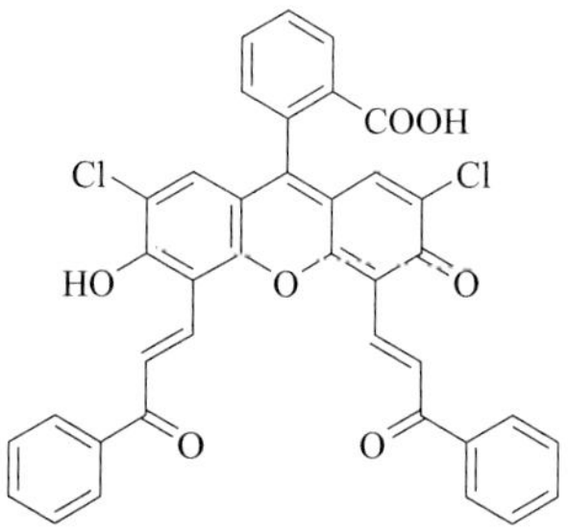

DPK-DCF
τ_{DF}: 31.29μs

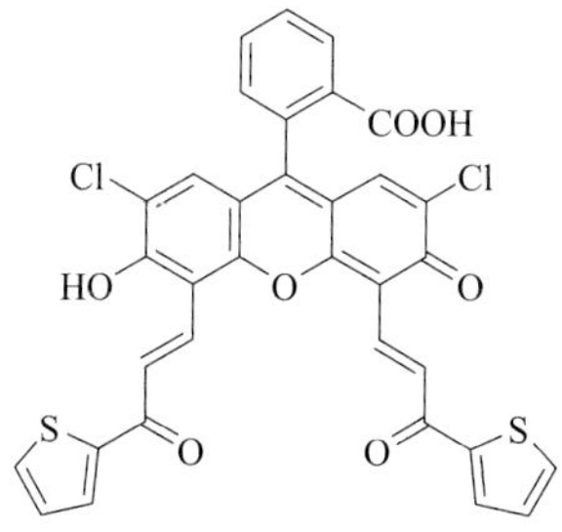

DTK-DCF
τ_{DF}: 52.05μs

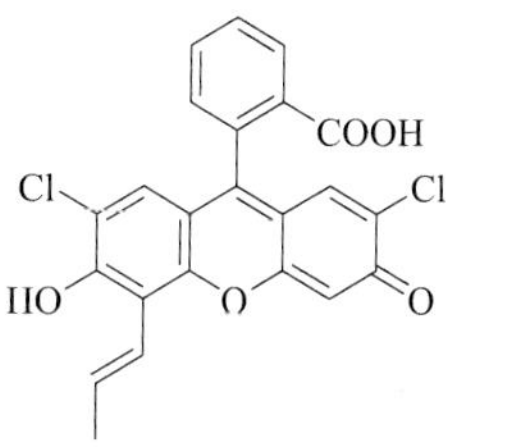

DCF-BXJ
τ_{DF}: 3.2μs

图10-5 荧光素衍生物TADF分子结构

性小，可以应用于时间分辨荧光成像。进一步的研究发现，当在分子中引入更强的吸电子结构 2-[3-氰基-4,5,5-三甲基呋喃-2(5H)-亚烷基]丙二腈，荧光最大波长从 630nm 红移至 755nm。同时，在二氯甲烷中，波长红移的染料分子 STFM-DCF 和 DTFM-DCF 在室温下依然保持着较长的荧光寿命（分别为 9.02μs 和 0.43μs）[44]。另外，采用荧光共振能量转移（fluorescence resonance energy transfer，FRET）方式同样达到了调控 TADF 染料波长红移的目的。选择 TADF 染料分子 DCF-MPYM 作为 FRET 供体，中位 N 取代的 Cy7 菁染料作为 FRET 受体，设计了染料分子 FL-CyN。该分子在 754nm 处表现为长寿命荧光[45]。除了拓展荧光波长至近红外区，进一步通过引入芳香羰基结构，增强 ISC 速率，设计合成了新的 TADF 分子 DPK-DCF 和 DTK-DCF，将延迟荧光的发光寿命增强到 31.29μs 和 52.05μs[46]。而为了探究这类荧光素衍生物分子的 TADF 发光机理，Wu 等最近设计合成了一个结构精简的分子 DCF-BXJ，这个分子在保留荧光素核心结构的基础上，只引入了一个烯丙基结构，通过光谱测试和激发态理论计算，发现这个分子存在的分子内非辐射转动可以有效增强 ISC 过程，并诱导出 TADF[47]。这个研究初步探明荧光素类 TADF 分子特殊发光机理的结构因素。

3. 基于 AIE 特征设计的 TADF 分子

基于 TADF 分子在 OLED 领域实际应用的需求，TADF 分子的设计出现一些新的思路。例如，通过简单的分子结构修饰赋予 TADF 分子聚集诱导发光（aggregation-induced emission，AIE）特性，这种设计思路能有效解决 OLED 发光材料存在的聚集诱导荧光猝灭的问题和发光效率滚降的问题。Wang 课题组设计了两例同时具有 AIE 和 TADF 性质的染料分子 TXO-PhCz 和 TXO-TPA[48]。通过采用 9H-硫杂蒽-9-酮-10,10-二氧化物（TXO）作为电子受体单元，并使用 N-苯基咔唑（PhCz）或三苯胺（TPA）作为电子供体单元。供受体单元之间高度扭转的构象可以防止 TADF 分子形成激基复合物，从而提高发光材料在固体膜中的电致发光量子产率 [图 10-6（a）]。类似地，Chi 课题组采用调节分子 π-π 相互作用的策略，通过引入非平面供体吩噻嗪取代咔唑环，将典型的 ACQ 分子 DCZ-SF 改造为具有 AIE 效应的 TADF 染料 PTCZ-SF 和 DPT-SF[49][图 10-6（b）]。类似地，同样采用简单的策略，通过引入非平面结构单元，TADF 染料分子 O2P 和 OPC 实现了固态下的 AIE 白光发射 [图 10-6（c）][50]。

到目前为止，TADF 分子的构效关系仍然需要进一步地探究，文献提出的机理常常只能适用于部分染料分子，更为深入的发光机理研究具有很重要的价值，可以为后续 TADF 分子和材料的应用奠定基础。

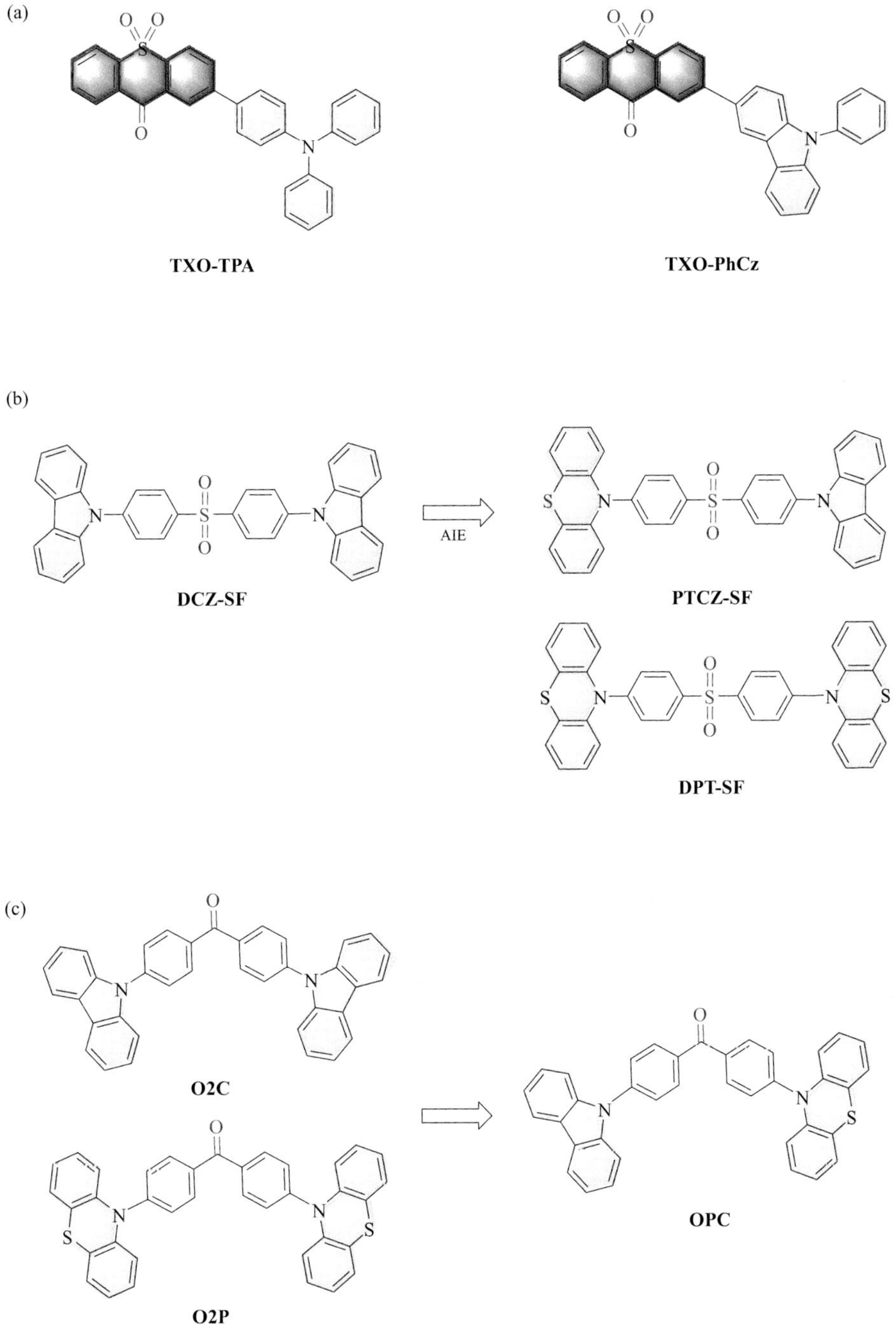

图10-6 三种具有AIE性质的TADF染料分子结构

第二节
生物荧光成像用热激活延迟荧光染料

生物荧光成像技术因为其操作简便、选择性好、灵敏度高、非侵入性、实时原位、动态可视化等优点，成为生物医学研究的重要工具，近年得到了快速发展。利用荧光染料分子在光照下发射出特定波长的荧光信号，荧光成像技术可以反映出荧光分子周围的生物学信息。由于生物组织内的环境复杂性，接收到的荧光亮度信号不可避免地受到生物组织本身的影响，比如脑组织中脂质和蛋白质的异质复合物在 400～550nm 处吸收，并且发射出黄色荧光，部分自发荧光甚至能延伸至 NIR 区域[51-53]。因此传统荧光成像会受到生物组织自身背景荧光的干扰，对成像质量和准确性带来严重影响。

区别于荧光亮度信号，荧光寿命信号不受细胞内荧光染料的浓度和激发光强度的影响，因此荧光寿命成像技术相比基于荧光亮度信号的传统荧光成像技术更具优势。特别是通过时间门控技术，荧光寿命成像可以有效去除生物组织自身的短寿命荧光信号，从而获得更高的信噪比，检测的可靠性也更高。目前荧光寿命成像技术按信号收集技术分为两类。一类是时间门控分辨成像技术（time-gated luminescence microscopy，TGLM），利用各个发光过程的时间尺度的差异，实现高质量的荧光成像。图 10-7（a）是时间门控分辨成像的原理示意图。门控原理是：在背景荧光的短寿命信号衰减结束之前，检测器处于关闭状态，在设定的一定时间后门控打开，收集荧光染料发出的长寿命信号。基于这个门控原理，短寿命自发荧光可以被去除，散射干扰也被最小化，只有染料的长发光寿命信号被收集用于进一步分析，减少了背景干扰，提高了信噪比。另一类荧光寿命成像技术是光致发光寿命成像显微镜技术（photoluminescence lifetime imaging microscopy，PLIM）[图 10-7（b）]。通过收集记录每一个像素的发光时间获得发光时间的分辨图像，图像中不同的颜色表示不同的时间尺度。尽管短寿命的荧光亮度信号仍然不能与生物自身的荧光信号区分开，但是 PLIM 通过快速有效地记录所有发光信号的发光寿命，使得长寿命的发光信号在时间尺度上，可以很容易与背景荧光的短寿命发光区别开来[19]。

时间门控分辨成像技术和荧光寿命成像技术作为最新的成像技术，因其可以显著降低背景干扰，在提高成像质量上具有无可比拟的优势。但传统的荧光染料虽然具有比较好的发光效率，但是因其发射寿命较短，无法满足这两种成像技术的需要。而具有长寿命的磷光染料分子在室温下的发光效率较差，也不能满足这两种成像技术的需求。因此，迫切需要开发适合这两种成像技术的新的长余辉发光体染料分子。

而 TADF 染料正是一种新型长余辉发光体化合物，结合了传统荧光染料和磷光染料的各自优势，刚好符合时间门控分辨成像技术和荧光寿命成像技术的要求。针对这两种成像技术的要求，相比于荧光染料和磷光染料，TADF染料的显著优势体现如下：一方面，相较于传统的荧光染料，TADF染料具有微秒级别的长寿命延迟荧光，使用门控技术，可以有效消除短寿命背景荧光信号，提高成像的信噪比。另一方面，与传统的磷光染料例如稀土和过渡金属的配合物等相比，TADF染料除了有与它们相当的微秒级发光寿命外，TADF的发光效率相比磷光的发光效率更高，可得到更高的成像亮度，从而获得更好的信噪比。同时，因为更高的成像亮度，成像中可以通过降低激发光源强度而降低光毒性。因此TADF染料有望在生物成像和病理检测中发挥更大的应用潜能。

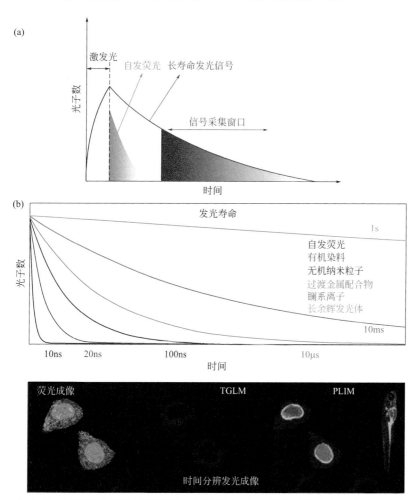

图10-7　不同的发光信号时间尺度坐标图（a）；长寿命发光衰减曲线示意图与时间分辨成像技术细胞成像[19]（b）

一、可直接应用于生物体系的荧光素类TADF分子

文献报道的热激活延迟荧光染料,分子结构一般是具有疏水性的供受体(D-A)体系。D-A体系的分子以疏水的芳香环结构为主,这类TADF染料普遍水溶性不好,无法直接应用于生物成像中。开发出具有水溶性的适用于时间门控分辨成像的TADF染料具有很重要的研究价值。2013年,彭孝军课题组基于水溶性较好的2,7-二氯荧光素,合成制得一例荧光素衍生物染料分子DCF-MPYM[图10-5和图10-8(a)][54],该分子表现为长波长发射(>600nm)和大斯托克斯位移特征。对牛血清白蛋白(bull serum albumin,BSA)有荧光增强型响应信号[图10-8(b)],因着较好的水溶性,被成功应用于细胞内荧光成像[图10-8(c)]。

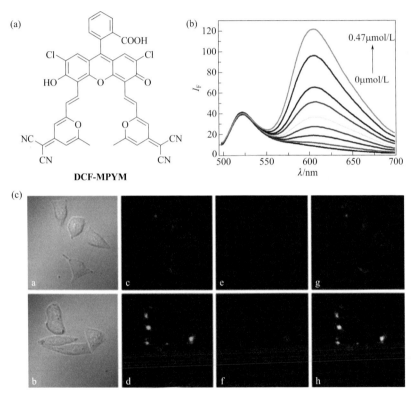

图10-8 DCF-MPYM分子结构(a),DCF-MPYM分子对牛血清白蛋白(bull serum albumin,BSA)荧光响应图(b),MCF细胞成像图(c)

进一步的研究发现,该分子在630nm处发射出长寿命的荧光,如图10-9(a)所示,在乙醇中的荧光寿命为22.11μs。染料分子在除氧后的溶液体系中时间分辨荧光强度远远高于在不除氧溶液中的时间分辨荧光强度[图10-9(b)],证实该分

子具有TADF的发光机理[43]。将染料分子DCF-MPYM应用于细胞的时间门控分辨荧光成像。相比常规的稳态荧光成像图[图10-9（c），（d）]，时间门控分辨荧光成像[图10-9（e），（f）]的图像显示出更加弱的背景干扰，证明使用时间门控分辨成像方法可以有效去除自发荧光和散射光的干扰，提高细胞成像的信噪比。

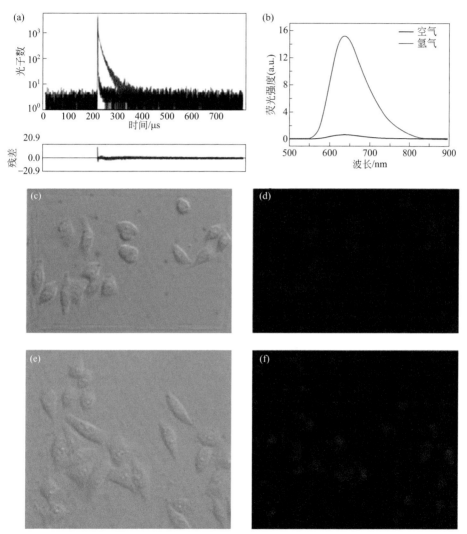

图10-9 （a）DCF-MPYM在室温下荧光发射衰减曲线，在氮气鼓泡除氧后的寿命衰减图（红色线）和除氧样品在空气条件下静置6h后的荧光寿命衰减图（黑色线）。（b）空气条件DCF-MPYM的延迟光谱（黑色线）和Ar气氛下DCF-MPYM（10μmol/L在CH_3CN中）的延迟谱（红色线）。DCF-MPYM对MCF-7稳态荧光图像，其中（c）为亮场，（d）为稳态荧光图，（e）为亮场，（f）为时间门控分辨荧光成像图像

基于荧光素衍生物的 TADF 染料分子 DCF-MPYM 保留了其母核的开闭环性质，可被改造为荧光探针。基于 DCF-MPYM，宋锋玲课题组 2015 年报道了一例可以特异性对半胱氨酸荧光响应的荧光探针分子 DCF-MPYM-thiol[55]。如图 10-10 所示，通过使用丙烯酰氯对荧光素 3，6 位酚羟基的衍生化，使得设计的探针分子形成闭环结构，荧光处于“关（OFF）”态。当探针分子与生物硫醇半胱氨酸接触时，可以快速反应生成 DCF-MPYM，使得探针分子荧光恢复为“开（ON）”态。利用该探针分子的长寿命发光的关 - 开（OFF-ON）转换可以实现对细胞内的半胱氨酸的时间门控分辨成像。

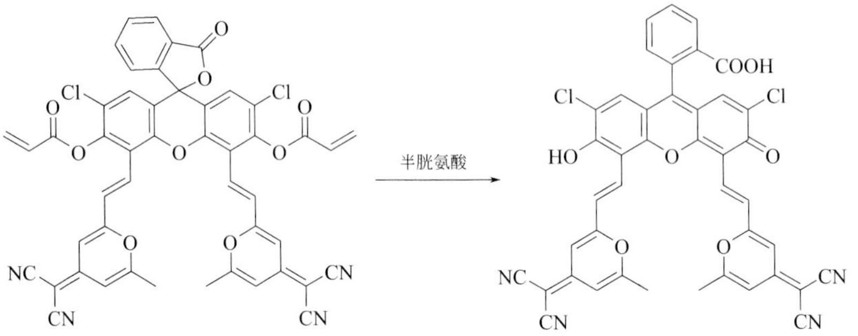

DCF-MPYM-thiol **DCF-MPYM**

图10-10　探针分子DCF-MPYM-thiol与检测物半胱氨酸反应原理

二、不能直接应用于生物体系的TADF分子

文献报道的 TADF 染料分子主要应用于 OLED 领域，大都具有芳香环结构，水溶性较差，限制了其在生物医学领域的应用。最近有较多文献报道，将疏水的 TADF 染料包覆于纳米粒子载体中，利用纳米粒子在水中的分散性，达到应用于生物体系的目的。例如，为了将 TADF 染料应用于生物成像，Huang 课题组利用乙二醇类似物 DSPE-PEG2000，包覆具有 AIE 效应的 TADF 染料 CPy（图 10-11），形成有机点纳米粒子 CPy-Odots[56]。CPy-Odots 不仅具有有机点纳米粒子的高亮度和强稳定性的性质，并且同时具备了 AIE 和 TADF 性能，最终使用该有机点纳米粒子实现了细胞和斑马鱼的时间门控分辨荧光成像。使用类似的方法，Tang 课题组 [57] 报道了通过使用牛血清白蛋白作为基质，将一系列具有 AIE 性质的 TADF 染料分子（H-1、H-2、H-3 和 H-4）（图 10-11）包覆在可以有效隔绝氧

气的纳米粒子内部，不仅保持了 TADF 染料分子的 AIE 性能和 TADF 性质，并且具有很好的生物相容性，成功应用于细胞内的时间门控分辨荧光成像。

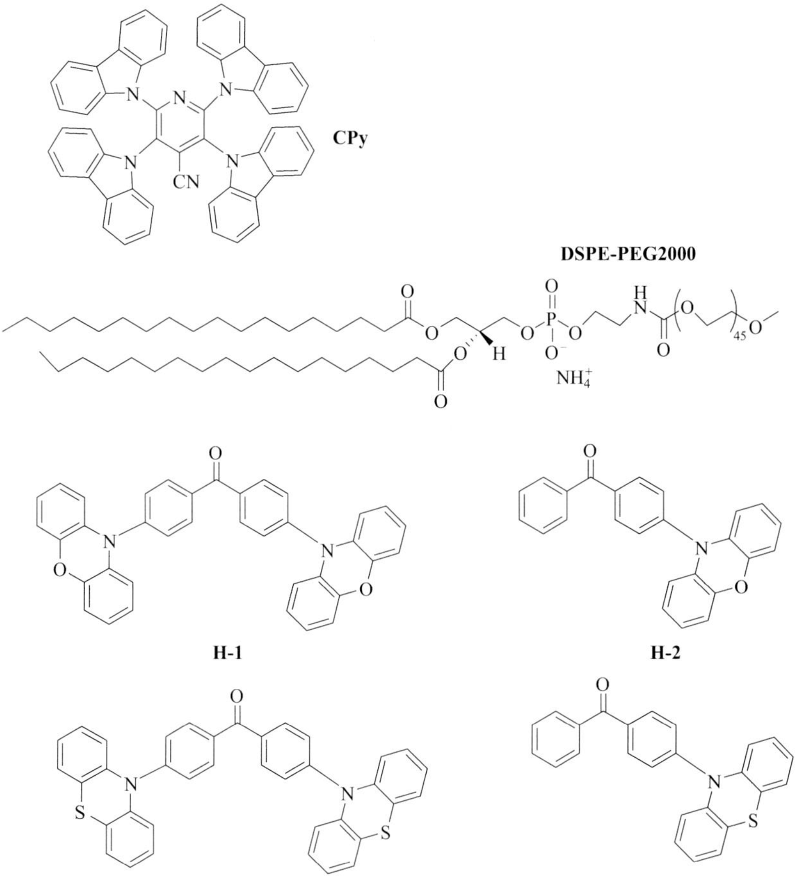

图10-11 CPy、DSPE-PEG2000、H-1、H-2、H-3和H-4分子结构

一些在 OLED 领域具有优异性能的 TADF 染料分子，也被制备成纳米粒子成功应用到生物成像领域中。赵强课题组使用生物相容性更好的两亲性多肽链 [$F_6G_6(rR)_3R_2$] 与 TADF 分子 4CzIPN，NAI-DPAC 和 BTZ-DMAC［图 10-12（a）］通过自组装制备成纳米粒子[18]。这些纳米粒子可以有效地把 TADF 探针分子运送到细胞内，并且内包于纳米粒子中的 TADF 分子能够有效隔绝与外界氧气的作用，这样使得进入细胞的 TADF 分子具备了长寿命的荧光发射能力，获得了细胞

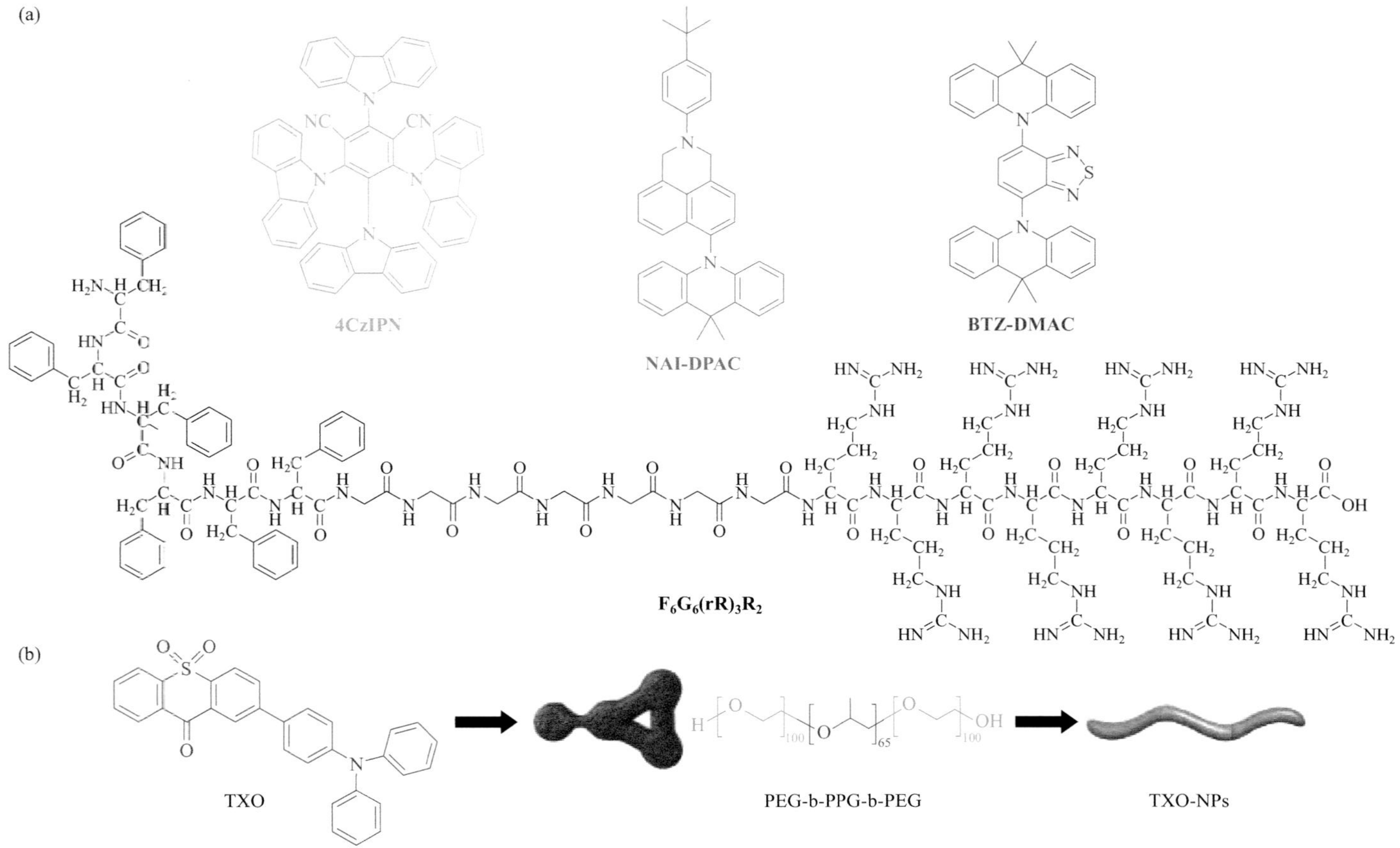

图10-12 两亲性肽[$F_6G_6(rR)_3R_2$]和三个经典TADF分子结构(a); TXO、三嵌段共聚物PEG-b-PPG-b-PEG和TXO-NPs分子结构(b)

内的时间门控分辨荧光成像。基于类似的策略，Fan课题组与Huang课题组合作，采用两亲性的三嵌段共聚物PEG-b-PPG-b-PEG与具有AIE性质的TADF染料分子TXO通过纳米沉淀法制备合成了半导体纳米粒子TXO-NPs[58][图10-12（b）]。这个纳米粒子具有很好的水溶性，并且具有双光子吸收性质。重要的是，使用两亲性共聚物包裹的TADF染料分子可以在氧气环境下保持微秒级别的荧光寿命，最终TXO-NPs也实现了在细胞内的时间门控分辨荧光成像。

三、可直接应用于生物体系的其他类TADF分子

随着TADF染料研究的不断深入，已经有一些TADF染料分子本身就具有良好的生物相容性，可以直接应用于生物成像中。Yang课题组报道的分子PXZT，同时具有TADF、AIE和结晶诱导室温磷光的性质[59][图10-13（a）]。通过将PXZT与Zn^{2+}配合，合成出无荧光的ZnPXZT1，ZnPXZT1在一定条件下能够解离出PXZT而恢复荧光。将ZnPXZT1应用于HeLa和3T3细胞染色成像，实现了时间门控分辨荧光寿命成像。Yang等推测细胞内的一些生物分子将ZnPXZT1解离，解离出的PXZT发生聚集诱导发光现象，因此达到了隔绝氧气实现时间门控分辨荧光成像。Yang课题组报道了另一例具有线粒体靶向和AIE效应的TADF染料探针分子NID-TPP[60]。如图10-13（b）所示，通过共价连接的方式在NID分子上引入线粒体靶向基团三苯基膦（TPP）。NID-TPP表现为典型的AIE性质，NID-TPP在正常状态下表现为荧光"关"，当NID-TPP受到线粒体膜内负电位作用时，诱导其在线粒体内部区域浓度增大，发生AIE。重要的是，聚集态的NID-TPP可有效隔绝氧气对其三线态猝灭，从而表现为长寿命的TADF。进而通过细胞共染实验和其他阴离子干扰实验，证实该分子在线粒体内发生AIE和TADF的发光机理，该成果实现了细胞内线粒体的时间门控分辨荧光成像。

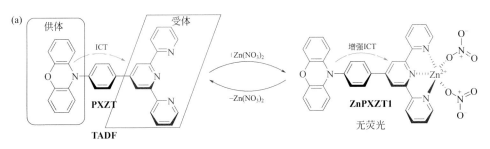

图10-13

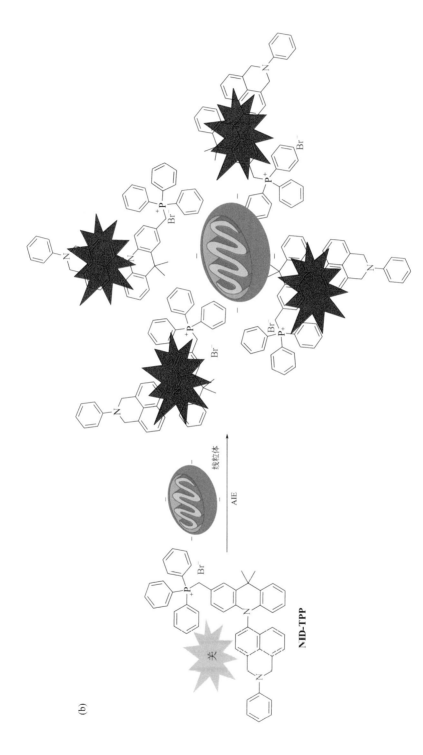

图10-13 TADF染料分子PXZT和ZnPXZT1转换机理(a)[59]; NID-TPP荧光染料探针的线粒体诱导AIE示意图(b)

第三节
诊疗一体化用热激活延迟荧光染料

除了生物荧光成像能力外，TADF 染料因其高效的 ISC，可以获得高的三线态量子产率 Φ_T，还能用作三线态光敏剂，应用于光动力诊疗领域。

TADF 染料应用于光动力诊疗，其优势在于：①与金属配合物等具有重原子效应的光敏剂相比，纯有机 TADF 染料光敏剂具有更好的生物相容性，生物毒性更低；②自身具有结构易于修饰、性能易于调控的优势；③ TADF 染料具有高效的荧光发光特性，可以保证足够的荧光亮度，能改造成荧光探针，实现荧光诊断功能。因此，TADF 染料光敏剂可以同时实现荧光诊断和光动力治疗的双重功能，即实现诊疗一体化，在生物医学应用中有很大的潜力。

彭孝军课题组利用 TADF 荧光素类衍生物分子的良好亲水性，设计了两例具有酶激活特性的光动力诊疗前药分子 DCF-MPYM-N1 和 DCF-MPYM-N2 [图 10-14（a）][61]。探针分子采用对硝基苄基作为硝基还原酶特异性反应位点。硝基基团的 PET 效应不仅可以猝灭染料分子的荧光，同时减弱其 ISC 过程，进而降低激发三线态的产生效率，使得分子 DCF-MPYM-N1 和 DCF-MPYM-N2 的荧光和 PDT 性质都处于"关（OFF）"状态。当探针分子 DCF-MPYM-N1 和 DCF-MPYM-N2 与硝基还原酶（NTR）作用后快速生成 TADF 染料分子 DCF-MPYM，其荧光和 PDT 性质开启"开（ON）"状态。响应速度更快的 DCF-MPYM-N2 分子可以被肿瘤细胞内源表达的硝基还原酶激活，实现肿瘤细胞在乏氧条件下的荧光成像和原位 PDT 双重功效。在小鼠肿瘤模型中，在中度乏氧条件下，依然显示了对肿瘤有比较好的抑制和治疗作用[图 10-14（b），（c），（d）]。实验证实这类 TADF 染料分子光敏前药可以在肿瘤乏氧环境下被硝基还原酶激活，实现原位乏氧识别和特异性光动力治疗的诊疗一体化效果。

之后，彭孝军课题组基于 TADF 荧光素类衍生物分子，通过一步偶联反应，在 TADF 染料分子 FL 上连接肿瘤特异性靶向识别基团 RGD，设计合成了一例光动力诊疗药物分子 FL-RGD（图 10-15），赋予了其对肿瘤细胞的特异性靶向能力[62]。除了通过 RGD 基团选择性识别肿瘤细胞外，FL-RGD 还具有溶酶体定位能力。肿瘤细胞和小鼠体内实验证明，该光敏剂分子可以选择性进入肿瘤细胞，富集于肿瘤细胞溶酶体内。光照条件下，肿瘤细胞内 FL-RGD 光敏化产生的 $^1O_2$ 对溶酶体造成破坏，进而实现对肿瘤细胞的杀伤作用。因此 FL-RGD 也实现了对肿瘤细胞的靶向识别和光动力治疗的诊疗一体化效果。

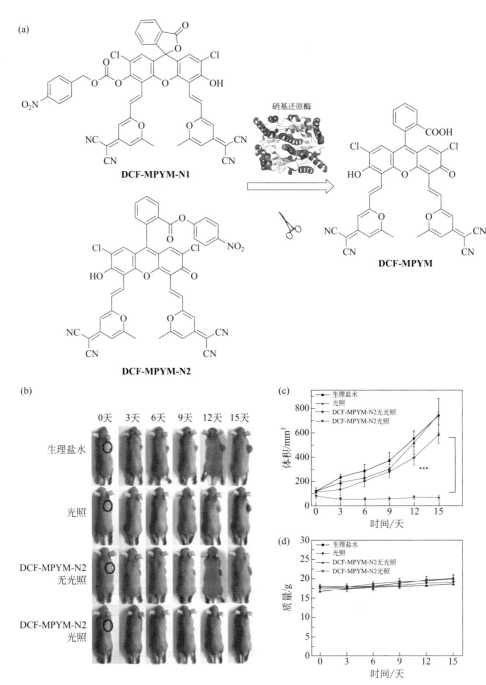

图10-14 （a）两例探针分子结构图（DCF-MPYM-N1和DCF-MPYM-N2）以及被硝基还原酶还原后分子结构（DCF-MPYM）；（b）四组荷瘤小鼠采用不同的光照处理之后的照片；（c）四组荷瘤小鼠肿瘤体积的增长变化曲线图；（d）光动力治疗后小鼠体重变化

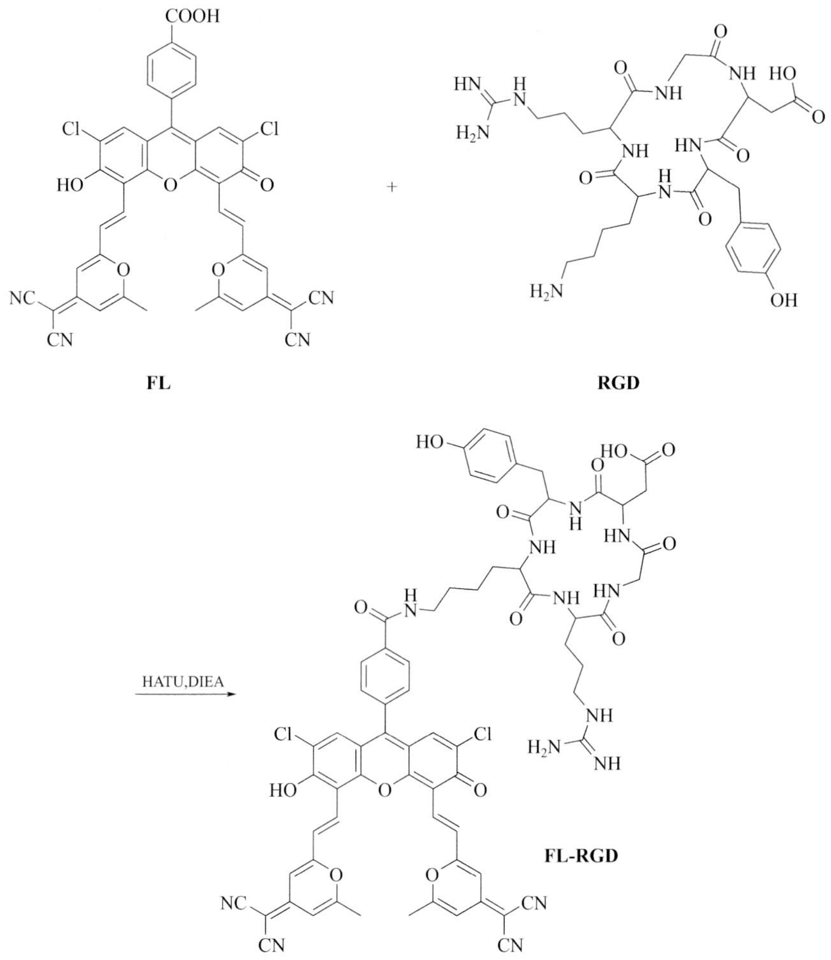

图10-15 光动力诊疗药物分子FL-RGD反应结构图

第四节
热激活延迟荧光染料生物医学应用的展望

TADF染料作为一类独特的荧光染料，同时具有优异的荧光属性和三重激发态属性。结合了传统荧光染料和传统磷光染料各自的优势，在很多领域都有重要的应用前景。在生物医学应用领域，TADF染料长寿命的延迟荧光特性将依赖发光亮度的传统荧光成像拓展为时间门控分辨成像和荧光寿命成像，显著提高了信噪比和成像质量；同时，TADF 染料具有三重激发态属性，可以作为光敏剂，应用于光动力治疗，解决了诊疗一体化光敏剂缺乏的现状。更为重要的是，纯有机分子 TADF 染料具有结构易于修饰的特性。一方面可以对光物理性能进行有效的调控，例如增长其荧光寿命，利于其时间门控分辨成像和荧光寿命成像，延长其发射波长，增加其成像组织深度；另一方面，便于对 TADF 染料进行功能化设计，例如通过引入 PET 机理设计成激活型光敏剂分子，通过引入特异性靶向基团赋予光敏剂分子肿瘤靶向特性等。因此，基于 TADF 染料的生物医学研究逐渐成为生物医学研究热点领域。

随着生物医学研究的逐渐深入，光动力治疗向着智能化和精准性发展。传统光敏剂已经不能满足其需要，对荧光染料性能提出更多的要求。自 2010 年以来，TADF 染料发展迅速，已经报道了上百种 TADF 染料分子。但大多数应用于 OLED 器件，可以应用于生物医学的染料分子还比较缺乏，迫切需要发展更多适应于生物医学的有机热激活延迟荧光染料分子。这就需要对热激活延迟荧光染料光物理等相关理论研究更加深入，发展 TADF 染料分子的设计原则和策略。未来展望，可能将 TADF 染料分子特性拓展到除荧光素染料之外的其他传统荧光染料，比如罗丹明、氟硼吡咯和菁染料等。我们相信，随着更多具有优异光物理性能 TADF 染料分子的发展，TADF 染料分子不仅会在生物医学研究领域发挥越来越多的功能，推动生物医学研究的发展，同时也必将会拓展到更多新的应用领域。

参考文献

[1] Uoyama H, Goushi K, Shizu K, et al. Highly efficient organic light-emitting diodes from delayed fluorescence [J]. Nature, 2012, 492(7428): 234-238.

[2] Wong M Y, Zysman-Colman E. Purely organic thermally activated delayed fluorescence materials for organic light-emitting diodes [J]. Adv Mater, 2017, 29(22): 1605444.

[3] Yang Z, Mao Z, Xie Z, et al. Recent advances in organic thermally activated delayed fluorescence materials [J]. Chem Soc Rev, 2017, 46(3): 915-1016.

[4] Jeon S K, Lee H L, Yook K S, et al. Recent progress of the lifetime of organic light‐emitting diodes based on thermally activated delayed fluorescent material [J]. Adv Mater, 2019, 31: 1803524.

[5] Mei J, Leung N L, Kwok R T, et al. Aggregation-induced emission: together we shine, united we soar! [J]. Chem Rev, 2015, 115(21): 11718-11940.

[6] Boyer J H, Haag A M, Sathyamoorthi G, et al. Pyrromethene-BF$_2$ complexes as laser dyes: 2 [J]. Heteroat Chem, 1993, 4(1): 39-49.

[7] Álvarez M, Amat-Guerri F, Costela A, et al. Laser emission from mixtures of dipyrromethene dyes in liquid

solution and in solid polymeric matrices [J]. Opt Commun, 2006, 267(2): 469-479.

[8] Huang L, Zhao Y, Zhang H, et al. Expanding anti-Stokes shifting in triplet-triplet annihilation upconversion for in vivo anticancer prodrug activation [J]. Angew Chem Int Ed Engl, 2017, 56(46): 14400-14404.

[9] Kerzig C, Wenger O S. Sensitized triplet-triplet annihilation upconversion in water and its application to photochemical transformations [J]. Chem Sci, 2018, 9(32): 6670-6678.

[10] Kojima A, Teshima K, Shirai Y, et al. Organometal halide perovskites as visible-light sensitizers for photovoltaic cells [J]. J Am Chem Soc, 2009, 131(17): 6050-6051.

[11] Kudo A, Miseki Y. Heterogeneous photocatalyst materials for water splitting [J]. Chem Soc Rev, 2009, 38(1): 253-278.

[12] Majek M, Faltermeier U, Dick B, et al. Application of visible-to-UV photon upconversion to photoredox catalysis: the activation of aryl bromides [J]. Chemistry, 2015, 21(44): 15496-15501.

[13] Schulze T F, Schmidt T W. Photochemical upconversion: present status and prospects for its application to solar energy conversion [J]. Energy Environ Sci, 2015, 8(1): 103-125.

[14] Ravetz B D, Pun A B, Churchill E M, et al. Photoredox catalysis using infrared light via triplet fusion upconversion [J]. Nature, 2019, 565(7739): 343-346.

[15] Green M A, Ho-Baillie A, Snaith H J. The emergence of perovskite solar cells [J]. Nat Photonics, 2014, 8(7): 506-514.

[16] Wang Z, Gao Y, Hussain M, et al. Efficient radical-enhanced intersystem crossing in an NDL-tempo dyad: photophysics, electron spin polarization, and application in photodynamic therapy [J]. Chemistry, 2018, 24(70): 18663-18675.

[17] Zhu X, Su Q, Feng W, et al. Anti-Stokes shift luminescent materials for bio-applications [J]. Chem Soc Rev, 2017, 46(4): 1025-1039.

[18] Zhu Z, Tian D, Gao P, et al. Cell-penetrating peptides transport noncovalently linked thermally activated delayed fluorescence nanoparticles for time-resolved luminescence imaging [J]. J Am Chem Soc, 2018, 140(50): 17484-17491.

[19] Zhang K Y, Yu Q, Wei H, et al. Long-lived emissive probes for time-resolved photoluminescence bioimaging and biosensing [J]. Chem Rev, 2018, 118(4): 1770-1839.

[20] Zhang X, Ye Z, Zhang X, et al. A targetable fluorescent probe for dstorm super-resolution imaging of live cell nucleus DNA [J]. Chem Commun, 2019, 55(13): 1951-1954.

[21] Ye Z, Yu H, Yang W, et al. Strategy to lengthen the on-time of photochromic Rhodamine spirolactam for super-resolution photoactivated localization microscopy [J]. J Am Chem Soc, 2019, 141 (16) : 6527-6536.

[22] Kim D H, D'Aléo A, Chen X K, et al. High-efficiency electroluminescence and amplified spontaneous emission from a thermally activated delayed fluorescent near-infrared emitter [J]. Nat Photonics, 2018, 12(2): 98-104.

[23] Chen W L, Song F L. Thermally activated delayed fluorescence molecules and their new applications aside from oleds [J]. Chinese Chem Lett, 2019, 30(10): 1717-1730.

[24] Voityuk A A. Estimation of electronic coupling for singlet excitation energy transfer [J]. J Phys Chem C, 2014, 118(3): 1478-1483.

[25] Freed K F. Radiationless transitions in molecules [J]. Acc Chem Res, 1978, 11(2): 74-80.

[26] Goushi K, Yoshida K, Sato K, et al. Organic light-emitting diodes employing efficient reverse intersystem crossing for triplet-to-singlet state conversion [J]. Nat Photonics, 2012, 6(4): 253-258.

[27] Chou P T, Chi Y, Chung M W, et al. Harvesting luminescence via harnessing the photophysical properties of transition metal complexes [J]. Coord Chem Rev, 2011, 255(21-22): 2653-2665.

[28] Chen Y L, Li S W, Chi Y, et al. Switching luminescent properties in osmium-based β-diketonate complexes [J]. Chem Phys Chem, 2005, 6(10): 2012-2017.

[29] Yuan Y, Hu Y, Zhang Y X, et al. Over 10% EQE near-infrared electroluminescence based on a thermally activated delayed fluorescence emitter [J]. Adv Funct Mater, 2017, 27(26): 1700986.

[30] Chen X K, Bakr B W, Auffray M, et al. Intramolecular noncovalent interactions facilitate thermally activated delayed fluorescence (TADF)[J]. J Phys Chem Lett, 2019, 10(12): 3260-3268.

[31] Wen X, Yu P, Toh Y R, et al. Fluorescence dynamics in BSA-protected Au25 nanoclusters [J]. J Phys Chem C, 2012, 116(35): 19032-19038.

[32] Baleizao C, Berberan-Santos M N. Thermally activated delayed fluorescence as a cycling process between excited singlet and triplet states: application to the fullerenes [J]. J Chem Phys, 2007, 126(20): 204510.

[33] Dias F B, Penfold T J, Monkman A P. Photophysics of thermally activated delayed fluorescence molecules [J]. Methods Appl Fluoresc, 2017, 5(1): 012001.

[34] 高影. 高效热活性延迟荧光 D-A 型有机小分子的理论设计和研究 [D]. 吉林：吉林大学, 2018.

[35] Shizu K, Noda H, Tanaka H, et al. Highly efficient blue electroluminescence using delayed-fluorescence emitters with large overlap density between luminescent and ground states [J]. J Phys Chem C, 2015, 119(47): 26283-26289.

[36] Hirata S, Sakai Y, Masui K, et al. Highly efficient blue electroluminescence based on thermally activated delayed fluorescence [J]. Nat Mater, 2015, 14(3): 330-336.

[37] Sagara Y, Shizu K, Tanaka H, et al. Highly efficient thermally activated delayed fluorescence emitters with a small singlet-triplet energy gap and large oscillator strength [J]. Chem Lett, 2015, 44(3): 360-362.

[38] Endo A, Sato K, Yoshimura K, et al. Efficient up-conversion of triplet excitons into a singlet state and its application for organic light emitting diodes [J]. Appl Phys Lett, 2011, 98(8): 083302.

[39] Kaji H, Suzuki H, Fukushima T, et al. Purely organic electroluminescent material realizing 100% conversion from electricity to light [J]. Nat Commun, 2015, 6: 8476.

[40] Zhang Q, Kuwabara H, Potscavage W J Jr, et al. Anthraquinone-based intramolecular charge-transfer compounds: computational molecular design, thermally activated delayed fluorescence, and highly efficient red electroluminescence [J]. J Am Chem Soc, 2014, 136(52): 18070-18081.

[41] Yamanaka T, Nakanotani H, Hara S, et al. Near-infrared organic light-emitting diodes for biosensing with high operating stability [J]. Appl Phys Express, 2017, 10(7): 074101.

[42] Liang X, Tu Z L, Zheng Y X. Thermally activated delayed fluorescence materials: towards realization of high efficiency through strategic small molecular design [J]. Chem Eur J, 2019, 25(22): 5623-5642.

[43] Xiong X, Song F, Wang J, et al. Thermally activated delayed fluorescence of fluorescein derivative for time-resolved and confocal fluorescence imaging [J]. J Am Chem Soc, 2014, 136(27): 9590-9597.

[44] Peng X, Song F, Han K, et al. Long-wavelength chromophores with thermally activated delayed fluorescence based on fluorescein derivatives [J]. J Photonics Energy, 2018, 8(03):032103.

[45] Liu Z, Song F, Song B, et al. A FRET chemosensor for hypochlorite with large Stokes shifts and long-lifetime emissions [J]. Sens Actuators B, 2018, 262: 958-965.

[46] Wu Y, Song F, Luo W, et al. Enhanced thermally activated delayed fluorescence in new fluorescein derivatives by introducing aromatic carbonyl groups [J]. Chem Photo Chem, 2017, 1(3): 79-83.

[47] Wu Y, Zhao Y, Zhou P, et al. Enhancing intersystem crossing to achieve thermally activated delayed fluorescence in a water-soluble fluorescein derivative with a flexible propenyl group [J]. J Phys Chem Lett, 2020, 11(14): 5692-5698.

[48] Wang H, Xie L, Peng Q, et al. Novel thermally activated delayed fluorescence materials-thioxanthone derivatives

and their applications for highly efficient OLEDs [J]. Adv Mater, 2014, 26(30): 5198-5204.

[49] Xu S, Liu T, Mu Y, et al. An organic molecule with asymmetric structure exhibiting aggregation-induced emission, delayed fluorescence, and mechanoluminescence [J]. Angew Chem Int Ed Engl, 2015, 54(3): 874-878.

[50] Xie Z, Chen C, Xu S, et al. White-light emission strategy of a single organic compound with aggregation-induced emission and delayed fluorescence properties [J]. Angew Chem Int Ed Engl, 2015, 54(24): 7181-7184.

[51] Blacker T S, Mann Z F, Gale J E, et al. Separating NADH and NADPH fluorescence in live cells and tissues using FLIM [J]. Nat Commun, 2014, 5: 3936.

[52] Benson R C, Meyer R A, Zaruba M E, et al. Cellular autofluorescence—is it due to flavins？[J]. J Histochem Cytochem, 1979, 27(1): 44-48.

[53] Berezin M Y, Achilefu S. Fluorescence lifetime measurements and biological imaging [J]. Chem Rev, 2010, 110(5): 2641-2684.

[54] Xiong X, Song F, Sun S, et al. Red-emissive fluorescein derivatives and detection of bovine serum albumin [J]. Asian J Org Chem, 2013, 2(2): 145-149.

[55] Xiong X, Zheng L, Yan J, et al. A turn-on and colorimetric metal-free long lifetime fluorescent probe and its application for time-resolved luminescent detection and bioimaging of cysteine [J]. RSC Adv, 2015, 5(66): 53660-53664.

[56] Li T, Yang D, Zhai L, et al. Thermally activated delayed fluorescence organic dots (TADF odots) for time-resolved and confocal fluorescence imaging in living cells and in vivo [J]. Adv Sci, 2017, 4(4): 1600166.

[57] Gan S, Zhou J, Smith T A, et al. New aiegens with delayed fluorescence for fluorescence imaging and fluorescence lifetime imaging of living cells [J]. Mater Chem Front, 2017, 1(12): 2554-2558.

[58] Hu W, Guo L, Bai L, et al. Maximizing aggregation of organic fluorophores to prolong fluorescence lifetime for two-photon fluorescence lifetime imaging [J]. Adv Healthc Mater, 2018, 7(15): 1800299.

[59] Ni F, Zhu Z, Tong X, et al. Organic emitter integrating aggregation-induced delayed fluorescence and room-temperature phosphorescence characteristics, and its application in time-resolved luminescence imaging [J]. Chem Sci, 2018, 9(28): 6150-6155.

[60] Ni F, Zhu Z, Tong X, et al. Hydrophilic, red-emitting, and thermally activated delayed fluorescence emitter for time-resolved luminescence imaging by mitochondrion-induced aggregation in living cells [J]. Adv Sci, 2019, 6(5): 1801729.

[61] Liu Z W, Song F L, Shi W B, et al. Nitroreductase-activatable theranostic molecules with high PDT efficiency under mild hypoxia based on a TADF fluorescein derivative [J]. ACS Appl Mater Interfaces, 2019, 11(17): 15426-15435.

[62] Liu Z W, Shi W B, Hong G B, et al. A dual-targeted theranostic photosensitizer based on a TADF fluorescein derivative [J]. J Control Release, 2019, 310: 1-10.

第十一章
超分辨成像荧光染料

第一节 概述 / 302

第二节 超分辨成像技术 / 303

第三节 超分辨成像荧光染料 / 304

第四节 总结和展望 / 321

第一节
概述

所见即所得是生命科学研究的中心哲学，贯穿在不断认识单个分子、分子复合体、分子动态行为和整个分子网络的历程中。活的动态的分子才是有功能的，这决定了荧光显微成像在生命科学研究中成为不可替代的工具。但是当荧光成像聚焦到分子水平的时候，所见并不能给出想要得到的。这个障碍是由于受光学衍射极限的限制，荧光显微镜无法在衍射受限的空间内分辨出目标物。为了克服衍射极限的限制，以 Stefan Hell, William E. Moerner, Eric Betzig, 庄小威, Mats G. L. Gustafsson 为代表的科学家从 20 世纪 90 年代开始寻求方法，最终在 2008 年前后使得超分辨成像技术趋于成熟[1]。Hell 发明了 STED 技术[2]，Moerner 开创了单分子定位[3]，Betzig 提出了单分子定位成像的原理并发明了 PALM[4]，庄小威发明了基于荧光小分子的 STORM[5]，Gustafsson 发明了 SIM[6]。这些显微镜采用不同的复杂技术，但是策略却是相同和简单的，即衍射受限的空间内相邻两个发光点通过时间的分辨来做到空间的分辨。而荧光染料则成了打开衍射极限限制的那把最关键的钥匙。

从实验的角度看，一次成功的超分辨荧光成像依赖于荧光探针的光学性能、生物分子标记的化学性能和荧光识别信号。但从突破衍射极限的原理来看，具有时间分辨的荧光染料是最为核心的，并且需要具备足够高的荧光强度和光稳定性。荧光的时间分辨是实现空间分辨的基础，原则上具有时间分辨的荧光染料可以应用到所有这些显微镜中，并且性能优异的时间分辨荧光染料很有可能帮助发展出新型成像技术的超分辨显微镜。不同类型的时间分辨荧光染料与现有的超分辨显微镜技术相结合，已经被证明可以成倍地提高超分辨成像能力，或发展新的超分辨成像显微镜，例如 PA NL-SIM (patterned activation nonlinear SIM)[7] 和 RESOLFT (reversible saturable optical fluorescence transitions)[8]。随着硬件的快速发展，性能优异的荧光探针被认为是限制超分辨荧光成像发展的主要障碍。基于这样的考虑，我们希望本章对超分辨成像荧光染料的评述能够帮助研究者了解超分辨成像的技术原理和化学基础，继而期望研究者能够创造出更多更好的荧光染料并应用到超分辨成像中。这里我们集中介绍有机荧光染料类的超分辨荧光探针，而荧光蛋白和纳米荧光团类的探针不在本章的介绍范围内。

第二节
超分辨成像技术

光学显微镜可以看作是一种透镜系统，它能放大一个小物体的像。在成像时，当物体的光线汇聚到成像平面上时，由于光的衍射，导致物体上的一个尖锐点在图像上模糊成一个有限大小的点。这种点在图像上的三维强度分布通常用点扩散函数（point-spread-function，PSF）来表示。点扩散函数的大小决定了显微镜的分辨率：在点扩散函数的半峰全宽（FWHM）内的两点由于图像上有很大的重叠将很难被分辨，因而分辨率被定义为 $d_{min} \approx \omega_{FWHM}$。

1873年，阿贝定义了分辨率的公式 $d_{min} = \dfrac{\lambda}{2\sin\alpha}$，其中 λ 是所用光的波长，而 α 是显微镜物镜的半孔镜角。Hermann von Helmholtz 在考虑了样品折射率后，更准确地定义了最小分辨率的公式 $d_{min} = \dfrac{\lambda}{2n\sin\alpha}$，其中 n 为样品的折射率，而 $NA = n\sin\alpha$ 也被定义为物镜的数值孔径。衍射极限的存在除了使焦平面（xy）上存在着分辨率，在沿光轴方向（z）上也存在荧光强度的不同分布，其 FWHM 值约等于沿光轴的分辨率，$d_{zmin} = \dfrac{\lambda}{n\sin^2\alpha}$ [9]。由于大多数透镜的数值孔径 <1.5（$\alpha<70°$），因此细胞成像（λ 必须大于约 400nm 才能最大限度地减少对细胞的伤害）的理论分辨率限制是横向 200nm 和轴向 500nm [10]。因此对于一些尺寸在 200nm 以下的精细结构，如细胞器、病毒等，甚至是仅有几个纳米的蛋白分子而言，传统的光学成像无法对其进行精准的定位和区别。

多年来，人们引入了几种基于光学成像的方法，这些方法在某种程度上可以通过不同的方式超越这一限制。这些方法可分为远场法和近场法。近场扫描光学显微镜（near-field scanning optical microscope，NSOM）最初由 Synge 在 1928 年提出。NSOM 通过去除透镜克服了衍射极限，从而消除了聚焦的需要[11]。光线通过一个靠近样品的小孔径（在近场区域），这样光线就不会产生实质性的衍射。横向分辨率由孔径大小决定，通常为 20～120nm。虽然 NSOM 已经被用于研究几种膜蛋白的纳米结构[12]，但近场成像在技术上具有挑战性。孔径探头制作困难，且需要与不规则样本保持恒定距离的反馈，限制了图像采集的速度。此外，NSOM 也不能用于细胞内成像，这些因素限制了 NSOM 在细胞生物学中的进一步应用。

与近场显微镜 NSOM 不同的是，透镜被用于远场显微镜，它们被放置在与样品有一定距离的地方。对超分辨率成像，克服衍射极限的关键是在空间和/或时间上调制荧光团的两个分子态（例如，暗态和亮态）之间的转换。一些技术通过缩小荧光团集合图像的点扩散函数来实现超分辨率，包括受激辐射损耗（stimulated emission depletion，STED）荧光显微镜[13]、基态损耗（ground-state depletion，GSD）荧光显微镜[14]、饱和结构照明显微镜（saturated structured illumination microscopy，SSIM）[6]。其他超分辨率成像技术探测单个荧光分子，其原理是如果收集到足够多的光子，就可以对单个荧光分子进行高精度定位，这些技术包括光激活定位显微镜（photoactivated localization microscopy，PALM）[15]、荧光光激活定位显微镜（fluorescence-PALM，FPALM）[16]和随机光学重构显微镜（stochastic optical reconstruction microscopy，STORM）[17]。

第三节
超分辨成像荧光染料

　　超分辨成像技术在近些年的不断革新与广泛应用对有机小分子荧光染料性能提出了更高的要求，同时也给荧光染料的发展带来了机遇。对于不同超分辨成像技术来说，荧光染料的亮度、稳定性是评价染料性能的最基本条件，换言之开发亮度更高、稳定性更好的荧光染料是目前化学工作者的永恒不变的目标。但是，超分辨荧光染料同时需要依据成像方式的不同兼备相应的特殊性能[18]。其中，应用于 SIM 的荧光染料需要有高的亮度与稳定性，目前大部分荧光染料均可用于 SIM 成像，这也使得 SIM 的应用极为广泛。STED 显微镜对荧光染料的稳定性提出了很高的要求以耐高强度 STED 激光；此外，荧光染料仍需具有优异的受激辐射损耗效应。SMLM 成像技术则需要具有开关性能的荧光染料，以实现单个荧光团在荧光（on state）和非荧光（off state）间的随机切换。

　　近些年，伴随着超分辨成像技术的普及，很大一批化学工作者也在荧光染料开发、荧光探针设计方面取得了突破性的进展，发展的典型荧光染料 1～12 见图 11-1 所示。在本节我们主要针对 STED 与 SMLM 技术介绍近 20 年荧光染料方面的进展。

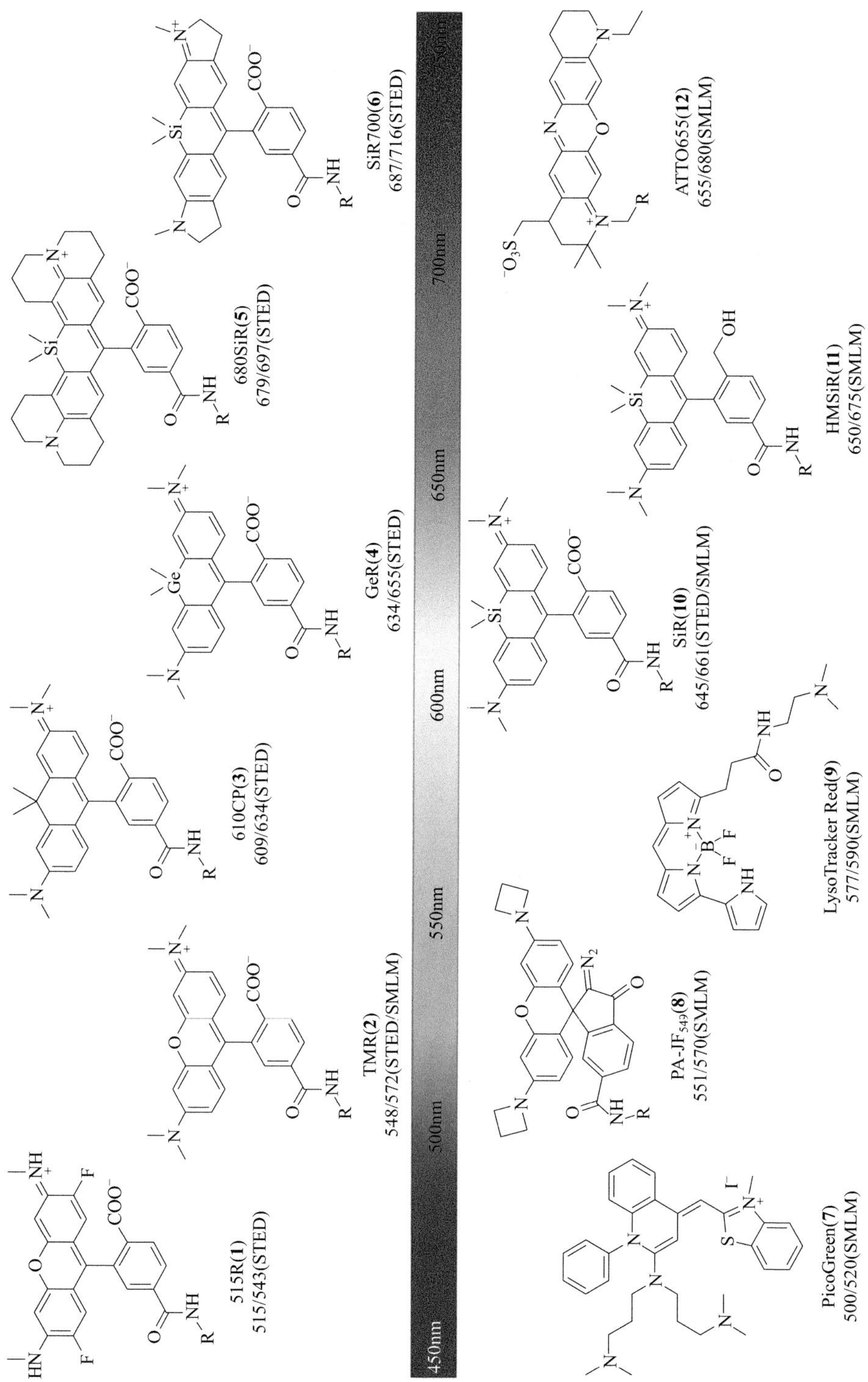

图11-1 用于SMLM与STED的主要荧光母体[18]

一、STED超分辨成像荧光染料

在 STED 显微镜中，处于激发态的分子在发射荧光之前会被第二束激光（STED 激光）照射，从而通过受激发射的方式从激发态回到基态（这一过程通常在几纳秒之内发生）。而这一过程不仅要求染料有较好的受激辐射损耗效应，同时有更严格的一个要求，即荧光染料的高稳定性。这主要是由于诱导分子发生受激辐射的激光强度通常在兆瓦每平方厘米至吉瓦每平方厘米（$MW/cm^2 \sim GW/cm^2$），很容易造成荧光染料的光漂白。因此，荧光染料的稳定性成为 STED 超分辨成像中的首要工作。

在众多有机小分子荧光染料中，罗丹明类染料具有优异的稳定性与亮度。此外，罗丹明类染料还拥有 2 个突出性能（图 11-2）：①开闭环的分子之间的转换，即罗丹明类存在两性离子（Z）与螺内酯（L）之间的平衡；②可以通过 N 端取代基以及 9- 位桥原子的改变调节光谱性质以及开关环性能。罗丹明类染料也因此被广泛应用于 STED 超分辨成像中。而在罗丹明类染料改造方面，Stefan Hell、Lavis 等人均进行了系统的工作，包括罗丹明的氟化、不用水溶性基团的调节、N 端取代基的调控等。

传统商业染料中不乏稳定性高的罗丹明类染料，如：Alexa488、ATTO488、ATTO647N 等（如图 11-3），且已被广泛应用于 STED 超分辨成像。然而，它们的细胞通透性、亮度上仍存在明显不足。Stefan Hell 课题组基于 Alexa488 与 ATTO488 母体，在 N 端引入了三氟乙基的同时在母环引入了氟原子，合成了染料 13，进一步提升了染料的光稳定性，量子产率接近 1.0[21]。而 Live510 等也被用于了活细胞内的 STED 超分辨成像[22]。此外，Stefan Hell 课题组调整氧罗丹明共轭结构将光谱调控至红光发射，与 ATTO647N 发射类似染料 KK114，荧光吸收达 637nm，发射 660nm[23]。由于 KK114 具有良好的光稳定性和良好的水溶性，也被成功应用于 STED 显微镜中。然而，由于 KK114 是一个带负电荷的染料，它不具有细胞膜通透性，而且它对 N- 羟基丁二酰亚胺（NHS）酯的低稳定性也限制了它的应用。为了克服这一点，Wurum 等人提供了一系列具有高量子产率和对 NHS 酯稳定的基于罗丹明的红光发射染料（图 11-3）。此外，利用 STED 显微镜，这些新开发的染料可以得到空间分辨率小于 25nm 的具有更高亮度和对比度的原始细胞图像。

为了实现活细胞内的 STED 超分辨成像，还兼顾荧光染料的细胞膜通透性、高的信噪比、红光发射等诸多方面。因此，硅罗丹明凭借自身荧光发生（fluogenic）性质、高的稳定性、高的亮度、红光发射等优势，逐渐成为超分辨成像领域中炙手可热的荧光染料。硅基派洛宁在 2009 年被钱旭红、肖义课题组首次报道[24]，并被 Nagano 课题组进行了系统衍生研究[25]，开发出了多色的硅

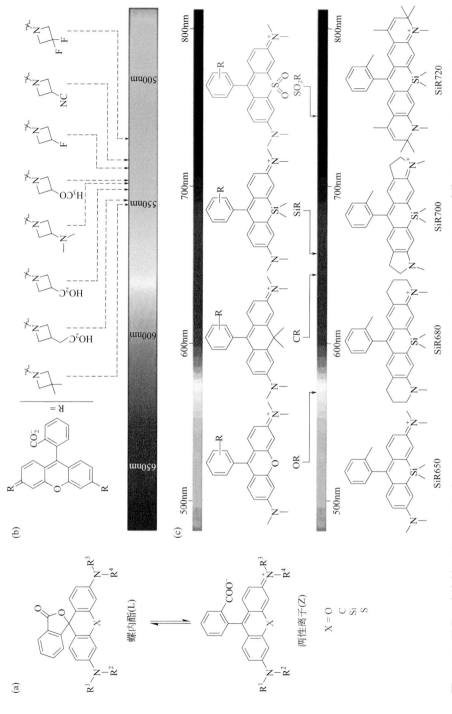

图11-2 罗丹明类染料开关环平衡（a）；罗丹明类染料N端取代基对荧光发射光谱影响（b）[19]；罗丹明类染料9-位桥原子对荧光光谱的影响（c）[20]

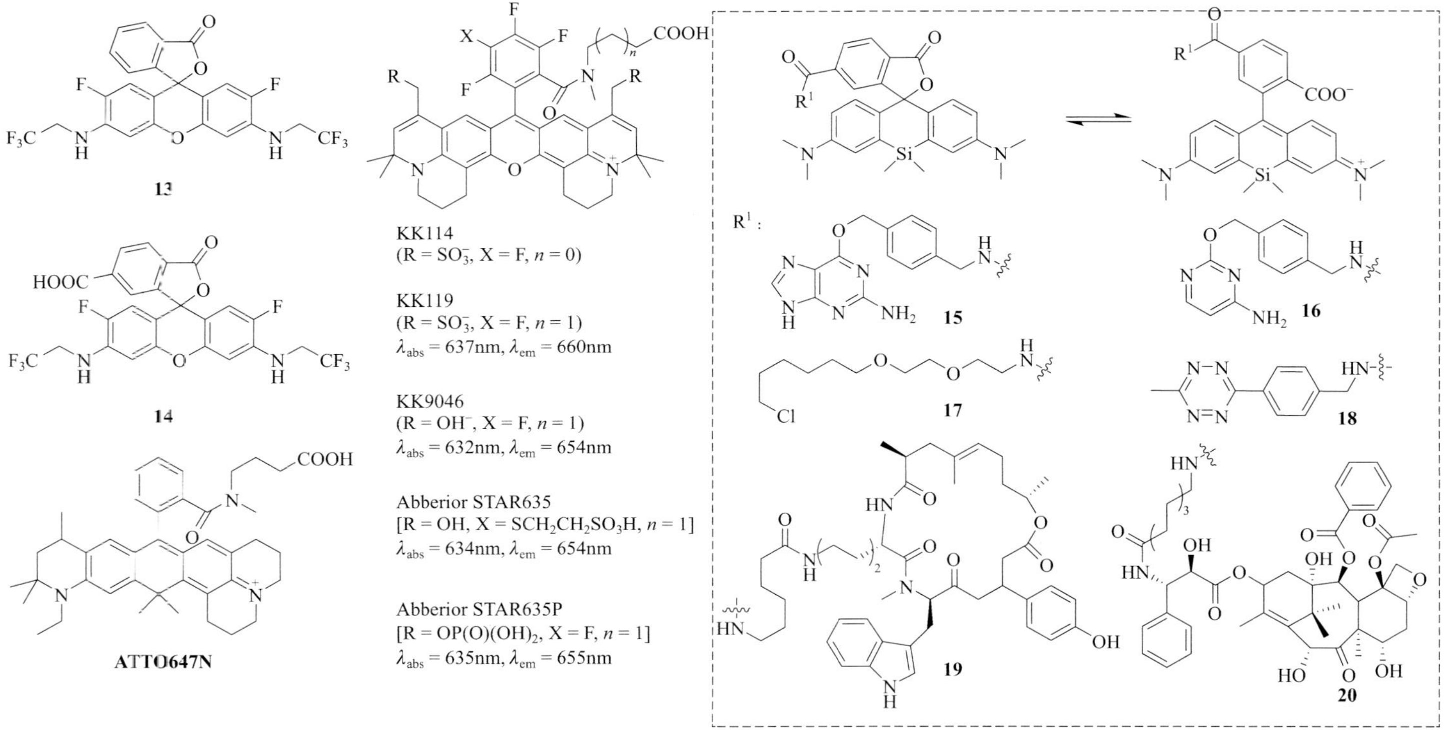

图11-3 化合物13～20的结构

罗丹明母体与高信噪比的探针。硅罗丹明之所以能够站在超分辨荧光染料的前端缘于它的两性离子与螺内酯的特殊的平衡（图11-2）。在识别底物后硅罗丹明能够由螺内酯结构转变为荧光态的两性离子，能有效提升活细胞内的信噪比。早在2013年，Kai Johnson就将这种策略用于了微管的STED成像（图11-3，化合物15～18）[26]。而在2019年又通过螺酰胺位置调控将氧、碳罗丹明调控至类似硅罗丹明的性能，实现了活细胞内的多色STED超分辨成像[27]。该课题组同样利用这一性质开发了两种用于活细胞骨架成像的具有强荧光亮度的硅罗丹明衍生物用于了STED的超分辨成像，包括去溴去甲基茉莉醚内酯衍生（19）和多烯紫杉醇衍生（20），并首次报道了活细胞中心体的9倍对称成像[28]。利用化合物19，Hell等人也首次报道了海马体神经活细胞中树突和轴突中存在皮质下肌动蛋白晶格。此后，基于硅罗丹明的STED荧光染料逐渐被开发出来，并用于活细胞内多种细胞器、蛋白的STED超分辨成像。

对于纳米尺度下蛋白-蛋白相互作用、细胞器之间相互作用等研究，双色甚至多色成像是必不可少的手段。但是由于STED超分辨成像中需要高功率的STED激光，如果介入2束STED激光，会对细胞造成严重的损伤。因此，如果用一束STED激光能够对两个或多个不同波段的染料达到损耗的效果即可比较好完成STED的多色成像，即大斯托克斯位移染料的开发对于多色成像具有重要意义。在2013年，S. W. Hell课题组即合成了一系列基于香豆素衍生物的大斯托克斯位移染料[29]，且这些化合物具有非常高的光稳定性、强荧光亮度[图11-4（a），（b）]。其中，Star470SX+分子通过将1-(3-羧丙基)-4-羟甲基-2,2-二甲基-1,2-二氢喹啉与带有3-[2-(2-吡啶基)乙烯基]取代基的香豆素反应制备的，该分子的最大吸收和发射波长分别是472nm和623nm。而磷酸基团增强了染料的亲水性，减少了染料的聚集，进一步降低了非特异性标记并提高了量子产率。此外，化合物Star470SX+作为一种新的红光发射的香豆素衍生物，被进一步用于共聚焦多色成像和对高尔基体中顺式、反式高尔基体网络的精准定位的STED超分辨成像中，其分辨率可以达到70nm，且具有较低的背景荧光信号。2017年Lukinavicius等在不同杂原子的罗丹明10号位引入氨基取代基设计合成了多种大斯托克斯位移染料[图11-4（c），（d）]，斯托克斯位移可达165nm [30]。这类染料具有很高的光稳定性，并被成功应用于活细胞的STED超分辨成像。

Yamaguchi课题组则另辟蹊径，合成了一类磷掺杂的高稳定性荧光染料，并成功将其应用于STED超分辨成像。通过对激发态跃迁模式、π拓展体系及水溶性的改造，将环境敏感型染料Ph-Bphox开发为对环境极其不敏感的新型有机荧光染料PB430（图11-5）[32,33]。相比于商业染料Alexa488，其在STED连续成像中表现出极高的稳定性。

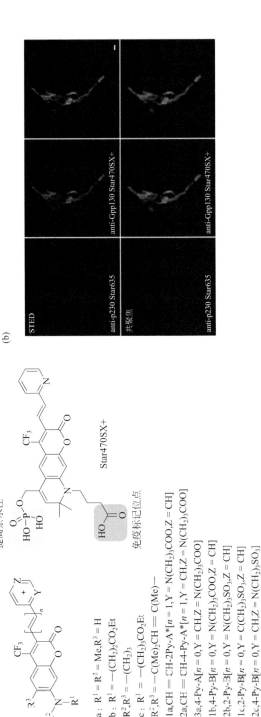

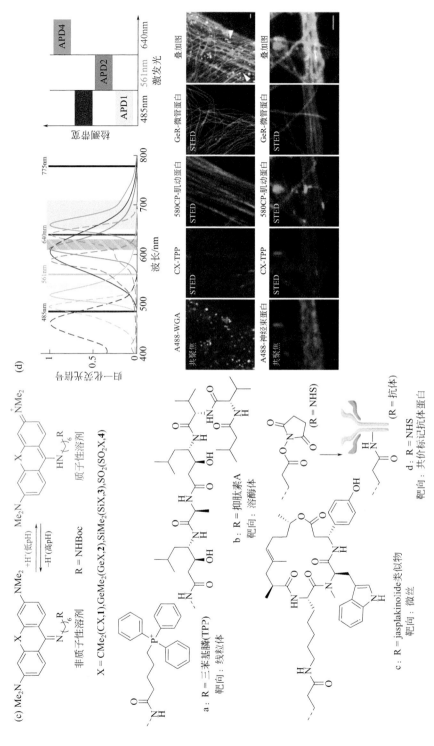

图11-4 Star470SX+衍生物的结构（a）[31]及多色超分辨成像（b）[29]；基于罗丹明10号位的大斯托克斯位移染料结构（c）与多色超分辨成像（d）[30]

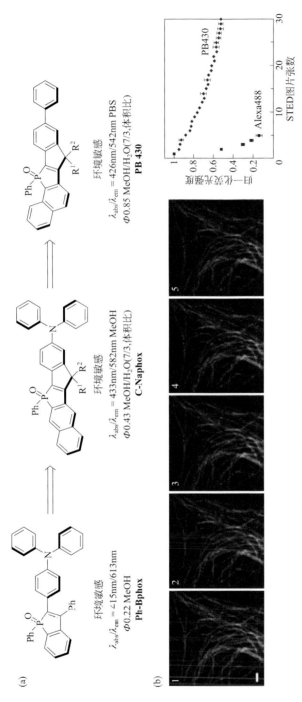

图11-5 Ph-Bphox系列染料结构及PB430的STED超分辨成像[32,33]

在通过结构改造提升染料稳定性的同时，科研工作者通过特殊的氧化还原系统同样可以达到提升荧光染料稳定性的效果，如ROXS，还原剂（抗坏血酸或Trolox），氧化剂（甲基紫精或Trolox-苯醌）等。这主要是由于荧光染料在激发后三线态的分子数量通过与氧化还原缓冲剂的反应生成自由基阳离子和阴离子而显著降低，而后自由基物种通过氧化还原反应进一步减少到单线态基态。Sauer等人利用这种策略大幅提升了ATTO647N的光稳定性使得空间分辨率达到了30nm以下[34]。在甲基紫精和Trolox缓冲液中，STED激光为750nm、63mW的条件下，ATTO647N的单分子定位精度可以达到1.8nm。此外，他们还将这种策略拓展到了其他商品化染料中，比如Cy5和Alexa 647。

二、SMLM超分辨成像荧光染料

SMLM实现衍射极限的突破则是建立在单个荧光团在荧光态（on state）和非荧光态（off state）间的随机切换，以达到对单点的精准定位。如何使荧光团在组合激光束（激活和激发激光束）或单一激光的照射下呈现出开关或闪烁的荧光，是SMLM荧光染料设计的核心。而这种开关过程中的荧光性能参数：荧光激活后的信噪比（F_{on}/F_{off}），荧光开启的寿命（$t_{1/2on}$），光漂白寿命（$t_{1/2PB}$），单分子发出总光子数（N）等对于SMLM成像质量具有决定性作用。且在不同SMLM染料中不同参数的影响不尽相同，如对于光激活染料，光激活的效率是极为重要的因素；而可逆的开关分子中，疲劳度则成为重要参数；基于硫醇实现开关的分子，即分子亮态所占比例（duty cycle）是首要参数。可见，不同类型的SMLM荧光染料性能要求差异较大，这也为化学工作者设计新型SMLM超分辨荧光染料提供了理论依据。

目前，用于SMLM超分辨成像的染料主要分为以下几类：

1. 能量受体与能量供体染料对

此类染料中通常需要额外的激活剂诱导荧光染料实现荧光态与暗态的转换，例如庄小威通过能量给体（例如Alexa405，Cy2，Cy3）与能量受体（Cy5）实现了能量受体开/关（on/off）态之间的循环，从而在衍射极限下实现多色超分辨STORM成像[35]。Squier等人使用基于FRET的配对化合物21（图11-6）来感知活细菌细胞中的含四半胱氨酸的蛋白质。该探针由一个具有双砷化基团的Cy3-Cy5能量转移对、一个用作能量供体（激活剂）的Cy3部分使得Cy5可以用作超分辨成像和一个用于近端四半胱氨酸靶向的双砷化基团组成[36]。在与靶蛋白共价连接后（例如RpoA*），由于Cy3聚甲基链的刚性运动，观察到显著的荧光增强（Cy5，增加20倍），可以在20nm的空间分辨率下成功地识别出单分子。

2. 激活剂诱导的分子开关染料

庄小威课题组还发现了巯基分子（MEA，β-ME 等）与激活光（405nm）作为激活剂诱导可以使荧光染料实现开/关（on/off）态之间的转换（图 11-6）[37]。Sauer 等人后来发现这一机理适用于大部分罗丹明、花菁、噁嗪类染料，并成为迄今为止 STORM 成像领域应用最为广泛的技术手段，也被称之为 direct STORM，简称为 dSTORM[38]。其机理主要在于，染料（Cy5, Alexa488）在基态下被巯基进攻形成巯基取代的非荧光态的中间体，而在激活光存在下巯基分子掉落并形成荧光态染料。此外，有机膦［三（2-羧乙基）膦（TCEP）］也被用于激活剂形成非荧光态的中间体；硼氢化钠则可将花菁染料（Cy3）中吲哚双键还原形成还原态的无荧光中间体，在氧与激活光的存在下恢复至荧光态分子[39]。基于这种机理，庄小威课题组在 2011 年对荧光染料在 STORM 成像的质量进行了统一评价，为科研工作者对染料的选择提供了参考[40]。

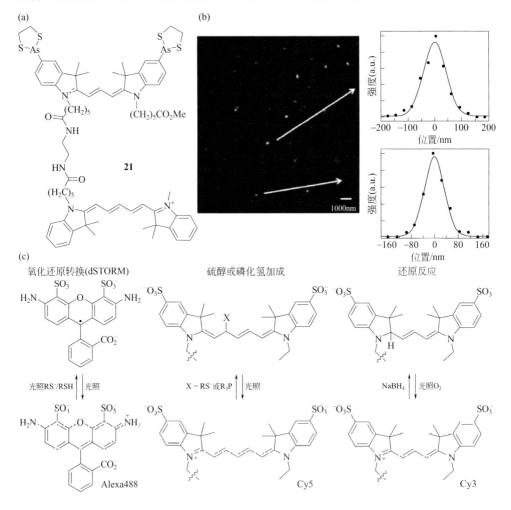

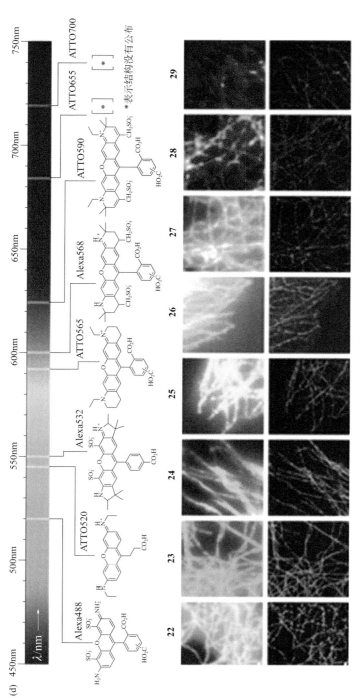

图11-6 21的结构（a）及超分辨成像（b）[36]；外加激活剂的作用方式（c）[41]；（d）不同商品化罗丹明类与嗪类染料在巯基分子作用下的超分辨成像[31]

此外，Sauer 和其同事报道了一种使用商品化罗丹明和噁嗪荧光团（Alexa 和 ATTO）在生理条件下进行超分辨率成像的简单且广泛适用的方案（22～29，图 11-6）[42]。他们利用各种硫醇［β-巯基乙胺（MEA）、二硫苏糖醇（DTT）或谷胱甘肽（GSH）］作为还原剂，通过促进具有更长寿命的稳定非荧光状态（关闭状态）来选择性地抑制荧光团的激发三线态。实验过程中存在的氧气和其他氧化剂确保了转换到荧光状态（开启状态）。此外，他们还用此方法证明了利用商用有机荧光团对活细胞中的 RNA 进行超分辨率成像的可行性；这为利用小分子有机荧光团进行多色超分辨率成像开辟了新途径。

Moerner 课题组则开创性地通过酶催化实现了分子由暗态到荧光态的转变（图 11-7）[43]。暗态的化合物 30 中的硝基在硝基还原酶（NTR）和电子供体（NADH）的存在下被还原为氨基，生成荧光态的化合物 31 与 32，从而实现暗态到荧光态的转变。这一过程的实现无需额外的激活光。由于反应速率的不可控性，这样一种机理很难在活细胞内实现，但是这将是超分辨荧光染料到超分辨荧光探针演变中的重要一环。

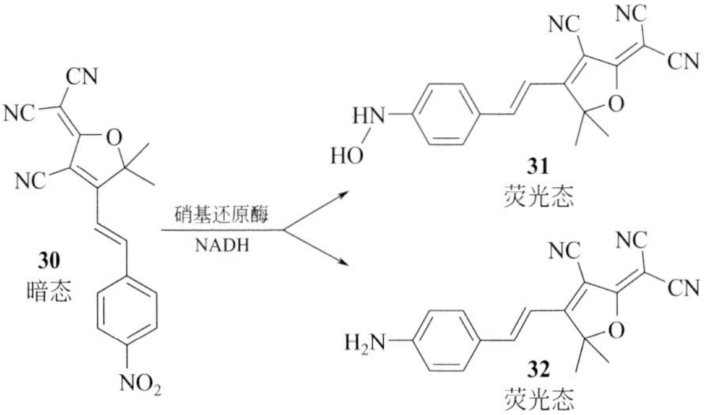

图 11-7
30～32 化合物结构及机理

3. 光激活染料

光激活染料通常需要含有在光照下可发生离去或异构的单元，这种不可逆的开关更适合于 PALM 成像。目前，这类染料的控制开关通常为叠氮、邻硝基苯、2-重氮酮等 [44]。

Moerner 等人在叠氮的二氰甲基二呋喃（DCDHF，33）的基础上引入 Halo 标签设计合成了 34（Halo Tag-DCDHG），实现了在细胞内的单分子定位 [45]。而随着光激活过程的发生，叠氮基逐渐转变为荧光态的氨基或羟胺产物，即实现了暗态到荧光态的转换。借助化合物 33 和 PALM 技术，该课题组成功地实现了活细菌细胞分裂过程中细胞骨架蛋白 Popz、FtsZ 和 AmiC 的超分辨成像。

在另一项研究中，Lavis 等人在氧罗丹明（荧光素）以及碳罗丹明（荧光素）的两端引入了邻硝基苯衍生物，如图 11-8 [46,47]。N 端的酰化导致分子以荧光的螺

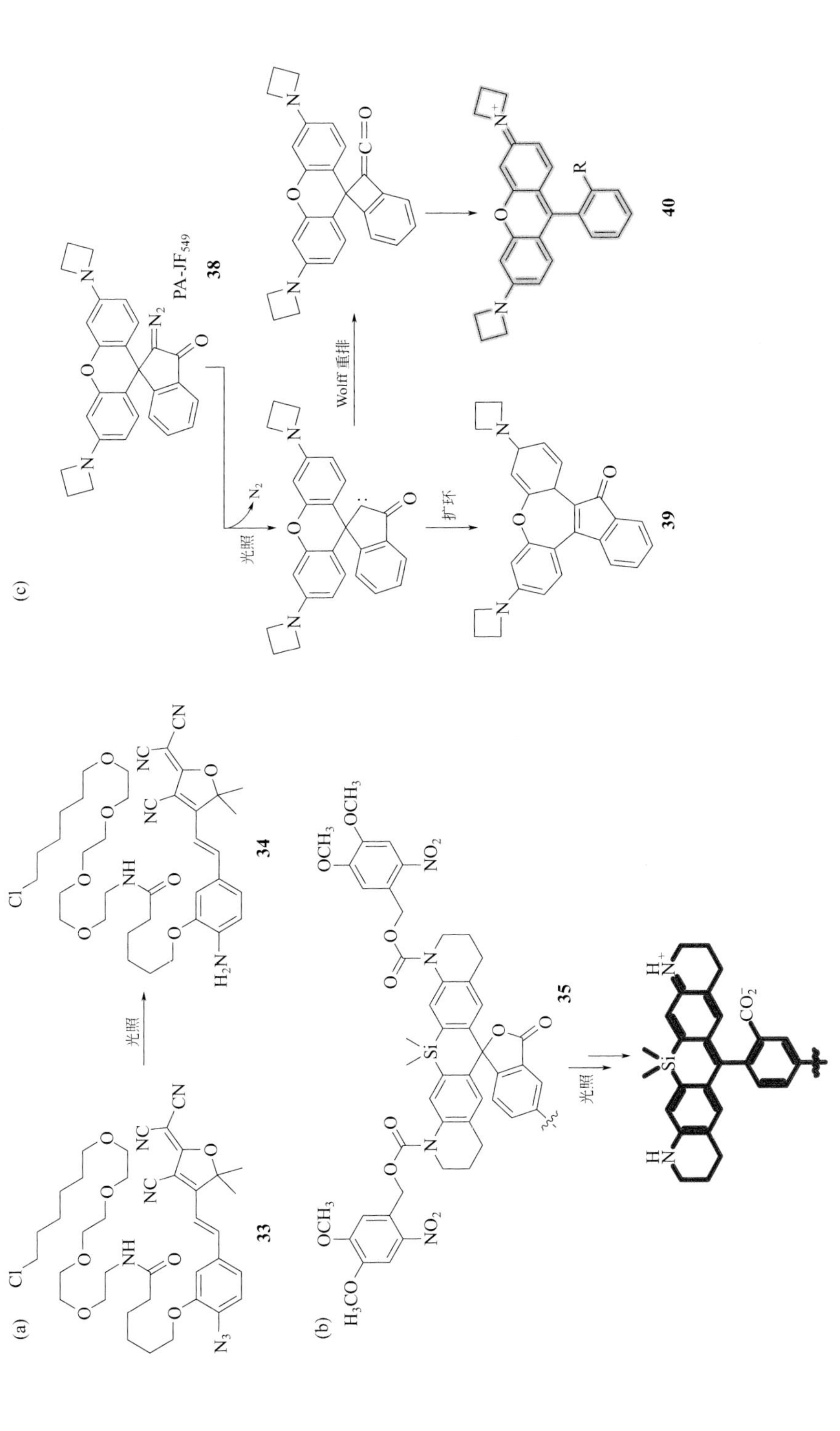

图11-8

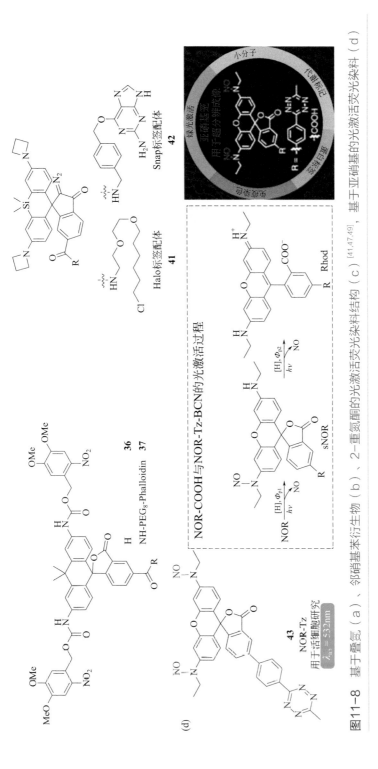

图11-8 基于叠氮(a)、邻硝基苯衍生物(b)、2-重氮酮的光激活荧光染料结构(c)[41,47,49], 基于亚硝基的光激活荧光染料(d)

内酯存在（35），而在紫外光（405nm）的激活下，硝基衍生物解离并释放出两分子二氧化碳形成荧光态的分子。此外，为了比较PALM显微镜在活细胞中的成像质量，他们在碳罗丹明110类似物化合物36引入了Phalloidin用于小鼠胚胎成纤维细胞中细胞肌动蛋白的成像。与市售的Phalloidin-Alexafluor647（AF647）相比，化合物37的定位精度提高了2倍，且拥有高额光子产率和高的对比度。类似的方法也应用于了近红外的光激活硅罗丹明的设计，实现了细胞内的多色的超分辨成像[48]。

与邻硝基苯类似，2-重氮酮结构也需要紫外光的激发来实现光解。2-重氮酮结构在大多数罗丹明体系中具有通用性，易于衍生。此外，其结构简小，染料的水溶性得以提升，副产物毒性也较小。但是，基于2-重氮酮结构的光激活染料（38）在光解的过程中存在一个无法回避的劣势，即当紫外光激活放出一份氮气后，会产生两种分子内重排反应导致生成一种荧光态的分子40和暗态的分子39，这会导致此类光激活染料整体光亮度较低以及一些样本中光信息的缺失[49]。此外，暗态副产物的产生很容易受到环境因素与母体结构的影响，但具体相关性仍待研究。如何调控分子结构以减少暗态副产物的产生也成为化学工作者的一个重要目标。

2-重氮酮结构被Lavis等人应用于JF系列染料中，设计合成了PA-JF$_{549}$（38）和PA-JF$_{646}$（41，42）[47,49]。相比于mEos3.2，这两种染料具有相近的激活速率与占空比，同时有更高的量子产率。这两种染料也成为首次被应用于活细胞的转录因子Sox2蛋白的PALM成像。

然而以上光激活荧光染料均依赖于蓝光（405nm）或紫外光的激活，这会对细胞造成较大光毒性，并带来强的自发荧光背景，对活细胞超分辨成像带来巨大困难。为了解决这一难题，肖义课题组与杨有军课题组开发了亚硝基-caged罗丹明类光激活染料43，在活细胞内实现了可见光激活[50,51]。基于四唑与环辛炔的点击化学反应，肖义课题组与杨有军课题组实现了对活细胞多种组成部分的超分辨成像。此类基于亚硝基的可见光激活的超分辨荧光染料设计对于新型荧光染料的开发具有极大启发性，也必然会对于活细胞的超分辨荧光成像以及单分子的追踪带来重要意义。

4. 自闪染料

以上所介绍的开关分子均依赖于光激活或者激活剂，但是这样会带来几点无法回避的问题：紫外区激活光对细胞的损伤；巯基分子等作为激活剂的光开关分子无法实现活细胞内的SMLM成像；激发光通常采用kW/cm^{2}级别的功率，对细胞损伤较大。面对这样一些问题，2014年，Urano等人开发了第一个苄醇索环的硅基罗丹明HMSiR[图11-9（a），（b）]，该染料在生理条件下能够自发进行

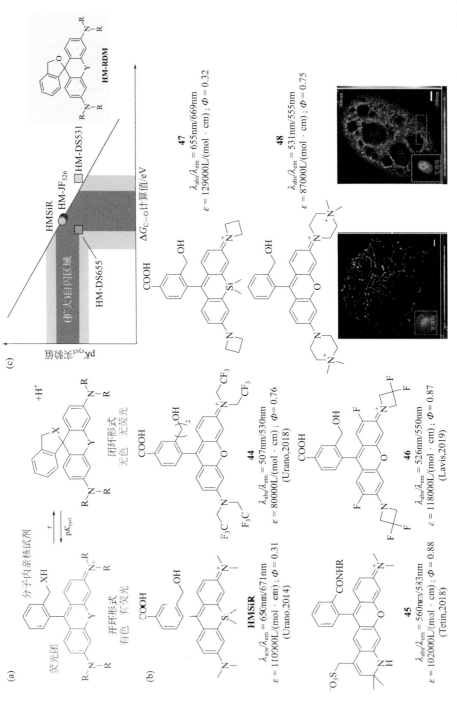

图11-9 自闪超分辨荧光染料机理（a），自闪染料结构（b），基于ΔG_{C-O}合理设计自闪超分辨荧光染料并用于活细胞内SMLM成像（c）

暗态与荧光态的转换，亮态存在的时间足以达到信号检测的目的，这一突破性的进展进一步推进了 SMLM 成像的发展[52]。基于此类染料，Urano 等人在核孔结构的单分子定位成像和活细胞内结构的追踪，及在接下来的工作中经过诸多分子的筛选，合成了绿色波段的自闪超分辨染料 44 并实现双色的自闪超分辨成像。45，46 随后也被开发出来作为活细胞内 SMLM 成像的有力工具[53,54]。Derek Toomre 等人在 HMSiR 分子基础上引入了不同靶向基团，对细胞不同细胞器（细胞核、线粒体、内质网等）进行了高密度的标记，以此实现了长时间的超分辨动态成像。

但是 SMLM 超分辨成像对自闪染料的开关环比例有严格要求，且分子结构对该比例影响较大，导致大量的分子合成与筛选是当下获得理想超分辨自闪染料的唯一途径，这也使得此类染料的开发极其缓慢。为加速该领域的发展，徐兆超与刘晓刚团队利用 ΔG_{C-O} 作为描述符定量［图 11-9（c）］，为超分辨自闪染料的设计与课程提供了理论模型，高效地开发出了多颜色自闪荧光染料 47，48，并将其用于单分子定位超分辨成像[55]，实现了线粒体、微丝、细胞核的长时间超分辨成像，观察到了线粒体的融合和分裂过程，满足了超分辨动态多色成像的需求。

第四节
总结和展望

荧光染料在生物中的应用由来已久，从 20 世纪初开始的生物样本免疫染色，到 20 世纪末发展的生物荧光探针、荧光引导手术和光动力治疗等，使得荧光染料成为化学与生物和医学连接的核心纽带之一。21 世纪出现并逐渐成熟的超分辨荧光成像又给荧光染料的发展带来了新的机遇和挑战。超分辨荧光成像突破衍射极限依赖于荧光信号的时间分辨，成像在时空分辨上的不断发展依赖于荧光强度的提高和光稳定性的提高，以及荧光探针标记和识别性能的完善。面对这些性能上的挑战，荧光染料具有其他荧光团（包括荧光蛋白、量子点和纳米荧光材料）所不具有的优势，集中体现在荧光亮度和稳定性本身优异且易调节，定点定量标记生物分子，尺寸小不干扰生物活性，光谱范围涵盖整个可见光区和近红外区，并且结构易修饰。

化学工作者在进行超分辨荧光染料开发的同时，物理学家对于超分辨显微镜的设计也从未终止。超分辨成像技术的革新带来了前所未见的微观世界的样貌，同时也激励化学工作者，从机理上深刻了解荧光染料构效关系，从合成上开发新型超分辨荧光染料，与各领域研究工作者做好交叉进一步借助超分辨成像技术探索微观世界。

参考文献

[1] None.Method of the Year 2008 [J]. Nature Methods, 2009, 6 (1):1.

[2] Hell S W. Nanoscopy with focused light (Nobel lecture) [J]. Angewandte Chemie International Edition, 2015, 54 (28): 8054-8066.

[3] Moerner W E. Single-molecule spectroscopy, imaging, and photocontrol: foundations for super-resolution microscopy (Nobel lecture) [J]. Angewandte Chemie International Edition, 2015, 54 (28): 8067-8093.

[4] Shroff H, Galbraith C G, Galbraith J A, et al. Live-cell photoactivated localization microscopy of nanoscale adhesion dynamics [J]. Nature Methods, 2008, 5 (5): 417-423.

[5] Huang B, Jones S A, Brandenburg B, et al. Whole-cell 3D STORM reveals interactions between cellular structures with nanometer-scale resolution [J]. Nature Methods, 2008, 5 (12): 1047-1052.

[6] Gustafsson M G L. Nonlinear structured-illumination microscopy: wide-field fluorescence imaging with theoretically unlimited resolution [J]. Proceedings of the National Academy of Sciences of the United States of America, 2005, 102 (37): 13081-10386.

[7] Li D, Shao L, Chen B C, et al. Extended-resolution structured illumination imaging of endocytic and cytoskeletal dynamics [J]. Science, 2015, 349 (6251): aab3500.

[8] Kwon J, Hwang J, Park J, et al. RESOLFT nanoscopy with photoswitchable organic fluorophores [J]. Scientific Reports, 2015, 5 (1): 17804-17811.

[9] Hell S W, Dyba M, Jakobs S. Concepts for nanoscale resolution in fluorescence microscopy [J]. Current Opinion in Neurobiology, 2004, 14 (5): 599-609.

[10] Fernandez-Suarez M, Ting A Y. Fluorescent probes for super-resolution imaging in living cells [J]. Nature Reviews Molecular Cell Biology, 2008, 9 (12): 929-943.

[11] Synge E H. A suggested method for extending microscopic resolution into the ultra-microscopic region [J]. Philosophical Magazine and Journal of Science, 1928,6 (35): 356-362.

[12] de Bakker B I, Bodnar A, van Dijk E M H P, et al. Nanometer-scale organization of the alpha subunits of the receptors for IL2 and IL15 in human T lymphoma cells [J]. Journal of Cell Science, 2008, 121 (5): 627-633.

[13] Hell S W, Wichmann J. Breaking the diffraction resolution limit by stimulated-emission - stimulated-emission-depletion fluorescence microscopy [J]. Optics Letters, 1994, 19 (11): 780-782.

[14] Hell S W, Kroug M. Ground-state depletion fluorescence nicroscopy - a concept for breaking the diffraction resolution limit [J]. Applied Physics B, 1995, 60 (5). 495-497.

[15] Betzig E, Patterson G H, Sougrat R, et al. Imaging intracellular fluorescent proteins at nanometer resolution [J]. Science, 2006, 313 (5793): 1642-1645.

[16] Hess S T, Girirajan T P K, Mason M D. Ultra-high resolution imaging by fluorescence photoactivation localization microscopy [J]. Biophysical Journal, 2006, 91 (11): 4258-4272.

[17] Rust M J, Bates M, Zhuang X W. Sub-diffraction-limit imaging by stochastic optical reconstruction microscopy (STORM) [J]. Nature Methods, 2006, 3 (10): 793-795.

[18] Wang L, Frei M S, Salim A, et al. Small-molecule fluorescent probes for live-cell super-resolution microscopy [J]. Journal of the American Chemical Society, 2019, 141 (7): 2770-2781.

[19] Grimm J B, Muthusamy A K, Liang Y, et al. A general method to fine-tune fluorophores for live-cell and in vivo imaging [J]. Nature Methods, 2017, 14 (10): 987-994.

[20] Liu J, Sun Y Q, Zhang H, et al. Sulfone-Rhodamines: a new class of near-infrared fluorescent dyes for bioimaging [J]. ACS Applied Materials & Interfaces, 2016, 8 (35): 22953-22962.

[21] Mitronova G Y, Belov V N, Bossi M L, et al. New fluorinated Rhodamines for optical microscopy and nanoscopy [J]. Chemistry, 2010, 16 (15): 4477-4488.

[22] Grimm F, Nizamov S, Belov V N. Green-emitting Rhodamine dyes for vital labeling of cell organelles using STED super-resolution microscopy [J]. Chem Bio Chem, 2019, 20 (17): 2248-2254.

[23] Wurm C A, Kolmakov K, Göttfert F, et al. Novel red fluorophores with superior performance in STED microscopy [J]. Optical Nanoscopy, 2012, 1 (1): 7-13.

[24] Fu M, Xiao Y, Qian X, et al. A design concept of long-wavelength fluorescent analogs of Rhodamine dyes: replacement of oxygen with silicon atom [J]. Chemical Communications, 2008,15(15): 1780-1782.

[25] Koide Y, Urano Y, Hanaoka K, et al. Evolution of group 14 Rhodamines as platforms for near-infrared fluorescence probes utilizing photoinduced electron transfer [J]. ACS Chemical Biology, 2011, 6 (6): 600-608.

[26] Lukinavičius G, Umezawa K, Olivier N, et al. A near-infrared fluorophore for live-cell super-resolution microscopy of cellular proteins [J]. Nature Chemistry, 2013, 5 (2): 132-139.

[27] Wang L, Tran M, D'Este E, et al. A general strategy to develop cell permeable and fluorogenic probes for multicolour nanoscopy [J]. Nature Chemistry, 2020, 12 (2): 165-172.

[28] Lukinavičius G, Reymond L, D'Este E, et al. Fluorogenic probes for live-cell imaging of the cytoskeleton [J]. Nature Methods, 2014, 11 (7): 731-733.

[29] Schill H, Nizamov S, Bottanelli F, et al. 4-Trifluoromethyl-substituted coumarins with large Stokes shifts: synthesis, bioconjugates, and their use in super-resolution fluorescence microscopy [J]. Chemistry, 2013, 19 (49): 16556-16565.

[30] Butkevich A N, Lukinavicius G, D'Este E, et al. Cell-permeant large stokes shift dyes for transfection-free multicolor nanoscopy [J]. Journal of the American Chemical Society, 2017, 139 (36): 12378-12381.

[31] Yang Z, Sharma A, Qi J, et al. Super-resolution fluorescent materials: an insight into design and bioimaging applications [J]. Chemical Society Reviews, 2016, 45 (17): 4651-4667.

[32] Wang C, Taki M, Sato Y, et al. Super-photostable phosphole-based dye for multiple-acquisition stimulated emission depletion imaging [J]. Journal of the American Chemical Society, 2017, 139 (30): 10374-10381.

[33] Wang C, Fukazawa A, Taki M, et al. A phosphole oxide based fluorescent dye with exceptional resistance to photobleaching: a practical tool for continuous imaging in STED microscopy [J]. Angewandte Chemie International Edition, 2015, 54 (50): 15213-15217.

[34] Kasper R, Harke B, Forthmann C, et al. Fluorophores: single-molecule STED microscopy with photostable organic fluorophores [J]. Small, 2010, 6 (13): 1379-1384.

[35] Bates M, Huang B, Dempsey G T, et al. Multicolor super-resolution imaging with photo-switchable fluorescent probes [J]. Science, 2007, 317 (5845): 1749-1753.

[36] Fu N, Xiong Y, Squier T C. Synthesis of a targeted biarsenical Cy3-Cy5 affinity probe for super-resolution

fluorescence imaging [J]. Journal of the American Chemical Society, 2012, 134 (45): 18530-18533.

[37] Dempsey G T, Bates M, Kowtoniuk W E, et al. Photoswitching mechanism of cyanine dyes [J]. Journal of the American Chemical Society, 2009, 131 (51): 18192-18193.

[38] Schäfer P, van de Linde S Lehmann J, Sauer M, et al. Methylene blue- and thiol-based oxygen depletion for super-resolution imaging [J]. Analytical Chemistry, 2013, 85 (6): 3393-3400.

[39] Vaughan J C, Dempsey G T, Sun E, et al. Phosphine quenching of cyanine dyes as a versatile tool for fluorescence microscopy [J]. Journal of the American Chemical Society, 2013, 135 (4): 1197-1200.

[40] Dempsey G T, Vaughan J C, Chen K H, et al. Evaluation of fluorophores for optimal performance in localization-based super-resolution imaging [J]. Nature Methods, 2011, 8 (12): 1027-1036.

[41] Jradi F M, Lavis L D. Chemistry of photosensitive fluorophores for single-molecule localization microscopy [J]. ACS Chemical Biology, 2019, 14 (6): 1077-1090.

[42] Heilemann M, van de Linde S, Mukherjee A, et al. Super-resolution imaging with small organic fluorophores [J]. Angewandte Chemie International Edition, 2009, 48 (37): 6903-6908.

[43] Lee M K, Williams J, Twieg R J, et al. Enzymatic activation of nitro-aryl fluorogens in live bacterial cells for enzymatic turnover-activated localization microscopy [J]. Chemical Science, 2013, 4 (1): 220-225.

[44] Klán P, Šolomek T, Bochet C G, et al. Photoremovable protecting groups in chemistry and biology: reaction mechanisms and efficacy [J]. Chemical Reviews, 2013, 113 (1):119-191.

[45] Lee H l D, Lord S J, Iwanaga S, et al. Superresolution imaging of targeted proteins in fixed and living cells using photoactivatable organic fluorophores [J]. Journal of the American Chemical Society, 2010, 132 (43): 15099-15101.

[46] Wysocki L M, Grimm J B, Tkachuk A N, et al. Facile and general synthesis of photoactivatable xanthene dyes [J]. Angewandte Chemie International Edition, 2011, 50 (47): 11206-11209.

[47] Grimm J B, Sung A J, Legant W R, et al. Carbofluoresceins and carboRhodamines as scaffolds for high-contrast fluorogenic probes [J]. ACS Chemical Biology, 2013, 8 (6): 1303-1310.

[48] Grimm J B, Klein T, Kopek B G, et al. Synthesis of a far-red photoactivatable silicon-containing rhodamine for super-resolution microscopy [J]. Angewandte Chemie International Edition, 2016, 55 (5): 1723-1727.

[49] Grimm J B, English B P, Choi H, et al. Bright photoactivatable fluorophores for single-molecule imaging [J]. Nature Methods, 2016, 13 (12): 985-988.

[50] Zheng Y, Ye Z, Liu Z, et al. Nitroso-caged Rhodamine: a superior green light-activatable fluorophore for single-molecule localization super-resolution imaging[J]. Analytical Chemistry, 2021, 93(22): 7833-7842.

[51] He H, Ye Z, Xiao Y, et al. Super-resolution monitoring of mitochondrial dynamics upon time-gated photo-triggered release of nitric oxide[J]. Analytical Chemistry, 2018, 90 (3): 2164-2169.

[52] Uno Sn, Kamiya M, Yoshihara T, et al. A spontaneously blinking fluorophore based on intramolecular spirocyclization for live-cell super-resolution imaging[J]. Nature Chemistry, 2014, 6 (8): 681-689.

[53] Uno Sn, Kamiya M, Morozumi A, et al. A green-light-emitting, spontaneously blinking fluorophore based on intramolecular spirocyclization for dual-colour super-resolution imaging[J]. Chemical Communications, 2018, 54 (1): 102-105.

[54] Macdonald P J, Gayda S, Haack R A, et al. Rhodamine-derived fluorescent dye with inherent blinking behavior for super-resolution imaging[J]. Analytical Chemistry, 2018, 90 (15): 9165-9173.

[55] Chi W, Qiao Q, Wang C, et al. Descriptor ΔG_{C-O} enables the quantitative design of spontaneously blinking Rhodamines for live-cell super-resolution imaging[J]. Angewandte Chemie International Edition, 2020, 59 (45): 20215-20223.

第十二章
荧光分子前药

第一节　概述 / 326

第二节　还原性硫醇激活前药体系 / 327

第三节　过氧化氢激活前药体系 / 330

第四节　酶激活前药体系 / 332

第五节　酸性 pH 激活前药体系 / 335

第六节　光激活前药体系 / 337

第一节
概述

前体药物（prodrug），也称前药、药物前体、前驱药物等，是指药物经过化学结构修饰后得到的本身没有生物活性或活性很低，而经过体内代谢后又可转变为具有药物活性而发挥药效的化合物[1-4]。这一过程的目的在于增加药物的生物利用度，加强靶向性，降低药物的毒性和副作用。1958 年，Albert 在英国自然杂志上发表文章提出了前体药物的概念[5]。

前药的特征主要包括三方面：

（1）前药应该无活性或活性远低于原药。

（2）原药与载体通过共价键连接，在生物体内共价键断裂释放出原药。此过程可以是简单的酸解、氧化还原反应或酶解过程等。

（3）大部分情况下，希望前药在生物体内较快地释放原药以保证病灶部位在一定时间内拥有较高的药物浓度；但当制备前药的目的是延长药物作用时间时，则设计为药物释放缓慢的前药系统。

虽然通过将药物进行化学结构修饰制备成前药可大大降低药物对正常组织的毒副作用，但在生物体内，前药分子的运输、细胞的摄取、细胞内药物的激活以及作用过程仍然无法有效地监测。荧光成像技术由于其非侵入性、可视化等诸多的优点已被广泛用于生物检测、活体成像等领域[6-8]。

为了解决上述问题，科研人员将修饰的前药分子、荧光报道分子及可裂解的连接基团通过特定的方式连接，得到了多功能的化合物。该类化合物进入肿瘤细胞后，被细胞中高表达地（相比于正常细胞）与癌症相关的特定组分激活。激活前后化合物的荧光发射强度或位移发生改变，以此观察前药分子被激活的过程与程度；部分化合物中会引入靶向性基团来增加其靶向肿瘤细胞的能力（图 12-1）[9-11]。

相比于正常细胞，癌细胞中的生理状态大不相同，这导致细胞内许多组分的表达或生理特性发生改变。例如，硫醇、活性氧物种（ROS）、多种生物酶等在癌细胞中过量表达[10]，低氧、酸性 pH 等癌细胞特有的生理特性等都可用作荧光分子前药的激活条件[11, 12]。另外，外部的光照等刺激也是一种有效激活前药分子的手段。本章将重点介绍以下几种可激活的荧光分子前药体系。

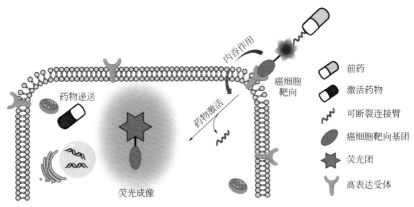

图12-1 荧光分子前药体系的设计原理及在细胞内的激活过程[8]

第二节
还原性硫醇激活前药体系

癌细胞内过量表达许多内源性硫醇，例如谷胱甘肽（GSH）和硫氧还蛋白（Trx）。有研究表明，癌细胞中 GSH 的含量约是正常细胞中的 1000 倍[13]。以正常细胞和癌细胞内源性硫醇含量的不同作为靶标，设计癌细胞特异性激活的前药分子可用于癌症治疗领域[14]。二硫键在血液中相对稳定，而在癌细胞中，极易通过与过表达的硫醇发生交换反应而产生裂解。当二硫键与荧光团连接时，通常在裂解时会由于内部电荷转移（intramolecular charge transfer，ICT）过程的改变而观察到荧光发射强度或位移的变化。将二硫键作为抗癌药物功能化保护基团，两侧分别连接荧光团和药物，可制备出癌细胞内硫醇激活的荧光分子前药[15]。

Kim 等人报道了一例 GSH 激活的荧光分子前药系统（1，图12-2）[16]。该系统由以 RGD 多肽为肿瘤靶向基团、萘酰亚胺为荧光团、喜树碱（Camptothecin，CPT）为抗肿瘤药物、生物硫醇响应的二硫键作为连接臂构成。该前药分子通过整合素受体介导的内吞作用进入癌细胞，随后二硫键被细胞内硫醇破坏后释放出抗肿瘤药物 CPT 和萘酰亚胺荧光团分子。萘酰亚胺荧光团由于 ICT 发生改变而使得荧光信号输出从 473nm 红移至 535nm，表现出比率荧光。细胞毒性分析和共定位实验表明，前药进入细胞后二硫键的断裂主要发生在细胞的内质网细胞器中。该前药分子在对癌细胞进行抗癌治疗的同时，还可利用细胞比率荧光成像监测药物释放。

Kim 等人将多种类型的荧光团通过二硫键与抗癌药物连接发展了一系列生物硫醇激活的前药荧光分子。例如，他们将 SN38 和荧光素连接合成荧光前药分子（2，图12-3）[17]、将吉西他滨和香豆素连接合成荧光前药分子（3，图12-3）[18]、

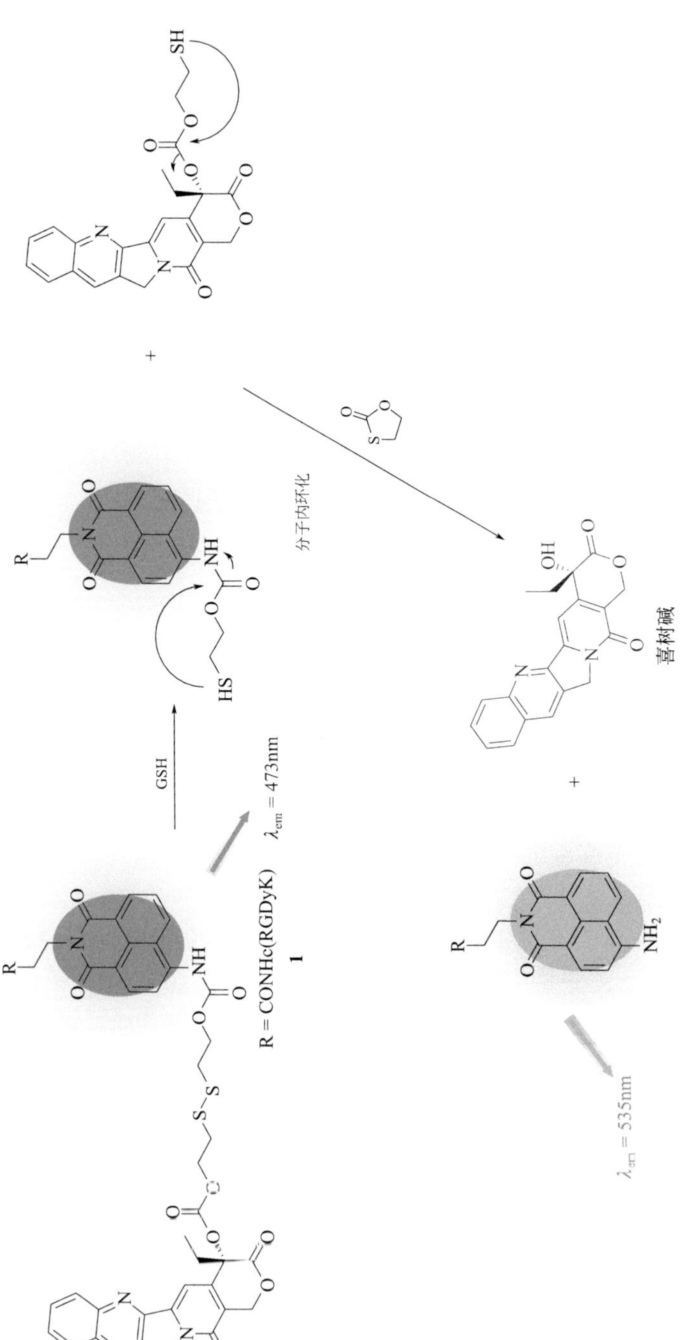

图12-2 GSH激活荧光前药分子1的作用机理图

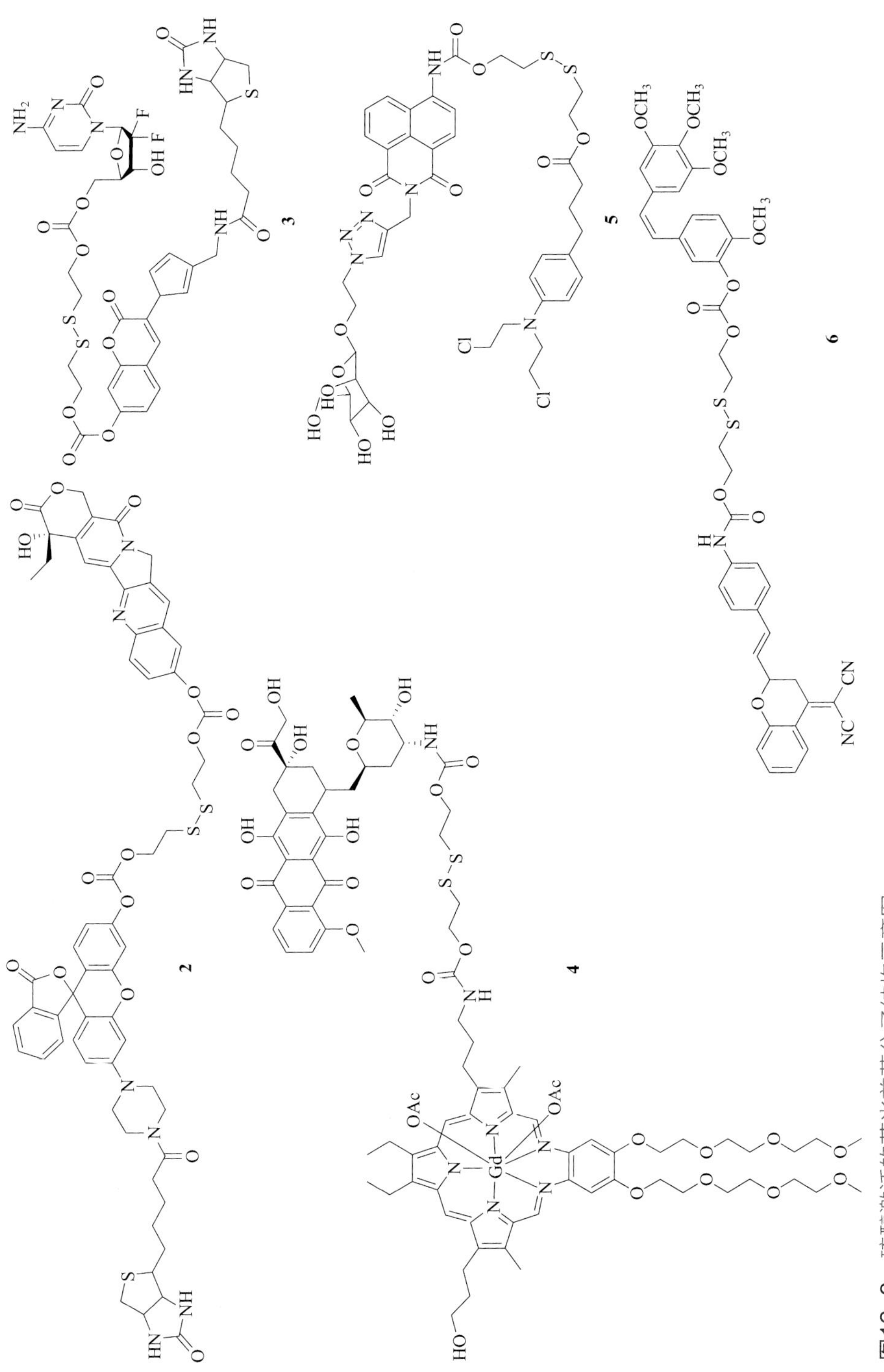

图12-3 硫醇激活的荧光前药分子结构示意图

将阿霉素（DOX）和用于磁共振成像（MRI）的莫特沙芬钆连接合成前药分子（4，图12-3）[19]。前药4中莫特沙芬钆可用于核磁共振成像用来准确区分肿瘤区域和正常组织。在肝癌转移模型中，前药4处理的小鼠相比对照组有更长的存活时间和存活率。

赵彦利等人将苯丁酸氮芥和萘酰亚胺通过二硫键连接并以D-甘露糖作为癌细胞的靶向基团合成了荧光前药分子（5，图12-3）[20]。由于分子中D-甘露糖是亲水性基团而苯丁酸氮芥是疏水性基团，前药5可在水相中自组装形成纳米囊泡。相比于D-甘露糖受体低表达的HeLa细胞，MCF-7细胞中受体高表达，这使得前药5对MCF-7细胞表现出更高的药毒性。康普瑞丁A-4（CA-4）可结合微管蛋白从而定位肿瘤的血管系统，抑制血管的生成达到杀死肿瘤细胞的作用。Brown等人将CA-4和苯并吡喃腈连接合成前药荧光分子（6，图12-3），用于三阴性乳腺癌细胞的荧光成像和治疗[21]。

第三节
过氧化氢激活前药体系

氧化还原平衡对维持细胞的正常生理活动发挥至关重要的作用。但是，在癌症、心血管疾病、糖尿病和神经退行性疾病等病理情况下，机体内的活性氧（ROS）物种，例如次氯酸（HClO）、过氧化氢（H_2O_2）、单线态氧（$^1O_2$）表达会升高，从而破坏生物系统的平衡态[22]。在多种ROS中，H_2O_2在肿瘤细胞中的过表达也会促进癌细胞促转移因子的升高，进而加剧癌细胞的侵入性和转移。以肿瘤细胞中过表达的H_2O_2作为识别位点的荧光分子前药的开发为癌症的诊断和治疗提供了新的思路。硼酸酯是一种可与H_2O_2发生特异性反应的基团，已被广泛用于合成H_2O_2响应的荧光探针[23]。

Kim等人将硼酸酯基团用于修饰SN38和香豆素连接的化合物得到目标分子前药（7，图12-4）[24]。在癌细胞过量表达的H_2O_2存在下，前药分子中的硼酸酯部分被氧化为羟基，随后经过电子转移、分子重排后释放出450nm荧光发射波长的香豆素荧光团和SN38化疗药。香豆素的荧光强度与药物的释放量成正相关，可用于监测前药分子被激活后的释药量。在活体的癌症肺转移治疗模型中，该前药分子可被H_2O_2激活从而表现出极好的抑制肿瘤生长的作用。

谭蔚泓等人巧妙地利用5'-脱氧-5-氟尿苷化疗药物中存在的两个羟基与硼酸反应生成硼酸酯[25]，再将其修饰到近红外光敏剂分子中合成了一例

H_2O_2 激活的光动力治疗和化疗相结合的分子平台（8，图12-5）。分子中的硼酸酯被 H_2O_2 激活后分别释放出具有近红外荧光的光敏剂和化疗效果的药物分子。同时，该分子可定位于细胞线粒体中，进一步放大药物的化疗效果。

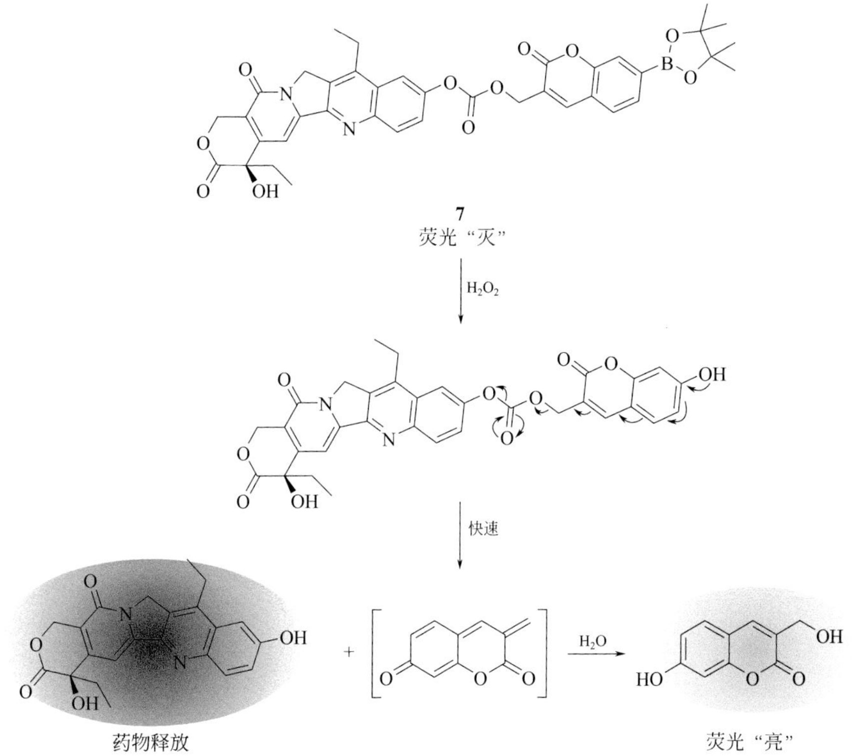

图12-4　H_2O_2激活前药分子7的作用机理图

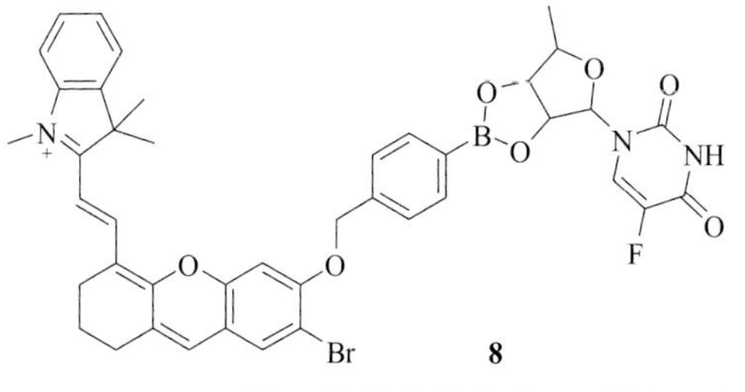

图12-5　H_2O_2激活的荧光前药分子8结构示意图

第四节
酶激活前药体系

酶是细胞内一种具有催化效应的生物大分子，对维持生命活动的正常运行发挥着不可取代的作用。酶催化反应通常具有高效性和较高的特异性。肿瘤细胞中由于其异常代谢会过表达一些生物酶。利用酶与其底物的特异性催化反应可设计酶激活型前药[26]。这类前药分子由于酶催化的特异性而表现出极高的激活专一性。

硝基还原酶是一种肿瘤低氧环境下过表达的可将芳香硝基还原为氨基的生物酶。基于此，Kim 等人以生物素为癌细胞的靶标，以 SN38 作为化疗药及荧光团设计了一例硝基还原酶激活的前药分子（9，图 12-6）[27]。在肿瘤细胞低氧表达的硝基还原酶的存在下，硝基被还原为氨基，随后进行自消除反应释放出化疗药 SN38。利用 MTT 来观察前药分子对高表达生物素受体的 A549 癌细胞和低表达的 WI-38 癌细胞在常氧和低氧条件下的毒性。实验结果表明，前药只对生物素受体高表达的 A549 和 HeLa 细胞且在低氧条件下表现出较高的生物毒性，在常氧条件下则表现出较低毒性。同时，转移瘤模型实验也表明，该前药分子可明显抑制小鼠肿瘤的生长。

除了硝基还原酶外，科研人员还发展了许多其他生物酶激活的前药分子。同

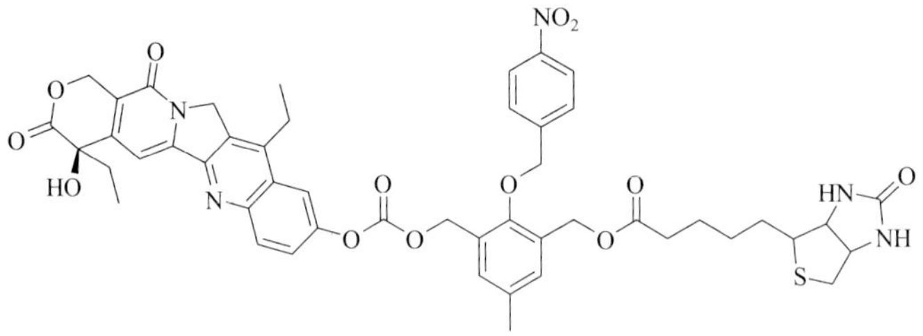

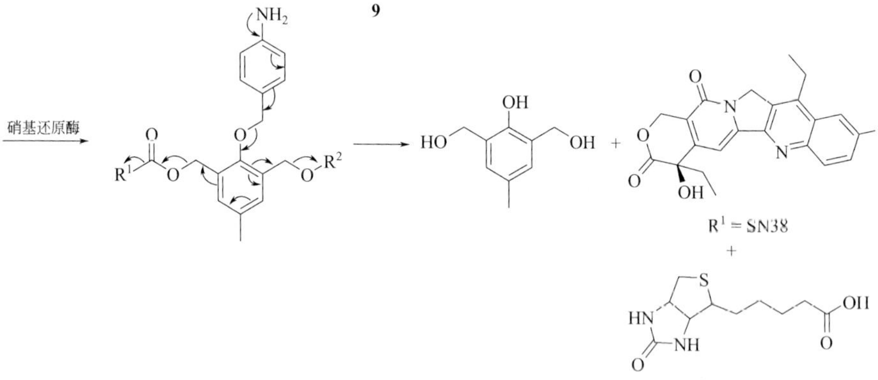

图 12-6　硝基还原酶激活前药分子 9 的作用机理图

硝基还原酶一样，偶氮还原酶也是一种肿瘤过表达的低氧酶，它可以还原偶氮键为氨基。Kim 等人以氮芥为前药底物、罗丹明为荧光团开发了一例偶氮还原激活的前药（10，图 12-7）[28]，该前药对癌细胞低氧条件下表现出较高的抗癌活性和荧光响应。利用醌氧化还原酶可选择性还原苯醌结构，吴水珠等人报道了醌氧化还原酶激活的喜树碱前药（11，图 12-7）[29]。王飞翼等人利用亮氨酸氨基肽酶（LAP）能水解肽链 N 端并由亮氨酸和其他氨基酸形成肽键性质，构建了一例 LAP 激活的喜树碱前药（12，图 12-7）[30]。樊江莉等人开发了一例氨肽酶 N（APN）激活的荧光分子前药诊疗体系（13，图 12-7）[31]。通过与 APN 酶促反应释放出游离的氮芥来实现前药的活化，同时产生近红外荧光用于肿瘤定位。前药 13 对 APN 酶阳性癌细胞表现出显著的细胞毒性，并在小鼠体内表现出良好的肿瘤抑制作用。由于该治疗前药具有显著的治疗效果，同时对活体表现出良好的生物安全性，因此在选择性化疗中具有广阔的前景。APN 酶敏感的前药荧光平台为体内肿瘤诊断、肿瘤靶向和酶激活的局部肿瘤化疗提供了新的策略。

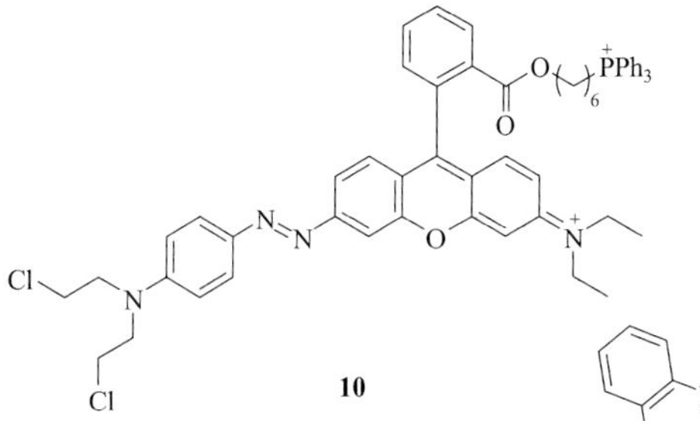

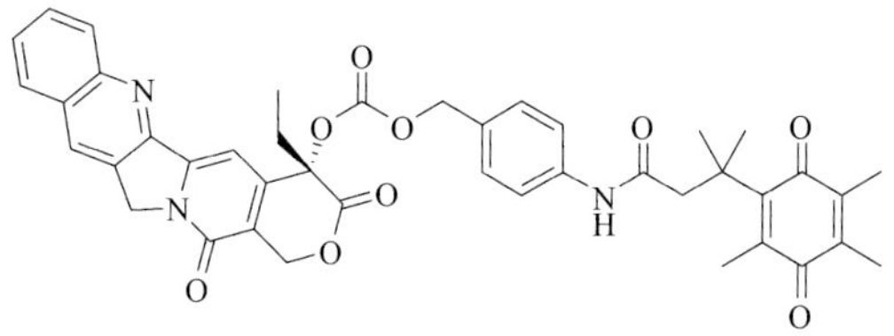

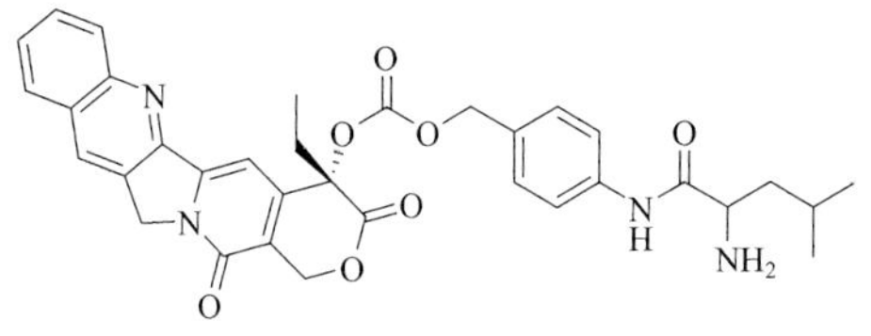

图 12-7 酶激活荧光前药分子结构示意图

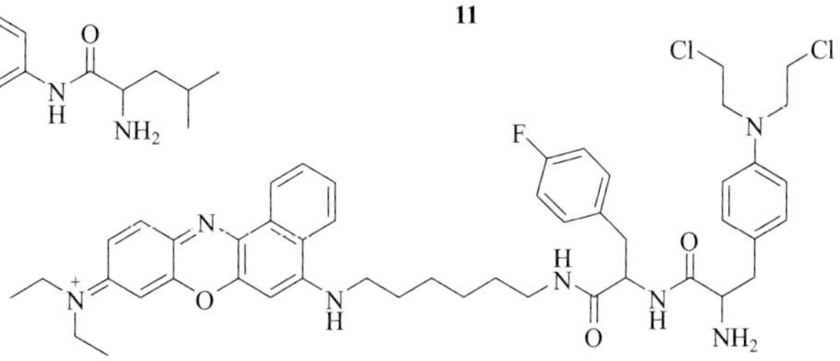

为了实现更加精准地释放药物，Kim 等人发展了一例组蛋白脱乙酰酶（HDAC）和半胱氨酸组织蛋白酶 L（CTSL）两种癌症相关生物酶连续激活的前药分子（14，图 12-8）[32]。在 HDAC 和 CTSL 存在下，前药分子首先发生 HDAC 介导的脱乙

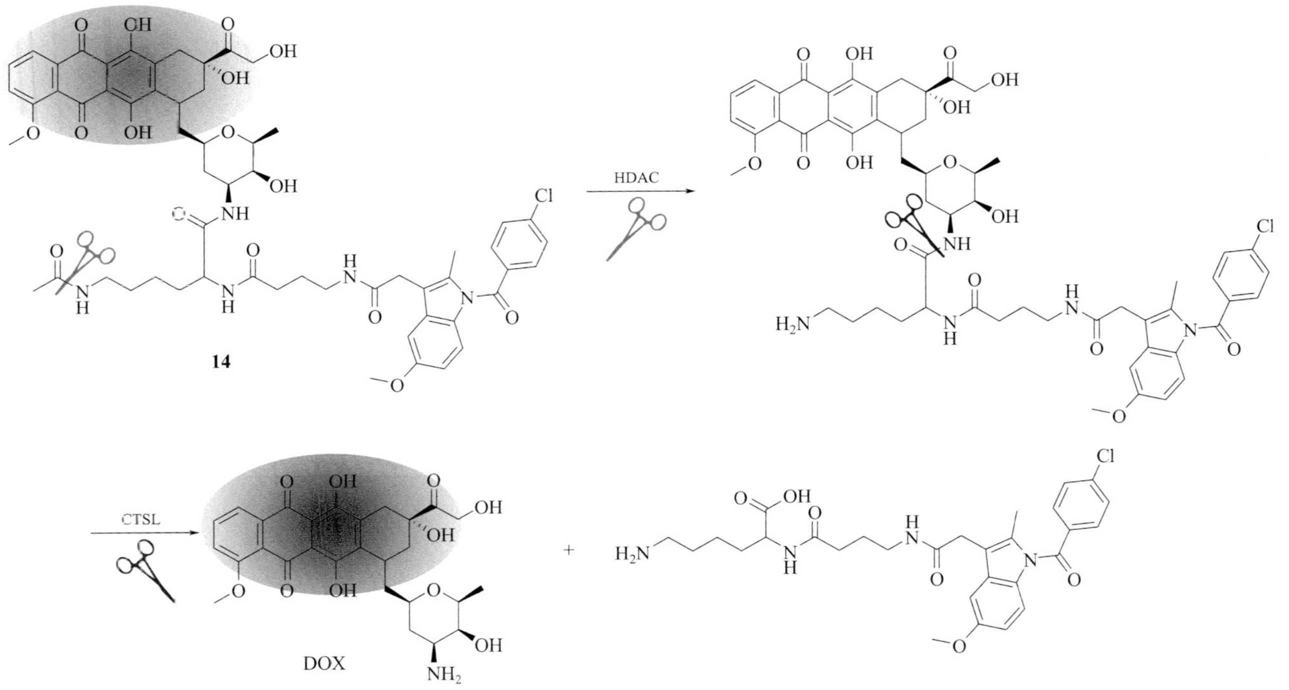

图12-8 酶激活前药分子14的作用机理图

酰基反应以暴露出赖氨酸部分，随后 CTSL 催化酰胺键断裂最终释放出药物分子 DOX，以达到 590nm 荧光的增强和化疗的作用。

第五节
酸性 pH 激活前药体系

细胞 pH 失衡被认为与大多数癌症疾病相关。正常细胞中，细胞内的 pH 大约是 7.2，而癌细胞中 pH 约是 6.6～7.1（某些情况下可低至 5.0 左右）。研究表明，pH 失调在癌症的多个阶段起着重要作用，例如逃避凋亡、提高增殖速度、加快细胞迁移和扩散等[33]。通常，将酸不稳定的功能基团与荧光分子或药物的活性位点相连，合成在生理条件下相对稳定的化合物。这些结构在酸性肿瘤环境或溶酶体（pH 6.5～5.5）中发生水解反应，使荧光信号或药物的药效恢复。目前，大部分报道的 pH 激活的分子前药都是基于腙键的酸不稳定发展而来。具有醛或酮结构的特定药物可与肼基团通过缩合形成腙键而制备为前药分子。

Kim 等人将具有磁共振成像（MRI）能力的莫特沙芬钆和两分子的化疗药 DOX 通过酸不稳定的腙键连接报道了一例多模式的诊疗试剂（15，图 12-9）用于监测细胞代谢和药物激活过程[34]。前药分子本身的荧光非常弱，而进入人肺癌细胞 A549 或结肠癌细胞 CT26 后，则会被癌细胞内的酸性环境激活释放出自由的 DOX，表现出明显的荧光增强，且该前药的代谢过程可被 MRI 实时监测。同样，Vendrell 等人开发了用于监测药物在免疫细胞运输过程的活化动力学和分布模式的 pH 激活的前药分子（16，图 12-9）[35]。对不同亚型的巨噬细胞，16 表现出明显不同的生物特性。用脂多糖（LPS）激活 RAW264.7 巨噬细胞，以制备吞噬体酸化之前的促炎性的 M1 巨噬细胞。在 LPS 诱导的促炎性 M1 巨噬细胞中，16 表现出剂量依赖性的细胞毒性以及可以实时监测前药活化的荧光响应。作为对比，在未处理的 RAW264.7 巨噬细胞或抗炎性 M2 巨噬细胞中，前药分子无响应。该工作对研究免疫相关疾病靶向疗法及化学免疫调节发展具有重要意义。

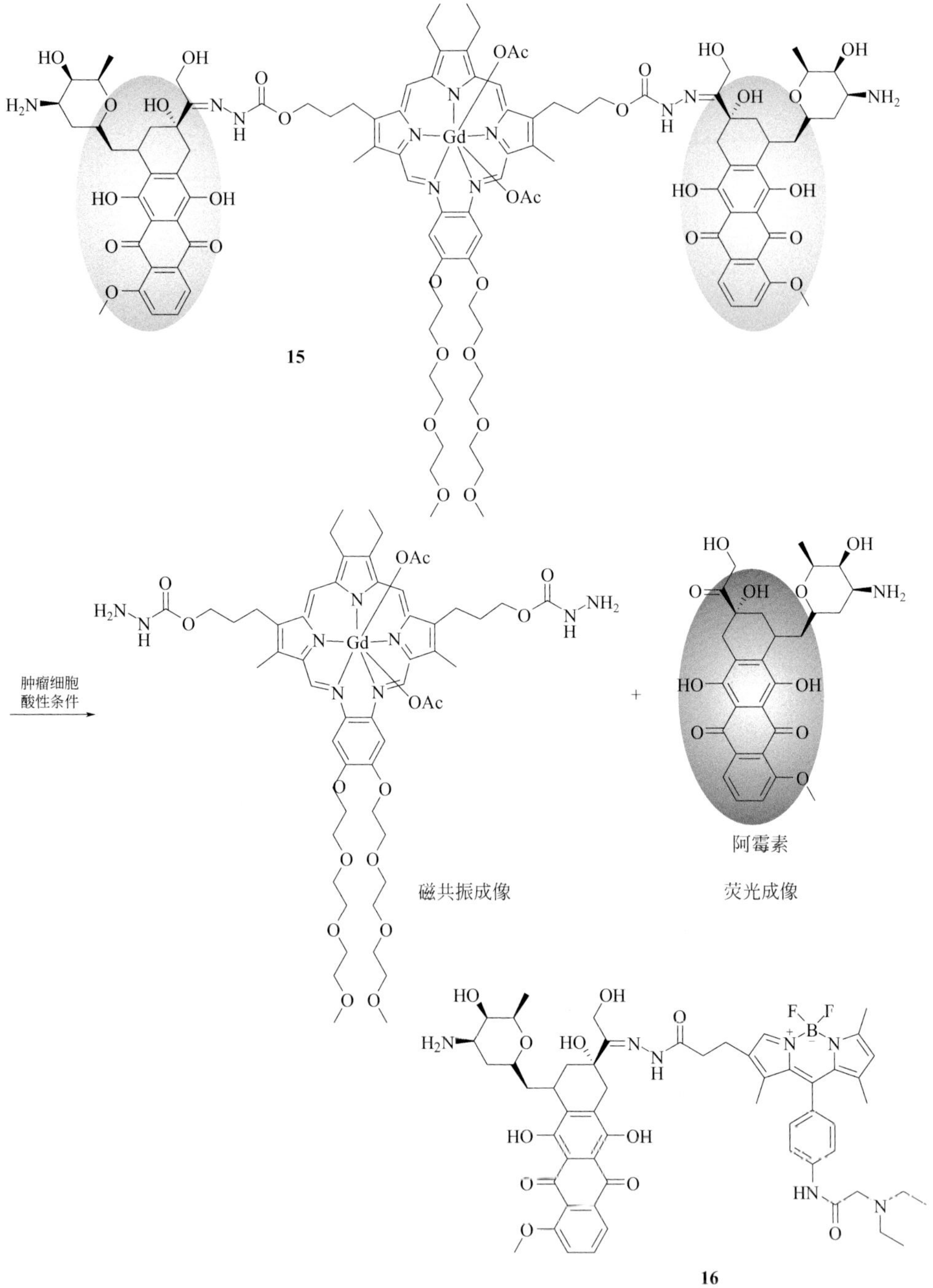

图12-9　pH激活前药分子15的作用机理图

第六节
光激活前药体系

荧光前药分子的目的是精确控制药物在特定位点的释放。在前面的部分中，我们讨论的是基于化学或酶促触发的各种药物释放策略。通常，激活过程中需要病灶部位特定因素的刺激，但该过程仍有可能受其他复杂因素的干扰，导致药物释放的准确性受到影响。除了内部因素外，光照是一个可以在时间和空间上较易控制的外部刺激[36]。目前，已经发展的光激活的前药荧光分子大多是将药物的活性基团通过光敏感的化学键保护或连接起来，当前药分子到达病灶后，光照破坏化学键使得药物分子释放达到治疗的效果。

张先正等人将药物吉西他滨和光敏剂四苯基卟啉（TPP）通过单线态氧不稳定的缩硫酮键连接合成了一例同时具有光动力治疗和光激活化疗的分子（17，图 12-10）[37]。在低剂量的红光（658nm）照射下，光敏剂 TPP 可以产生 $^1O_2$，一

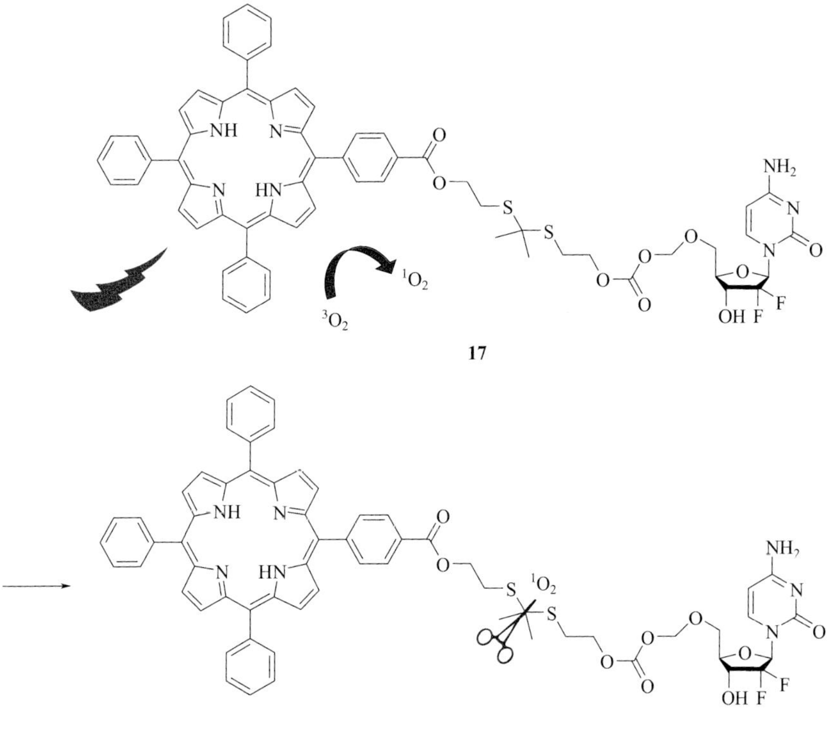

图12-10

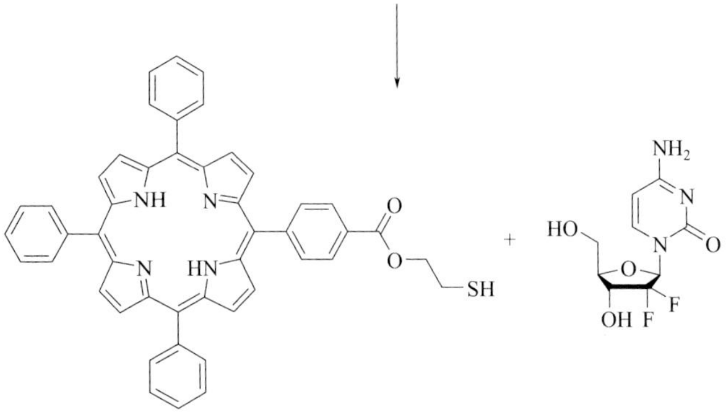

图12-10 光激活前药分子17的作用机理图

部分 $^1O_2$ 用于杀死癌细胞进行光动力治疗，另一部分 $^1O_2$ 会氧化分子中的缩硫酮键，释放出化疗药——吉西他滨，通过化疗作用持续地杀死癌细胞。通过将光动力治疗和激活的化疗结合可有效地抑制肿瘤的生长。

除了利用活性氧可断裂的化学基团修饰药物外，还可通过光不稳定的荧光团，如菁染料，来对药物进行功能化。朱为宏等人将喜树碱与氨基菁染料通过乙二胺连接合成了一例近红外光激活的比率荧光前药分子（18，图12-11）[38]。在近红外光照射下，菁染料的共轭双键骨架被破坏，分子内自消除后释放出喜树碱药物，同时荧光蓝移实现比率荧光成像。该策略为体内实时跟踪和调节前药释放提供了工具，从而实现了精准的药物递送。

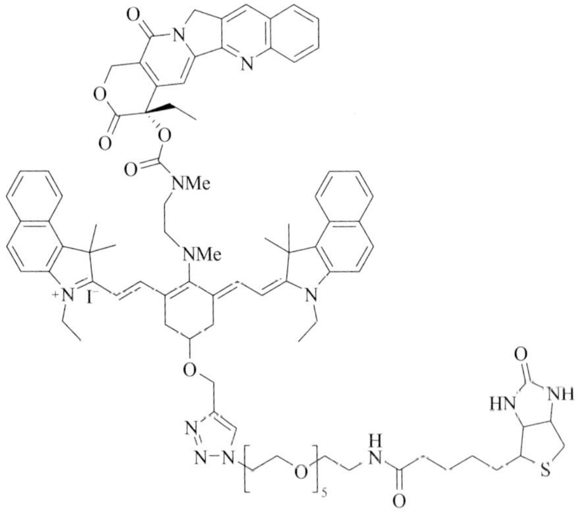

图12-11 光激活前药分子18结构示意图

将具有安全性、特异性和定点释放能力的前药分子与具有可视化能力的荧光成像技术相结合，通过合理的分子结构设计，开发出针对性的诊断方式和个性化治疗方案对人类的健康至关重要。在本章中，介绍了可通过特定刺激（内源性生物分子、微环境、酶和光）激活的荧光前药诊疗体系，用于癌症疾病的诊断和治疗。这些荧光前药分子能够优先靶向癌细胞，在激活后释放具有细胞毒性的化疗药物，并通过荧光方式监测治疗过程。这种荧光分子前药诊疗体系表现出诸多优异的性能，例如，安全性高、特异性激活释放、可视化监测诊疗过程等，这有助于人们对药物作用过程中各种因素的认识和理解，更大大提高了科研工作者对荧光分子前药研究与开发的热情。

参考文献

[1] Rautio J, .Kumpulainen H, Heimbach T, et al. Prodrugs: design and clinical applications [J]. Nat Rev Drug Disco, 2008, 7: 255-270.

[2] Hsich P W, Hung C, Fang J. Current prodrug design for drug discovery [J]. Curr Pharm Design, 2009, 15: 2236-2250.

[3] Rautio J, Meanwell N A, Di L, et al. The expanding role of prodrugs in contemporary drug design and development [J]. Nat Rev Drug Discov, 2018, 17: 559-587.

[4] Chen K, Plaunt A J, Leifer F G, et al. Recent advances in prodrug-based nanoparticle therapeutics [J]. Eur J Pharm Biopharm, 2021, 165:219-243.

[5] Albert A. Chemical aspects of selective toxicity [J]. Nature, 1958, 182:421-423.

[6] Kolanowski J L, Liu F, New E J. Fluorescent probes for the simultaneous detection of multiple analytes in biology [J]. Chem Soc Rev, 2018, 47: 195-208.

[7] Wu D, Sedgwick A C, Gunnlaugsson T, et al. Fluorescent chemosensors: the past, present and future [J]. Chem Soc Rev, 2017, 46:7105-7123.

[8] Chan J, Dodani S C, Chang C J. Reaction-based small-molecule fluorescent probes for chemoselective bioimaging [J]. Nat Chem, 2012, 4: 973-984.

[9] Lee M H, Sharma A, Chang M J, et al. Fluorogenic reaction-based prodrug conjugates as targeted cancer theranostics [J]. Chem Soc Rev, 2018, 47:28-52.

[10] Sharma A, Arambula J F, Koo S. R.et al. Hypoxia targeted drug delivery [J]. Chem Soc Rev, 2019, 48:771-813.

[11] Kumar R, Shin W S, Sunwoo K, et al. Small conjugate-based theranostic agents: an encouraging approach for cancer therapy [J]. Chem Soc Rev, 2015, 44: 6670-6683.

[12] Xie A, Hanif S, Ouyang J, et al. Stimuli-responsive prodrug-based cancer nanomedicine [J]. Ebiomedicine, 2020. 56.

[13] Wang S, Zhang L, Zhao J, et al. A tumor microenvironment-induced absorption red-shifted polymer nanoparticle for simultaneously activated photoacoustic imaging and photothermal therapy [J]. Sci Adv, 2021, 7: eabe3588.

[14] Lee M H, Yang Z, Lim C W, et al. Disulfide-cleavage-tiggered chemosensors and their biological applications [J].

Chem Rev, 2013, 113:5071-5109.

[15] Lee M H, Sessler J L, Kim J S. Disulfide-based multifunctional conjugates for targeted theranostic drug delivery [J]. Accounts Chem Res, 2015, 48:2935-2946.

[16] Lee M H, Kim J Y, Han J H, et al. Direct fluorescence monitoring of the delivery and cellular uptake of a cancer-targeted RGD peptide-appended naphthalimide theragnostic prodrug [J]. J Am Chem Soc, 2012. 134:12668-12674.

[17] Bhuniya S, Maiti S, Kim E J, et al. An activatable theranostic for targeted cancer therapy and imaging [J]. Angew Chem Int Ed, 2014, 53: 4469-4474.

[18] Maiti S, Park N, Han J H, et al. Gemcitabine-coumarin-biotin conjugates: a target specific theranostic anticancer prodrug [J]. J Am Chem Soc, 2013, 135: 4567-4572.

[19] Lee M H, Kim E J, Lee H, et al. Liposomal texaphyrin theranostics for metastatic liver cancer [J]. J Am Chem Soc, 2016, 138:16380-16387.

[20] Chen H, Tham H P, Ang C Y, et al. Responsive prodrug self-assembled vesicles for targeted chemotherapy in combination with intracellular imaging [J]. ACS Appl Mater Interfaces, 2016, 8: 24319-24324.

[21] Kong Y, Smith J, Li K, et al. Development of a novel near-infrared fluorescent theranostic combretastain A-4 analogue, YK-5-252, to target triple negative breast cancer [J]. Bioorg Med Chem, 2017, 25: 2226-2233.

[22] Dickinson B C, Chang C J. Chemistry and biology of reactive oxygen species in signaling or stress responses [J]. Nat Chem Biol, 2011, 7:504-511.

[23] Lippert A R, De Bittner G C V, Chang C J. Boronate oxidation as a bioorthogonal reaction approach for studying the chemistry of hydrogen peroxide in living systems [J]. Accounts Chem Res, 2011, 44: 793-804.

[24] Kim E J, Bhuniya S, Lee H, et al. An activatable prodrug for the treatment of metastatic tumors [J]. J Am Chem Soc, 2014, 136: 13888-13894.

[25] Liu H W, Hu X X, Li K, et al. A mitochondrial-targeted prodrug for NIR imaging guided and synergetic NIR photodynamic-chemo cancer therapy [J]. Chem Sci, 2017, 8: 7689-7695.

[26] Wu X, Shi W, Li X, et al. Recognition moieties of small molecular fluorescent probes for bioimaging of enzymes [J]. Accounts Chem Res, 2019, 52: 1892-1904.

[27] Kumar R, Kim E J, Han J, et al. Hypoxia-directed and activated theranostic agent: imaging and treatment of solid tumor [J]. Biomaterials, 2016, 104: 119-128.

[28] Verwilst P, Han J, Lee J, et al. Reconsidering azobenzene as a component of smal-molecule hypoxia-mediated cancer drugs: a theranostic case study [J]. Biomaterials, 2017, 115:104-114.

[29] Liu P, Xu J, Yan D, et al. A DT-diaphorase responsive theranostic prodrug for diagnosis, drug release monitoring and therapy [J]. Chem Commun, 2015, 51: 9567-9570.

[30] Wang F, Hu S, Sun Q, et al. A leucine aminopeptidase-activated theranostic prodrug for cancer diagnosis and chemotherapy [J]. ACS Appl Bio Mater, 2019, 2: 4904-4910.

[31] Xiao M, Sun W, Fan J, et al. Aminopeptidase-*N*-activated theranostic prodrug for NIR tracking of local tumor chemotherapy [J]. Adv Funct Mater, 2018, 28:1805128.

[32] Jang J H, Lee H, Sharma A, et al. Indomethacin-guided cancer selective prodrug conjugate activated by histone deacetylase and tumour-associated protease [J]. Chem Commun, 2016, 52: 9965-9968.

[33] Yue Y, Huo F, Lee S, et al. A review: the trend of progress about pH probes in cell application in recent years [J]. Analyst, 2017, 142:30-41.

[34] Lee M H, Kim E J, Lee H, et al. Acid-triggered release of doxorubicin from a hydrazone-linked Gd^{3+}-texaphyrin conjugate [J]. Chem Commun, 2016, 52: 10551-10554.

[35] Fernandez A, Vermeren M, Humphries D, et al. Chemical modulation of in vivo macrophage function with subpopulation-specific fluorescent prodrug conjugates [J]. ACS Cent Sci, 2017, 3:995-1005.

[36] Cho H J, Chung M, Shim M S. Engineered photo-responsive materials for near-infrared-triggered drug delivery [J]. J Ind Eng Chem, 2015, 31: 15-25.

[37] Liu L, Qiu W, Li B, et al. A red light activatable multifunctional prodrug for image-guided photodynamic therapy and cascaded chemotherapy [J]. Adv Funct Mater, 2016, 26: 6257-6269.

[38] Guo Z, Ma Y, Liu Y, et al. Photocaged prodrug under NIR light-triggering with dual-channel fluorescence: in vivo real-time tracking for precise drug delivery[J]. Sci China Chem, 2018, 61:1293-1300.

第十三章
光触发治疗用光敏染料

第一节 概述 / 344

第二节 光动力治疗用光敏染料 / 344

第三节 光热治疗用光敏染料 / 371

第一节
概述

光敏染料，即能够在特定波长的光照射下产生一定光物理或光化学过程的功能的染料分子。应用于生物医学领域，根据功能性的不同，可分为光动力治疗（photodynamic therapy，PDT）和光热治疗（photothermal therapy，PTT）用光敏染料。对于光动力治疗用光敏染料，在被特定波长的激发光激发后往往能够伴随荧光辐射的产生，灵敏的荧光发射信号能够保证在光动力治疗过程中对病灶部位有效地示踪。另外，对于光热治疗用光敏染料，染料在光的照射下会将光能转化为热能释放出热量，而可产生热量的染料往往伴随着光致超声作用——光声信号。生物组织产生的光声信号携带了组织的光吸收特征信息，通过探测光声信号能重建出组织中的光吸收分布图像，即光声成像（photoacoustic imaging，PAI）。PAI结合了纯光学组织成像中高选择特性和纯超声组织成像中深穿透特性的优点，可得到高分辨率和高对比度的组织图像，从原理上避开了光散射的影响，可实现50mm的深层活体内组织成像。

光敏染料的功能母体根据结构、性质的不同可分为过渡金属配合物类、香豆素类、萘酰亚胺类、氧杂蒽类、苯并吡喃腈类、卟啉类、酞菁类、氟硼二吡咯类、氮杂蒽类和花菁类。激发光的波长决定了光的能量高低、对组织细胞的毒性以及在组织中的穿透深度。对于以上染料母体，过渡金属配合物类、萘酰亚胺类、香豆素类多处于紫外区和蓝光区。氧杂蒽类与苯并吡喃腈类光敏剂的激发波长位于可见光区，其中苯并吡喃腈类光敏剂的斯托克斯（Stokes）位移通常较大，荧光发射在近红外区。卟啉、酞菁、氟硼二吡咯以及氮杂蒽类光敏剂的波长在红光区（>600nm），这类染料通常为平面刚性且化学性质较为稳定的结构，在活体成像或治疗中有着广泛的应用。花菁类染料通常以七甲川的结构被用在光敏剂染料的设计中。由于具有大的摩尔消光系数和处于近红外区的激发和发射波长，该类染料能够更好地应用在活体的诊断和治疗中。

第二节
光动力治疗用光敏染料

PDT是光动力反应应用于临床，治疗肿瘤和其他疾病的一种特殊治疗方法。

是光敏剂、光源、氧气和组织间的相互作用。它的基本过程如下（图13-1）。

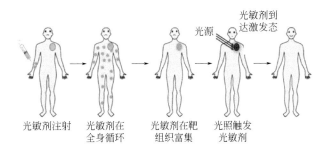

图13-1 光动力治疗的基本过程

首先对患者进行静脉或局部注射光敏剂，经过一段时间光敏剂在病灶部位的富集（可通过光敏剂所发荧光进行检测），再利用特定波长的光源照射该部位，光敏剂产生大量具有细胞毒性的活性氧物种杀死病变部位的细胞，最终治愈病变。由于其具有时空可控性、非入侵性、可重复治疗、不会产生耐药性和可协同治疗的优点，相对于传统的治疗方式如化疗、放疗、手术治疗等更有优势。

光动力治疗过程中病灶部位接受相应波长的光照射时，附着在该部位的光敏剂吸收光子的能量，由基态被激发到单重激发态（S_n，图13-2），随后经过自旋禁阻的系间穿越过程达到三重激发态（通常为T_1）。大多数光敏剂的三线态量子产率（triplet state quantum yields，Φ_T）在0.2～0.7范围内；而三线态寿命（τ_T）一般被认为要大于0.5μs才能够有效地产生光敏化作用[1,2]。处于T_1态的光敏剂通常有两种失活机理，这两种失活机理对应了光动力治疗的两种机理：对于Ⅰ型机理，光敏剂直接与底物发生抽氢或电子转移反应，生成底物和光敏剂的自由基或自由基离子，进而与氧气作用产生超氧阴离子自由基（superoxide anion radical，$O_2^{\cdot-}$）、羟基自由基（hydroxyl radical，·OH）或其他种类的氧化自由基，最终导致细胞、组织的氧化性损伤。因此Ⅰ型机理也叫自由基机理；对于Ⅱ型机理，光敏剂直接与氧气发生能量转移反应，敏化三线态的氧气至单线态氧（singlet oxygen，$^1O_2$）。单线态氧是一种高氧化活性的细胞毒性因子，能对生物分子产生高效的氧化作用，诱导肿瘤死亡。Ⅱ型机理也称为单线态氧机理。

对于光动力治疗用的光敏剂，为更好地满足临床所需，应该满足如下条件：

（1）光敏剂制备工艺简单、成本低，能够被患者所接受。光敏剂分子满足纯度要求，同时在应用的过程中不易发生聚集（聚集通常会导致光敏剂的光物理性质如摩尔消光系数和激发态寿命变低、变短）。

（2）光敏剂能够被靶体组织选择性地摄取，从而实现治疗前在病灶部位选择性地富集。

（3）光敏剂应保证光毒性高、暗毒性低，从而保持光动力治疗副作用小的优势。

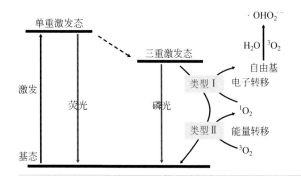

图13-2 光动力治疗的基本原理

（4）光在组织中的穿透深度是随着波长的增加而增加的，但波长超过650nm后机体组织中的水也会对入射光进行吸收，同时波长大于900nm的近红外光和红外光的能量通常不足以满足光敏剂的活性氧敏化。因此，光敏剂的最大吸收波长应位于治疗窗口区域（650～900nm），便于更好地激发位于深层病灶部位的光敏剂。

（5）光敏剂应具有较高的系间穿越效率和较长的三线态寿命。较高的系间穿越效率保证光敏剂容易到达三线态，而较长的三线态寿命保证了光敏剂能够在三线态有效地产生活性氧，即活性氧量子产率趋近于三线态量子产率。

（6）光敏剂在治疗完毕后能够从体内代谢，降低光敏剂在体内不可预估的毒副作用。

一、Ⅱ型机理光敏剂

根据目前报道，大多数光敏剂的工作机理是以Ⅱ型机理为主。过渡金属配合物类光敏剂由于其金属核与配体之间的电荷转移易于达到局部三线态，通常拥有较高的单线态氧量子产率。对于有机荧光团光敏剂，常规修饰手段是在共轭电子云密度最大处引入重原子（碘、溴、铱等），通过以磁转矩作为电子自旋翻转的驱动力赋予分子产生单线态氧的性质。除重原子外，最近一些无重原子三线态光敏剂也被用作基于Ⅱ型机理的光动力治疗[3]。由于较低的暗毒性以及长的三线态寿命，该类光敏剂在光动力治疗中具有良好的应用前景。

当前所报道的Ⅱ型机理光敏剂主要集中于解决传统光敏剂单线态氧量子产率低、癌细胞靶向性差、激发波长短等问题。

1. 过渡金属配合物类

在过去的1年中，由于过渡金属配合物如Ru(Ⅱ)，Ir(Ⅲ)化合物在光物理化学和药代动力学方面的优异性质使其在有机传感、生物成像和光疗领域引起了研究者们的兴趣。过渡金属配合物类光敏剂最显著的特征是它们的重原子效应（heavy atom effect）介导的强自旋轨道耦合（SOC）作用，保证了该类化合物容易达到三线态，敏化氧气。此外，该类化合物通常具有较大的Stokes位移（>80nm），有利于减少光敏剂对所发荧光的自吸收，从而提高了PDT过程中的荧光标记水平。同时良好的光稳定性和易于制备的性质也都是该类化合物作为光敏剂的优势。

  光敏剂具有长的三线态寿命和大的摩尔消光系数有助于其对三线态氧的敏化[4]。为达此目的，策略之一是将金属配位部分与适当的有机发色团（例如BODIPY、蒽、香豆素和萘二甲酰亚胺等）共轭形成金属有机二元体。如McFarland研究小组报告了一系列带有炔基芘修饰的联吡啶作为配体，与Ru(Ⅱ)配位形成最终的光敏剂（1）。修饰后的光敏剂三线态寿命得到显著延长[5]。类似地，Drapper等将BODIPY修饰的联吡啶基作为配体与钌核配位（2）[6]。BODIPY基团的引入不仅增加了金属光敏剂在可见光区的光子捕获能力，还使光敏剂在室温下拥有双重的三线态（BODIPY的局部三线态和以金属为核心的金属-配体电荷转移三线态）。对于铱配合物而言，将有机荧光团作为金属配体的策略也能够提升金属光敏剂在光动力治疗的效果。而BODIPY修饰的铱配合物不但增加了其在可见光区的吸光度，而且降低了光敏剂光动力治疗时所需的光剂量（3）[7]。

为了使金属配合物光敏剂能够对深层组织的实体瘤进行光动力治疗，除了利用双光子性质外，增大配体的共轭程度或以近红外染料作为配体是两种常见的延长金属配合物吸收波长的策略。Gasser 等利用共轭乙烯基修饰的联吡啶基团作为配体合成的钌联吡啶类光敏剂（4）[8]，显著延长了激发波长[相对于 Ru（bpy）$_3$Cl$_2$ 红移 65nm]。之后，Gasser 等将光敏剂（4）中的其中两个联吡啶配体更替为共轭程度更大的邻菲罗啉或 4，7-二苯基邻菲罗啉配体，发现光敏剂的吸收波长发生进一步的红移，其中最大吸收波长最长者可达 595nm。利用此思路，王雪松等通过更换普通的联吡啶配体将钌配合物类光敏剂最大吸收波长红移至 548nm[9,10]。杨等利用七甲川菁染料作为铱配合物的配体合成了近红外光（808nm）激发的光敏剂（5），并实现了活体内实体肿瘤的光动力消融[11]。

为了在保证金属配合物类光敏剂深层组织穿透深度的同时赋予其肿瘤靶向能力，樊江莉等通过将临床批准乳腺癌靶向药他莫昔芬与邻菲罗啉钌配合物光敏剂共价相连，使得该类染料（6）在拥有近红外区大双光子吸收截面的同时能够对乳腺癌细胞的雌激素受体靶向，实现深层组织肿瘤的靶向治疗[12]。类似的基于其他不同受体靶向的金属配合物光敏剂也被开发以提升肿瘤的选择性治疗[13,14]。

6

2. 萘酰多胺类

以重原子修饰的方式增加系间穿越效率虽通常能得到较高的三线态量子产率，但对于大的共轭体系这种方法往往不再适用。为解决此问题，赵建章等利用2，2，6，6-四甲基哌啶-氮-氧化物（Tempo）与萘酰二胺化合物通过半刚性链连接形成化合物（7）[15]。由于Tempo自由基与染料母体的自旋-自旋相互作用使得染料分子在被激发至单线态与三线态时整体的自旋多重度是相同的，故通常自旋禁阻的系间穿越过程变得容易发生。因此，这类非重原子光敏剂拥有高三线态量子产率（74%）、快的系间穿越速率（338ps）和高的单线态氧量子产率（50%）。通过脂质体包覆后，该分子对HeLa细胞表现出明显的光动力效果（EC_{50}=3.22μmol/L）。

3. 氧杂蒽类

氧杂蒽类染料主要包括荧光素和罗丹明。荧光素类染料在延时荧光章节中已经介绍，在此主要介绍罗丹明类光敏染料。对于罗丹明染料，常见的光敏化改性方法为将其10位的氧原子用同主族的硫原子或硒原子替代。其中硒代罗丹明染料的单线态氧量子产率通常能够达到0.40以上[16]。作为经典的荧光染料，罗丹明类分子拥有可调节吸收及荧光强度的开闭环性质，因此罗丹明类光敏剂通常被用于设计肿瘤微环境可激活光敏剂。相对于传统光敏剂其具有更优异的肿瘤细胞选择性[17]。2013年，Nagano等人开发了一例β-半乳糖苷酶激活的硒代罗丹明光敏剂（8）[18]。通过特异性的改性使罗丹明分子在常态以闭环形式存在，而在β-半乳糖酐酶过表达的肿瘤组织中，分子的β-半乳糖苷单元被切断，螺环打开，荧光与光敏性恢复。类似地，γ-谷氨酰转肽酶（γ-GGT）激活性光敏剂也被证明拥有良好的癌细胞选择性（9）[19]。

除了基于开闭环外，Nagano 等人还利用偶氮键的快速构象变换猝灭罗丹明的激发态实现肿瘤选择性光动力治疗（10）[20]。

不同于硫、硒取代罗丹明类光敏剂，黄文忠等将罗丹明染料内酯环修饰改性为联吡啶结构，与过渡金属原子（镭、铑、铂、铱）配位分别合成了金属-罗丹明类光敏剂[21]。其中铱配位的罗丹明光敏剂（11）拥有最高的单线态氧量子产率（0.43）。光敏剂能够高效敏化氧气的机理是金属配位物与罗丹明染料在激发态发生了三线态-三线态能量转移，进而使罗丹明染料在三线态比例更大。得益于罗丹明亲脂阳离子的结构，光敏剂 11 能够高效地靶向实体肿瘤和癌细胞内线粒体，并产生明显的光动力破坏作用。为了进一步增强该光敏体系的活性氧产生能力，基于该主体结构开发了具有 2,3-二苯基喹噁啉作为配体的铱-罗丹明光敏剂 12[22]。喹噁啉配体更低的激发态能级使得光敏剂 12 内三线态-三线态的能量转移效率更高，从而使其拥有更高的单线态氧量子产率（0.73）。实验中还发现光敏剂 12 能够有效地靶向细胞内质网，最终实现高效低肿瘤内质网靶向的光动力治疗。

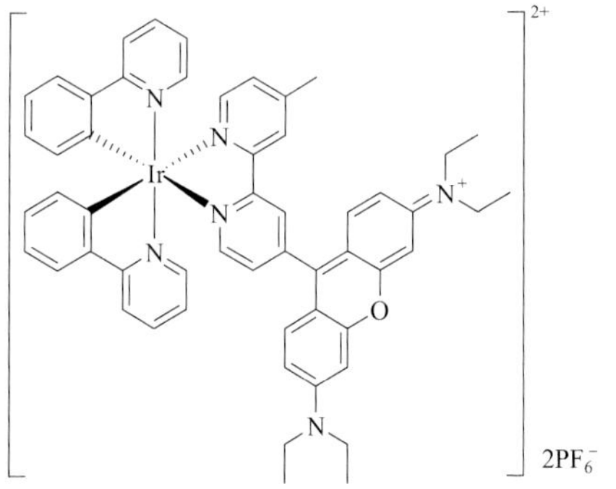

11 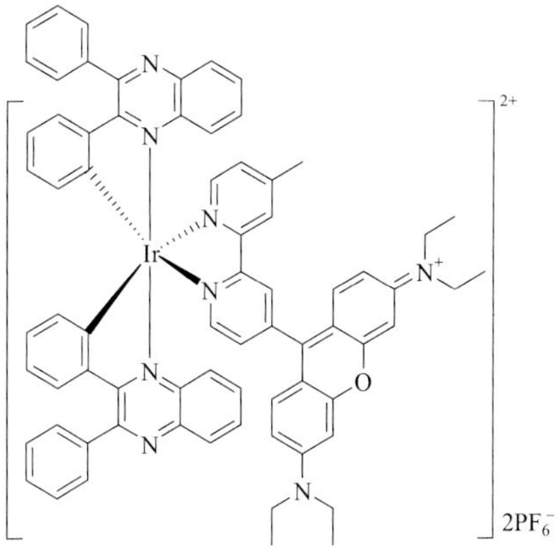   **12**

4．苯并吡喃腈类

苯并吡喃腈染料是一种常见的荧光标记染料，发射通常在近红外区，具有较大的斯托克斯位移。对于该类染料的光敏改性手段是将其共轭处的氧原子用同主族的重原子取代。李昌华等发现在硒代苯并吡喃腈染料供电子端的酚羟基邻位引入卤素（溴、碘），不仅能够提高染料的单线态氧量子产率，还能够降低酚羟基的解离常数（pK_a）。解离常数低于生理 pH 值保证了该光敏剂的供电子基团在生理条件下为供电子能力更强的酚氧负离子。而通过连接触发基团将酚羟基封端后，分子内的电荷转移（ICT）过程受到严重抑制，从而导致染料在红光区吸收彻底地消失，最终完全猝灭了 $^1O_2$ 的生成[23]。由于只需要通过抑制酚羟基的供电子能力就可以实现对多种底物的识别，该光敏剂（13）可以被用作可激活光敏剂的染料平台。

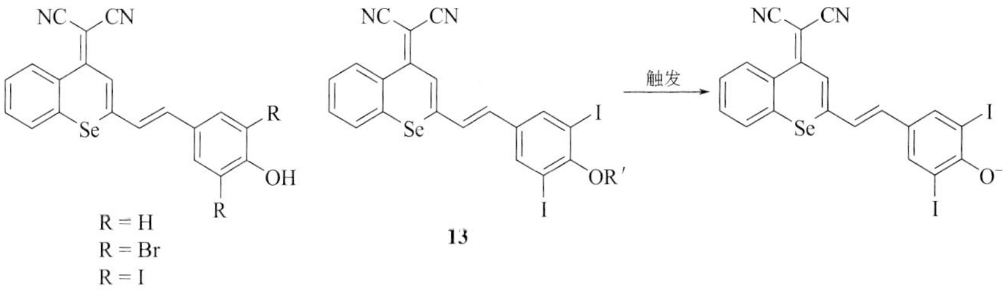

R = H
R = Br
R = I

13

5．卟啉类

卟啉类染料是应用历史最为悠久的光敏染料，已经广泛应用于光动力临床治疗。其中一个很重要的原因是卟啉类化合物在生命活动中扮演着重要的角色，如它们是叶绿素、血红素和肌红素等分子或蛋白分子的重要组成成分，参与着植物和动物的多种氧化和还原过程。根据结构的差异，卟啉类光敏剂（图 13-3）可以分为卟啉、卟吩、菌绿素等结构。由于卟啉类光敏剂大多数已临床应用或在临床试验中，对卟啉类光敏剂的详细表述见表 13-1 临床光敏药物。

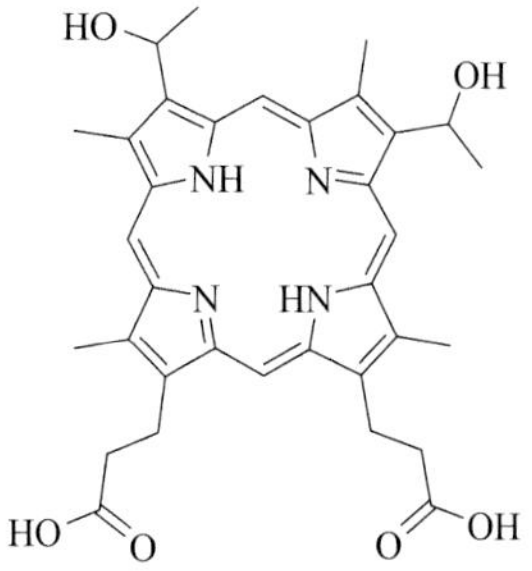

图 13-3 卟啉类光敏剂

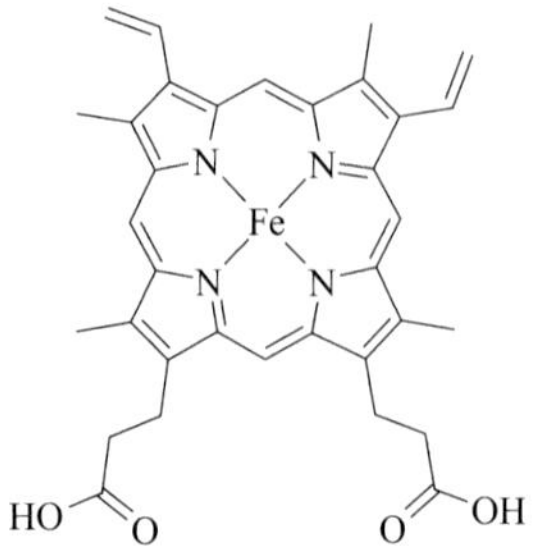

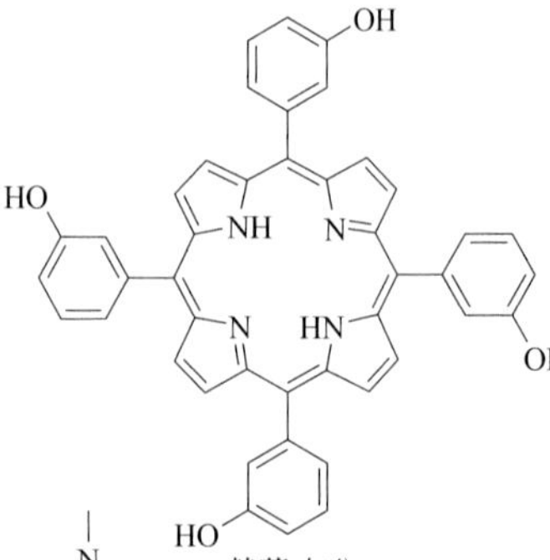

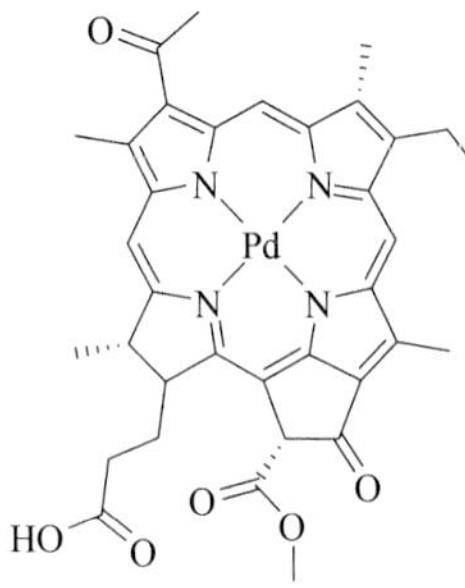

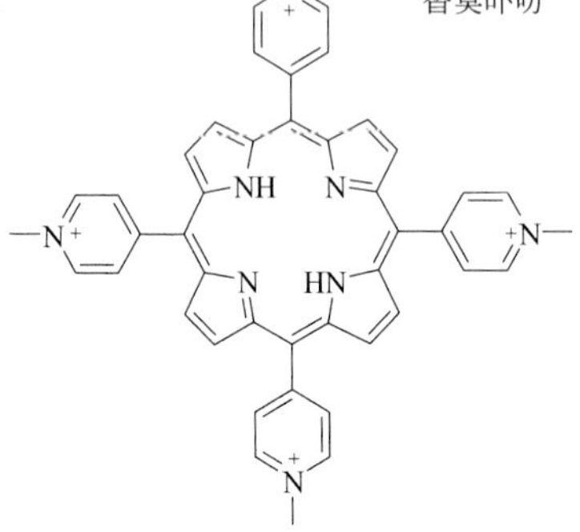

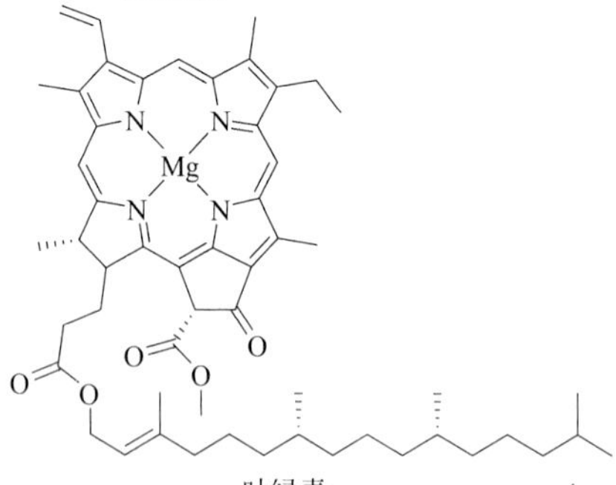

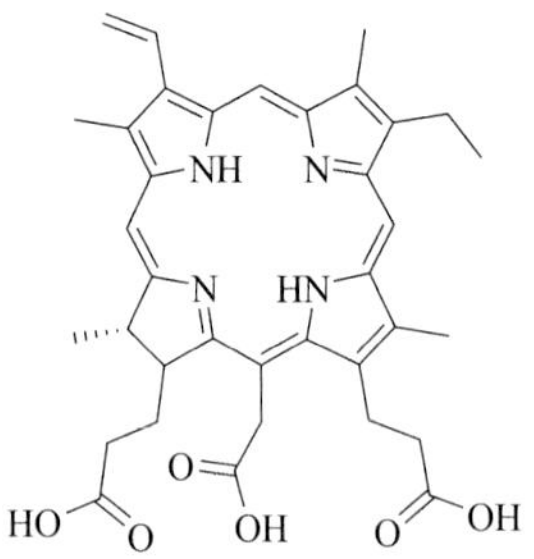

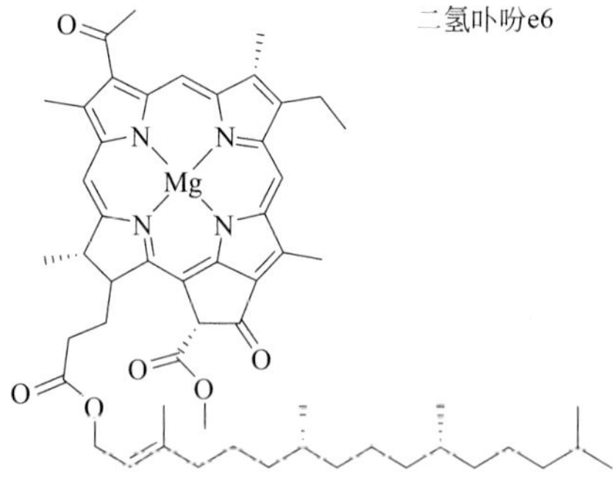

表13-1 临床光敏药物

光敏剂种类	名称	应用现状	疾病类型
卟啉类	Porfimer sodium (Photofrin)	在超过40多国家中临床应用	食道癌、肺癌和膀胱癌
卟啉前体	5-aminolevulinic acid (5-ALA)	在美国和欧盟临床应用	基底细胞癌、鳞状细胞癌
卟吩	Temoporfin (mTHPC)	在欧盟临床应用	头颈癌、前列腺癌和胰腺癌
	Talaporfin (NPe6)	在日本临床应用	肺癌、恶性神经胶质瘤
菌绿素	Padoporfin (WST09)	在欧盟临床应用	前列腺癌
苯并卟啉	Verteporfin	在美国、欧盟、加拿大临床应用	良性前列腺肥大、轻度痤疮
红紫素	Rostaporfin (SnET$_2$)	临床试验	基底细胞癌、前列腺癌
金属卟啉	Motexafin lutetium (Lu-Tex)	临床试验	脑癌、乳腺癌、宫颈癌和前列腺癌、皮肤癌和浅表癌
脱镁叶绿素	2-(1-hexyloxyethyl)-2-devinyl pyropheophorbide-a (HPPH)	临床试验	食道癌、肺癌、皮肤癌、口腔癌、宫颈上皮内瘤变
蒽醌	synthetic hypericin	临床试验	皮肤T细胞淋巴瘤、牛皮癣
酞菁	AlPcSn	临床试验	胃癌、皮肤癌、唇癌、口腔癌和乳腺癌光化性角化病、鲍恩氏病、皮肤癌或一期或二期真菌病真菌
	Pc4	临床试验	
	ZnPc	临床试验	
花菁染料	indocyanine green (ICG)	临床试验	ICG介导的光动力治疗、医学诊断
钌配合物	TLD1433	临床试验	非肌肉浸润性膀胱癌

6. 酞菁类

酞菁化合物与卟啉类染料结构类似，一般是蓝色染料。与卟啉不同的是，酞菁相对于卟啉拥有更大的共轭体系，吸收波长也发生很大的红移，摩尔消光系数大 [$\varepsilon > 10^5$ L/(mol·cm)]。酞菁类染料中心结合重原子（Zn、Al、Si 等）后，系间穿越效率增大。由于具有优异的光物理性质、易于制备和暗毒性低等优点，酞菁类光敏剂也是商品化第二代光敏剂的重要组成部分。

锌酞菁类光敏剂通常具有很高的单线态氧量子产率，是典型的Ⅱ型机理光敏剂。锌酞菁的结构为平面刚性结构，容易发生 π-π 堆积相互作用导致其光敏性的丧失。利用此性质，研究者们根据锌酞菁的聚集-解聚过程设计合成了多种肿瘤微环境响应型光敏剂，用以提高光动力治疗的肿瘤靶向性。Lo 等开发了通过可酸解链连接的酞菁二聚体光敏剂（14）[24]。在肿瘤微酸性的条件下，共价链可被切断，释放单分子锌酞菁，发挥光动力治疗的作用。在此基础上，Yoon 等人基于肿瘤表面过表达生物素受体，开发了一例生物素修饰的锌酞菁光敏剂（15）[25]。锌酞菁易于聚集成纳米颗粒，荧光以及光敏性被抑制，所吸收的光能用于非辐射跃迁产热。在肿瘤微环境下，生物素被受体结合，纳米颗粒解体，荧光和光敏性恢复，进而对肿瘤进行有效的杀伤。类似地，基于核酸（ct-DNA）[26]和人血清白蛋白[27]的锌酞菁聚集-解聚体系（16，17）也被开发出来用于提高光动力治疗的肿瘤选择性和治疗效率。

相对于平面结构的锌酞菁，硅酞菁（SiPc）光敏剂通常拥有立体构型，不易发生π-π堆积相互作用。当前对于硅酞菁的改性主要有以下两个方面：①将硅酞菁用作单线态氧发生器进行单线态氧诱导的化疗药物释放从而扩大传统光动力治疗的治疗范围。You 等通过系统的工作证实了"光控前药"策略的可行性（18）[28,29]。②通过在硅酞菁的轴向引入靶向单元开发肿瘤靶向性光敏剂。2011 年，Kobayashi 等开发了近红外水溶性的硅酞菁光敏剂，并对其进行了单克隆抗体修饰（19）[30]。实验证明抗体修饰的硅酞菁光敏剂能够在多种细胞共同培养的条件下对靶向受体阳性的细胞进行选择性光动力损伤。随后白明峰等人利用同种水溶性光敏剂进行其他受体、蛋白靶标基团的修饰，都取得了良好的肿瘤靶向性治疗效果[31,32]。开发基于硅酞菁的可激活光敏剂主要是依据光诱导电子转移（PET）策略。K. P. Ng 等人利用 N,N- 二甲氨基的强供电子性猝灭硅酞菁的荧光与单线态氧的产生。而在肿瘤组织的微酸性环境下，氨基被质子化，a-PET（acceptor-excited PET）效应消失，从而光敏剂的光敏性和荧光恢复。除此之外，Lo 等还证明了二茂铁单元也可对硅酞菁进行 d-PET（donor-excited PET）猝灭（20）[33]。

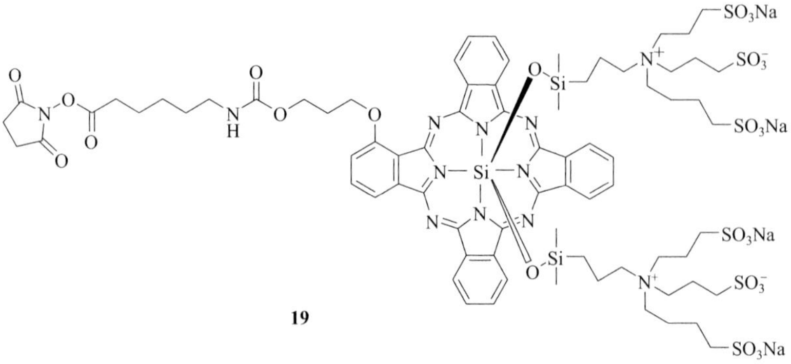

19

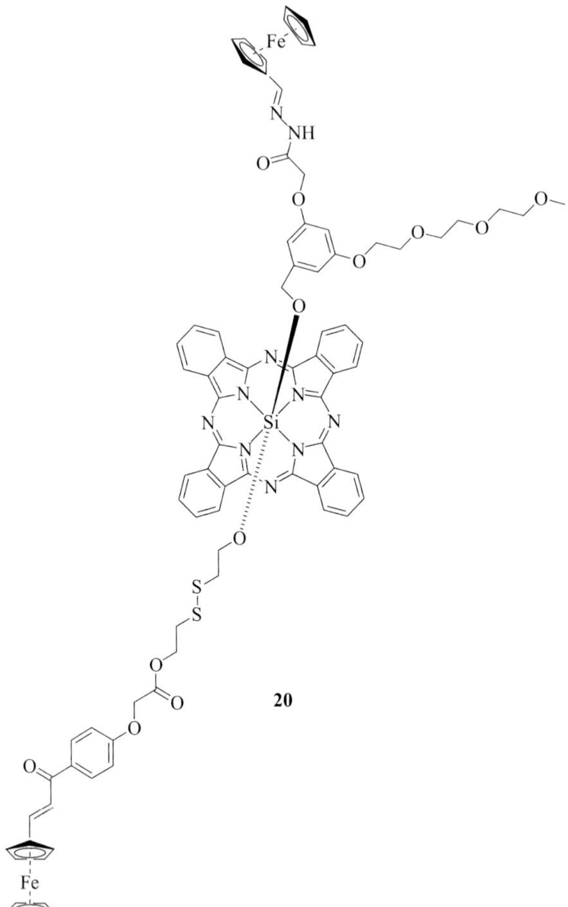

20

  铝酞菁光敏剂通常被应用于构建超分子光疗体系。唐本忠等利用静电、疏水和π-π相互作用将水溶性铝酞菁光敏剂与具有细胞毒性、线粒体定位的聚集诱导发光单元组合，形成超分子体系，在该体系中光敏剂的光敏性被抑制（图13-4）[34]。

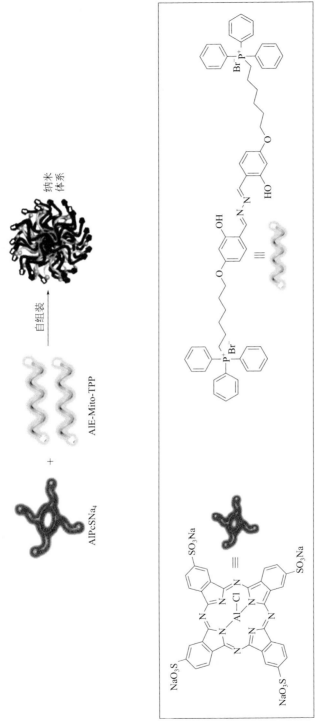

图13-4 基于铝酞菁的可激活起分子策略

被癌细胞摄取后，超分子体系在细胞内发生解体，形成单分子状态，因此该体系能够实现癌细胞的光动力治疗和化疗。丁丹等人提出了另一种大环两亲物（GC5A-12C）的主客体策略（图13-5）[35]。在该策略中，ATP作为肿瘤生物标志物能够促使磺酸盐修饰的AlPc（AlPcS$_4$）与大环两亲性化合物的结合。与游离小分子光敏剂相比，超分子系统可以选择性靶向4T1肿瘤，并在660nm光下更有效地摧毁癌组织。

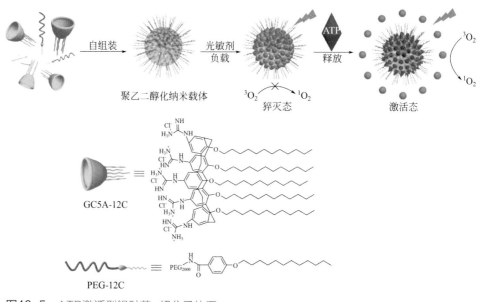

图13-5　ATP激活型铝酞菁-超分子体系

7．氟硼二吡咯类

氟硼二吡咯（BODIPY）染料是研究最广泛的有机发色团之一，具有易于修饰后的独特化学和物理特性（在治疗窗区域具有强吸收、高的 $^1O_2$ 产率和出色的光稳定性）。一般地，开发BODIPY光敏剂是在其2、6位上进行卤素（如碘、溴）修饰，以确保高的 $^1O_2$ 量子产率（$\Phi_\Delta>0.5$）[36]。与经典方法不同，Yoon及其同事发现掺入硫原子进入BODIPY的π共轭体系中，并在中位修饰了不同的基团能够有效地改善其光物理性质（21）[37]。其中，21c显示出最高的 $^1O_2$ 量子产率（$\Phi_\Delta=0.85$），对HeLa细胞光动力作用明显（IC$_{50}$值仅为95nmol/L）。在另一项工作中，同一小组发现通过苯环将电子供体与BODIPY进行扭曲连接（22）[38]，能够减少发色团S_1与T_1之间的能隙（ΔE_{ST}）。其中，当电子供体是吩噁嗪时，光敏剂在甲苯中表现出最小的 ΔE_{ST}（≈0.44eV）和出色的 $^1O_2$ 生成能力（$\Phi_\Delta=0.68$）。

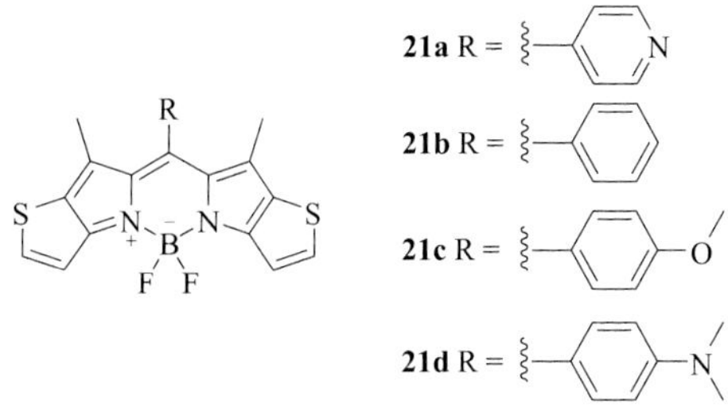

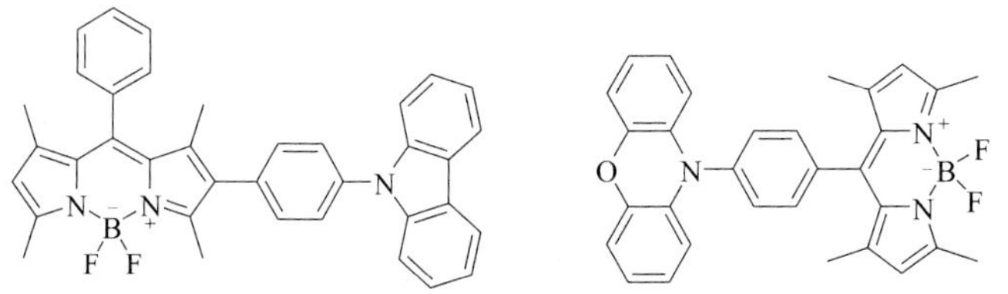

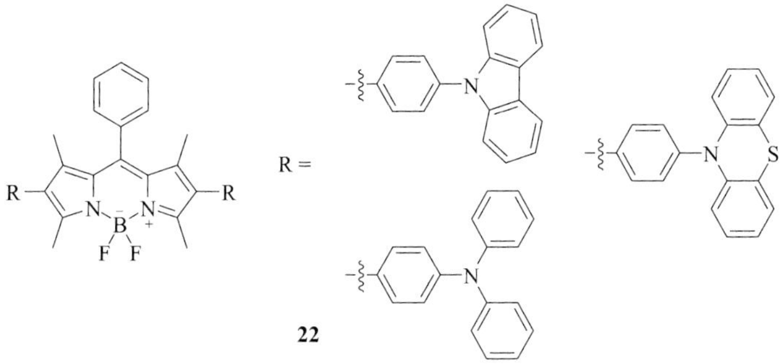

21a R = ◯-pyridyl
21b R = ◯-phenyl
21c R = ◯-C₆H₄-OMe
21d R = ◯-C₆H₄-N(Me)₂

22

除了通过分子修饰直接改善 ROS 的量子产率外，提高光敏剂的光子捕获能力也是一种可选的方法。Han 等利用共振能量转移（RET）机理构建了一个二元光敏剂，其中能量供体部分是二苯乙烯基 -BODIPY，受体是二碘 - 二苯乙烯基 -BODIPY（23）[39]。由于 RET 的作用，目标光敏剂的吸收效率和 $^1O_2$ 产生效率相对于受体部分都得到了提高（分别提高 1.3 倍和 1.9 倍）。在用两亲性聚合物包封后，在 $75mW/cm^2$ 的近红外光照射下可以实现有效的肿瘤抑制。

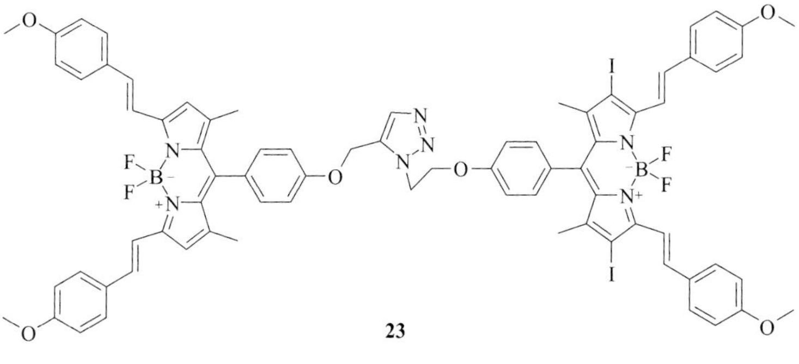

23

为克服肿瘤缺氧，Akkaya 等合成了 2-吡啶酮修饰的溴代 BODIPY 光敏剂（24）以在光照下产生大量 $^1O_2$ 的同时将其部分单线态氧捕获[40]。当光照停止时，光敏剂仍可以通过由内过氧化物到 2-吡啶酮的热转化生成单线态氧。该策略为在氧气匮乏的条件下产生单线态氧提供了一种新的手段。

Akkaya 等还利用 GSH 可裂解单元（2，4-二硝基苯磺酸酯基团）作为溴代 BODIPY 光敏剂的 d-PET 猝灭剂（25），因为癌细胞中 GSH 的浓度远高于正常细胞[41]。在体外试验中，光敏剂对正常细胞系没有明显的光毒性，但对 HCT116 细胞（结肠癌）具有显著的光毒性（IC_{50} = 20.0nmol/L）。2012 年后，他们基于 2011 年的研究，通过调节共轭 π 系统设计了另一种 GSH 激活的正交二聚体 BODIPY 光敏剂（26）[42]。

樊江莉等利用 FRET 机理开发了结构固有靶向（SIT）的光敏剂（27）[43]。

亲脂性阳离子罗丹明不仅能够在恶性肿瘤组织中自发积累，具有一定的 SIT 性能，还定位于细胞线粒体中。当用短波长光源激发能量给体罗丹明发色团部分时，罗丹明部分的单线态激发态能量可有效传递给能量受体 BODIPY 类光敏剂部分，从而使得 BODIPY 类光敏剂在短波长区域也可以被激发产生 $^1O_2$。利用该方法，有效拓宽了传统光敏剂在可见光区的吸收范围，改善了其光子捕获能力，从而提高了光敏剂在宽光谱光源照射下的活性氧产率。

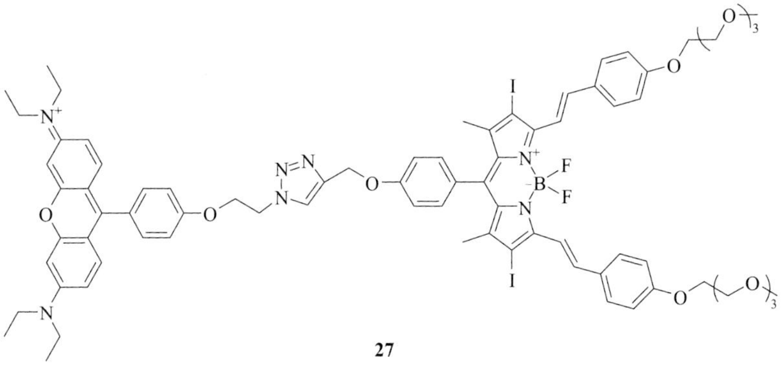

27

为了实现深层组织的光动力治疗，韩刚等在 BODIPY 的 3、5 位将咔唑部分共轭到双碘取代的 BODIPY 光敏剂中（28）[44]。目标光敏剂表现出了更强、更宽的吸收带（600～800nm）和更高的 $^1O_2$ 量子产率（$\Phi_\Delta = 0.67$）。在将光敏剂包裹于有靶向肿瘤的生物可降解聚合物后，可经静脉注射富集在肿瘤部位。低光剂量（12mW/cm²）的近红外光能够穿透 8mm 的新鲜组织，并能够有效激发光敏剂抑制组织下肿瘤的生长（抑瘤率约 70%）。

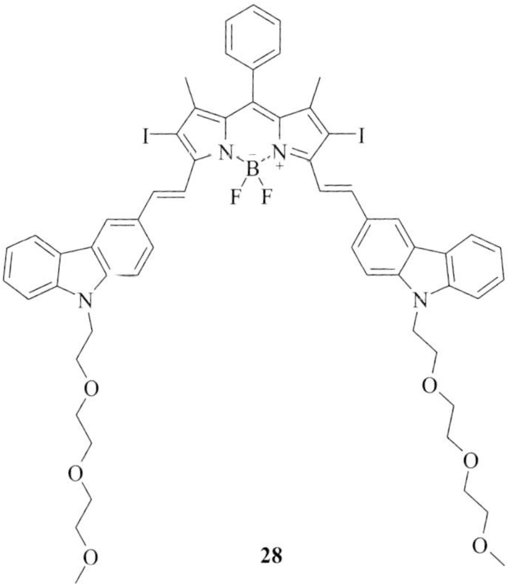

28

8. 氮杂蒽类

氮杂蒽类光敏染料主要包括亚甲基蓝染料和尼罗蓝类光敏染料。两者均为水溶性阳离子染料，并在治疗窗口区域（650～900nm）表现出明显的吸收[通常>30000L/(mol·cm)]。

亚甲基蓝（MB）作为古老的人工合成用染料，已被广泛用作成像剂、解毒剂、抗疟疾药和抗抑郁药。由于具有良好的溶解性和高的 $^1O_2$ 量子产率，MB也已被用作抗菌和抗癌PDT的临床光敏剂。然而，MB的最严重缺点是肿瘤定位差所导致的光动力副作用。着眼于分子结构，不难发现，还原吩噻嗪环的碳氮双键能阻碍分子内的电子传递（LMB）。通过这种方式，染料的荧光和单线态氧均在可见光吸收处被猝灭，这与罗丹明类染料的开闭环性质类似。在此基础上，Jo等将对硝基苄基部分与吩噻嗪环的氮原子相连得到硝基还原酶激活的亚甲基蓝染料（29）[45]。在硝基还原酶存在下，实现荧光的可激活。后来，梁兴杰等通过使用相同的猝灭原理开发了酪氨酸酶（TYR）激活的光敏剂（30）[46]。在这两项工作的基础上其他研究者们还进行了基于相同机理的其他类似工作[47-49]。

研究发现将尼罗蓝类染料的氧原子用同主族的硒原子替代后能够高效产生单线态氧（>70%）。彭孝军等将硒取代的尼罗蓝染料共价连接具有肿瘤靶向能力的生物素单元，以实现肿瘤的选择性治疗（31）[50]。实验表明，靶向光敏剂能够对生物素受体高表达的癌细胞进行杀伤，并对肿瘤实现有效的抑制。在另一项工作中，彭孝军等将硒取代的尼罗蓝光敏剂与罗丹明单元通过单线态氧可切断的脂肪链相连（32）[51]。由于光谱的重叠，光敏剂能够通过FRET机理将罗丹明的荧光猝灭。而在光动力治疗后，光敏剂产生的单线态氧能够在治疗的同时，释放罗丹明，形成原位的荧光成像，实现诊疗一体化。

9. 花菁类

花菁是荧光化学传感器最广泛应用的染料之一，它们具有良好的光学特性，包括大的吸收系数[$\varepsilon>10^5$L/(mol·cm)]、明亮的荧光发射以及从可见光到近红外区域的可调吸收光谱。此外，花菁染料具有出色的生物相容性和低毒性，使其成为生物学应用中的化学传感器主要选择之一。最近，研究人员已证实花菁染料还可以用作肿瘤光动力治疗的光敏剂。

经典的花菁染料具有两个含氮杂环，其中一个带正电并通过共轭碳链与另一个杂环相连。由于七甲川花菁染料（Cy7）的吸收和发射波长位于近红外（NIR）区域，这些染料能够对深层实体瘤进行光动力治疗。IR-780 衍生物是一类用于光疗的 Cy7 染料。由于具有亲脂性的阳离子性质，其中一些花菁染料具有结构固有靶向（SIT）性质。史春梦等发现 IR-780 衍生物（33）相对于 ICG 具有更强的 $^1O_2$ 生成和光热能力[52]。Ryu 等发现具有季铵化吡啶离子取代的 IR-780 衍生物的光稳定性优于 IR-780，具有更好的 PDT 效果（34）[53]。

除了上述示例，Callan 等人首次探究重原子化的七甲川菁染料的氧气敏化效应（35）[54]。具体实例为在每个吲哚环上引入单碘或双碘。结果表明单碘或双碘取代吲哚环的菁染料与 FDA 批准 Cy7 光敏染料 ICG 相比拥有更高的单线态氧量子产率（分别为7.9倍和4.4倍）。宋锋玲等将 TEMPO 引入了水溶性七甲川花菁染料中（36），提出了另一种提高 Cy7 染料系间穿越效率的策略[55]。正如上文在萘酰亚胺中提到的那样，基于 EISC 机理，优化的 Cy7 染料具有高效的 ISC 以及较长的三线态寿命（$\tau = 9.16\mu s$），对比普通 Cy7 染料具有 20 倍的 $^1O_2$ 量子产率提高。然而，在七甲亚胺中间位的氨基取代会导致最大吸收波长蓝移（约 120nm）、摩尔消光系数降低。

Sun 等开发了具有碘修饰的 Cy7 光敏剂（37），修饰位置与 Callan 等报道的相同[56]。该光敏染料除了能够有效生成 ROS 外，还具有出色的光热转化能力。值得强调的是，即使将 HepG2 细胞用 1cm 猪肉组织覆盖，光敏剂的光疗效果依旧能保持几乎不变。这归因于 Cy7 骨架在近红外区域具有较大的消光系数。联合的光动力治疗和光热治疗确实是开发花菁类光敏剂实现深层组织光疗的重要手段。然而，由于单线态氧和热量的竞争性生成机理，基于该类开发策略所设计的光敏剂的抗癌作用仍然有限。为解决此问题，樊江莉等通过在分子中引入硝基（38a），实现氧含量对光敏染料激发态失活过程的智能调节[57]。在常氧条件下，光敏剂将氧气转化为单线态氧杀死肿瘤细胞；而在缺氧条件下，癌细胞中过表达的硝基还原酶将光敏剂还原变成高效的光热试剂（38b），通过光热治疗杀死肿瘤细胞。利用硝基还原酶作为开关来调节光疗机理可以在光动力和光热治疗之间切换，最大限度地发挥光疗法的优势，以提高光子利用率，有效诱导肿瘤光消融，并抑制肿瘤复发。

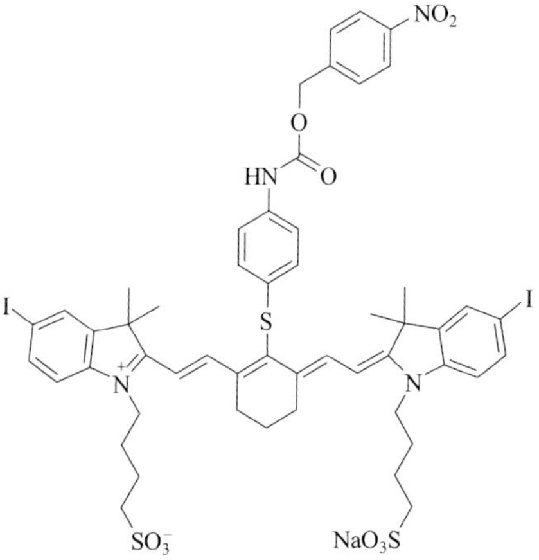

38a

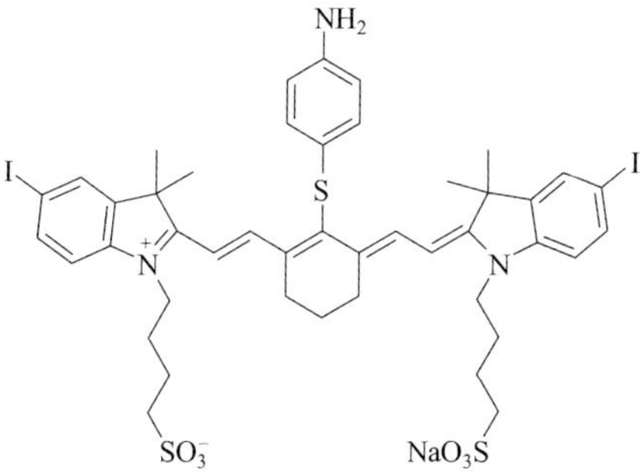

38b

针对光敏剂肿瘤选择性低的问题，彭孝军等将碘修饰的半花菁染料的供电子端用硝基还原酶的触发基团封锁，通过抑制染料的分子内电荷转移进而抑制染料的荧光发射和活性氧产生。而在肿瘤组织中过表达的硝基还原酶诱导的硝基还原及后续的重排消除作用能够使光敏剂（39）供电子端的供电子能力恢复，实现肿瘤的特异性治疗[58]。利用类似原理，樊江莉等开发了一例γ-谷氨酰转移酶激活的近红外半花菁光敏剂（40）。由于γ-谷氨酰转移酶能够在实体肿瘤细胞以及转移瘤细胞中高表达，该光敏剂能够在溶液测试以及活体测试中表现出对γ-谷氨酰转移酶的特异性响应，最终实现了对癌组织进行有效的杀伤，同时保证了对正常细胞和组织具有低的光毒副作用[59]。

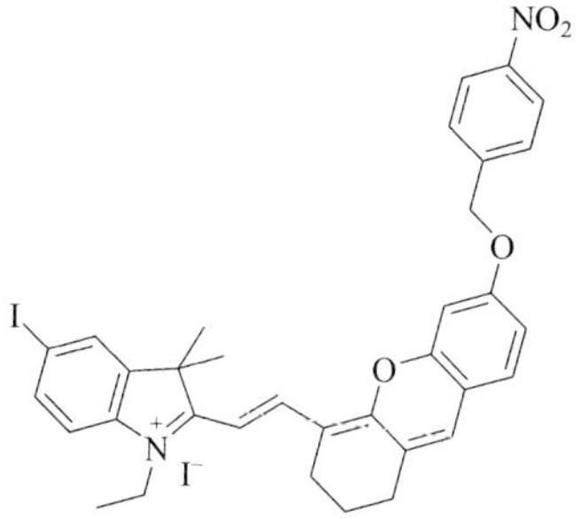

39

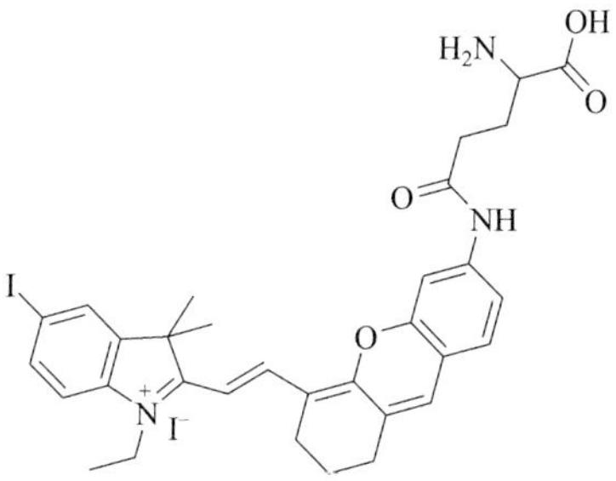

40

二、I 型机理光敏剂

I 型机理光敏剂由于产生细胞毒性物质的过程中对氧气的依赖较小，通常被用来对抗乏氧的肿瘤。当前报道的 I 型机理光敏剂主要基于如下母体：过渡金属配合物类、香豆素类、萘酰亚胺类、酞菁类、尼罗蓝类等。

1. 过渡金属配合物类光敏剂

由于强的自旋轨道耦合作用引发的高三线态量子产率，开发基于Ⅰ型机理的该类光敏剂的主要策略是降低或增高分子的氧化还原电势，诱使分子在三线态发生与氧气或底物之间的电子转移，实现氧气依赖程度低的肿瘤光动力治疗。

黄维等开发了一例香豆素修饰作为配体的环金属钌配合物（41）[60]。香豆素基团的引入不仅增加了分子在可见光区的摩尔消光系数，同时还降低了整个分子的氧化还原电势，从而使分子能够在激发态拥有给电子能力。活性氧测试实验说明，该分子能够相对于参比化合物三联吡啶钌化合物 [Ru(bpy)$_3$Cl$_2$] 更多地产生活性氧。顺磁共振光谱实验证明活性氧物种主要为羟基自由基。由于优异的光物理化学性质，该分子能够在乏氧（5% O_2）条件下对肿瘤细胞（HeLa，人源宫颈癌细胞）和实体瘤进行光动力杀伤。

王雪松等利用光氧化还原催化剂在光辐射下的脱卤反应，开发了一例基于钌配合物的Ⅰ型机理光敏剂（42）[61]。实验证明在辅酶还原烟酰胺腺嘌呤二核苷酸（NADH）的辅助下，光敏剂能够在缺氧（氩气）的条件下产生碳自由基，并最终对乏氧（3% O_2）的卵巢癌细胞（SKOV-3）进行光破坏。

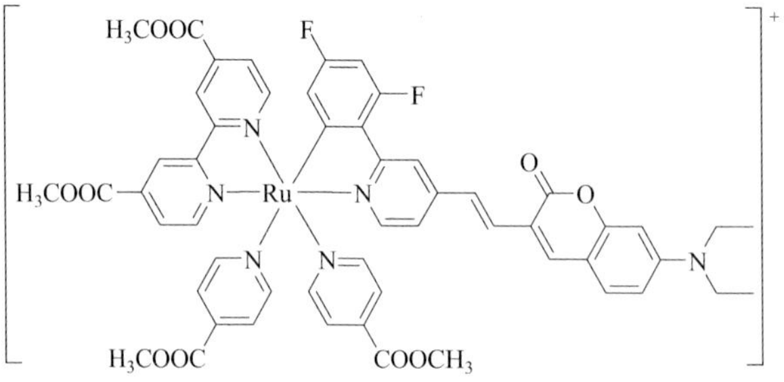

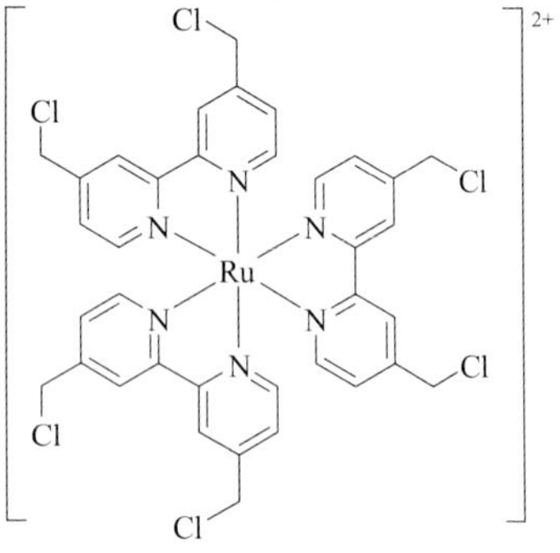

除上述例子外，一些基于多核钌配合物光敏剂也被报道拥有Ⅰ型机理的特征。

铱配合物类Ⅰ型机理光敏剂主要有以下几例：

Ruiz 等利用环金属铱配合物与香豆素共价相连增大整个分子的发光亮度、光稳定性以及 Stokes 位移（43）[62]。同时，所合成的光敏剂还被证明能够在蓝光（28 J/cm^2）、绿光（21 J/cm^2）下产生超氧阴离子，进而能够在乏氧条件下对 HeLa 细胞进行光动力杀伤。

癌细胞线粒体内大量的 NADH 在细胞电子呼吸传递链中扮演着重要的角色，基于此，巢晖等开发了一例高氧化还原电位的铱配合物光氧化还原催化剂，靶向细胞内的NADH，干扰其在常氧和乏氧条件下的电子传递作用，进而破坏细胞功能（44）[63]。在常氧下，光敏剂在NADH作为电子供体的情况下诱导氧气产生超氧阴离子进而产生过氧化氢破坏癌细胞；乏氧条件下，光敏剂能够催化氧化细胞色素c（cytochrome c），以一种不依赖氧气的方式进行细胞破坏。

当前所报道的过渡金属配合物类光敏剂存在的一个共性问题是激发波长较短，不利于实体肿瘤治疗。虽然这类化合物通常具有较大的双光子吸收截面，能够在飞秒激光器的激发下进行双光子光动力治疗，但高昂的激光器价格以及光剂量限制了其广泛地应用。

2. 香豆素类

周虹屏等开发了一例高效的双光子激发的香豆素类光敏剂（45）用于靶向癌细胞膜。该光敏分子拥有小的单线态与三线态能隙，能够相对最大程度地产生活性氧（单线态氧和超氧阴离子自由基），并在PDT过程中完成了出色的癌症消融[64]。

3. 萘酰亚胺类

Yoon等开发了一类硫羰基取代的萘酰亚胺类光敏剂（46）[65]，活性氧产生能力与分子内电荷转移能力相关。理论计算表明在该分子中的系间穿越为S_1-T_3态。高效的系间穿越使该分子的单线态氧量子产率几乎达到了百分之百，同时还能够产生超氧阴离子,在乏氧条件下对 HeLa 细胞进行细胞破坏。进一步将供电子基团更换为具有溶酶体定位的吗啉基团(47)[66],可进一步提升治疗效果。

4. 酞菁类

酞菁作为一种经典的光敏剂主要以 II 型机理进行光动力治疗。为赋予其 I 型机理性质,Yoon 等在传统锌酞菁上引入供电子二甲氨基结构增加光敏剂的富电子能力(48)[67]。实验结果表明,该光敏剂能够有效地产生超氧阴离子和羟基自由基,并在测试实验中对革兰氏阴性、阳性细菌都产生了有效的光杀伤。

5. 尼罗蓝类

2018 年,彭孝军等首次提出将传统尼罗蓝分子中氧原子更替为硫原子设计光敏剂分子。该光敏剂在红光(660nm)激发下产生超氧阴离子自由基,进而在细胞内超氧化物歧化酶(SOD)的作用下转变为羟基自由基,对乏氧实体瘤进行有效的光动力治疗(49)[68]。之后,他们在此基础上对硫代尼罗蓝分子进行进一步的改性以解决不同问题:将尼罗蓝分子与硫代尼罗蓝分子通过烷基柔性链相连接能够以共振能量转移的方式提升分子的消光系数,进而提升分子在深层组织下对乏氧细胞杀伤能力(50)[69]。为进一步解决氧气依赖问题,将临床雌激素受体靶向药他莫昔芬与硫代尼罗蓝分子通过烷基柔性链连接(51)[70]。由于他莫昔芬能够通过靶向线粒体呼吸链减少氧气消耗,所合成的靶向光敏剂相对于硫代尼罗蓝分子能够减少细胞的氧气消耗,进而协同 I 型机理的光动力治疗对乏氧实体肿瘤呈现更优异的治疗效果。为了进一步解决 I 型机理光敏剂的靶向性以及提升该类光敏剂抗肿瘤转移能力,樊江莉等将临床用表皮生长因子(EGFR)受体抑制剂与硫代尼罗蓝分子共价连接[71]。应用测试表明,该光敏剂(52)在保证有效地基于 I 型机理的同时,还能够有效地对 EGFR 受体过表达的癌细胞进行有效的识别和杀伤。在所构建的活体转移瘤模型中,光敏剂能够在较低的光剂量下有效地治疗并抑制肿瘤肺转移。

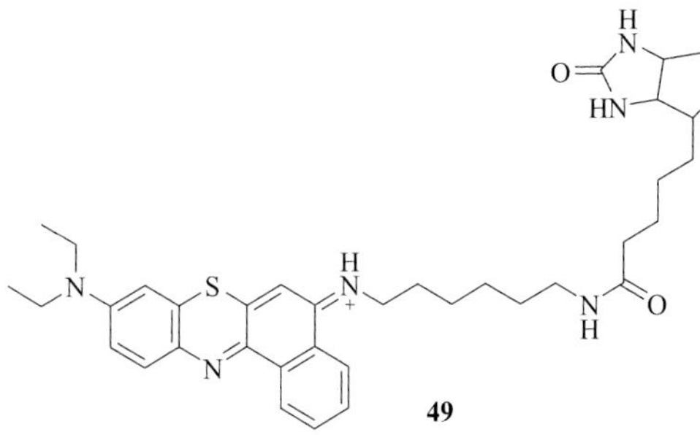

49

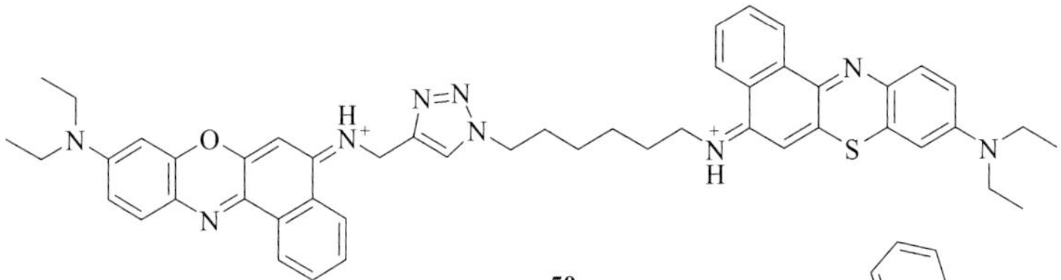

50

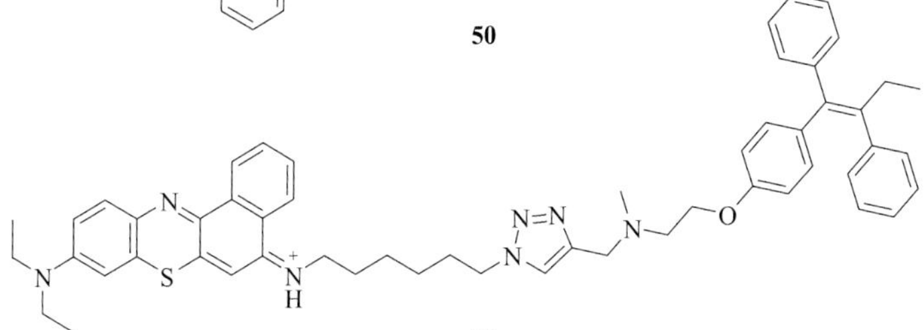

51

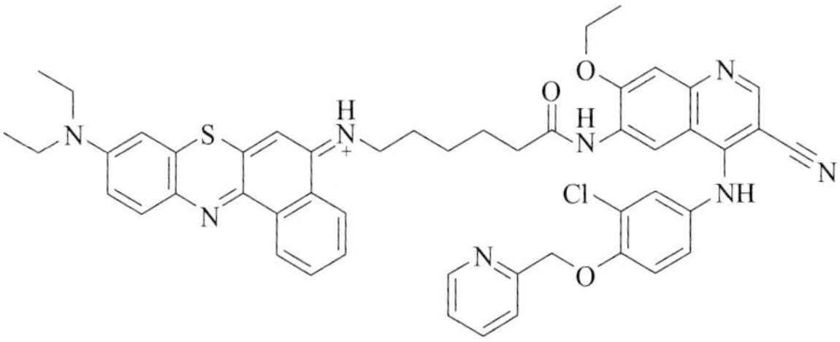

52

三、临床光敏药物

现有的临床类光敏药物主要包括卟啉及其衍生物、酞菁类光敏剂、金属配合物类光敏剂和花菁类光敏剂。详细见表 13-1。

1. 卟啉类光敏剂

卟啉类光敏剂是具有通过共轭链和大空腔连接的环状四吡咯结构，该结构由 22 个 π 电子组成，其中 18 个是共轭的[72]。它们是叶绿素、血红素和肌红素等重要的组成部分，参与着多种氧化还原过程。根据结构的不同，卟啉类光敏剂大致可分为卟啉、卟吩、菌绿素、酞菁等结构（图13-6）。由于卟啉类光敏剂的毒副作用较小，部分光敏剂能够在体内合成，已经广泛应用于光动力临床治疗。虽然卟啉的最大吸收峰能够达到630nm，但由于其较低的摩尔消光系数和在可见光区连续的强吸收峰使得该光敏剂在临床应用时治疗效率较低，并且会出现日光敏化现象，光动力治疗效率亟待加强。

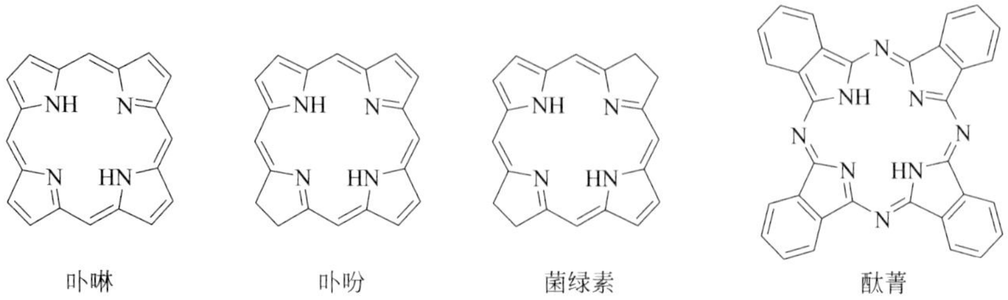

卟啉　　　　　卟吩　　　　　菌绿素　　　　　酞菁

图13-6　卟啉及其衍生物分子结构

2. 蒽醌类光敏剂

自20世纪60年代以来，蒽醌类光敏剂（图13-7）逐渐被发现并被使用。大多数蒽醌类光敏剂的吸收波长位于可见光区。在可见光激发下能够产生单线态氧、超氧阴离子自由基和羟基自由基等活性氧对癌细胞进行光致杀伤。但较短的激发波长使得该类光敏剂只适合浅表病变的治疗，局限了它在临床中对肿瘤的治疗。

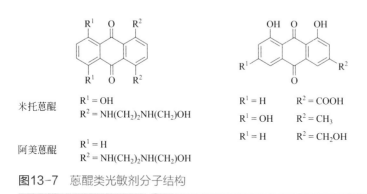

米托蒽醌　　R^1 = OH
　　　　　　R^2 = NH(CH$_2$)$_2$NH(CH$_2$)OH

阿美蒽醌　　R^1 = H
　　　　　　R^2 = NH(CH$_2$)$_2$NH(CH$_2$)OH

R^1 = H　　　　R^2 = COOH
R^1 = OH　　　R^2 = CH$_3$
R^1 = H　　　　R^2 = CH$_2$OH

图13-7　蒽醌类光敏剂分子结构

3. 花菁类光敏剂

花菁类光敏剂是光动力治疗中常用的染料之一，因为它们具有良好的光学特性，包括大的吸收系数[$\varepsilon > 10^5$ L/(mol·cm)]、明亮的发光以及从可见光到近红外区域的可调吸收光谱。其中吲哚菁绿（ICG，图13-8）由于具有近红外触发的激发波长、出色的生物相容性和低的毒性，已被用作临床实验的光敏剂药物用于近红外光介导的肿瘤荧光手术切除和光动力治疗。

4．钌金属配合物类光敏剂

衍生自 Ru（Ⅱ）的过渡金属配合物是研究最广泛的光敏染料体系。人们对该类光敏剂的激发态性质的了解大多数来自三联吡啶 [Ru(bpy)$_3$]$^{2+}$ 及其相关 Ru（Ⅱ）体系在光驱动太阳能转换、光致发光传感和现在的抗癌治疗方面。相对于有机小分子光敏体系，钌金属配合物类光敏剂拥有高单线态氧量子产率、大斯托克斯位移、易于制备和稳定性高等优点。在临床应用中，其衍生物 TLD1433 针对非肌肉浸润性膀胱癌已进入临床试验阶段（图 13-9）[73]。

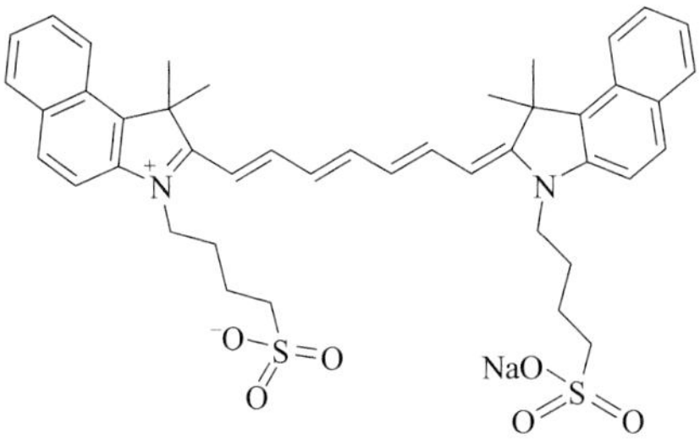

图 13-8　ICG 分子结构 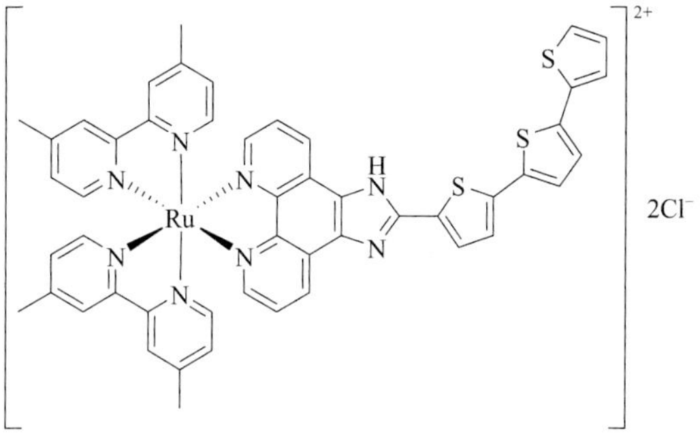　　　图 13-9　TLD1433 分子结构

第三节
光热治疗用光敏染料

光热疗法（photothermal therapy，PTT）指的是光敏剂在光的照射下将吸收的光能转化为热能，从而提高病灶部位的温度，使肿瘤细胞膜流动性和通透性改变，导致膜蛋白功能的丧失，实现对特定疾病的治疗[74,75]。其作用机理如图 13-10 所示，光敏染料的电子在光的激发下由基态跃迁至激发态，这种状态的电子会有一部分以非辐射跃迁的途径回到基态，光热效应（即产生热）就是这种非辐射弛豫过程的结果。其作用方式为光敏剂到达病灶部位后，在可调剂量的外部激光照射下实现对特定部位的治疗，从而对周围健康组织的损害降至最低，是一种高效且无创的疗法，同时吸收波长较长保证其拥有很好的组织穿透能力。

到目前为止，光热治疗用光敏剂主要集中在近红外光触发的无机材料上，包括过渡金属纳米颗粒、硫化物纳米颗粒、金纳米颗粒和铂纳米颗粒等[76]。尽管这些体系显示出良好的光吸收特性、出色的光热转换效率以及良好的光稳定性，但由于缺乏生物降解性和长期毒性，无法应用于临床治疗。相比于无机材料，光敏染料由于具有较好的生物相容性、易代谢、易合成和改性等优势，目前被广泛应用于光热治疗中[77]。

具有光热效果的光敏剂往往可用于组织的光声成像（PAI）。光声成像是近年来快速发展的一种可用于生物医学诊断的新型无损医学成像模式，其原理为光照后组织的温度上升释放热量，热膨胀的部位会挤压周围组织而产生声信号，通过超声传感器将声信号转化为电信号就实现了光声成像[78,79]。相对于传统的核磁共振成像（MRI）、计算机断层扫描（CT）和荧光成像等技术，光声成像具有辐射小、精度高、穿透深度高（>1cm）等优势，在肿瘤早期监测、肿瘤边缘评估、肿瘤转移检测等方面得到广泛应用[80]。通过合理的设计，光敏染料可以特异性地靶向癌症部位，使其具有荧光或光声成像的性质，可以实现疾病诊断和光热治疗。用于光热治疗的光敏染料结构多种多样，根据结构特点，可以将其大致分为以下几类：卟啉类、七甲川菁类、酞菁类、吡咯并吡咯二酮类、克酮酸类、BODIPY 类等。本节将着重介绍这些光敏染料。

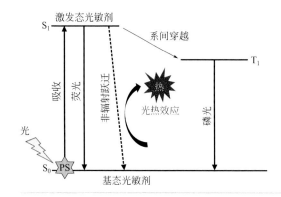

图13-10　光热治疗机理

一、卟啉类

卟啉作为一种 π 共轭大分子，在自然界中广泛分布，如植物中的叶绿素（镁卟啉）和动物体内的血红素（血卟啉）等，参与植物和动物的多种氧化或还原过程。卟啉具有杂环共轭体系，在可见光区有宽且很强的吸收。因此，卟啉具有很好的生物源性和光学性质，例如大的摩尔消光系数、光稳定性、荧光性能等，同时是具有很好光热性能的光敏染料。但卟啉还存在着水溶性差、肿瘤积累有限、生物利用率低、易被代谢等问题。为解决这些问题，通常采用纳米技术或超分子化学体系来改善，如树状大分子、脂质体、胶束等。卟啉通过组装形成的纳米颗粒可以有效提高光敏剂在肿瘤中的滞留效果以及靶向性问题，同时还可以抑制荧光和活性氧的产生来提高光声成像效果和光热性能。

长波长的光更利于穿透生物组织，通过改变卟啉的结构使其吸收光谱红移有利于光热治疗。刘斌等通过将卟啉与聚合物交替相连形成 D-A 型共轭聚合物（53）[81]，光敏剂分子的吸收得到明显红移（最大吸收为 815nm）。将聚合物用 DSPE-PEG$_{2000}$ 包裹后，形成粒径为 40nm 左右的纳米粒子。在最外层用短细胞穿透肽进一步修饰可保证纳米颗粒高效地被细胞摄取，光热转化效率高达 63.8%，实现高效的光热治疗。

为了提升卟啉的细胞摄取能力和在肿瘤部位的靶向性，郑刚等合成一例卟啉体结构（54）[82]，卟啉经过磷脂酰胆碱修饰后自组装形成粒径为 100nm 左右的纳米颗粒。外层修饰 PEG 链可进一步提高稳定性和体内药代动力学，并且荧光与未修饰的焦脱镁叶绿酸分子相比降为原来的 1/1600，通过猝灭荧光提升光热效果。实现肿瘤部位的光声成像及光热治疗。

使用相似的卟啉体纳米结构，很多工作通过联合治疗的方式来提升肿瘤治疗效果。郑刚等利用其课题组之前报道过的结构（54）[83]，通过控制治疗时氧气浓度，在低光剂量条件下光照（200mW/cm^2），卟啉体可以在高氧条件下清除肿瘤，而无法在低氧条件下抑制肿瘤。然而，在高光剂量条件下（750mW/cm^2）进行治疗时，肿瘤在低氧和高氧条件下都会消除。这种双重作用归因于光动力和光热的联合治疗。Hayashi 等[84]将卟啉的衍生物通过重原子修饰（55），董晓臣等通过共振能量转移猝灭卟啉荧光（56）[85]，分别实现光动力和光热的联合治疗，从而极大提升肿瘤的治疗效果。

针对卟啉水溶性不足的缺点，闫学海等将四苯基卟啉通过短链与苯丙氨酸-苯丙氨酸二肽相连形成纳米颗粒（57）[86]。纳米粒子以疏水性的四苯基卟啉为内核，苯丙氨酸和周围水分子之间形成氢桥，其荧光基本上被完全猝灭，单线态氧的产生也被完全抑制，光热转换效率为 54.2%，实现肿瘤的光声成像和光热治疗。

55

56

57

二、七甲川菁类

七甲川菁类染料的结构均为两侧是吲哚或类似物，中间通过碳碳双键链连接形成的大共轭结构。目前已在光热治疗中得到广泛的应用。由于其拥有长共轭链，吸收大多在800nm左右，达到近红外区，拥有较强的组织穿透能力。七甲川菁类染料还具有大的摩尔消光系数、良好的细胞摄取能力、易改性等优点[87]。由于其具有较高的光热效率和荧光强度，同时本身带正电荷具有固有亚细胞器靶向的能力，可以实现荧光成像和光热治疗。但是，由于其具有水溶性有限和光稳定性不足等缺点，目前策略主要通过连接磺酸基等水溶性基团或包裹形成纳米粒子来提升水溶性，纳米聚集降低活性氧产率等方式也可以一定程度上提升其光稳定性，使其在肿瘤等疾病的光热治疗中得到应用。目前商业化的七甲川菁类染料主要包括：IR780，IR808，IR820，IR825和商品化的吲哚菁绿（ICG）等。

大多数七甲川菁染料本身带一个单位的正电荷，而线粒体表面负电势较高，以分子形式进入细胞后可以靶向线粒体亚细胞器。吴福根等利用七甲川菁染料具有大摩尔消光系数和良好的荧光性能等特点，开发了一例具有良好的光热升温效果并表现出出色的线粒体靶向能力的染料（58）[88]。史春梦等将吲哚末端修饰长碳链的羧基或酯基[89]，以IR808为母体合成了不同结构的化合物，通过连接不同官能团探究对于细胞杀伤效果的不同，发现末端为带苯环的酯基（59）具有更好的光热效果和细胞杀伤效果。

用于光热治疗的光剂量一般比较大，而七甲川菁染料的稳定性不足，为了提升其光热性能，刘庄等用聚乙二醇胶束包裹近红外吸收的七甲川菁染料IR825（60）[90]，形成纳米颗粒。相比于以分子形式存在的IR825，纳米粒子拥有更好的光转化效果和光稳定性。

提升七甲川菁染料肿瘤靶向性可进一步提升其光热治疗效果，樊江莉等将菁染料与化疗药物他莫昔芬通过共价键连接（61）[91]，他莫昔芬可以靶向乳腺癌细胞表面过表达的雌激素受体，实现化疗的同时提升菁染料靶向性，具有化疗与光热的联合治疗效果。蔡林涛等将 IR780 染料（62）外面包裹肝素叶酸形成纳米体系[92]。内层 IR780 为疏水结构，外层叶酸为亲水结构，同时可以靶向癌细胞表面的叶酸受体，提升肿瘤靶向能力，改善 IR780 水溶性和稳定性不足的缺点，具有优异的光热转化效果。胡一桥等将 IR780 染料（62）与转铁蛋白结合来提升靶向性[93]，实现光动力和光热的联合治疗；钱志勇等用 PEG 将 IR820 染料（63）与化疗药多西他赛同包裹并在外层修饰 Lyp-1 肿瘤靶向肽[94]，提升靶向性实现光动、光热和化疗的联合治疗，同样对肿瘤表现出显著的抑制效果。

吲哚菁绿（64）是由美国食品药品管理局（FDA）批准的具有近红外光吸收的染料分子，具有毒性低、治疗效率高和可用于近红外光成像等优点，已被广泛用于肿瘤的显影和治疗。ICG 作为荧光成像试剂在现代诊断医学中已进行了近 50 项临床试验，尤其在诊断淋巴疾病方面取得了可喜的进展。ICG 的最大发射波长在 800nm 处，具有高信噪比；其吸收也达到了 780nm 左右，具有较出色的光热转换效率和组织穿透深度。在光照下，ICG 可产生热和活性氧物种，使其同时具有光热和光动力性能。但 ICG 的光稳定性较差限制了其进一步应用。因此，提高其稳定性和延长其体内循环时间将有助于提升光声成像效果。

为了提升吲哚菁绿的光稳定性和光热转化效率，Yoon 等[95]将吲哚菁绿用脂质体包裹形成纳米颗粒（图 13-11）。该纳米粒子在溶液中活性氧产率很低，光热转化效率约为 8.99%，是 ICG 分子（3.37%）的两倍多。同时，其稳定性也得到了提升。蔡林涛等利用脂质体包载吲哚菁绿[96]，制备了不同粒径的纳米粒子，ICG 稳定性得到显著提升，并探究得出粒径为 116nm 的纳米粒子具有更好的肿瘤靶向效果和更好的肿瘤治疗效果。

图13-11　脂质体包载吲哚菁绿的纳米策略

提高吲哚菁绿的靶向能力会显著提升治疗效果，邢达等以吲哚菁绿为内核[97]，外层用 PEG 链包裹并修饰叶酸和 $\alpha_v\beta_3$ 受体靶向的单克隆抗体（mAb），组装形成纳米颗粒（图 13-12）。细胞摄取能力和光毒性显著增强，同时提升光稳定性和光热转化效率。

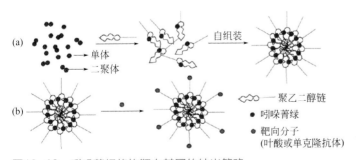

图13-12　吲哚菁绿修饰靶向基团的纳米策略

蔡林涛等用源癌细胞膜包载 ICG 和聚乳酸-羟基乙酸共聚物[98]，并修饰 PEG 形成纳米颗粒（图 13-13）。通过癌细胞膜的主动靶向和纳米 EPR 效应的被动靶向，使纳米粒子可以很好地在肿瘤部位富集，可以实现荧光和光声的多模式成像，治疗效果也得到显著提升。

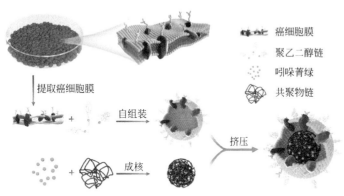

图13-13　靶向识别源癌细胞的膜仿生纳米策略

三、酞菁类

酞菁为一种蓝色染料，在染料工业中广泛应用。酞菁在近红外区有强吸收，吸收波长约为 670～780nm，具有大摩尔消光系数和良好的热稳定性。在酞菁的结构中，四个吡咯环通过氮桥结合，易于修饰。由于其具有疏水性和大平面结构，因此酞菁在溶液中易聚集，使本体荧光减弱的同时限制了在光激活后产生活性氧的能力，导致其作为光动力治疗的效果有限。而从另一方面来说，聚集有利于光照下激发态的电子以非辐射跃迁的方式回到基态，产生的热量可使温度提升用于光声成像和光热治疗，由于其波长大多位于近红外区，拥有较好的组织穿透深度，肿瘤治疗效果显著。

Camerin 等[99] 开发了两种分别含有 Pd（Ⅱ）和 Pt（Ⅱ）配位离子的金属酞菁（65）。两个配合物的最大吸收波长都超过 800nm，具有良好的光热特性，同时由于其在特定的亚细胞器中聚集使其活性氧产率降低，吸收的光子能量主要以非辐射的形式释放，用于肿瘤的光热治疗。

Mathew 等[100] 报道了两个萘酞菁与 Gd 配位，形成类似于二茂铁的三明治结构，并在最外层包裹高密度脂蛋白形成纳米结构。该纳米颗粒可以用穿透细胞的 TAT 肽释放配合物。该配合物（66）在光的激发后，电子由激发态回到基态的过程中其能量不足以敏化氧气产生活性氧物种，主要以非辐射跃迁的方式释放进行光热治疗。

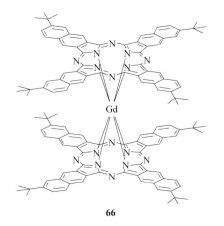

四叔丁基酞菁通过自聚集形成封装聚集体来提升其稳定性。与非聚集的单体相比，聚集体拥有许多显著的优势，例如在水溶液中，聚集体拥有更宽的吸收光谱，同时荧光被完全猝灭。Kim等[101]以四叔丁基酞菁（67）为内核，外层包裹乙二醇壳聚糖和肝素形成纳米粒子。该纳米粒子具有良好的光热效果，由于纳米EPR效应可以实现在肿瘤部位的高效富集。

通过调控酞菁的聚集程度，可以实现光动力治疗和光热治疗的转化。郑南峰等开发了一例具有光动力和光热治疗功能的纳米颗粒[102]。该纳米颗粒将硅酞菁（68）包裹在两亲性聚乙二醇化磷脂中。在激光照射下，该纳米粒子溶液温度显著升高，同时产生了大量单线态氧，实现光声成像和光动力 - 光热的联合治疗。Taratula等[103]以硅球为载体包载硅酞菁（69），提升光敏剂稳定性和光热性能，同样实现光动力和光热的联合治疗。

四、吡咯并吡咯二酮类

吡咯并吡咯二酮是有机光电材料领域重要的结构单元，具有良好的化学稳定性和光稳定性、结构易衍生化、近红外吸收、摩尔吸光系数高等优点，被广泛应用于荧光探针、生物成像、有机敏化染料和有机光伏材料等领域，目前也已经被作为光热试剂应用于光热治疗中。呋喃或噻吩与吡咯并吡咯二酮连接可增强其π共轭能力，整个分子有大平面骨架，保证其能量有效地以非辐射跃迁的形式释放。在溶液中，分散的吡咯并吡咯二酮具有较高的荧光量子产率，而在自聚集的条件下荧光被猝灭。因此，在自组装胶体溶液中，二酮吡咯并吡咯具有优异的光声成像和光热特性且光热转化效率较高，可以实现高穿透深度的组织成像和治疗。当其作为缺电子部分组成供体-受体-供体（D-A-D）单元时，表现出更强的光热特性。

猝灭吡咯并吡咯二酮的荧光可以显著提升其光热转化效率。董晓臣等以吡咯并吡咯二酮为受体[104]，合成了含二茂铁的光热试剂（70）。二茂铁本身就是一种癌症治疗试剂，也是一个良好的电子供体，有助于通过光致电子转移（PET）过程猝灭吡咯并吡咯二酮的荧光，增强非辐射跃迁；四氰基丁二烯是一个强电子受体，将其引入到电子推拉体系会使整个分子吸收峰向近红外区转移，促进PET过程并提高分子的光热转换效率。

浦侃裔等设计了一系列基于供体-受体交替的半导体聚合物的纳米颗粒（71）[105]。该聚合物以二酮吡咯并吡咯部分为电子受体基团、噻吩及其衍生物为电子供体，通过DSPE-mPEG$_{2000}$进行包裹形成纳米颗粒。该纳米颗粒显示出很窄的带隙、很高的摩尔消光系数和良好的光热转换效率，实现肿瘤的光声成像和光热治疗。

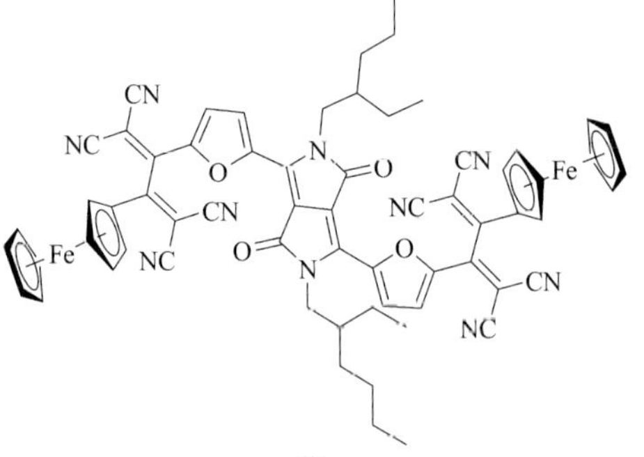

70

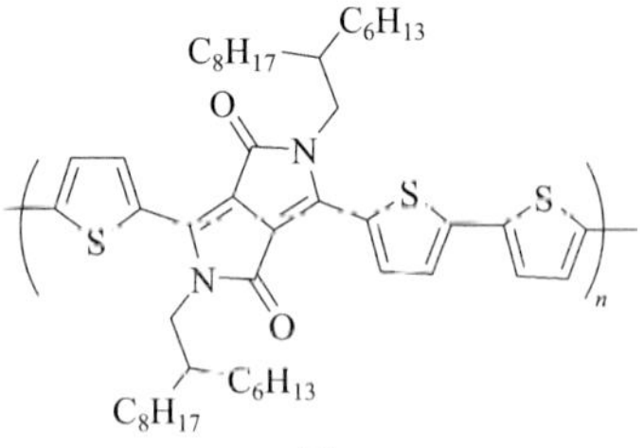

71

董晓臣等报道了一例以 N, N- 二苯基 -4-（2- 噻吩基）苯胺作为电子供体基团[106]、吡咯并吡咯二酮为受体基团的 D-A-D 型化合物（72）。该化合物具有很强的近红外区光吸收能力，富含电子的芳香族胺可以有效地弥补吡咯并吡咯二酮缺电子的不足，并将其制备成单分散聚集体的纳米颗粒。在激光照射下，该纳米颗粒表现出 34.5% 的光热转化效率以及 33.6% 的单线态氧产率，实现光动力和光热的联合治疗效果。该课题组[107]还报道了以苯环上连接二乙胺基作为供电子基团，形成 D-A-D 型结构（73），可以增强肿瘤的光声成像和光热治疗效果。

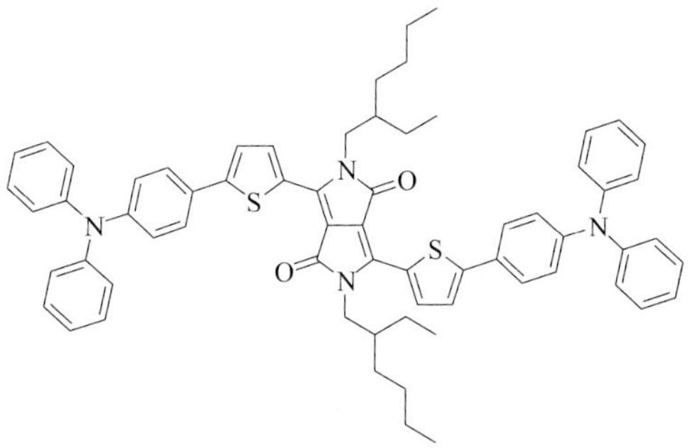

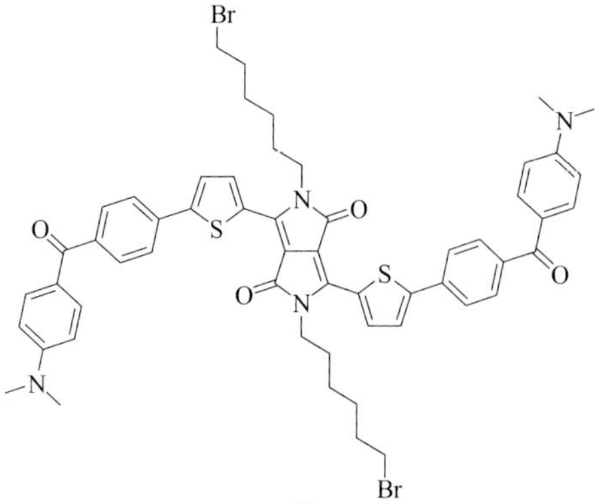

王明峰等合成包含两亲嵌段共聚物聚（二噻吩基吡咯并吡咯二酮）的纳米颗粒（图 13-14）[108]。该纳米颗粒负载化疗药 DOX 后，发现包封的 DOX 从纳米颗粒的释放比例与温度呈现良好的线性关系。在近红外光的照射下，实现光热与化疗的联合治疗。

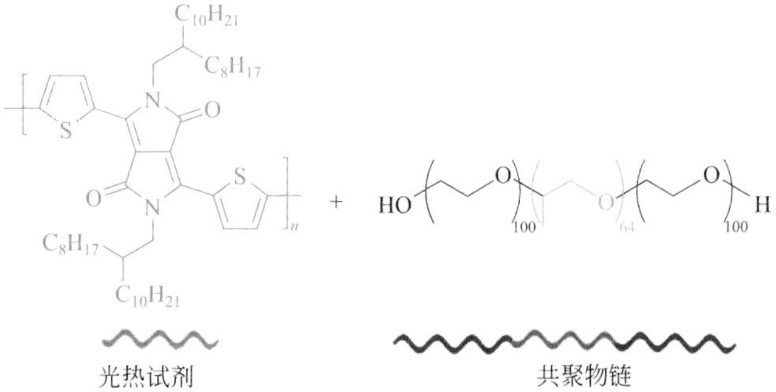

图 13-14

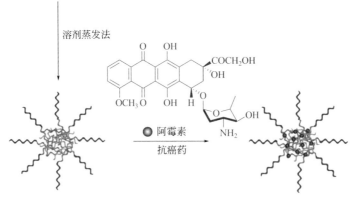

图13-14 包载吡咯并吡咯二酮与化疗药阿霉素的纳米策略

五、克酮酸类

克酮酸染料的结构是以五元环为中心作为电子受体，电荷在很大程度上离域，在两侧连接两个给电子基团，形成供体-受体-供体的结构。与方酸染料相比，克酮酸染料的五元环单元比方酸的四元环接受电子的能力更强，因此克酮酸染料比相应的方酸染料吸收波长红移100nm左右。克酮酸染料的吸收大多位于近红外区，具有大摩尔消光系数、强荧光发射、光稳定性好的特点，已经被广泛用于光学转换器件、太阳能电池、非线性材料等光学领域，近年来也在比色法特异性离子检测、光敏剂、与生物分子连接进行生物医学应用等方面呈现出良好的应用前景。因其高光稳定性和低荧光量子产率，史密斯（B. D. Smith）课题组率先将克酮酸染料用于光热治疗。由于其光声信号很强，常被用于活体的光声成像试剂。

B. D. Smith 等[109,110]在氯仿体系中测试了克酮酸染料（74），发现基本不产生单线态氧。通过将克酮酸与准轮烷结合（75），吸收波长红移，具有更高的摩尔消光系数，荧光量子产率降低为原来的1/3，升温效果和光声成像能力也显著提升。经过修饰，克酮酸的水溶性和光稳定性得到明显改善。为了提高克酮酸的水溶性，孙晓莲等通过共价连接PEG链，使其自组装形成纳米结构（76）[111]，实现了肿瘤的光声成像和光热治疗。

在癌症治疗方面，单线态氧的产生往往会伴随着光漂白。在使用克酮酸和ICG作为各自的光敏剂构建的含DOX的纳米颗粒的比较研究中，B. D. Smith等[112]对光漂白性质进行了对比（77）。对于含有克酮酸和DOX负载的纳米颗粒，光辐照几乎不会发生光漂白现象，同时未见光动力效应。而相应的ICG体系由于产生单线态氧，会发生明显的光漂白。该课题组[113]还研究了PTT效应对pH的依赖性。化合物78的吸收变化与pH呈比例关系，吸光度与吲哚基的质子化情况有良好的线性关系。化合物在酸性（pH=5.0）溶液经光照后，观察到温度明显高于 pH=6.5 和 pH=7.2 的体系。由于实体瘤周围的细胞外环境通常为微酸性环境，该策略实现了肿瘤的光声成像和光热治疗的提升。

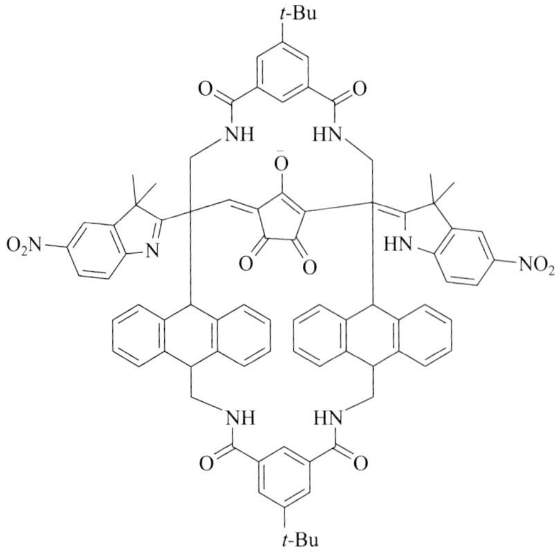

78

通过将克酮酸与具有光动力性质的染料结合实现联合治疗，将进一步提升治疗效果。樊江莉等将克酮酸与具有光动力性质的 BODIPY 分子通过共价键相连[114]，拓宽光谱吸收，利用共振能量转移（FRET）效应，一定程度上猝灭 BDP 的荧光，将这部分能量转移用于激发克酮酸，同时 BODIPY 还继续发挥着光动力治疗的作用，提升光敏剂对光子的利用效率，实现光动力和光热的联合治疗。

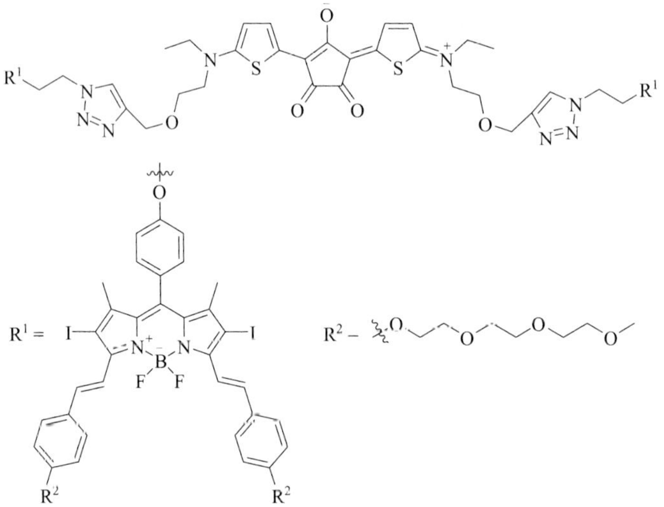

79

六、BODIPY类

氟硼二吡咯（BODIPY）是一种重要的荧光有机染料，具有独特的化学和光学性质，例如：较高的摩尔消光系数和荧光量子产率；吸收和荧光发射峰宽较窄，在分析领域可以达到较高的检测灵敏度；较好的结构稳定性，已在生物标记荧光染料得到广泛应用[115]。BODIPY母体结构含有多个可以修饰位点，通过共轭连接可以使其波长红移至近红外区。在光照后，其吸收光子能量主要通过荧光以及非辐射跃迁的热量释放，具有良好的光声成像和光热效果。但由于其水溶性较差，往往通过亲水链包裹形成纳米结构实现肿瘤诊断和治疗。

BODIPY具有很高的荧光量子产率，通过猝灭荧光可以有效提升其光热转化效率。张晓兵等开发了一例pH激活的BODIPY分子（80）[116]，实现光动力和光热的联合治疗。连接强供电子基团二甲氨基通过a-PET和分子聚集猝灭荧光和活性氧进行光热治疗。光敏剂在进入肿瘤微酸性环境中，氨基质子化，a-PET作用消失，荧光和活性氧恢复，可进行光动力治疗。谢志刚等利用二甲氨基a-PET猝灭BODIPY荧光[117]，同时通过二硫键连接亲水性PEG链自组装形成纳米结构（81）。癌细胞中谷胱甘肽含量明显高于正常细胞，可以切断二硫键使BODIPY分子释放同时荧光恢复，实现荧光和光声的多模式成像和光热治疗。

与BODIPY具有相似结构，氮杂BODIPY通过将其母环上中心氮原子的引入减少了HOMO-LUMO能级，使其吸收及荧光光谱红移100nm以上，在光热治疗中得到广泛应用。黄维等通过连接二甲氨基猝灭氮杂BODIPY荧光（82）[118]，延长吸收波长并极大提升光热效果，为了提升其水溶性，在外层连接PEG形成纳米结构，纳米粒子具有35%的光热转化效率。刘庄等将氮杂BODIPY（83）和紫杉醇作为内核[119]，外层通过亲水性F127包裹形成纳米结构。由于内核中分子聚集使其荧光猝灭，提升氮杂BODIPY的光声成像和光热效果，可实现光声和光热成像介导的光热和化疗的联合治疗。

彭孝军等将BODIPY中位连接具有强吸电子能力的三氟甲基（84）[120]，导致ICT效应增强、波长极大红移，三氟甲基可以使分子扭曲，降低荧光量子产率，增加非辐射跃迁，极大提升光热转化效率（88%），同时良好的光热效果也保证其具有很强的光声信号强度，可实现活体的光声成像。谢志刚等将芘与BODIPY共轭连接（85）[121]，使其波长明显红移，同时荧光完全猝灭，提升了非辐射跃迁效率，具有很好的光热治疗效果。

通过合理改性，许多BODIPY分子既具有光动力效果，也具有光热效果，可用于联合治疗。董晓臣等将三苯胺与BODIPY共轭延长其吸收波长（86）[122]，同时中位连接溴代噻吩，通过重原子的连接使其高效产生活性氧，具有光动力和光热的效果。该课题组[123]还设计一例利用肿瘤微酸性环境，使三个二乙氨基苯基修饰的 BODIPY 质子化（87），相对一个或者两个二乙氨基苯基修饰的 BODIPY，活性氧产率和温度得到明显的提升，实现了光动力和光热的联合治疗。

参考文献

[1] Ochsner M. Photophysical and photobiological processes in the photodynamic therapy of tumours[J]. Journal of Photochemistry and Photobiology B: Biology, 1997, 39(1): 1-18.

[2] Moan J, Peng Q, Sorensen R, et al. The biophysical foundations of photodynamic therapy[J]. Endoscopy, 1998, 30(04): 387-391.

[3] Zhao J, Chen K, Hou Y, et al. Recent progress in heavy atom-free organic compounds showing unexpected intersystem crossing (ISC) ability[J]. Organic & Biomolecular Chemistry, 2018, 16(20): 3692-3701.

[4] McKenzie L, Bryant H, Weinstein J. Transition metal complexes as photosensitisers in one- and two-photon photodynamic therapy[J]. Coordination Chemistry Reviews, 2019, 379: 2-29.

[5] Lincoln R, Kohler L, Monro S, et al. Exploitation of long-lived 3IL excited states for metal-organic photodynamic therapy: verification in a metastatic melanoma model[J]. Journal of the American Chemical Society, 2013, 135(45): 17161-17175.

[6] Wang J, Lu Y, McGoldrick N, et al. Dual phosphorescent dinuclear transition metal complexes, and their application as triplet photosensitizers for TTA upconversion and photodynamic therapy[J]. Journal of Materials Chemistry C, 2016, 4(25): 6131-6139.

[7] Liu Y, Song N, Chen L, et al. BODIPY@Ir(Ⅲ) complexes assembling organic nanoparticles for enhanced photodynamic therapy[J]. Chinese Journal of Polymer Science, 2018, 36(3): 417-424.

[8] Karges J, Blacque O, Goldner P, et al. Towards long wavelength absorbing photodynamic therapy photosensitizers via the extension of a [Ru(bipy)$_3$]$^{2+}$ core[J]. European Journal of Inorganic Chemistry, 2019, 2019(32): 3704-3712.

[9] Karges J, Heinemann F, Jakubaszek M, et al. Rationally designed long-wavelength absorbing Ru(Ⅱ) polypyridyl

complexes as photosensitizers for photodynamic therapy[J]. Journal of the American Chemical Society, 2020, 142(14): 6578-6587.

[10] Zhou Q, Lei W, Chen J, et al. A new heteroleptic ruthenium(Ⅱ) polypyridyl complex with long-wavelength absorption and high singlet-oxygen quantum yield[J]. Chemistry-A European Journal, 2010, 16(10): 3157-3165.

[11] Yang Q, Jin H, Gao Y, et al. Photostable iridium(Ⅲ)-cyanine complex nanoparticles for photoacoustic imaging guided near-infrared photodynamic therapy in vivo[J]. ACS Applied Materials & Interfaces, 2019, 11(17): 15417-15425.

[12] Zhao X, Li M, Sun W, et al. An estrogen receptor targeted ruthenium complex as a two-photon photodynamic therapy agent for breast cancer cells[J]. Chemical Communications, 2018, 54(51): 7038-7041.

[13] Du E, Hu X, Roy S, et al. Taurine-modified Ru(Ⅱ)-complex targets cancerous brain cells for photodynamic therapy[J]. Chemical Communications, 2017, 53(44): 6033-6036.

[14] Zhao X, Liu J, Fan J, et al. Recent progress in photosensitizers for overcoming the challenges of photodynamic therapy: from molecular design to application[J]. Chemical Society Reviews, 2021, 50(6): 4185-4219.

[15] Wang Z, Gao Y, Hussain M, et al. Efficient radical-enhanced intersystem crossing in an NDI-TEMPO dyad: photophysics, electron spin polarization, and application in photodynamic therapy[J]. Chemistry-A European Journal, 2018, 24(70): 18663-18675.

[16] Ohulchanskyy T, Donnelly D, Detty M, et al. Heteroatom substitution induced changes in excited-state photophysics and singlet oxygen generation in chalcogenoxanthylium dyes: effect of sulfur and selenium substitutions[J]. The Journal of Physical Chemistry B, 2004, 108(25): 8668-8672.

[17] 杨宇鑫, 赵学泽, 樊江莉, 等. 光动力治疗中提高光敏剂靶向性的研究进展[J]. 化工学报, 2021, 72(1): 1-13.

[18] Ichikawa Y, Kamiya M, Obata F, et al. Selective ablation of β-galactosidase-expressing cells with a rationally designed activatable photosensitizer[J]. Angewandte Chemie International Edition, 2014, 53(26): 6772-6775.

[19] Chiba M, Ichikawa Y, Kamiya M, et al. An activatable photosensitizer targeted to γ-glutamyltranspeptidase[J]. Angewandte Chemie International Edition, 2017, 56(35): 10418-10422.

[20] Piao W, Hanaoka K, Fujisawa T, et al. Development of an azo-based photosensitizer activated under mild hypoxia for photodynamic therapy[J]. Journal of the American Chemical Society, 2017, 139(39): 13713-13719.

[21] Liu C, Zhou L, Wei F, et al. Versatile strategy to generate a Rhodamine triplet state as mitochondria-targeting visible-light photosensitizers for efficient photodynamic therapy[J]. ACS Appl Materials & Interfaces, 2019, 11(9): 8797–8806.

[22] Zhou L, Wei F, Xiang J, et al. Enhancing the ROS generation ability of a Rhodamine-decorated iridium(Ⅲ) complex by ligand regulation for endoplasmic reticulum targeted photodynamic therapy[J]. Chemical Science, 2020, 11(44): 12212-12220.

[23] Zhai W, Zhang Y, Liu M, et al. Universal scaffold for an activatable photosensitizer with completely inhibited photosensitivity[J]. Angewandte Chemie International Edition, 2019, 58(46): 16601-16609.

[24] Ke M R, Ng D K P, Lo P C. A pH-responsive fluorescent probe and photosensitiser based on a self-quenched phthalocyanine dimer[J]. Chemical Communications, 2012, 48(72): 9065-9067.

[25] Li X, Yoon K, Lee S, et al. Nanostructured phthalocyanine assemblies with protein-driven switchable photoactivities for biophotonic imaging and therapy[J]. Journal of the American Chemical Society, 2017, 139(31): 10880-10886.

[26] Li X, Yu S, Lee D, et al. Facile supramolecular approach to nucleic-acid-driven activatable nanotheranostics that overcome drawbacks of photodynamic therapy[J]. ACS Nano, 2018, 12(1): 681-688.

[27] Li X, Yu S, Lee Y, et al. In vivo albumin traps photosensitizer monomers from self-assembled phthalocyanine nanovesicles: a facile and switchable theranostic approach[J]. Journal of the American Chemical Society, 2019, 141(3): 1366-1372.

[28] Rajaputra P, Bio M, Nkepang G, et al. Anticancer drug released from near IR-activated prodrug overcomes spatiotemporal limits of singlet oxygen[J]. Bioorganic & Medicinal Chemistry, 2016, 24(7): 1540-1549.

[29] Thapa P, Li M, Bio M, et al. Far-red light-activatable prodrug of paclitaxel for the combined effects of photodynamic therapy and site-specific paclitaxel chemotherapy[J]. Journal of Medicinal Chemistry, 2016, 59(7): 3204-3214.

[30] Mitsunaga M, Ogawa M, Kosaka N, et al. Cancer cell-selective in vivo near infrared photoimmunotherapy targeting specific membrane molecules[J]. Nature Medicine, 2011, 17(12): 1685-1691.

[31] Zhang S, Yang L, Ling X, et al. Tumor mitochondria-targeted photodynamic therapy with a translocator protein (TSPO)-specific photosensitizer[J]. Acta Biomaterialia, 2015, 28: 160-170.

[32] Zhang S, Jia N, Shao P, et al. Target-selective phototherapy using a ligand-based photosensitizer for Type 2 cannabinoid receptor[J]. Chemistry & Biology, 2014, 21(3): 338-344.

[33] Lau J T F, Lo P, Jiang X, et al. A dual activatable photosensitizer toward targeted photodynamic therapy[J]. Journal of Medicinal Chemistry, 2014, 57(10): 4088-4097.

[34] Chen X, Li Y, Li S, et al. Mitochondria- and lysosomes-targeted synergistic chemo-photodynamic therapy associated with self-monitoring by dual light-up fluorescence[J]. Advanced Functional Materials, 2018, 28(44): 1804362.

[35] Gao J, Li J, Geng W, et al. Biomarker displacement activation: a general host-guest strategy for targeted phototheranostics in vivo[J]. Journal of the American Chemical Society, 2018, 140(14): 4945-4953.

[36] Zhao J, Xu K, Yang W, et al. The triplet excited state of BODIPY: formation, modulation and application[J]. Chemical Society Reviews, 2015, 44(24): 8904-8939.

[37] Qi S, Kwon N, Yim Y, et al. Fine-tuning the electronic structure of heavy-atom-free BODIPY photosensitizers for fluorescence imaging and mitochondria-targeted photodynamic therapy[J]. Chemical Science, 2020, 11(25): 6479-6484.

[38] Nguyen V, Yim Y, Kim S, et al. Molecular design of highly efficient heavy-atom-free triplet BODIPY derivatives for photodynamic therapy and bioimaging[J]. Angewandte Chemie International Edition, 2020, 59(23): 8957-8962.

[39] Huang L, Li Z, Zhao Y, et al. Enhancing photodynamic therapy through resonance energy transfer constructed near-infrared photosensitized nanoparticles[J]. Advanced Materials, 2017, 29(28): 1604789.

[40] Turan I, Yildiz D, Turksoy A, et al. A bifunctional photosensitizer for enhanced fractional photodynamic therapy: singlet oxygen generation in the presence and absence of light[J]. Angewandte Chemie International Edition, 2016, 55(8): 2875-2878.

[41] Turan I, Cakmak F, Yildirim D, et al. Near-IR absorbing BODIPY derivatives as glutathione-activated photosensitizers for selective photodynamic action[J]. Chemistry-A European Journal, 2014, 20(49): 16088-16092.

[42] Kolemen S, Işık M, Kim G, et al. Intracellular modulation of excited-state dynamics in a chromophore dyad: differential enhancement of photocytotoxicity targeting cancer cells[J]. Angewandte Chemie International Edition, 2015, 54(18): 5340-5344.

[43] Li M, Long S, Kang Y, et al. De novo design of phototheranostic sensitizers based on structure-inherent targeting for enhanced cancer ablation[J]. Journal of the American Chemical Society, 2018, 140(46): 15820-15826.

[44] Huang L, Li Z, Zhao Y, et al. Ultralow-power near infrared lamp light operable targeted organic nanoparticle photodynamic therapy[J]. Journal of the American Chemical Society, 2016, 138(44): 14586-14591.

[45] Bae J, McNamara L, Nael M, et al. Nitroreductase-triggered activation of a novel caged fluorescent probe obtained from methylene blue[J]. Chemical Communications, 2015, 51(64): 12787-12790.

[46] Li Z, Wang Y, Zeng C, et al. Ultrasensitive tyrosinase-activated turn-on near-infrared fluorescent probe with a rationally designed urea bond for selective imaging and photodamage to melanoma cells[J]. Analytical Chemistry, 2018, 90(6): 3666-3669.

[47] Dao H, Whang C, Shankar V, et al. Methylene blue as a far-red light-mediated photocleavable multifunctional ligand[J]. Chemical Communications, 2020, 56(11): 1673-1676.

[48] Wei P, Xue F, Shi Y, et al. A fluoride activated methylene blue releasing platform for imaging and antimicrobial photodynamic therapy of human dental plaque[J]. Chemical Communications, 2018, 54(93): 13115-13118.

[49] Zeng Q, Zhang R, Zhang T, et al. H_2O_2-responsive biodegradable nanomedicine for cancer-selective dual-modal imaging guided precise photodynamic therapy[J]. Biomaterials, 2019, 207: 39-48.

[50] Gebremedhin H, Li M, Gao F, et al. Benzo[a]phenoselenazine-based NIR photosensitizer for tumor-targeting photodynamic therapy via lysosomal-disruption pathway[J]. Dyes and Pigments, 2019, 170: 107617.

[51] Xiong T, Li M, Chen Y, et al. A singlet oxygen self-reporting photosensitizer for cancer phototherapy[J]. Chemical Science, 2021, 12(7).

[52] Luo S, Tan X, Fang S, et al. Mitochondria-targeted small-molecule fluorophores for dual modal cancer phototherapy[J]. Advanced Functional Materials, 2016, 26(17): 2826-2835.

[53] Thomas A, Palanikumar L, Jeena M, et al. Cancer-mitochondria-targeted photodynamic therapy with supramolecular assembly of HA and a water soluble NIR cyanine dye[J]. Chemical Science, 2017, 8(12): 8351-8356.

[54] Atchison J, Kamila S, Nesbitt H, et al. Iodinated cyanine dyes: a new class of sensitisers for use in NIR activated photodynamic therapy (PDT)[J]. Chemical Communications, 2017, 53(12): 2009-2012.

[55] Jiao L, Song F, Cui J, et al. A near-infrared heptamethine aminocyanine dye with a long-lived excited triplet state for photodynamic therapy[J]. Chemical Communications, 2018, 54(66): 9198-9201.

[56] Cao J, Chi J, Xia J, et al. Iodinated cyanine dyes for fast near-infrared-guided deep tissue synergistic phototherapy[J]. ACS Applied Materials & Interfaces, 2019, 11(29): 25720-25729.

[57] Zhao X, Long S, Li M, et al. Oxygen-dependent regulation of excited-state deactivation process of rational photosensitizer for smart phototherapy[J]. Journal of the American Chemical Society, 2020, 142(3): 1510-1517.

[58] Xu F, Li H, Yao Q, et al. Hypoxia-activated NIR photosensitizer anchoring in the mitochondria for photodynamic therapy[J]. Chemical Science, 2019, 10(45): 10586-10594.

[59] Chen Y, Zhao X, Xiong T, et al. NIR photosensitizers activated by γ-glutamyl transpeptidase for precise tumor fluorescence imaging and photodynamic therapy[J]. Science China Chemistry, 2021, 64(5): 808-816.

[60] Lv Z, Wei H, Li Q, et al. Achieving efficient photodynamic therapy under both normoxia and hypoxia using cyclometalated Ru(Ⅱ) photosensitizer through type I photochemical process[J]. Chemical Science, 2018, 9(2): 502-512.

[61] Tian N, Sun W, Guo X, et al. Mitochondria targeted and NADH triggered photodynamic activity of chloromethyl modified Ru(Ⅱ) complexes under hypoxic conditions[J]. Chemical Communications, 2019, 55(18): 2676-2679.

[62] Novohradsky V, Rovira A, Hally C, et al. Towards novel photodynamic anticancer agents generating superoxide anion radicals: a cyclometalated Ir(Ⅲ) complex conjugated to a far-red emitting coumarin[J]. Angewandte Chemie International Edition, 2019, 58(19): 6311-6315.

[63] Huang H, Banerjee S, Qiu K, et al. Targeted photoredox catalysis in cancer cells[J]. Nature Chemistry, 2019, 11(11): 1041-1048.

[64] Bu Y, Xu T, Zhu X, et al. A NIR-I light-responsive superoxide radical generator with cancer cell membrane

targeting ability for enhanced imaging-guided photodynamic therapy[J]. Chemical Science, 2020, 11(37): 10279-10286.

[65] Nguyen V, Qi S, Kim S, et al. An emerging molecular design approach to heavy-atom-free photosensitizers for enhanced photodynamic therapy under hypoxia[J]. Journal of the American Chemical Society, 2019, 141(41): 16243-16248.

[66] Nguyen Van, Baek G, Qi S, et al. A lysosome-localized thionaphthalimide as a potential heavy-atom-free photosensitizer for selective photodynamic therapy[J]. Dyes and Pigments, 2020, 177: 108265.

[67] Li X, Lee D, Huang J, et al. Phthalocyanine-assembled nanodots as photosensitizers for highly efficient type I photoreactions in photodynamic therapy[J]. Angewandte Chemie International Edition, 2018, 57(31): 9885-9890.

[68] Li M, Xia J, Tian R, et al. Near-infrared light-initiated molecular superoxide radical generator: rejuvenating photodynamic therapy against hypoxic tumors[J]. Journal of the American Chemical Society, 2018, 140(44): 14851-14859.

[69] Li M, Xiong T, Du J, et al. Superoxide radical photogenerator with amplification effect: surmounting the achilles' heels of photodynamic oncotherapy[J]. Journal of the American Chemical Society, 2019, 141(6): 2695-2702.

[70] Li M, Shao Y, Kim J, et al. Unimolecular photodynamic O_2-economizer to overcome hypoxia resistance in phototherapeutics[J]. Journal of the American Chemical Society, 2020, 142(11): 5380-5388.

[71] Xiao M, Fan J, Li M, et al. A photosensitizer-inhibitor conjugate for photodynamic therapy with simultaneous inhibition of treatment escape pathways[J]. Biomaterials, 2020, 257: 120262.

[72] Rajora M A, Lou J W H, Zheng G. Advancing porphyrin's biomedical utility via supramolecular chemistry[J]. Chemical Society Reviews, 2017, 46(21): 6433-6469.

[73] Monro S, Colón K L, Yin H M, et al. Transition metal complexes and photodynamic therapy from a tumor-centered approach: challenges, opportunities, and highlights from the development of TLD1433[J]. Chemical Reviews, 2019, 119(2): 797-828.

[74] Melancon P M, Zhou M, Li C. Cancer theranostics with near-infrared light-activatable multimodal nanoparticles [J]. Accounts of Chemical Research, 2011, 44(10): 947-956.

[75] O'Neal D P, Hirsch L R, Halas N J, et al. Photo-thermal tumor ablation in mice using near infrared-absorbing nanoparticles [J]. Cancer Letters, 2004, 209(2): 171-176.

[76] Liu Y, Bhattarai P, Dai Z, et al. Photothermal therapy and photoacoustic imaging via nanotheranostics in fighting cancer [J]. Chemical Society Reviews, 2019, 48(7): 2053-2108.

[77] Jung H S, Verwilst P, Sharma A, et al. Organic molecule-based photothermal agents: an expanding photothermal therapy universe [J]. Chemical Society Reviews, 2018, 47(7): 2280-2297.

[78] Nie L, Chen X. Structural and functional photoacoustic molecular tomography aided by emerging contrast agents [J]. Chemical Society Reviews, 2014, 43(20): 7132-7170.

[79] Li K, Liu B. Polymer-encapsulated organic nanoparticles for fluorescence and photoacoustic imaging [J]. Chemical Society Reviews, 2014, 43(18): 6570-6597.

[80] Weber J, Beard P C, Bohndiek S E. Contrast agents for molecular photoacoustic imaging [J]. Nature Methods, 2016, 13(8): 639-650.

[81] Guo B, Feng G, Manghnani P N, et al. A porphyrin-based conjugated polymer for highly efficient in vitro and in vivo photothermal therapy [J]. Small, 2016, 12(45): 6243-6254.

[82] Lovell J F, Jin C S, Huynh E, et al. Porphysome nanovesicles generated by porphyrin bilayers for use as multimodal biophotonic contrast agents [J]. Nature Materials, 2011, 10(4): 324-332.

[83] Jin C S, Lovell J F, Chen J, et al. Ablation of hypoxic tumors with dose-equivalent photothermal, but not

photodynamic, therapy using a nanostructured porphyrin assembly [J]. ACS Nano, 2013, 7(3): 2541-2550.

[84] Hayashi K, Nakamura M, Miki H, et al. Photostable iodinated silica/porphyrin hybrid nanoparticles with heavy-atom effect for wide-field photodynamic/photothermal therapy using single light source [J]. Advanced Functional Materials, 2014, 24(4): 503-513.

[85] Ou C, Zhang Y, Pan D, et al. Zinc porphyrin-polydopamine core-shell nanostructures for enhanced photodynamic/photothermal cancer therapy [J]. Materials Chemistry Frontiers, 2019, 3(9): 1786-1792.

[86] Zou Q, Abbas M, Zhao L, et al. Biological photothermal nanodots based on self-assembly of peptide-porphyrin conjugates for antitumor therapy [J]. Journal of the American Chemical Society, 2017, 139(5): 1921-1927.

[87] Sun W, Guo S, Hu C, et al. Recent development of chemosensors based on cyanine platforms [J]. Chemical Reviews, 2016, 116 (14): 768-817.

[88] Pan G Y, Jia H R, Zhu Y X, et al. Dual channel activatable Cyanine dye for mitochondrial imaging and mitochondria-targeted cancer theranostics[J]. ACS Biomaterials Science & Engineering, 2017, 3 (12): 3596-3606.

[89] Luo S, Tan X, Qi Q, et al. A multifunctional heptamethine near-infrared dye for cancer theranosis [J]. Biomaterials, 2013, 34(9): 2244-2251.

[90] Cheng L, He W, Gong H, et al. PEGylated micelle nanoparticles encapsulating a non-fluorescent near-infrared organic dye as a safe and highly-effective photothermal agent for in vivo cancer therapy [J]. Advanced Functional Materials, 2013, 23(47): 5893-5902.

[91] Zou Y, Li M, Xiong T, et al. A single molecule drug targeting photosensitizer for enhanced breast cancer photothermal therapy [J]. Small, 2020, 16(18): 1907677.

[92] Yue C, Liu P, Zheng M, et al. IR-780 dye loaded tumor targeting theranostic nanoparticles for NIR imaging and photothermal therapy [J]. Biomaterials, 2013, 34(28): 6853-6861.

[93] Wang K, Zhang Y, Wang J, et al. Self-assembled IR780-loaded transferrin nanoparticles as an imaging, targeting and PDT/PTT agent for cancer therapy [J]. Scientific Reports, 2016, 6: 27421.

[94] Li W, Peng J, Tan L, et al. Mild photothermal therapy/photodynamic therapy/chemotherapy of breast cancer by Lyp-1 modified docetaxel/IR820 co-loaded micelles [J]. Biomaterials, 2016, 106: 119-133.

[95] Yoon H J, Lee H S, Lim J Y, et al. Liposomal indocyanine green for enhanced photothermal therapy [J]. ACS Applied Materials & Interfaces, 2017, 9(7): 5683-5691.

[96] Zhao P, Zheng M, Yue C, et al. Improving drug accumulation and photothermal efficacy in tumor depending on size of ICG loaded lipid-polymer nanoparticles [J]. Biomaterials, 2014, 35(23): 6037-6046.

[97] Zheng X, Xing D, Zhou F, et al. Indocyanine green-containing nanostructure as near infrared dual-functional targeting probes for optical imaging and photothermal therapy [J]. Mol Pharmaceutics, 2011, 8(2): 447-456.

[98] Chen Z, Zhao P, Luo Z, et al. Cancer cell membrane-biomimetic nanoparticles for homologous-targeting dual-modal imaging and photothermal therapy [J]. ACS Nano, 2016, 10(11): 10049-10057.

[99] Camerin M, Rello-Varona S, Villanueva A, et al. Metallo-naphthalocyanines as photothermal sensitisers for experimental tumours: in vitro and in vivo studies [J]. Lasers in Surgery and Medicine, 2009, 41(9): 665-673.

[100] Mathew S, Murakami T, Nakatsuji H, et al. Exclusive photothermal heat generation by a gadolinium bis(naphthalocyanine) complex and inclusion into modified high-density lipoprotein nanocarriers for therapeutic applications [J]. ACS Nano, 2013, 7(10): 8908-8916.

[101] Lim C K, Shin J, Lee Y D, et al. Phthalocyanine-aggregated polymeric nanoparticles as tumor-homing near-infrared absorbers for photothermal therapy of cancer [J]. Theranostics, 2012, 2(9): 871-879.

[102] Wei J, Chen X, Wang X, et al. Polyethylene glycol phospholipids encapsulated silicon 2,3- naphthalocyanine

dihydroxide nanoparticles (SiNcOH-DSPE-PEG(NH$_2$) NPs) for single NIR laser induced cancer combination therapy [J]. Chinese Chemical Letters, 2017, 28(6): 1290-1299.

[103] Taratula O, Schumann C, Duong T, et al. Dendrimer-encapsulated naphthalocyanine as a single agent-based theranostic nanoplatform for near-infrared fluorescence imaging and combinatorial anticancer phototherapy [J]. Nanoscale, 2015, 7(9): 3888-3902.

[104] Liang P, Tang Q, Cai Y, et al. Self-quenched ferrocenyl diketopyrrolopyrrole organic nanoparticles with amplifying photothermal effect for cancer therapy [J]. Chemical Science, 2017, 8(11): 7457-7463.

[105] Pu K, Mei J, Jokerst J V, et al. Diketopyrrolopyrrole-based semiconducting polymer nanoparticles for in vivo photoacoustic imaging [J]. Advanced Materials, 2015, 27(35): 5184-5190.

[106] Cai Y, Liang P, Tang Q, et al. Diketopyrrolopyrrole-triphenylamine organic nanoparticles as multifunctional reagents for photoacoustic imaging-guided photodynamic/photothermal synergistic tumor therapy [J]. ACS Nano, 2017, 11(1): 1054-1063.

[107] Cai Y, Si W, Tang Q, et al. Small-molecule diketopyrrolopyrrole-based therapeutic nanoparticles for photoacoustic imaging-guided photothermal therapy [J]. Nano Research, 2017, 3: 794-801.

[108] Liu H, Wang K, Yang C, et al. Multifunctional polymeric micelles loaded with doxorubicin and poly(dithienyl-diketopyrrolopyrrole) for near-infrared light-controlled chemo-phototherapy of cancer cells [J]. Colloids and Surfaces B: Biointerfaces, 2017, 157(1): 398-406.

[109] Spence G T, Hartland G V, Smith B D. Activated photothermal heating using croconaine dyes [J]. Chemical Science, 2013, 4(11): 4240-4244.

[110] Spence G T, Lo S S, Ke C, et al. Near-infrared croconaine rotaxanes and doped nanoparticles for enhanced aqueous photothermal heating [J]. Chemistry A European Journal, 2014, 20(39): 12628-12635.

[111] Tang L, Zhang F, Yu F, et al. Croconaine nanoparticles with enhanced tumor accumulation for multimodality cancer theranostics [J]. Biomaterials, 2017, 129: 28-36.

[112] Guha S, Shaw S K, Spence G T, et al. Clean photothermal heating and controlled release from near-infrared dye doped nanoparticles without oxygen photosensitization [J]. Langmuir, 2015, 31(28): 7826-7834.

[113] Guha S, Shaw G K, Mitcham T M, et al. Croconaine rotaxane for acid activated photothermal heating and ratiometric photoacoustic imaging of acidic pH [J]. Chemical Communications, 2016, 52(1): 120-123.

[114] Zou Y, Long S, Xiong T, et al. Single-molecule Förster resonance energy transfer-based photosensitizer for synergistic photodynamic/photothermal therapy [J]. ACS Central Science, 2021, 7(2): 327-334.

[115] Sun W, Zhao X, Fan J, et al. Boron dipyrromethene nano-photosensitizers for anticancer phototherapies [J]. Small, 2019, 15 (32): 1804927.

[116] Liu Y, Xu C, Teng L, et al. pH stimulus-disaggregated BODIPY: an activated photodynamic/photothermal sensitizer applicable to tumor ablation [J]. Chemical Communications, 2020, 56(13): 1956-1959.

[117] Wang X, Lin W, Zhang W, et al. Amphiphilic redox-sensitive NIR BODIPY nanoparticles for dual-mode imaging and photothermal therapy [J]. Journal of Colloid and Interface Science, 2019, 536: 208-214.

[118] Xu Y, Feng T, Yang T, et al. Utilizing intramolecular photoinduced electron transfer to enhance photothermal tumor treatment of aza-BODIPY-based near-infrared nanoparticles [J]. ACS Applied Materials & Interfaces, 2018, 10(19): 16299-16307.

[119] Zhang Y, Feng L, Wang J, et al. Surfactant-stripped micelles of near infrared dye and paclitaxel for photoacoustic imaging guided photothermal-chemotherapy [J]. Small, 2018, 14(44): 1802991.

[120] Xi D, Xiao M, Cao J, et al. NIR light-driving barrier-free group rotation in nanoparticles with an 88.3%

photothermal conversion efficiency for phototherapy [J]. Advanced Materials, 2020, 32(11): 1907855.

[121] Li C, Lin W, Liu S, et al. Structural optimization of organic fluorophores for highly efficient photothermal therapy [J]. Materials Chemistry Frontiers, 2020, 5(1): 284-292.

[122] Zhu J, Zou J, Zhang Z, et al. An NIR triphenylamine grafted BODIPY derivative with high photothermal conversion efficiency and singlet oxygen generation for imaging guided phototherapy [J]. Materials Chemistry Frontiers, 2019, 3(8): 1523-1531.

[123] Zou J, Wang P, Wang Y, et al. Penetration depth tunable BODIPY derivatives for pH triggered enhanced photothermal/photodynamic synergistic therapy [J]. Chemical Science, 2019, 10(1): 268-276.

索引

A

氨基可逆质子化　080

氨肽酶 N　333

B

钯离子　116

靶向基团　255

靶向选择性　035

半导体聚合物点　072

半峰全宽　303

半胱氨酸　141

半胱氨酸组织蛋白酶 L　333

饱和结构照明显微镜　304

苊二酰亚胺　016

苯并吡喃腈　351

比率荧光前药分子　338

苄基鸟嘌呤　264

卟啉　017，351

C

超分辨成像　058

超分辨成像技术　303

超分辨成像显微镜　302

超分辨探针　242

超分子组装　016

超氧化物歧化酶　368

超氧阴离子　132

超氧阴离子自由基　345

雌激素受体　348

次氯酸　137

D

单胺氧化酶　187

单线态氧　127

蛋白水解酶　202

氮杂蒽　362

低氧酶　333

点扩散函数　303

电荷转移　064

电致化学发光　274

电子离域　025

多色 STED 超分辨成像　309

多肽　258

多肽标签　262

F

发射光谱　004

非辐射跃迁　005

索引　395

非天然氨基酸　270

分析传感　094

分子轨道　007

氟离子　109

氟硼二吡咯　358

氟硼类染料　017

辐射跃迁　005

G

钙离子　094

钙离子探针　262

高半胱氨酸　141

高尔基体　047

高效跨膜　040

镉离子　115

汞离子　113

共振理论　023

沟槽结合　221

谷氨酰转移酶　195

谷胱甘肽　146

寡核苷酸序列　269

光动力治疗　013, 338, 344

光激活定位显微镜　304

光激活前药　337

光激活染料　316

光敏染料　344

光热治疗　344

光声成像　344

光稳定性　019

光学成像　094

光学衍射极限　302

光诱导电子转移　080, 355

光致冷发光　003

硅罗丹明　309

轨道能级　019

过渡金属配合物　346

过氧化氢　129

过氧化氢激活前药　330

过氧化物酶　192

过氧亚硝酸　139

H

核酸　220

核酸适配体　269

花菁　016, 078, 362

环境敏感　064

环氧化酶　175

磺酰脲类药物　257

活性氧物种　126, 326

J

基态损耗　304

基因编码　254, 263

激发光谱　004

激发态扭曲分子内电荷转移　278

极性　064

甲基转移酶　199

钾离子　100, 257

碱金属　094

碱土金属　094

碱性 DNA 染料　222

（焦）磷酸根离子　111

金属离子　094

近场扫描光学显微镜　303

近红外荧光染料　018

菁类染料　223

竞争性置换配合　126

静电作用　221

聚合物大分子　071

聚集诱导发光　282

聚集诱导发射　043

K

克酮酸　382

空间位阻　019

醌式结构　014

L

酪氨酸酶　179, 362

力致变色　274

磷光　003

磷酸酯酶　209

灵敏度　174

硫化氢　157

硫酸基转移酶　198

卤素离子　109

罗丹明　014, 084

绿色荧光蛋白　254

氯离子　111

M

酶蛋白　048

酶激活前药　332

酶抑制剂　174

镁离子　095

膜电位　040

膜渗透性　086

膜通透性　035

N

纳米材料　072

钠离子　098

萘二酰亚胺　016

萘酰多胺　349

萘酰亚胺　064

内吞作用　040

内酯式结构　014

内质网　051

内质网靶向性　257

内转换　005

能量供体　313

能量受体　313

能量转移　004

尼罗红　067

黏度　064

镍离子　261

O

偶氮还原酶　333

偶氮还原酶激活的前药　333

偶极矩　007

Q

气体递质　126

铅离子　115

前体药物　326

嵌段共聚物　381

嵌入式　222

羟基自由基　134, 345

亲核性　025

氢键效应　265

R

染料敏化　004

染色质　056, 267

热激活延迟荧光　274

热激活延迟荧光染料　295

溶酶体　043

S

噻唑橙类染料　233

噻唑类染料　223

三线态量子产率　345

三线态敏化剂　017

三线态寿命　345

生命过程　126

生物成像　013

生物大分子　174

生物活性小分子　126

生物硫醇　046

生物硫醇激活的前药荧光分子　327

生物硫醇类化合物　126

生物相容性　040

时间门控分辨成像技术　284

实时　174

室温磷光　018

噬菌体　262

受激辐射　306

受激辐射损耗　304

双光子吸收　018

双光子吸收截面　229

双砷染料　259

斯托克斯位移　008, 309

酸性 pH 激活前药　335

随机光学重构显微镜　304

羧酸酯水解酶　207

T

酞菁　353

糖苷水解酶　211

特异性反应　126

特异性结合　262

铁离子　104

铜离子　106

W

微环境　064

微环境探针　247

温度　064

温敏型聚合物　071

X

系间穿越　005

细胞凋亡　040

细胞毒性　038

细胞骨架　255

细胞核　056

细胞膜染色　036

细胞器　034

线粒体　039

香豆素　012, 065

硝基还原酶　183, 332

锌离子　102

选择性　174

Y

亚铁离子　104

亚细胞器　264

延迟荧光染料　276

阳离子型染料　223

氧化还原缓冲剂　313

氧杂蒽　349

叶绿素　002

一氧化氮　152

一氧化碳　162

遗传物质　220

乙啶类染料　223

阴离子　094

吲哚菁绿　017

荧光　002

荧光标记　254

荧光分析技术　126

荧光共振能量转移　282

荧光光激活定位显微镜　304

荧光基团　009

荧光检测　126, 220

荧光量子产率　008, 064

荧光前药诊疗体系　339

荧光识别技术　094

荧光寿命　008, 064, 277

荧光寿命成像技术　284

荧光素　014

荧光探针　013, 126, 174

荧光显微镜　304

荧光消色团　009

荧光信号　035

荧光助色团　009

有害金属离子　094

有机小分子　069

原核细胞　056

原位成像　174

原位无创　174

Z

早期诊断　126

折射率　003

真核细胞　056

诊疗一体化　293

振动弛豫　005

重原子效应　009，346

缀合物　255

紫杉醇　255

自闪超分辨成像　321

自闪染料　319

自修饰酶标签　263

自旋单线态　007

自旋轨道耦合　006

组氨酸多肽　261

组蛋白脱乙酰酶　333

最低临界相转变温度　071

其他

Ⅰ型机理光敏剂　365

Ⅱ型机理光敏剂　346

BODIPY　075

DNA　220

DNA G 四联体　233

DNA 分子　056

dSTORM　314

Jablonski（雅布隆斯基）图　004

mRNA　220

N- 杂环质子化　082

pH　064

RNA　220

RNA G 四联体　240

SMLM 超分辨成像　313

STED 超分辨成像　306

TADF 分子　281

Tempo 自由基　349